Gmelin Handbuch der Anorganischen Chemie

Ergänzungswerk zur achten Auflage

New Supplement Series

Metall-Organische Verbindungen im Gmelin Handbuch

Organometallic Compounds in the Gmelin Handbook

Die folgende Aufstellung gibt eine Anleitung, in welchen Bänden diese Verbindungen behandelt wurden bzw. sich Hinweise befinden:

The following listing indicates in which volumes these compounds are discussed or are referred to:

Transurane	Ergänzungswerk, Band 4
Silber	„Silber" B 5
Zirkonium	Ergänzungswerk, Band 10
Hafnium	Ergänzungswerk, Band 11
Vanadium	Ergänzungswerk, Band 2, und „Vanadium" B
Niob	„Niob" B 4
Tantal	„Tantal" B 2
Chrom	Ergänzungswerk, Band 3
Eisen	Ergänzungswerk, Band 14, und „Eisen" B
Ruthenium	„Ruthenium" Erg.-Bd.
Kobalt	Ergänzungswerk, Band 5 und 6, sowie „Kobalt" Erg.-Bd. A, B 1 und B 2
Nickel	Ergänzungswerk, Band 16, 17 und 18, und „Nickel" B 3 und C
Platin	„Platin" C und D
Zinn	Ergänzungswerk, Band 26, 29 und 30

Gmelin Handbuch der Anorganischen Chemie

BEGRÜNDET VON Leopold Gmelin

Ergänzungswerk zur achten Auflage

ACHTE AUFLAGE begonnen im Auftrage der Deutschen Chemischen Gesellschaft
von R. J. Meyer
E. H. E. Pietsch und A. Kotowski

fortgeführt von
Margot Becke-Goehring

HERAUSGEGEBEN VOM Gmelin-Institut für Anorganische Chemie
der Max-Planck-Gesellschaft zur Förderung der Wissenschaften

Springer-Verlag
Berlin · Heidelberg · New York 1976

Gmelin Handbuch der Anorganischen Chemie

Ergänzungswerk zur achten Auflage

New Supplement Series

Band 35

Zinn-Organische Verbindungen

Teil 4

Organozinnhydride

mit 1 Figur

von **Herbert Schumann** und **Ingeborg Schumann**

BEARBEITER DIESES BANDES (AUTHORS) — Herbert Schumann, Ingeborg Schumann, Technische Universität Berlin

FORMELREGISTER (FORMULA INDEX) — Ursula Hettwer, Gmelin-Institut, Frankfurt am Main

REDAKTEUR DIESES BANDES (EDITOR) — Hubert Bitterer, Gmelin-Institut, Frankfurt am Main

Springer-Verlag
Berlin · Heidelberg · New York 1976

ENGLISCHE FASSUNG DER STICHWÖRTER NEBEN DEM TEXT:
ENGLISH HEADINGS ON THE MARGINS OF THE TEXT:

H. J. KANDINER, SUMMIT, N. J.

DIE LITERATUR IST VOLLSTÄNDIG BIS ENDE 1974 AUSGEWERTET

LITERATURE CLOSING DATE: COMPLETELY UP TO THE END OF 1974

Die vierte bis siebente Auflage dieses Werkes erschien im Verlag von Carl Winter's Universitätsbuchhandlung in Heidelberg

Library of Congress Catalog Card Number: Agr 25-1383

ISBN 3-540-93319-0 Springer-Verlag, Berlin · Heidelberg · New York
ISBN 0-387-93319-0 Springer-Verlag, New York · Heidelberg · Berlin

LN-Druck Lübeck

Vorwort

Die Serie „Zinn-Organische Verbindungen" im Rahmen des Ergänzungswerkes zur 8. Auflage des Gmelin Handbuches behandelt in den bisher erschienenen drei Lieferungen (Teil 1: Band 26, Teil 2: Band 29, Teil 3: Band 30 des Ergänzungswerkes) die einkernigen Zinntetraorganyle, d.h. Verbindungen, in denen alle Liganden über Kohlenstoff an Zinn gebunden sind, und erfaßt die bis Ende 1973 erschienene Literatur über Organozinnverbindungen nach Abschnitt 1.1 der Gliederung (s. Vorwort zu Teil 1). Der nun vorliegende vierte Band enthält die einkernigen Organozinnhydride; er umfaßt die Literatur nach Abschnitt 1.2 bis Ende 1974.

Dieser Teil enthält nur Verbindungen, in denen vierbindiges Zinn über Kohlenstoff gebundene Kohlenwasserstoffreste und ein, zwei oder drei Wasserstoffatome als Liganden besitzt. Derivate, in denen neben organischen Resten und Wasserstoff noch andere Liganden wie beispielsweise Halogene an Zinn gebunden sind, werden in dem Teil behandelt, der den entsprechenden Verbindungen gewidmet ist. So erscheint $(CH_3)_2SnHCl$ bei den Organozinnchloriden unter 1.3.2.

Auch an dieser Stelle möchten wir wieder Frau Professor Becke und ihren Mitarbeitern im Gmelin-Institut für die ausgesprochen angenehme Zusammenarbeit danken. Weiterhin gilt unser Dank Frau E. Redlinger für die sorgfältige Führung und Bearbeitung der Literaturkartei sowie den Mitarbeiterinnen und Mitarbeitern der Abteilung Chemie der Universitätsbibliothek der Technischen Universität Berlin für ihre Hilfe bei der Beschaffung der Literatur.

Berlin-Lichtenrade, Mariä Himmelfahrt 1976

Herbert Schumann
Ingeborg Schumann

Preface

In the first three volumes of the series "Zinn-Organische Verbindungen" (Organotin Compounds) of the New Supplement Series of Gmelin Handbook (Part 1: Vol. 26, Part 2: Vol. 29, Part 3: Vol. 30 of the New Supplement Series) the mononuclear tin tetraorganyles are treated, i.e. compounds in which all ligands are carbon-bonded to tin. These volumes cover the literature published until the end of 1973 on organotin compounds according to section 1.1 of the disposition (see preface to part 1). The now presented fourth volume of the series contains the mononuclear organotin hydrides and evaluates the literature pertaining to section 1.2 up to the end of 1974.

This volume contains only such compounds in which four-binding tin is bound to carbon-bonded hydrocarbon rests and one, two, or three hydrogen atoms as ligands. Derivatives which contain organic rests, hydrogen, and other ligands such as halogen are treated in the part that has been devoted to the respective compounds. Thus, $(CH_3)_2SnHCl$ will be found under organotin chlorides in section 1.3.2.

Also on this occasion we would like to repeat our thanks to Professor Becke and her staff at the Gmelin Institute for the excellent co-operation. Furthermore our thanks are due to Mrs. E. Redlinger for the meticulous handling of the literature index as well as to the members of the chemistry department of the library of Technische Universität Berlin for their assistance in procuring the literature.

Berlin-Lichtenrade, Assumption Day 1976

Herbert Schumann
Ingeborg Schumann

Aus dem Vorwort zu Teil 1:

Die metallorganische Chemie — oder besser Organoelementchemie — hat in der zweiten Hälfte unseres Jahrhunderts ständig an Bedeutung gewonnen. Innerhalb dieses Forschungsgebietes nimmt die Organozinnchemie heute eine sehr wichtige Stellung ein. Obgleich die erste Organozinnverbindung, nämlich Diäthylzinnjodid, bereits 1849 von Frankland dargestellt wurde, vergingen 100 Jahre bis zum Beginn einer stürmischen Entwicklung dieser Organozinnchemie. Als vornehmliche Ursache für diesen Fortschritt ist die Erkenntnis der großen Anwendungsbreite dieser Verbindungen in Industrie, Technik und Landwirtschaft anzusehen. Von den vielfältigen Verwendungsmöglichkeiten von Organozinnverbindungen sei an dieser Stelle nur kurz auf die durch sie bewirkte Stabilisierung von PVC gegen Lichteinwirkung und deren Anwendung als Fungizide hingewiesen. Das immer stärker werdende Interesse an diesen Verbindungen — bis 1935 erschienen etwa 200 Publikationen, bis 1960 etwa 1000, bis 1970 etwa 5000 und nun jährlich gegen 1000 — rechtfertigt die Herausgabe einer zusammenfassenden Rückschau über das bisher erarbeitete Wissen auf diesem Teilgebiet der Chemie.

Die Serie enthält nur Verbindungen, in denen an Sn mindestens ein organischer Rest über C gebunden ist. Organozinnverbindungen, wie beispielsweise $Sn[P(C_6H_5)_2]_4$, werden hier nicht behandelt. Auch Cyanide gelten als anorganische Zinnverbindungen. Die Gliederung erfolgt nach folgendem Schema:

1 Verbindungen, die ein Sn-Atom enthalten — Einkernige Verbindungen
2 Zweikernige Verbindungen
3 Dreikernige Verbindungen
4 Vierkernige Verbindungen
5 Fünfkernige Verbindungen
6 Mehrkernige oligomere Verbindungen
7 Mehrkernige polymere Verbindungen

Die Untergliederung innerhalb jeden Hauptpunktes richtet sich nicht nach dem Gmelin-System, sondern ist abhängig von der Bindung:

–.1 Verbindungen mit 4 Sn-C-Bindungen
–.2 Verbindungen mit Sn-H-Bindungen
–.3 Verbindungen mit Sn-Halogen-Bindungen
–.4 Verbindungen mit Bindungen zu den Elementen der VI. Gruppe
–.5 Verbindungen mit Bindungen zu Elementen der V. Gruppe
–.6 Verbindungen mit Bindungen zu Elementen der IV. Gruppe
–.7 Verbindungen mit Bindungen zu Elementen der III. Gruppe
–.8 Verbindungen mit Bindungen zu Elementen der II. Gruppe
–.9 Verbindungen mit Bindungen zu Elementen der I. Gruppe
–.10 Verbindungen mit Bindungen zu Nebengruppenmetallen
–.11 Komplexverbindungen mit Koordination am Sn
–.12 Sonstige Verbindungen

Innerhalb dieser Gliederung gilt das Prinzip der letzten Stelle. Dieses wird nur dann durchbrochen, wenn die Gründe der Übersicht das notwendig erscheinen lassen. Verbindungen, die nach neueren Untersuchungen entgegen der bisherigen Meinung assoziiert sind, erscheinen an der Stelle der kleinsten Einheit. So wird das polymere $(CH_3)_2SnF_2$ bei den einkernigen Organozinnfluoriden behandelt.

Die Nomenklatur der Verbindungen lehnt sich an die Richtlinien der IUPAC an. Die Kohlenwasserstoffreste werden nur speziell gekennzeichnet, wenn es sich um verzweigte oder cyclische Isomere von n-Alkylresten handelt.

Bei der Synthese von Verbindungen werden nur dann Mengenangaben gemacht, wenn sie stark von den durch die Stöchiometrie geforderten Mengen abweichen.

Intensitätsangaben bei den IR-Spektren erfolgen in Anlehnung an deutsche Abkürzungen. Es bedeuten: st = stark, m = mittel, s = schwach, Sch = Schulter.

Die chemische Verschiebung in den NMR-Spektren ist wie in den Originalen als δ, τ oder $\Delta\nu$ angegeben; eine Umrechnung wurde nicht vorgenommen. Soweit nichts anderes vermerkt, ist bei der ^{1}H-NMR-Spektroskopie die Spektrometerfrequenz (bei der Angabe der chemischen Verschiebung in Hz) stets 60 MHz und die Bezugssubstanz Tetramethylsilan (TMS). Positives Vorzeichen von δ oder $\Delta\nu$ bedeutet stets, daß die Verschiebung gegenüber der Bezugssubstanz nach der Seite der höheren Feldstärke des äußeren Feldes erfolgt ist.

Bei der Auswertung der Literatur wurde Vollständigkeit angestrebt. Jedoch konnten Publikationen, die nicht oder unkenntlich in den Chemical Abstracts referiert wurden, naturgemäß nicht berücksichtigt werden. Auf eine lückenlose Auswertung der sehr umfangreichen Patentliteratur wurde verzichtet; in der Regel wurden hierbei nur die in den Chemical Abstracts referierten Tatsachen bearbeitet.

From the Preface of Part 1:

The significance of organometallic chemistry has increased considerably during recent years and within this area organotin chemistry reigns as one of the most important branches. The first organotin species, i.e., diethyltin diiodide, was prepared by Frankland in 1849; however, a lively development of organotin chemistry began only about one century later, primarily due to the potential application of such compounds in industry, technology, and agriculture. For example, organotin compounds tend to stabilize PVC toward photolytic attack and are active fungicides. The steadily increasing interest—about 200 publications until 1935, about 1000 until 1960, 5000 until 1970 and at present about 1000 annually—justifies a compilation of the available data in this area of chemistry.

The present series encompasses only compounds containing at least one tin-to-carbon bond; species such as $Sn[P(C_6H_5)_2]_4$ will not be considered and cyanides are viewed as inorganic tin derivatives. The material is grouped as follows:

1 Compounds containing only one tin atom (= mononuclear compounds)
2 Dinuclear compounds
3 Trinuclear compounds
4 Fournuclear compounds
5 Fivenuclear compounds
6 Polynuclear oligomeric compounds
7 Polynuclear polymeric compounds

Within each group of compounds the material is arranged in dependency of the substituents rather than by following the usual Gmelin System, i.e.:

–.1 Compounds containing four Sn-C bonds
–.2 Compounds containing Sn-H bonds
–.3 Compounds containing Sn-halogen bonds
–.4 Compounds containing bonds to main group six elements
–.5 Compounds containing bonds to main group five elements
–.6 Compounds containing bonds to main group four elements
–.7 Compounds containing bonds to main group three elements
–.8 Compounds containing bonds to main group two elements
–.9 Compounds containing bonds to main group one elements
–.10 Compounds containing bonds to transition metals
–.11 Complex compounds containing coordinated Sn
–.12 Other species

Within this arrangements the principle of the last position is usually adhered though is sometimes overruled in order to maintain the clarity of the presentation. Those compounds that—based on most recent studies and in contrast to earlier reports—are associated are delt with in the form of their smallest known entity. For example, polymeric $(CH_3)_2SnF_2$ is discussed with the mononuclear organotin fluorides.

As a rule the nomenclature as recommended by IUPAC is used; those hydrocarbon groups that are branched or cyclic isomers of n-alkyl moieties are specifically identified.

Quantity data on preparations are specified only in those cases where a considerable deviation from the normal stoichiometry exists.

Intensity abbreviations for IR spectra are: st = strong, m = medium, s = weak, Sch = shoulder.

As in original publications the chemical shift in NMR spectroscopy has been cited as δ, τ or $\Delta\nu$; no conversions have been made. Nothing contrary being stated, the spectrometer frequency (for chemical shifts measured in Hz) in ^{1}H-NMR-spectroscopy is always 60 MHz, the reference standard tetramethylsilane (TMS). Positive signs of δ or $\Delta\nu$ generally mean a high field shift as compared to the standard.

The literature coverage was attempted to be as complete as feasible but those publications that are not or not clearly abstracted by C.A. are not considered nor are all of the voluminous patent data. As a rule from patent data only those facts as presented in C.A. are fully reflected.

Inhaltsverzeichnis

(Table of Contents see page III)

Seite

Table of Contents

(Inhaltsverzeichnis s. S. I)

Page

Page

Zinn-Organische Verbindungen

Organotin Compounds

1.2 Organozinnhydride

Organotin Hydrides

Im Gegensatz zu dem bei Raumtemperatur in Zinn und Wasserstoff zerfallenden SnH_4 sind Organozinnhydride ganz allgemein beständige Verbindungen. Die fortschreitende Substitution der Wasserstoffatome im SnH_4 durch organische Gruppen führt zu einer steigenden Stabilität. Die mit aliphatischen Kohlenwasserstoffgruppen substituierten Derivate dieser Verbindungsklasse sind farblose Flüssigkeiten, die Arylverbindungen sind teilweise bei Raumtemperatur kristallin. Nahezu alle Verbindungen lösen sich gut in den gängigen organischen Lösungsmitteln, werden allerdings von Luftsauerstoff rasch angegriffen. Sie sind in verdünnten Lösungen nicht assoziiert.

Die gängigste Synthesemethode ist die Reduktion von Organozinnhalogeniden mit Lithiumaluminiumhydrid oder Dialkylaluminiumhydriden.

Organozinnhydride sind wichtige Ausgangsmaterialien für organische Synthesen. Besonders hervorzuheben sind die Umsetzungen mit Radikalbildnern und kurzlebigen Radikalen, die Hydrostannierung von C-C-Mehrfachbindungen und polaren Doppelbindungen, Kondensationen mit protonenliefernden Verbindungen, Ligandenaustauschreaktionen mit anderen Organozinnverbindungen, Kondensationsreaktionen, die zur Ausbildung von Sn-Sn-Bindungen führen, und die Verwendung der Organozinnhydride als Reduktionsmittel.

Allgemeine Literatur

General Literature

Vgl. die Vorbemerkungen in Erg.-Werk Bd. 26 „Zinn-Organische Verbindungen" Teil 1, S. 1.

Darstellung und Reaktionen

Preparation. Reactions

M. Lesbre, Sur les composés organiques de l'étain, Bull. Soc. Chim. France [5] **2** [1935] 1189/200.

G. W. Watt, Reactions of Organic and Organometallic Compounds with Solutions of Metals in Liquid Ammonia, Chem. Rev. **46** [1950] 317/79.

M. Lesbre, R. Dupont, Cleavage Reactions of Symmetrical Alkyl Stannanes by Hydrogen in the Presence of Silica Gel, Compt. Rend. 78e Congr. Soc. Savantes Paris Dept. Sect. Sci., Toulouse 1953, S. 429/37.

M. Lesbre, I. S. de Roch, Préparation et propriétés des stannanes vrais aliphatiques, Bull. Soc. Chim. France **1956** 754.

W. P. Neumann, Über Organozinnhydride, Angew. Chem. **73** [1961] 542.

D. Seyferth, Vinyl Compounds of Metals, Progr. Inorg. Chem. **3** [1962] 129/280.

J. G. Noltes, G. J. M. van der Kerk, Synthesis of Linear IVth Group Organometallic Polymers by Polyaddition, Chimia [Aarau] **16** [1962] 122/7.

M. C. Henry, J. G. Noltes, W. Davidsohn, A. Krebs, Organometallic Research Using Group IV Elements, U.S. Dept. Com. Office Tech. Serv. AD 286653 [1962] 309/16.

W. P. Neumann, A New Synthesis for Tin Alkyls, Especially Tin Containing Organic Polymers, 19th Intern. Congr. Pure Appl. Chem., London 1963, Abstr. A, S. 169.

W. P. Neumann, Neues aus der Chemie der Organozinnverbindungen, Angew. Chem. **75** [1963] 225/35.

H. G. Kuivila, Reactions of Organotin Hydrides with Organic Compounds, Advan. Organometal. Chem. **1** [1964] 47/87.

W. P. Neumann, Die Hydrostannierung ungesättigter Verbindungen, Angew. Chem. **76** [1964] 849/59.

E. Lukevics, M. G. Voronkov, Addition Products from Organic and Inorganic Hydrides of Silicon, Germanium, Tin, and Lead, Riga 1964, 371 S.

G. J. M. van der Kerk, J. G. Noltes, Hydride Additions, Ann N Y. Acad. Sci. **125** [1965] 25/42.

N. J. Friswell, B. G. Gowenlock, Inorganic Hydrogen- and Alkyl-containing Free Radicals. Group II, III, and IV, Advan. Free-Radical Chem. **1** [1965] 39/75.

M. C. Henry, W. E. Davidsohn, Organometallic Polymers, Ann. N. Y. Acad. Sci. **125** [1965] 172/82.

H. Gilman, W. H. Atwell, F. K. Cartledge, Catenated Organic Compounds of Silicon, Germanium, Tin, and Lead, Advan. Organometal. Chem. **4** [1966] 1/94.

A. J. Leusink, Hydrostannation. A Mechanistic Study, Diss. Utrecht 1966.

N. S. Vyazankin, O. A. Kruglaya, Kovalente zweikernige Metallorganyle, Usp. Khim. **35** [1966] 1388/403.

O. M. Nefedov, M. N. Manakov, Anorganische, metallorganische und organische Analoge der Carbene, Angew. Chem. **78** [1966] 1039/56.

K. Itoh, S. Sakai, Y. Ishii, Some Addition Reactions of Group IV b Organometallics to Unsaturated Coumpounds, Yuki Gosei Kagaku Kyokai Shi **24** [1966] 729/40.

K. Moedritzer, Redistribution Reactions of Organometallic Compounds of Silicon, Germanium, Tin, and Lead, Organometal. Chem. Rev. **1** [1966] 179/278.

S. Matsuda, S. Kikkawa, Organotin Compounds Having Functional Groups, Yuki Gosei Kagaku Kyokai Shi **24** [1966] 281/92.

N. S. Vyazankin, O. A. Kruglaya, Homolytic Reactions of Organometallic Compounds, Tr. po Khim. i Khim. Tekhnol. **1966** Nr. 1, S. 3/16; C.A. **67** [1967] Nr. 100168.

R. E. Dessy, W. Kitching, Organometallic Reaction Mechanisms, Advan. Organometal. Chem. **4** [1966] 267/351.

E. S. Krongauz, Polymers Containing Germanium, Tin, and Lead, Usp. Obl. Sin. Elementoorg. Polim. **1966** 129/46; C.A. **65** [1966] 12285.

R. J. Strunk, Properties of some Free Radicals Generated in the Reduction of Alkyl Halides by Organotin Hydrides, Diss. State Univ. of New York 1967, 135 S.; Diss. Abstr. B **29** [1969] 3689.

H. G. Kuivila, Chemistry of Allenes, U. S. Clearinghouse Fed. Sci. Tech. Inform. AD 664792 [1967] 1/3; C.A. **69** [1968] Nr. 87130.

H. M. J. C. Creemers, Hydrostannolysis, Diss. Utrecht 1967.

I. Ruidisch, H. Schmidbaur, H. Schumann, Organoelement Halides of Germanium, Tin, and Lead, in: V. Gutmann, Halogen Chemistry, Bd. 2, London 1967, S. 233/349.

K. Moedritzer, Redistribution Equilibria of Organometallic Compounds, Advan. Organometal. Chem. **6** [1968] 171/271.

N. S. Vyazankin, G. A. Razuvaev, O. A. Kruglaya, Organometallic Compounds with Metal-Metal Bonds Between Different Metals, Organometal. Chem. Rev. A **3** [1968] 323/423.

H. G. Kuivila, Organotin Hydrides and Organic Free Radicals, Accounts Chem. Res. **1** [1968] 299/305.

G. A. Razuvaev, N. S. Vyazankin, Organosilicon and Organogermanium Derivatives with Silicon-Metal and Germanium-Metal Bonds, Pure Appl. Chem. **19** [1969] 353/74.

W. P. Neumann, Substituent Exchange Equilibria on Germanium, Tin, and Lead, Ann. N. Y. Acad. Sci. **159** [1969] 56/72.

Y. Nagai, Hydrostannation, Kagaku No Ryoiki **23** [1969] 233/40.

K. M. Mackay, R. Watt, Chain Compounds of Silicon, Germanium, Tin, and Lead, Organometal. Chem. Rev. A **4** [1969] 137/223.

N. Viswonathan, Some New Silicon, Germanium, and Tin Hydride Derivatives, Diss. Carnegie-Mellon Univ. 1968, 178 S.; Diss. Abstr. B **29** [1969] 4085.

H. Sakurai, Reduction with Hydrides of Silicon, Germanium, and Tin, Kagaku No Ryoiki **24** [1970] 671/81.

R. A. Jackson, Silicon, Germanium, Tin, and Lead Radicals, Chem. Soc. [London] Spec. Publ. Nr. 24 [1970] 295/321.

C. F. Shaw, A. L. Allred, Nonbonded Interactions in Organometallic Compounds of Group IVB, Organometal. Chem. Rev. A **5** [1970] 95/142.

W. P. Neumann, Recent Developments in the Field of Organic Derivatives of Group IVB Elements, Pure Appl. Chem. **23** [1970] 433/46.

D. Seyferth, Divalent Carbon Insertions into Group IV Hydrides and Halides, Pure Appl. Chem. **23** [1970] 391/412.

S. Sakai, K. Ithoh, Y. Ishii, Addition Reactions of the Group IV Organometallic Compounds, Yuki Gosei Kagaku Kyokai Shi **28** [1970] 1109/26.

H. G. Kuivila, Reduction of Organic Compounds by Organotin Hydrides, Synthesis **1970** 499/509.
H. Matsuda, Formation and Cleavage of Tin-Carbon Bonds, Kagaku [Kyoto] **26** [1971] 137/41.
S. F. Zhilsov, O. N. Druzhkov, Reactions of Organic Derivatives of the Elements with Polyhalogenomethanes, Usp. Khim. **40** [1971] 226/53; Russ. Chem. Rev. **40** [1971] 126/41.
K. U. Ingold, B. P. Roberts, Free-Radical Substitution Reactions New York 1971.
E. J. Kupchik, Organotin Hydrides, in: A. K. Sawyer, Organotin Compounds, Bd. 1, New York 1971, S. 7/79.
W. T. Reichle, Preparation, Physical Properties, and Reactions of Sigma-Bonded Organometallic Compounds, in: M. Tsutsui, Characterization of Organometallic Compounds, Bd. 2, New York 1971, S. 653/826.
S. Sakai, Y. Ishii, Organic Synthesis Utilizing Organotin Compounds, Kagaku [Kyoto] **26** [1971] 142/9.
J. G. Noltes, Application des réactifs de Grignard a la préparation des organométaux et organométalloidés, Bull. Soc. Chim. France **1972** 2151/60.
G. A. Razuvaev, V. A. Shushunov, V. A. Dodonov, T. G. Brilkina, Reactions of Organometallic Compounds with Organic Peroxides, Org. Peroxides **3** [1972] 141/270.
M. A. Kazankova, T. I. Zverkova, I. F. Lutsenko, Addition of Tin and Germanium Hydrides to Acetylenic Ethers, Dokl. 4th Vses. Konf. Khim. Atsetilena, 1972, Bd. 2, S. 173/8; C.A. **79** [1973] Nr. 42625.
R. Gsel, Synthesis and Physical Properties of some Monohalogen Derivatives of Stannane and Methylstannane. Comparative Study of Direct and Across-space $(p\rightarrow d)_\pi$ Bonding Interactions in some Selected Group IV Compounds, Diss. Univ. of Maryland 1972; Diss. Abstr. Intern. B **33** [1972] 617.
D. A. Kochkin, Z. M. Rzaev, S. I. Sadykh-Zade, S. Mamedov, Hydrostannation of Unsaturated Epoxides, Str. Veshchestv Fiz. Khim. Anal. **1973** 5/101; C.A. **81** [1974] Nr. 152349.
B. C. Pant, Cycloalkanes Containing Heterocyclic Germanium, Tin, and Lead, J. Organometal. Chem. **66** [1974] 321/403.
M. D. Morris, Organometallic Electrochemistry, Electroanal. Chem. **7** [1974] 79/160.

Physikalische Eigenschaften

Physical Properties

Struktur und Bindung

Structure and Bond

Y. Kawasaki, Organic Tin Compounds. Structure and Properties. Alkyltin Hydrides, Kagaku No Ryoiki **18** [1964] 1045/6.
B. Y. K. Ho, J. J. Zuckerman, Structural Organotin Chemistry, J. Organometal. Chem. **49** [1973] 1/84.

UV-, IR-, Raman- und Mikrowellenspektren

UV, IR, Raman, and Microwave Spectra

R. Okawara, M. Sakiyama, Infrared Spectra of Organic Si, Ge, Sn, and Pb Compounds, Kagaku No Ryoiki Zokan Nr. 31 [1958] 127/64.
F. J. Bajer, Organometallic Spectra of Silicon, Germanium, Tin, and Lead, Progr. Infrared Spectry. **2** [1964] 151/76.
Yu. P. Egorov, V. P. Morozov, N. F. Kovalenko, Frequency Characteristics and Calculation of Force Constants of Hydrides of Elements in the Fourth Group, Tr. Komis. po Spectroskopii Akad. Nauk SSSR **2** [1964] 134/9; C.A. **64** [1966] 5941.
D. Bodiot, Spectres d'absorption infra-rouge des composés organométalliques de l'étain ou de plomb, Rev. Chim. Minerale **4** [1967] 957/75.
K. Nakamoto, Characterization of Organometallic Compounds by IR-Spectroscopy, in: M. Tsutsui, Characterization of Organometallic Compounds, Bd. 1, New York 1969, S. 73/135.
T. Tanaka, Vibrational Spectra of Organotin and Organolead Compounds, Organometal. Chem. Rev. A **5** [1970] 1/51.
K. Licht, P. Reich, Literature Data for IR, Raman, NMR Spectroscopy of Si, Ge, Sn, Pb Organic Compounds, Berlin 1971.

Magnetische Resonanz

Magnetic Resonance

N. S. Ham, T. Mole, The Application of NMR to Organometallic Exchange Reactions, Progr. Nucl. Magn. Resonance Spectry. **4** [1969] 91/192.

K. Licht, P. Reich, Literature Data for IR, Raman, NMR Spectroscopy of Si, Ge, Sn, Pb Organic Compounds, Berlin 1971.

L. A. Fedorov, E. I. Fedin, Spin-Spin Interactions Constants and Certain Properties of Organotin Compounds, Izv. Akad. Nauk SSSR Ser. Khim. **1971** 787/94; Bull. Acad. Sci. USSR Div. Chem. Sci. **1971** 705/10.

V. S. Petrosyan, O. A. Reutov, Study of the Structure and Complexation of Organic and Inorganic Derivatives of Metals by Means of NMR Spectroscopy of Heavy Nuclei, Pure Appl. Chem. **37** [1974] 147/59.

B. E. Mann, ^{13}C-NMR Chemical Shifts and Coupling Constants of Organometallic Compounds, Advan. Organometal. Chem. **12** [1974] 135/213.

J. D. Kennedy, W. McFarlane, ^{119}Sn Magnetic Shielding in Tin Compounds, Rev. Silicon Germanium Tin Lead Compounds **1** [1974] 235/98.

Mössbauer Spectroscopy

Mössbauer-Spektroskopie

R. H. Herber, Mössbauer Parameters for Metal-Organic (Fe, Sn) Compounds, Tech. Rept. Ser. Intern. At. Energy Agency Nr. 50 [1966] 121/33.

J. J. Zuckerman, Application of ^{119m}Sn Mössbauer Spectroscopy to Chemical Problems, Mössbauer Eff. Methodol. Proc. Symp. **3** [1967] 15/36.

V. I. Goldanskii, V. V. Khrapov, O. Yu. Okhlobystin, V. Ya. Rochev, ^{119}Sn. Metal-Organic Compounds, in: V. I. Goldanskii, R. H. Herber, Chemical Application of Mössbauer Spectroscopy, New York 1968, S. 336/76.

R. H. Herber, Characterization of Organometallic Compounds by Mössbauer Spectroscopy, in: M. Tsutsui, Characterization of Organometallic Compounds, Bd. 1, New York 1969, S. 315/40.

V. I. Goldanskii, V. V. Khrapov, R. A. Stukan, Application of the Mössbauer Effect in the Study of Organometallic Compounds, Organometal. Chem. Rev. A **4** [1969] 225/61.

J. J. Zuckerman, Applications of ^{119m}Sn Mössbauer Spectroscopy to the Study of Organotin Compounds, Advan. Organometal. Chem. **9** [1970] 21/134.

P. J. Smith, Mössbauer Parameters of Organotin Compounds, Organometal. Chem. Rev. A **5** [1970] 373/402.

T. C. Gibb, Applications of Mössbauer Spectroscopy to Organometallic Chemistry, in: W. O. George, Spectroscopic Methods in Organometallic Chemistry, London 1970, S. 33/60.

R. Barbieri, L. Pellerito, N. Bertazzi, G. C. Stocco, Mössbauer Spectroscopy of Mono-organotin(IV) Derivatives, Inorg. Chim. Acta **11** [1974] 173/83.

Uses

Verwendung

J. G. A. Luijten, G. J. M. van der Kerk, A Survey of the Chemistry and Applications of Organotin Compounds, Greenford, Middlessex, England, 1952.

G. J. M. van der Kerk, J. G. Noltes, Ein neuer Weg zu neuen Typen von Organozinnverbindungen, Zinn Verwendung Nr. 37 [1956] 10/2.

G. J. M. van der Kerk, J. G. A. Luijten, J. G. Noltes, Neue Ergebnisse der Organozinn-Forschung, Angew. Chem. **70** [1958] 298/306.

G. J. M. van der Kerk, Fortschritte der Organozinnchemie, Zinn Verwendung Nr. 43 [1958] 7/8.

W. R. Lewis, E. S. Hedges, Applications of Organotin Compounds, Advan. Chem. Ser. **23** [1959] 190/203.

G. J. M. van der Kerk, Tien Jaar Organotin-Onderzoek, Chem. Weekblad **56** [1960] 339/49.

1.2.1 Triorganozinnhydride

Triorganotin Hydrides

Triorganozinnhydride sind die am besten bekannten, untersuchten und angewandten Organozinn-Wasserstoff-Verbindungen. Man kennt eine ganze Reihe symmetrisch und unsymmetrisch substituierter Vertreter dieser Verbindungsklasse. Die Zinn-Wasserstoff-Bindung ist ziemlich unpolar. Sie kann jedoch durch Einflüsse der Reaktionspartner und der Lösungsmittel teilweise stark polarisiert werden. Damit besteht die Möglichkeit für unterschiedliche Reaktionsweisen. Der Wasserstoff kann als Hydrid-Anion oder als Proton abgespalten werden und es kann eine radikalische Spaltung der Zinn-Wasserstoff-Bindung eintreten. Bei vielen Reaktionen der Organozinnhydride ist derMechanismus jedoch noch nicht klar und eindeutig auf eine dieser Möglichkeiten festzulegen. Die bedeutendsten Reaktionen der Triorganozinnhydride sind die Hydrostannierung von C-C-Mehrfachbindungen und von polaren Doppelbindungen sowie die Verwendung der Triorganozinnhydride als spezifische Reduktionsmittel.

Allgemeine Literatur

General Literature

Darstellung und Reaktionen

Preparation. Reactions

M. Lesbre, Sur les composés organiques de l'étain, Bull. Soc. Chim. France [5] **2** [1935] 1189/200.
G. Wittig, Über metallorganische Komplexverbindungen, Angew. Chem. **62** [1950] 231/6.
C. A. Kraus, Fragments of Chemistry. Silicon, Germanium, and Tin, J. Chem. Educ. **29** [1952] 488/91.
E. Imoto, Reduction with Complex Metal Hydrides, Kagaku [Kyoto] **14** [1959] 860/3.
W. P. Neumann, H. Niermann, R. Sommer, Neue Möglichkeiten zur Herstellung von Organozinn-Verbindungen, Angew. Chem. **73** [1961] 768.
A. D. Petrov, V. F. Mironov, Synthese und Reaktionen von Silicium-, Germanium- und Zinn-organischen Verbindungen, Angew. Chem. **73** [1961] 59/63.
W. P. Neumann, Die Hydrostannierung ungesättigter Verbindungen, Angew. Chem. **76** [1964] 849/59.
M. Gielen, J. Nasielski, Structures et réactivités en chimie organométallique, Ind. Chim. Belge **29** [1964] 767/77.
W. P. Neumann, Neuere Organozinnhydrid-Arbeiten, Zinn Verwendung Nr. 61 [1964] 5/6.
H. G. Kuivila, Reactions of Organotin Hydrides with Organic Compounds, Advan. Organometal. Chem. **1** [1964] 47/87.
M. Pereyre, J. Valade, Réaction des triorganostannanes avec les cétones α-éthyleniques, Bull. Soc. Chim. France **1965** 2420.
J. Sevestre, Action de monohydrures organostanniques sur les doubles et triples liaisons carbone-carbone, Peintures Pigments Vernis **41** [1965] 278/84, 361/7.
A. J. Leusink, Hydrostannation. A Mechanistic Study, Diss. Utrecht 1966.
H. G. Kuivila, Organotin Hydrides and Organic Free Radicals, Accounts Chem. Res. **1** [1968] 299/305.
R. A. Jackson, Group IVb Radical Reactions, Advan. Free-Radical Chem. **3** [1969] 231/88.
D. Seyferth, Divalent Carbon Insertions into Group IV Hydrides and Halides, Pure Appl. Chem. **23** [1970] 391/412.
I. Moritani, T. Hosokawa, Photoreactions in Organometallic Compounds, Kagaku No Ryoiki Zokan Nr. 93 [1970] 183/211.
H. G. Kuivila, Reduction of Organic Compounds by Organotin Hydrides, Synthesis **1970** 499/509.
K. U. Ingold, B. P. Roberts, Free-Radical Substitution Reactions, New York 1971.
G. R. Krow, Synthese und Reaktionen von Keteniminen, Angew. Chem. **83** [1971] 455/70.
I. N. Azerbaev, K. B. Erzhanov, K. B. Polatbekov, V. S. Bazalitskaya, Addition of Organic Group IVB Hydrides to 4-Ethynyl-2,2-dimethyltetrahydro-4-pyranol, Khim. Atsetilena Tekhnol. Karbida Kaltsiya **1972** 177/80.
I. M. Gverdtsiteli, S. V. Adamiya, Hydrostannylation of Vinylacetylenic Alcohols and their Esters with Triethylstannane, Tbilisis Universititis Shromebi Tr. Tbilis. Univ. A **8** [1974] 125/8; C.A. **83** [1975] Nr. 58965.

Physikalische Eigenschaften

Physical Properties

N. A. Chumaevskii, Schwingungsspektren von metallorganischen Verbindungen der IV. Hauptgruppe, Usp. Khim. **32** [1963] 1152/75.
R. A. Cummins, P. Dunn, The Infrared Spectra of Organotin Compounds, Australia Commonwealth Dept. Supply Defence Std. Lab. Rept. Nr. 266 [1963] 1/106; C.A. **60** [1964] 11503.

L. W. Reeves, Absolute Correlation of Nuclear Spin-Spin Coupling Constants with Atomic Number. Couplings $J_{X\text{-}C\text{-}H}$ and $J_{X\text{-}H}$, J. Chem. Phys. **40** [1964] 2128/31.

M. L. Maddox, S. L. Stafford, H. D. Kaesz, Applications of NMR to the Study of Organometallic Compounds, Advan. Organometal. Chem. **3** [1965] 1/179.

R. H. Herber, H. A. Stöckler, W. T. Reichle, Systematics of Mössbauer Isomer Shifts of Organotin Compounds, J. Chem. Phys. **42** [1965] 2447/52.

J. J. Spijkerman, The Mössbauer Chemical Shift in Tin Chemistry, Advan. Chem. Ser. **68** [1967] 105/12.

L. May, J. J. Spijkerman, On the Relationship Between Mössbauer Spectroscopy and the Nuclear Magnetic Resonance of Organotin Compounds, J. Chem. Phys. **46** [1967] 3272/3.

R. H. Herber, Chemical Aspects of Mössbauer Spectroscopy, Progr. Inorg. Chem. **8** [1967] 1/41.

D. M. Adams, Metal-Ligand and Related Vibrations, London 1967.

J. J. Zuckerman, Chemical Significance of Mössbauer Spectral Parameters. Sn^{119m} Isomer Shift and Percentage Ionic Character of Tin Bonds, J. Inorg. Nucl. Chem. **29** [1967] 2191/202.

V. I. Goldanskii, V. V. Khrapov, O. Yu. Okhlobystin, V. Ya. Rochev, ^{119}Sn. Metal-Organic Compounds, in: V. I. Goldanskii, R. H. Herber, Chemical Application of Mössbauer Spectroscopy, New York 1968, S. 336/76.

T. Kawamura, J. K. Kochi, Electron Spin Resonance Study of the Adduct of Trialkylstannyl Radicals to Butadiene, J. Organometal. Chem. **30** [1971] C8/C12.

V. O. Reikhsfeld, V. A. Ivanov, I. E. Saratov, Properties of Organohydrides of the Group IVb Elements, Kremniiorg. Mater. **1971** 97/101; C.A. **78** [1973] Nr. 15158.

A. Hudson, Organometallic Radicals, Electron Spin Resonance **2** [1974] 270/80.

Analysis

Analyse

M. Frankel, D. Wagner, D. Gertner, A. Zilkha, Colorimetric Determination of Organotin Hydrides with Isatin or Ninhydrin, Israel J. Chem. **4** [1966] 183/7.

S. Faleschini, L. Doretti, Analisi gaschromatographica di alcuni composti metallorganici dello stagno, Ann. Chim. [Rome] **60** [1970] 597/604.

Triorganotin Hydrides of the R_3SnH Type

1.2.1.1 Triorganozinnhydride des Typs R_3SnH

Trimethyltin Hydride

1.2.1.1.1 Trimethylzinnhydrid $(CH_3)_3SnH$

Formation. Preparation

1.2.1.1.1.1 Bildung und Darstellung

Trimethylzinnhydrid entsteht bei der Umsetzung von $(CH_3)_3SnCl$ mit $LiAlH_4$ in Dioxan [1]. Bei Verwendung von Diglyme als Lösungsmittel werden 87% Ausbeute erzielt [2]. Analog wird die Verbindung aus $(CH_3)_3SnBr$ und $LiAlH_4$ in Dibutyläther unter Rückflußkochen [3] sowie in Dioxan erhalten [4]. Bei der Reduktion von $(CH_3)_3SnCl$ mit $NaBH_4$ in Diglyme entsteht $(CH_3)_3SnH$ in 92%iger Ausbeute [5, 6]. Dabei ist es angebracht, einen 10fachen Überschuß an $NaBH_4$ zu verwenden [7]. Die Verbindung entsteht auch beim zweistündigen Erhitzen von $(CH_3)_3SnBr$ und $(C_4H_9)_3SnH$ auf 50°C in 80%iger Ausbeute [8], bei der Reaktion von $(CH_3)_3SnCl$ mit Na in flüssigem NH_3 und nachfolgendem Versetzen mit NH_4NO_3 [9] und bei der Spaltung von $[(CH_3)_3Sn]_2$ mit $LiAlH_4$ nach 6 h bei 25°C in 49%iger Ausbeute [10]. $(CH_3)_3SnN(C_2H_5)_2$ bildet mit B_2H_6 bei −78°C innerhalb von 15 h unter Abspaltung von $H_2BN(C_2H_5)_2$ in 78.2%iger Ausbeute $(CH_3)_3SnH$ [11]. Bei Verwendung von $(CH_3)_3SnN(CH_3)_2$ und $BH_3 \cdot N(C_2H_5)_3$ entstehen in Petroläther in einer exothermen Reaktion 78% der Theorie an $(CH_3)_3SnH$ [12]. $(CH_3)_3SnN(C_2H_5)_2$ bildet mit $(C_4H_9)_2AlH$ bei −30°C innerhalb von 1 h 99% des Produktes [11]. Außerdem entsteht die Verbindung bei der Reduktion von $(CH_3)_3SnC{\equiv}CC_6H_5$ mit $(C_4H_9)_2AlH$ in Toluol [13] und bei der Umsetzung von $(CH_3)_3SnOR$ ($R = C_2H_5$, *iso*-C_3H_7) mit optisch aktivem $CH_3(C_6H_5)(1\text{-}C_{10}H_7)SiH$ bei 100 bis 120°C [14]. Zur Kinetik dieser Hydrierung s. [15].

Als Nebenprodukt entsteht $(CH_3)_3SnH$ bei der Umsetzung von $[(CH_3)_3Sn]_2Pt[P(C_6H_5)_3]_2$ mit H_2 in Benzol bei Raumtemperatur [16], von $(C_2H_5)_3SnH$ mit $C_6H_5N{=}NN(C_6H_5)Sn(CH_3)_3$ in Cumol bei 80°C in Gegenwart von Azoisobuttersäuredinitril [17] und von $2,3\text{-}C_2B_4H_8$ mit $(CH_3)_2SnH_2$ im Einschlußrohr nach 21 h bei 175°C [18]. $(CH_3)_3SnH$ bildet sich bei der UV-Bestrahlung von $Sn(CH_3)_4$ bei 100°C [19], auch bei der UV-Bestrahlung von $(CH_3)_2SnH_2$ bei 130°C [20], bei

45stündigem Erhitzen von $(CH_3)_2SnH_2$ im Einschlußrohr auf 120°C [21], aus μ-$(CH_3)_3SnC_2B_4H_7$ nach 16 h bei 220°C neben $C_2B_4H_8$ [22] und, wie NMR-spektroskopisch gezeigt werden konnte, bei der photochemischen Zersetzung von $(CH_3)_3SnN(C_2H_5)_2$ [23].

Analysis

Analyse. Bedingungen für die gaschromatographische Trennung von $(CH_3)_3SnH$ von anderen Organozinnverbindungen s. bei [24].

Thermodynamic Data of Formation

Thermodynamische Daten der Bildung. Bildungsenthalpie ΔH° in kcal/mol bei der Bildung der gasförmigen Verbindung aus den Elementen unter Standardbedingungen: ΔH°_{298} = +5.2 [25], +5 [26]. — Für die Bildung der flüssigen Verbindung aus den Elementen werden folgende Werte angegeben: ΔH°_{298} = −2.0 [25] und −2.1 [26].

Literatur:

[1] A. E. Finholt, A. C. Bond, K. E. Wilzbach, H. I. Schlesinger (J. Am. Chem. Soc. **69** [1947] 2692/6). — [2] R. H. Fish, H. G. Kuivila, I. J. Tyminski (J. Am. Chem. Soc. **89** [1967] 5861/8). — [3] F. H. Pollard, G. Nickless, D. J. Cooke (J. Chromatog. **17** [1965] 472/82). — [4] H. Kriegsmann, S. Pischtschan (Z. Anorg. Allgem. Chem. **308** [1961] 212/25). — [5] E. R. Birnbaum, P. H. Javora (J. Organometal. Chem. **9** [1967] 379/82).

[6] E. R. Birnbaum, P. H. Javora (Inorg. Syn. **12** [1970] 45/57). — [7] M. L. Bullpitt, W. Kitching (J. Organometal. Chem. **46** [1972] 21/9). — [8] J. C. Maire, J. van Rietschoten (Helv. Chim. Acta **54** [1971] 1054/9). — [9] C. A. Kraus, W. N. Greer (J. Am. Chem. Soc. **44** [1922] 2629/33). — [10] A. T. Weibel, J. P. Oliver (J. Organometal. Chem. **57** [1973] 313/7).

[11] M.-R. Kula, J. Lorberth, E. Amberger (Chem. Ber. **97** [1964] 2087/9). — [12] T. A. George, M. F. Lappert (J. Chem. Soc. A **1969** 992/6). — [13] J. Lorberth (J. Organometal. Chem. **16** [1969] 327/31). — [14] M. Pereyre, J. Pijselman (J. Organometal. Chem. **25** [1970] C27/C29). — [15] J. Pijselman, M. Pereyre (J. Organometal. Chem. **63** [1973] 139/57).

[16] M. Akhtar, H. C. Clark (J. Organometal. Chem. **22** [1970] 233/40). — [17] J. Holländer, W. P. Neumann (Angew. Chem. **83** [1971] 850/1). — [18] W. A. Ledoux, R. N. Grimes (J. Organometal. Chem. **27** [1971] 37/48). — [19] P. Borrell, A. E. Platt (Trans. Faraday Soc. **66** [1970] 2286/96). — [20] C. Barnetson, H. C. Clark, J. T. Kwon (Chem. Ind. [London] **1964** 458/9).

[21] H. C. Clark, S. G. Furnival, J. T. Kwon (Can. J. Chem. **41** [1963] 2889/97). — [22] A. Taberaux, R. N. Grimes (Inorg. Chem. **12** [1973] 792/8). — [23] M. Lehnig (Tetrahedron Letters **1974** 3323/6). — [24] F. H. Pollard, G. Nickless, D. J. Cooke (J. Chromatog. **13** [1964] 48/55). — [25] W. F. Lautsch, A. Tröber, W. Zimmer, L. Mehner, W. Linck, H.-M. Lehmann, H. Brandenburger, H. Körner, H.-J. Metzschker, K. Wagner, R. Kaden (Z. Chem. [Leipzig] **3** [1963] 415/21).

[26] D. D. Wagman, W. H. Evans, V. B. Parker, I. Halow, S. M. Bailey, R. H. Schumm (Natl. Bur. Std. [U.S.] Tech. Note Nr. 270-3 [1968] 185).

1.2.1.1.1.2 Molekül. Spektren

The Molecule. Spectra

Structure

Struktur. Durch Elektronenbeugung an gasförmigem $(CH_3)_3SnH$ werden folgende Abstände und Winkel ermittelt: Sn-C = 2.147 Å, Sn-H = 1.705 Å, C-H = 1.086 Å, C-Sn-C = 107.5°, C-Sn-H = 111.5°, Sn-C-H = 111.6° [1]. Aus Kraftfeldberechnungen, die auf Mikrowellendaten zurückgehen, werden folgende theoretische Werte ermittelt: Sn-H = 1.698 Å, Sn-C = 2.139 Å, C-Sn-C = 108.9°, Sn-C-H = 110.0° [2].

Dissociation

Dissoziation. Für die Dissoziationsenergie von $(CH_3)_3SnH$ wird ein Wert von etwa 35 kcal/mol angegeben [3]. Die Bindungsdissoziationsenthalpie beträgt D(Sn-H) = 55.4 kcal/mol [4].

Nuclear Magnetic Resonance Spectra

Kernmagnetische Resonanzspektren. Im ^1H-NMR-Spektrum erscheint für die 9 CH_3-Protonen ein Dublett-Signal. Folgende chemische Verschiebungen werden angegeben: τ = 9.81 [5], 9.82 [6, 7], 9.88 [8] sowie δ = −0.08 ppm [9], −0.2 ppm [10] und −10.8 Hz gegen TMS [11] und +1.36 ppm gegen Cyclopentan [12]. Folgende Kopplungskonstanten werden bestimmt: $J(^1HCSn^1H)$ = 2.37 Hz [6, 11, 13, 14], 2.38 Hz [5], 2.4 ± 0.2 Hz [9], 2.44 Hz [12], 2.7 Hz [10] und 2.40 Hz [8]; $J(^1H^{13}C)$ = 128.5 Hz [5, 11] und 128.8 ± 0.3 Hz [9]; $J(^1HC^{115}Sn)$ = 50.4 Hz [15]; $J(^1HC^{117}Sn)$ = 54.4 Hz [15], 54.5 Hz [5, 6, 9, 11] und 53.5 Hz (berechnet) [16]; $J(^1HC^{119}Sn)$ =

56.5 Hz [6, 7, 10, 11, 15, 17, 18], 56.9 ± 0.2 Hz [9], 57 Hz [5], 57.4 Hz [12], 56.5 Hz [8] und 56.0 Hz (berechnet) [16]. Für das an Sn gebundene Wasserstoffatom erscheint ein Decett-Signal bei τ = 5.27 [6, 13], 5.34 [8], 5.36 [13], 5.38 [5, 13], 5.39 [13, 19], 5.27 in Neopentan [19, 20] und 5.36 in CS_2 [20] sowie bei δ = −4.61 ppm [9], −283.8 Hz [14] und −284.0 Hz [11]. Die zu diesem Signal gehörenden Kopplungskonstanten betragen: $J(^1H^{115}Sn)$ = 1533 Hz [15]; $J(^1H^{117}Sn)$ = 1660 Hz [5], 1663 Hz [15], 1664 Hz [6, 11, 13, 14, 19], 1677 Hz [9, 19] und 1661 Hz (berechnet) [16]; $J(^1H^{119}Sn)$ = 1738 Hz [5], 1740 Hz [15], 1744 Hz [6, 8, 10, 11, 13, 14, 17, 18, 19], 1755 Hz [9, 19] und 1738 Hz (berechnet) [16]; $J(^1HSn^{13}C)$ = 10.8 Hz [8].

Über Vergleiche der ^1H-NMR-Spektren mit denen von $(CH_3)_nMH_{4-n}$ mit M = Si, Ge, Sn, Pb und n = 0, 1, 2, 3, 4 s. [11], mit denen weiterer Organozinnhydride unter Korrelation der Kopplungskonstanten $J(^1H^{117/119}Sn)$ und der chemischen Verschiebung δSnH mit der Taftschen σ-Konstanten s. [13, 14]. Korrelationen der Kopplungskonstanten $J(^1HM)$ und $J(^1HCM)$ für Methylsilyl-, Methylgermyl-, Methylstannyl- und Methylplumbylhydride mit der Ordnungszahl der Elemente M s. bei [18]. Zwischen den Kopplungskonstanten $J(^1H^{119}Sn)$ und der νSnH besteht bei Organozinnhydriden eine lineare Beziehung [19]. del Re-Berechnungen s. bei [7].

Im ^{13}C-NMR-Spektrum wird eine chemische Verschiebung δCH_3 von +11.8 ppm gegen TMS gefunden und eine Kopplungskonstante von $J(^{13}CSn)$ = 352 Hz [21]. Die chemische Verschiebung im ^{119}Sn-NMR-Spektrum beträgt $\delta^{119}Sn$ = +104.5 ppm [22, 23].

Mössbauer Spectrum

Mössbauer-Spektrum. Im Mössbauer-Spektrum werden für die Isomerieverschiebung δ in mm/s folgende Werte gefunden: −1.46 gegen β-Sn [17], 0.95 gegen α-Sn [24], 1.23 ± 0.02 [25] und 1.24 gegen SnO_2 [26]. Die Quadrupolaufspaltung beträgt in allen Fällen 0 mm/s. — Zur Berechnung der Elektronendichte am Sn-Kern und zur Beteiligung der 5s-, 5p- und 5d-Orbitale s. [27]. Vergleich der Ladungsverteilung in $(CH_3)_3SnH$, berechnet mit Hilfe der modifizierten CNDO-Methode, mit der in anderen Organozinnverbindungen s. bei [28].

Vibrational Spectrum

Schwingungsspektrum. Die gemessenen und zugeordneten IR- und Raman-Spektren von $(CH_3)_3SnH$ sind in Tabelle 1 zusammengestellt. Die Tabelle enthält auch das IR-Spektrum von $(CH_3)_3SnD$ [29]. Daneben wird die νSnH bei 1830 [20], 1833 [19, 20], 1834 [32] und 1837 cm^{-1} gefunden [14]. Die Lage der νSnH ist abhängig vom Lösungsmittel. Folgende Wellenzahlen (in cm^{-1}) werden angegeben: 1848 und 1860 (gasförmig), 1839 (Hexan), 1837 (in Substanz), 1835 (CS_2), 1833 (Benzol), 1830 (Acetonitril), 1829 (Dimethylformamid) und 1828 (Dioxan). Auch die Intensität wird von der Art des Lösungsmittels beeinflußt. Die Halbwertsbreite der νSnH beträgt in Hexan 20.5 cm^{-1} und in CS_2 26.9 cm^{-1} [31].

Nach einem vereinfachten Ansatz nach Siebert werden folgende Kraftkonstanten in mdyn/Å berechnet: fSnC = 2.13, f'SnC = 0.04, fSnH = 2.00, dCSnC = 0.08, d'CSnC = 0, dCSnH = 0.09 [30].

Tabelle 1
IR- und Raman-Spektren von $(CH_3)_3SnH$

Zuordnung	ν in cm^{-1}					
	IR (gasf.) [30]	IR (flüss.) [31]	IR (CS_2) [30]	IR (gasf.) [29]	Raman (flüss.) [30]	$(CH_3)_3SnD$ IR (gasf.) [29]
$\nu_{as}CH_3$	2988 m	2985 m	2982 m	3012 st	2979	3003 m
ν_sCH_3	2923 m	2911 m	2912 m	2958 st	2910	2932 st
νSnH	1860 st	1837 st	1834 m	1841 st	1843	—
νSnH	1850 st	—	—	—	—	—
$\delta_{as}CH_3$	1460 s	—	—	1410 s	—	1410 st
νSnD	—	—	—	—	—	1337 Sch
νSnD	—	—	—	—	—	1326 st
δ_sCH_3	1215 s	—	—	1209 s	—	1211 s
δ_sCH_3	1207 s	—	—	1200 m	—	1201 s
δ_sCH_3	1200 s	1193 s	1196 s	1191 s	1197	1191 s

Tabelle 1 (Fortsetzung)

Zuordnung	ν in cm^{-1}					
	IR(gasf.) [30]	IR(flüss.) [31]	IR(CS_2) [30]	IR(gasf.) [29]	Raman(flüss.) [30]	$(CH_3)_3SnD$ IR(gasf.) [29]
ρCH_3Sn	—	775 Sch	—	—	—	—
ρCH_3Sn	772 st	760 st	768 st	764 st	—	774 st
δC_3SnH	—	—	—	681 s	—	—
δC_3SnH	—	—	—	671 m	—	—
δC_3SnH	—	—	—	659 s	—	—
δSnH	—	—	—	—	545	—
—	538 st	—	—	—	—	—
$\nu_{as}SnC_3$	528 st	521 Sch	—	—	—	—
$\nu_{as}SnC_3$	521 st	—	527 st	535 Sch	527	537 Sch
ν_sSnC_3	—	516 st	517 m	516 st	506	520 Sch
ν_sSnC_3	—	—	—	509 st	—	—
δC_3SnD	—	—	—	—	—	390 st
δC_3SnD	—	—	—	—	—	383 st
δC_3SnD	—	—	—	—	—	376 st
δSnC_3	—	—	—	140	149	140

Kombinations- und Oberschwingungen s. in den Originalen [29, 30, 31].

Literatur:

[1] B. Beagley, K. McAloon, J. M. Freeman (Acta Cryst. B **30** [1974] 444/9). — [2] R. J. Ouellette (J. Am. Chem. Soc. **94** [1972] 7674/9). — [3] W. P. Neumann (Pure Appl. Chem. **23** [1970] 433/46). — [4] W. F. Lautsch, A. Tröber, H. Körner, K. Wagner, R. Kaden, S. Blase (Z. Chem. [Leipzig] **4** [1964] 441/54). — [5] G. P. van der Kelen, L. Verdonck, D. van de Vondel (Bull. Soc. Chim. Belges **73** [1964] 733/40).

[6] N. Flitcroft, H. D. Kaesz (J. Am. Chem. Soc. **85** [1963] 1377/80). — [7] R. Gupta, B. Majee (J. Organometal. Chem. **40** [1972] 97/105). — [8] C. Schumann, H. Dreeskamp (J. Magn. Resonance **3** [1970] 204/17). — [9] H. C. Clark, J. T. Kwon, L. W. Reeves, E. J. Wells (Inorg. Chem. **3** [1964] 907/8). — [10] J. C. Maire, J. van Rietschoten (Helv. Chim. Acta **54** [1971] 1054/9).

[11] H. Schmidbaur (Chem. Ber. **97** [1964] 1639/48). — [12] A. T. Weibel, J. P. Oliver (J. Organometal. Chem. **57** [1973] 313/7). — [13] J. Dufermont, J. C. Maire (J. Organometal. Chem. **7** [1967] 415/25). — [14] M.-R. Kula, E. Amberger, H. Rupprecht (Chem. Ber. **98** [1965] 629/33). — [15] H. Schumann, H. J. Kroth (Z. Naturforsch. **29b** [1974] 573/4).

[16] T. Vladimirov, E. R. Malinovski (J. Chem. Phys. **42** [1965] 440/2). — [17] L. May, J. J. Spijkerman (J. Chem. Phys. **46** [1967] 3272/3). — [18] L. W. Reeves (J. Chem. Phys. **40** [1964] 2128/31). — [19] M. L. Maddox, N. Flitcroft, H. D. Kaesz (J. Organometal. Chem. **4** [1965] 50/6). — [20] Y. Kawasaki, K. Kawakami, T. Tanaka (Bull. Chem. Soc. Japan **38** [1965] 1102/5).

[21] T. N. Mitchell (J. Organometal. Chem. **59** [1973] 189/97). — [22] A. P. Tupciauskas, N. M. Sergeev, Yu. A. Ustynyuk (Org. Magn. Resonance **3** [1971] 655/9). — [23] R. Radeglia, G. Engelhardt (Z. Chem. [Leipzig] **14** [1974] 319/20). — [24] M. Cordey-Hayes, R. D. Peacock, M. Vucelic (J. Inorg. Nucl. Chem. **29** [1967] 1177/80). — [25] B. Gassenheimer, R. H. Herber (Inorg. Chem. **8** [1969] 1120/5).

[26] R. H. Herber, G. I. Parisi (Inorg. Chem. **5** [1966] 769/74). — [27] N. N. Greenwood, P. G. Perkins, D. H. Wall (Symp. Faraday Soc. Nr. 1 [1967] [Publ. 1968] 51/9). — [28] P. G. Perkins, D. H. Wall (J. Chem. Soc. A **1971** 3620/3). — [29] C. R. Dillard, L. May (J. Mol. Spectry. **14** [1964] 250/67). — [30] H. Kriegsmann, S. Pischtschan (Z. Anorg. Allgem. Chem. **308** [1961] 212/25).

[31] H. Kriegsmann, K. Ulbricht (Z. Anorg. Allgem. Chem. **328** [1964] 90/104). — [32] Yu. P. Egorov, V. P. Morozov, N. F. Kovalenko (Ukr. Khim. Zh. **31** [1965] 123/32 nach C. A. **63** [1965] 3771).

Physical Properties

1.2.1.1.1.3 Physikalische Eigenschaften

$(CH_3)_3SnH$ ist eine farblose, bei Zimmertemperatur flüssige Verbindung, für die folgende Siedepunkte bei dem gemessenen Druck angegeben werden: 54°C/760 Torr [1], 58°C/752 Torr [2], 59°C/760 Torr [3, 4, 5], 59 bis 61°C/760 Torr [6], 60°C/760 Torr [7, 8] und 60 bis 61°C/760 Torr [9]. Aus der Gleichung nach Egloff wird ein Siedepunkt von 331 K errechnet [10]. Die Temperaturabhängigkeit des Dampfdrucks folgt der Gleichung $\lg p = B - A/T$ mit $A = 1581$ und $B = 7.641$. Die Verdampfungswärme ΔH_s wurde aus dem Siedepunkt zu 7.240 kcal/mol berechnet. Die Trouton-Konstante beträgt 21.8 $cal \cdot mol^{-1} \cdot K^{-1}$ [13, 14]. Für den Brechungsindex wird angegeben: n_D^{18} = 1.4472 [2] und 1.4484 [4, 5] sowie n_D^{20} = 1.4461. Molrefraktion nach Eisenlohr: R_{mol} = 238.32, daraus berechnete Bindungsrefraktionskonstante der Sn-H-Bindung: $R_{Sn\text{-}H}$ = 40.59 [11]. Das Dipolmoment wurde mit Hilfe der del Re-Methode zu 0.67 D berechnet [12].

Literatur:

[1] T. A. George, M. F. Lappert (J. Chem. Soc. A **1969** 992/6). — [2] E. R. Birnbaum, P. H. Javora (Inorg. Syn. **12** [1970] 45/57). — [3] K. Licht, H. Geissler, P. Köhler, K. Hottmann, H. Schnorr, H. Kriegsmann (Z. Anorg. Allgem. Chem. **385** [1971] 271/88). — [4] H. Kriegsmann, S. Pischtschan (Z. Anorg. Allgem. Chem. **308** [1961] 212/25). — [5] H. Kriegsmann, K. Ulbricht (Z. Anorg. Allgem. Chem. **328** [1964] 90/104).

[6] Y. Kawasaki, K. Kawakami, T. Tanaka (Bull. Chem. Soc. Japan **38** [1965] 1102/5). — [7] C. A. Kraus, W. N. Greer (J. Am. Chem. Soc. **44** [1922] 2629/33). — [8] R. H. Fish, H. G. Kuivila, I. J. Tyminski (J. Am. Chem. Soc. **89** [1967] 5861/8). — [9] M. L. Bullpitt, W. Kitching (J. Organometal. Chem. **46** [1972] 21/9). — [10] W. D. English (J. Am. Chem. Soc. **74** [1952] 2927/9).

[11] J. J. Pohl (Allgem. Prakt. Chem. **19** [1968] 84). — [12] R. Gupta, B. Majee (J. Organometal. Chem. **33** [1971] 169/73). — [13] A. E. Finholt, A. C. Bonds, K. E. Wilzbach, H. I. Schlesinger (J. Am. Chem. Soc. **69** [1974] 2692/6). — [14] W. F. Lautsch, A. Tröber, H. Körner, K. Wagner, R. Kaden, S. Blase (Z. Chem. [Leipzig] **4** [1964] 441/54).

Chemical Reactions

1.2.1.1.1.4 Chemisches Verhalten

Mass Spectrum

1.2.1.1.1.4.1 Massenspektrum

Im Massenspektrum von $(CH_3)_3SnH$ werden folgende Ionen gefunden (in Klammern M/e): $(CH_3)_3SnH^+$ (166), $(CH_3)_3Sn^+$ (165), $(CH_3)_2SnH^+$ (151), $(CH_3)_2Sn^+$ (150), CH_3SnH^+ (136), CH_3Sn^+ (135), SnH^+ (121) und Sn^+ (120), M. Gielen, J. Nasielski, G. Vandendunghen (Bull. Soc. Chim. Belges **80** [1971] 175/80).

Reactions with Oxygen

1.2.1.1.1.4.2 Verhalten gegen Sauerstoff

$(CH_3)_3SnH$ verbrennt unter Bildung von SnO_2. Die Verbrennungswärme von flüssigem $(CH_3)_3SnH$ bei 25°C wird zu $\Delta H = 760.5 \pm 1.2$ kcal/mol bzw. $\Delta u = 4602 \pm 7$ cal/g angegeben, W. F. Lautsch, A. Tröber, W. Zimmer, L. Mehner, W. Linck, H.-M. Lehmann, H. Brandenburger, H. Körner, H.-J. Metzschker, K. Wagner, R. Kaden (Z. Chem. [Leipzig] **3** [1963] 415/21).

Hydrostannation Reactions

1.2.1.1.1.4.3 Hydrostannierungsreaktionen

Die Addition von Organozinnhydriden an Verbindungen mit Doppelbindungen, die Hydrostannierung, ist eine der wichtigsten Methode zur Synthese von Organozinnverbindungen mit funktionellen Gruppen an den Alkyl- bzw. Arylresten. Die Reaktionen verlaufen ohne Katalysator, wobei ein polarer Vierzentrenmechanismus angenommen wird, oder mit radikalbildenden Katalysatoren. In der folgenden Tabelle sind die wichtigsten Reaktionen von $(CH_3)_3SnH$ mit einem ungesättigten System aufgeführt (AIBN = Azoisobuttersäuredinitril):

Reaktionspartner	Reaktionsbedingungen	Reaktionsprodukte	Lit.
$CH_2{=}CHR$	—	$(CH_3)_3SnCH_2CH_2R$	[1, 2]
$CH_3CH{=}CHCH_3$	UV	$(CH_3)_3Sn\text{-}sec\text{-}C_4H_9$	[3]
$CH_2{=}CF_2$	UV	$(CH_3)_3SnCH_2CHF_2$	[4]
$CHF{=}CF_2$	UV	$(CH_3)_3SnCF_2CH_2F$ $(CH_3)_3SnCHFCHF_2$	[4]
$CF_3CF{=}CF_2$	UV	$(CH_3)_3SnCF(CF_3)CHF_2$ $(CH_3)_3SnCF_2CHFCF_3$	[4]
$CH_2{=}CHCH_2CH(CH_3)_2$	134 h, UV	$(CH_3)_3Sn(CH_2)_3CH(CH_3)_2$	[5]
$CH_2{=}CHCR_2OH$	—	$(CH_3)_3SnCH_2CH_2CR_2OH$	[6]
$CH_2{=}CHCN$	41 h, 50°C	$(CH_3)_3SnCH_2CH_2CN$ $(CH_3)_3SnCH(CH_3)CN$	[7]
$CH_3CH{=}CHCOOC_{10}H_{19}$ ($C_{10}H_{19}$ = Menthyl)	UV	$(CH_3)_3SnCH(CH_3)CH_2COOC_{10}H_{19}$	[8]
$CH_2{=}CH{-}B\langle OC(CH_3)_2CH_2CH(CH_3)O\rangle$	30 h, 110°C, Bombenrohr	$(CH_3)_3SnCH_2CH_2{-}B\langle OC(CH_3)_2CH_2CH(CH_3)O\rangle$	[9]
$CH_2{=}CHOCH_2CH\text{-}CH_2$ (└O┘)	1 h, 110°C	$(CH_3)_3SnCH_2CH_2OCH_2CH\text{-}CH_2$ (└O┘)	[10]
$CH_2{=}CHCH_2OCH_2CH\text{-}CH_2$ (└O┘)	1 h, 110°C	$(CH_3)_3Sn(CH_2)_3OCH_2CH\text{-}CH_2$ (└O┘)	[10]
$CH_2{=}CHCH{-}CH_2$ (└CCl_2┘)	40 h, 100°C, Bombenrohr	$(CH_3)_3SnCH_2CH{=}CHCH_2CHCl_2$	[11]
$CH_2{=}CH{-}C_6H_9$ (Cyclohex-3-enyl)	25°C, UV oder 90°C, AIBN	$(CH_3)_3SnCH_2CH_2{-}C_6H_9$ (Cyclohex-3-enyl)	[12]
$(CH_3)_3SiCF{=}CF_2$	10 h, 50°C, UV oder 16 h, 25°C, UV oder 10 h, 50°C, AIBN, Bombenrohr	$(CH_3)_3SiCHFCF_2Sn(CH_3)_3$ $(CH_3)_3SiCF[Sn(CH_3)_3]CHF_2$	[13]
$(CH_3)_3GeCF{=}CF_2$	30 h, 55°C 8 h, 25°C, UV	$(CH_3)_3GeCH{=}CHF$ $(CH_3)_3GeCHFCF_2Sn(CH_3)_3$ $(CH_3)_3GeCF[Sn(CH_3)_3]CHF_2$	[14] [14]
$(CH_3)_2Ge(CF{=}CF_2)_2$	5 h, 25°C, UV	$(CH_3)_2Ge[CF(CHF_2)Sn(CH_3)_3]_2$ $(CH_3)_2Ge[CHFCF_2Sn(CH_3)_3]_2$ $(CH_3)_3SnCF_2CHFGe(CH_3)_2CF(Sn(CH_3)_3)CHF_2$	[14]
$CH_2{=}C{=}CH_2$	9 h, 100°C, AIBN, Bombenrohr	$(CH_3)_3SnC(CH_3){=}CH_2$ $(CH_3)_3SnCH_2CH{=}CH_2$	[15]
$CH_3CH{=}C{=}CH_2$	9 h, 100°C, AIBN, Bombenrohr	$(CH_3)_3SnC(C_2H_5){=}CH_2$ $(CH_3)_3SnC(CH_3){=}CHCH_3$ $(CH_3)_3SnCH_2CH{=}CHCH_3$	[15]
$CH_2{=}CHCH{=}CHCH_3$	48 h, 80°C, AIBN oder 104 bis 344 h, 20°C, UV	$(CH_3)_3SnCH_2CH_2CH{=}CHCH_3$ $(CH_3)_3SnCH_2CH{=}CHCH_2CH_3$ $(CH_3)_3SnCH(CH_3)CH{=}CHCH_3$	[16]
	100°C, Bombenrohr	$(CH_3)_3SnCH(CH_3)CH{=}CHCH_3$ $(CH_3)_3SnCH_2CH_2CH{=}CHCH_3$ $(CH_3)_4Sn$	[2]

Reaktionspartner	Reaktionsbedingungen	Reaktionsprodukte	Lit.
$CH_2{=}C{=}C(CH_3)_2$	9 h, 100°C, AIBN, Bombenrohr	$(CH_3)_3SnC(CH_3){=}C(CH_3)_2$ $(CH_3)_3SnC({=}CH_2)CH(CH_3)_2$	[15]
$CH_3CH{=}C{=}CHCH_3$	9 h, 100°C, AIBN, Bombenrohr	$(CH_3)_3SnC(C_2H_5){=}CHCH_3$	[15]
$CH_3CH{=}C{=}C(CH_3)_2$	9 h, 100°C, AIBN, Bombenrohr	$(CH_3)_3SnC[CH(CH_3)_2]{=}C(CH_3)_2$ $(CH_3)_3SnC(C_2H_5){=}C(CH_3)_2$	[15]
$CH_2{=}CHC{\equiv}CCH_3$	20 h, 85°C, AIBN, Bombenrohr	$(CH_3)_3SnCH_2CH_2C{\equiv}CCH_3$ $(CH_3)_3SnC(CH_3){=}CHCH{=}CH_2$ $(CH_3)_3SnC(CH_3){=}C{=}CHCH_3$	[17]
$CH_2{=}C(CH_3)C{\equiv}CH$	22 h, 25°C, AIBN, UV	$(CH_3)_3SnCH_2CH(CH_3)C{\equiv}CH$ $(CH_3)_3SnCH_2C(CH_3){=}C{=}CH_2$ $(CH_3)_3SnCH{=}CHC(CH_3){=}CH_2$	[17]
$CH_3CH{=}CHC{\equiv}CH$	20 h, 85°C, AIBN, Bombenrohr	$(CH_3)_3SnCH{=}CHCH{=}CHCH_3$ $(CH_3)_3SnCH{=}C{=}CHC_2H_5$	[17]
$CH_3CH{=}CHC{\equiv}CCH_3$	21 h, 85°C, AIBN, Bombenrohr	$(CH_3)_3SnC(CH_3){=}CHCH{=}CHCH_3$	[17]
$HC{\equiv}CH$	Xylol, Benzoylperoxid	$(CH_3)_3SnCH{=}CH_2$	[18]
$RC{\equiv}CH$	—	$(CH_3)_3SnCR{=}CH_2$ $(CH_3)_3SnCH{=}CHR$ $(CH_3)_3SnCH_2CHRSn(CH_3)_3$	[1]
$CH_3C{\equiv}CH$	9 h, 100°C, AIBN, Bombenrohr	$(CH_3)_3SnCH{=}CHCH_3$ $(CH_3)_3SnC(CH_3){=}CH_2$	[15]
$C_6H_5C{\equiv}CH$	—	$(CH_3)_3SnCH{=}CHC_6H_5$	[19]
$HC{\equiv}CCN$	—	$(CH_3)_3SnCH{=}CHCN$	[20, 21]
$HC{\equiv}CCOOCH_3$	—	$(CH_3)_3SnCH{=}CHCOOCH_3$	[20]
$HC{\equiv}CCOOR$	22 h, 80°C $R = CH_3, C_2H_5$	$(CH_3)_3SnC({=}CH_2)COOR$ $(CH_3)_3SnCH{=}CHCOOR$ $(CH_3)_3SnCH_2CH_2COOR$ $(CH_3)_3SnC{\equiv}CCOOR$	[22] [23]
$CH_3C{\equiv}CCOOC_2H_5$	—	$(CH_3)_3SnC({=}CHCH_3)COOC_2H_5$ $(CH_3)_3SnC(CH_3){=}CHCOOC_2H_5$	[21] [24]
$C_6H_5C{\equiv}CCOOC_2H_5$	Hexan, 25°C, (*tert*-$C_4H_9)_2Hg$	$(CH_3)_3SnC(C_6H_5){=}C(Sn(CH_3)_3)COOC_2H_5$	[25]
$HC{\equiv}CCF_3$	1 d, 20°C	$(CH_3)_3SnCH{=}CHCF_3$ $[(CH_3)_3Sn]_2CHCH_2CF_3$ $(CH_3)_3SnC(CF_3){=}CH_2$	[26]
$CF_3C{\equiv}CCF_3$	20°C	$(CH_3)_3SnC(CF_3){=}CHCF_3$	[26]
$C_2H_5OOCC{\equiv}CCOOC_2H_5$	—	$(CH_3)_3SnC(COOC_2H_5){=}CH(C_2H_5OCO)$	[21]
$(C_4H_9)_2SbC{\equiv}CH$	16 h, 80°C, Bombenrohr	$(CH_3)_3SnCH{=}CHSb(C_4H_9)_2$ $(CH_3)_3SnSb(C_4H_9)_2$	[27]

Reaktionspartner	Reaktionsbedingungen	Reaktionsprodukte	Lit.
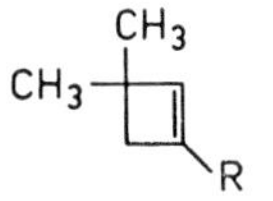	AIBN; R = CN, $COOCH_3$	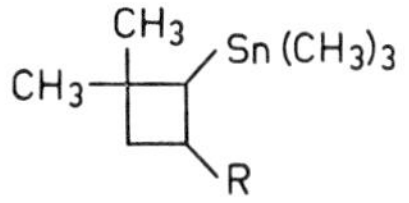	[28]
	4 d, 20°C	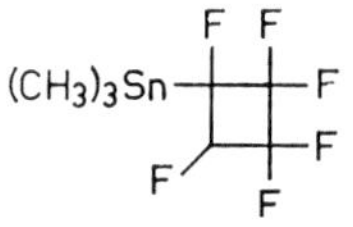	[29]
	—	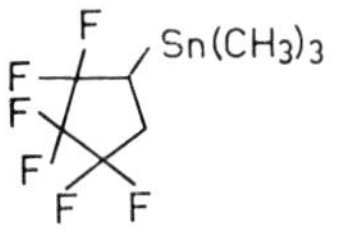	[30]
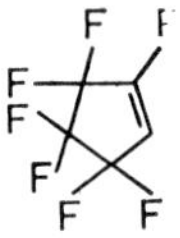	—	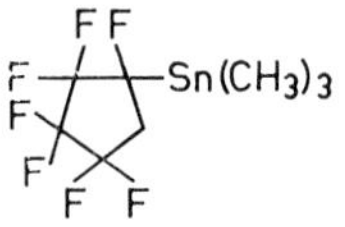	[30]
	70 bis 90°C, AIBN oder 25°C, UV	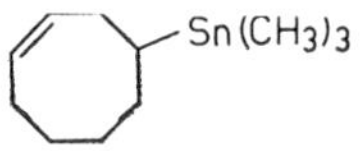 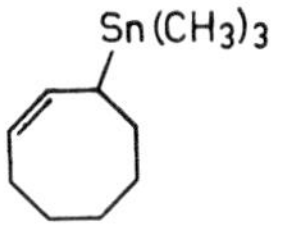	[12]
	70 bis 90°C, AIBN oder 25°C, UV	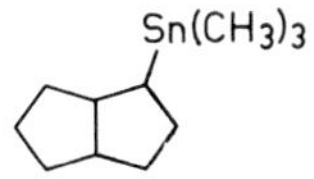 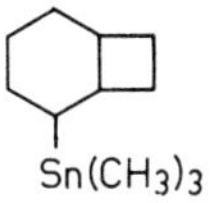	[12]
	70 bis 90°C oder 25°C, UV oder 55°C, UV oder 80°C oder 0°C, UV	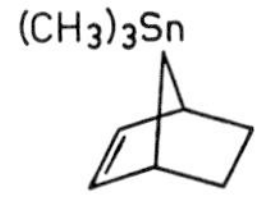 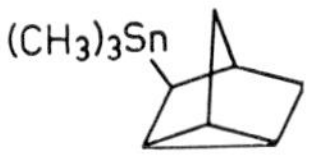 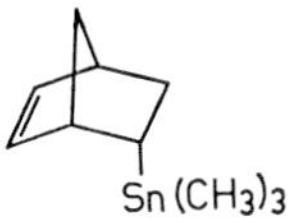 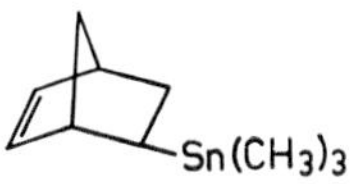	[12, 31 bis 34]

Reaktionspartner	Reaktionsbedingungen	Reaktionsprodukte	Lit.
$R_3SnCH{=}CHR'$	—	$[(CH_3)_3Sn]_2CHCH_2R'$	[36]
Diene	AIBN	Additionsprodukte	[37]
1,2- bzw. 1,3-Diene	—	Additionsprodukte	[40]
Butadiene	Benzol, Autoklav	Additionsprodukte	[38]
cis- und *trans*- $CH_3CH{=}CHCH{=}CH_2$	UV	(Cyclobuten mit CH_3) *cis*- und *trans*- $(CH_3)_3SnCH_2CH{=}CHCH_2CH_3$	[35, 39]
CCl_3CHO	1:2	$(CH_3)_3SnOCH_2CCl_3$ $(CH_3)_3SnOCH(CCl_3)OCH_2CCl_3$	[41]
C_6F_5CHO	20°C; 2:3	$(CH_3)_3SnOCH_2C_6F_5$ $(CH_3)_3SnOCH(C_6F_5)OCH_2C_6F_5$	[41, 42]
$C_6H_5COCF_3$	2:3	$(CH_3)_3SnOCH(CF_3)C_6H_5$	[41, 42]
CF_3COCF_3	exotherm	$(CH_3)_3SnOCH(CF_3)_2$	[43]
(Cyclohexanon) =O	Cyclohexan	$(CH_3)_3SnO$-*cyclo*-C_6H_{11}	[44]
$C_6H_5CH{=}C(COOC_2H_5)_2$	7 h, 30°C	Addukt	[45]
C_6H_5NCS	—	$(CH_3)_3SnSCH{=}NC_6H_5$	[46]
p-$C_2H_5OC_6H_4NCS$	—	$(CH_3)_3SnSCH{=}NC_6H_4$-*p*-OC_2H_5	[46]
$(CF_3)_2C{=}CS$	Hexan, 0°C	$(CH_3)_3SnSCH{=}C(CF_3)_2$	[47]
$C_6H_{13}NCO$	—	$(CH_3)_3SnN(C_6H_{13})CHO$	[48]
C_6H_5NCO	—	$(CH_3)_3SnN(C_6H_5)CHO$	[48]

Literatur:

[1] F. H. Pollard, G. Nickless, D. J. Cooke (J. Chromatog. **17** [1965] 472/82). — [2] D. J. Cooke, G. Nickless, F. H. Pollard (Chem. Ind. [London] **1963** 1493/5). — [3] H. G. Kuivila, R. Sommer (J. Am. Chem. Soc. **89** [1967] 5616/9). — [4] M. Akhtar, H. C. Clark (Can. J. Chem. **47** [1969] 3753/8). — [5] D. Seyferth, S. S. Washburne, C. J. Attridge, K. Yamamoto (J. Am. Chem. Soc. **92** [1970] 4405/17).

[6] D. D. Davis, R. L. Chambers, H. T. Johnson (J. Organometal. Chem. **25** [1970] C13/C16). — [7] A. J. Leusink, J. G. Noltes (Tetrahedron Letters **1966** 335/40). — [8] A. Rahm, M. Pereyre (Tetrahedron Letters **1973** 1333/4). — [9] R. H. Fish (J. Organometal. Chem. **42** [1972] 345/51). — [10] Z. M. Rzaev, S. M. Mamedov, S. K. Kyazimov (Azerb. Khim. Zh. **1972** 85/8 nach C.A. **79** [1973] Nr. 53481).

[11] D. Seyferth, T. F. Jula, H. Dertouzos, M. Pereyre (J. Organometal. Chem. **11** [1968] 63/76). — [12] I. J. Tyminski (Diss. Univ. of New Hampshire 1967, 112 S.; Diss. Abstr. B **28** [1967] 2360). — [13] M. Akhtar, H. C. Clark (Can. J. Chem. **46** [1968] 633/42). — [14] M. Akhtar, H. C. Clark (Can. J. Chem. **46** [1968] 2165/73). — [15] H. G. Kuivila, W. Rahman, R. H. Fish (J. Am. Chem. Soc. **87** [1965] 2835/40).

[16] H. J. Albert, W. P. Neumann, W. Kaiser, H. P. Ritter (Chem. Ber. **103** [1970] 1372/82). — [17] M. L. Poutsma, P. A. Ibarbia (J. Am. Chem. Soc. **95** [1973] 6000/8). — [18] E. M. Smolin, M. N. O'Connor, American Cyanamid Co. (U.S.P. 3074985 [1961/63]; C.A. **58** [1963] 12599). — [19] R. F. Fulton (Diss. Univ. of Lafayette 1960; Diss. Abstr. **22** [1962] 3397). — [20] A. J. Leusink, J. W. Marsman (Rec. Trav. Chim. **84** [1965] 1123/8).

[21] A. J. Leusink, J. W. Marsman, H. A. Budding (Rec. Trav. Chim. **84** [1965] 689/703). — [22] A. J. Leusink, H. A. Budding, J. W. Marsman (J. Organometal. Chem. **9** [1967] 285/94). — [23] A. J. Leusink, J. W. Marsman, H. A. Budding, J. G. Noltes, G. J. M. van der Kerk (Rec. Trav. Chim. **84** [1965] 567/78). — [24] A. J. Leusink, H. A. Budding (J. Organometal. Chem. **11** [1968] 533/9). — [25] U. Blaukat, W. P. Neumann (J. Organometal. Chem. **63** [1973] 27/39).

[26] W. R. Cullen, G. E. Styan (J. Organometal. Chem. **6** [1966] 117/25). — [27] A. N. Nesmeyanov, A. E. Borisov, N. V. Novikova (Dokl. Akad. Nauk SSSR **172** [1967] 1329/32; C.A. **67** [1967] Nr. 302). — [28] S. Kikkawa, M. Nomura, K. Hosoya (Nippon Kagaku Kaishi **1973** 1130/4; C.A. **79** [1973] Nr. 66494). — [29] W. R. Cullen, G. E. Styan (J. Organometal. Chem. **6** [1966] 633/44). — [30] T. M. Lee (Diss. Univ. of Iowa 1973; Diss. Abstr. Intern. B **35** [1974] 137/8).

[31] H. G. Kuivila, J. D. Kennedy, R. Y. Tien, I. J. Tyminski, F. L. Pelczar, O. R. Kahn (J. Org. Chem. **36** [1971] 2083/8). — [32] C. H. W. Jones, R. G. Jones, P. Partington, R. M. G. Roberts (J. Organometal. Chem. **32** [1971] 201/12). — [33] H. G. Kuivila, F. A. Pelczar (3rd Intern. Symp. Organometal. Chem., München 1967, S. 158). — [34] F. A. Pelczar (Diss. Univ. of New Hampshire 1968; Diss. Abstr. B **29** [1969] 2363). — [35] W. P. Neumann, H. J. Albert, W. Kaiser (Tetrahedron Letters **1967** 2041/3).

[36] A. J. Leusink, H. A. Budding, W. Drenth (J. Organometal. Chem. **11** [1968] 541/7). — [37] R. H. Fish, H. G. Kuivila, I. J. Tyminski (J. Am. Chem. Soc. **89** [1967] 5861/8). — [38] N. Hagihara, S. Takahashi, T. Shibano (Japan.P. 7307416 [1968/73]; C.A. **79** [1973] Nr. 53532). — [39] M. Bigwood, S. Boue (J. Chem. Soc. Chem. Commun. **1974** 529/30). — [40] R. H. Fish (Diss. Univ. of New Hampshire 1966, 125 S.; Diss. Abstr. **26** [1966] 7034).

[41] A. J. Leusink, H. A. Budding, J. W. Marsman (J. Organometal. Chem. **13** [1968] 155/62). — [42] A. J. Leusink, H. A. Budding, W. Drenth (J. Organometal. Chem. **13** [1968] 163/8). — [43] W. R. Cullen, G. E. Styan (Inorg. Chem. **4** [1965] 1437/40). — [44] R. Knocke, W. P. Neumann (Liebigs Ann. Chem. **1974** 1486/95). — [45] R. Sommer, E. Müller, W. P. Neumann (Liebigs Ann. Chem. **721** [1969] 1/13).

[46] A. J. Leusink, H. A. Budding, J. G. Noltes (Rec. Trav. Chim. **85** [1966] 151/8). — [47] M. S. Raasch (J. Org. Chem. **37** [1972] 1347/56). — [48] A. J. Leusink, J. G. Noltes (Rec. Trav. Chim. **84** [1965] 585/9).

1.2.1.1.1.4.4 Reaktionen mit Halogenverbindungen unter Abspaltung von Trimethylzinnhalogeniden

Reactions with Halogen Compounds with Separation of Trimethyltin Halides

$(CH_3)_3SnH$ reagiert mit wäßrigem HCl unter Bildung von $(CH_3)_3SnCl$ und H_2 [1]. Mit CCl_4 oder $CHCl_3$ wird ebenfalls in exothermer Reaktion $(CH_3)_3SnCl$ gebildet [2]. Alkyl- und Arylhalogenide werden von $(CH_3)_3SnH$ zu den jeweiligen Kohlenwasserstoffen reduziert unter gleichzeitiger Bildung des entsprechenden Trimethylzinnhalogenids [3]. Die Kinetik dieser wichtigen Reaktion wurde am Beispiel von *tert*-C_4H_9Br und *cyclo*-$C_6H_{11}Cl$ [4] sowie am Beispiel der Reaktion mit Alkylhalogeniden in der Gasphase unter Bestrahlung untersucht [5]. $(CH_3)_3SnF$ entsteht bei den Reaktionen zwischen $(CH_3)_3SnH$ und $CH_2{=}CHF$ unter UV-Bestrahlung [6], zwischen $(CH_3)_3SnH$ und $(CH_3)_3SiCF{=}CF_2$ oder $(CH_3)_2Si(CF{=}CF_2)_2$ bei 55°C, unter UV-Bestrahlung bei 25°C oder bei 55°C in Gegenwart von AIBN im Einschlußrohr [7], zwischen $(CH_3)_3SnH$ und $(CH_3)_3GeCF{=}CHF$ bei 55°C, zwischen $(CH_3)_3SnH$ und $(CH_3)_3GeCF{=}CF_2$ bei 55°C in Gegenwart von AIBN, zwischen $(CH_3)_3SnH$ und $(CH_3)_2Ge(CF{=}CF_2)_2$ bei 55°C [8], zwischen $(CH_3)_3SnH$ und $(CH_3)_3SnCF_3$ bei 150°C neben $(CH_3)_3SnCHF_2$ [9], zwischen $(CH_3)_3SnH$ und $(CH_3)_3SnCF{=}CF_2$ bei 25°C neben *cis*- und *trans*-$(CH_3)_3SnCF{=}CHF$ [8, 9], zwischen $(CH_3)_3SnH$ und $(CH_3)_2Sn(CF{=}CF_2)_2$ im Einschlußrohr unter UV-Bestrahlung bei 25°C oder im Dunkeln bei 70°C neben $(CH_3)_2SnF_2$, $CF_2{=}CHF$, $(CH_3)_3SnCF{=}CF_2$, $(CH_3)_3SnCF{=}CHF$, $(CH_3)_3SnCH{=}CHF$, $(CH_3)_2Sn(CH{=}CF_2)_2$ und $(CH_3)_2Sn(CF{=}CHF)_2$ [10] und zwischen $(CH_3)_3SnH$ und $(CO)_5ReCF{=}CF_2$ bei 50°C im Einschlußrohr oder unter UV-Bestrahlung bei 35 bis 45°C neben $(CO)_5ReCF{=}CHF$ und $(CO)_5ReCH{=}CF_2$ [6].

$(CH_3)_3SnH$ reagiert mit Acylhalogeniden unter Bildung von $(CH_3)_3SnX$ und Aldehyden RCHO neben Estern $RCOOCH_2R$. Die Ausbeuteverhältnisse zwischen Aldehyd und Ester sind abhängig von den Substituenten R (CH_3, $(CH_3)_2CHCH_2$, *p*-$CH_3C_6H_4$, *p*-$CH_3OC_6H_4$, *m*-$NO_2C_6H_4$, C_2H_5, C_6H_5) und X (Cl, Br, J) [11].

$(CH_3)_3SnH$ reagiert mit *tert*-C_4H_9HgCl in Benzol bei 0°C unter Bildung von $(CH_3)_3SnCl$ [12]. Mit RHgX entstehen in Tetrahydrofuran bzw. Benzol entsprechend RH neben $(CH_3)_3SnX$ und elementarem Quecksilber, dabei bedeuten R = *trans*-$CH_3CH{=}CHCH_2$, X = Cl, Br, CH_3COO, ferner R = $C_6H_5CH{=}CHCH_2$, X = Br, R = $C_6H_5CH_2$, X = Cl und R = $CH_3C_9H_6$ (1-Methyl-indenyl), X = Cl [13].

Literatur:

[1] C. A. Kraus, W. N. Greer (J. Am. Chem. Soc. **44** [1922] 2629/33). — [2] H. Kriegsmann, K. Ulbricht (Z. Chem. [Leipzig] **3** [1963] 67). — [3] F. H. Pollard, G. Nickless, D. J. Cooke (J. Chromatog. **17** [1965] 472/82). — [4] D. J. Carlsson, K. U. Ingold (J. Am. Chem. Soc. **90** [1968] 7047/55). — [5] D. A. Coates, J. M. Tedder (J. Chem. Soc. Perkin Trans. II **1973** 1570/4).

[6] M. Akhtar, H. C. Clark (Can. J. Chem. **47** [1969] 3753/8). — [7] M. Akhtar, H. C. Clark (Can. J. Chem. **46** [1968] 2165/73). — [8] M. Akhtar, H. C. Clark (Can. J. Chem. **46** [1968] 633/42). — [9] M. C. Waldman (Diss. Univ. of British Columbia 1970; Diss. Abstr. Intern. B **31** [1971] 7174/5). — [10] A. D. Beveridge, H. C. Clark, J. T. Kwon (Can. J. Chem. **44** [1966] 179/89).

[11] E. J. Walsh, R. L. Stoneberg, M. Yorke, H. G. Kuivila (J. Org. Chem. **34** [1969] 1156/7). — [12] U. Blaukat, W. P. Neumann (J. Organometal. Chem. **49** [1973] 323/32). — [13] M. L. Bullpitt, W. Kitching (J. Organometal. Chem. **46** [1972] 21/9).

Other Reactions with Nonmetals and Nonmetal Compounds

1.2.1.1.1.4.5 Weitere Reaktionen mit Nichtmetallen und Nichtmetallverbindungen

^{18}F-Atome, die bei der Reaktion von SF_6 mit schnellen Neutronen nach $^{19}F(n,2n)^{18}F$ gebildet werden, reagieren mit $(CH_3)_3SnH$ unter Bildung von $CH_3{}^{18}F$ und $(CH_3)_2SnH$-Radikalen [1].

NO bildet mit $(CH_3)_3SnH$ bei einem Molverhältnis von 2:1 und UV-Bestrahlung geringe Mengen an $[(CH_3)_3Sn]_2O$ [2]. Bei der Reaktion von $(CH_3)_3SnH$ mit C_2H_5OH bzw. C_2H_5SH entstehen unter Abspaltung von H_2 die Verbindungen $(CH_3)_3SnOC_2H_5$ bzw. $(CH_3)_3SnSC_2H_5$ [3]. Die Umsetzung von $(CH_3)_3SnH$ mit $C_6H_5C{\equiv}CCOOOC(CH_3)_3$ führt bei 50°C in Benzol als Lösungsmittel im Verlauf von 20 h zu $(CH_3)_3COH$, $(CH_3)_3SnC{\equiv}CC_6H_5$ und $(CH_3)_3SnOOCC{\equiv}CC_6H_5$, die Reaktion mit $C_6H_5CH{=}CHCOOOC(CH_3)_3$ nach 24 h bei 60°C in Cyclohexan als Lösungsmittel zu $(CH_3)_3COH$, $(CH_3)_3SnCH{=}CHC_6H_5$ und $(CH_3)_3SnOOCCH{=}CHC_6H_5$ [4].

Phosphornitrilhalogenide $P_3N_3X_6$ (X = F, Cl, Br) bilden unter dem Einfluß von $(CH_3)_3SnH$ hochpolymere PN-Verbindungen, die mehr NH- als PH-Bindungen enthalten. Als flüchtige Reaktionsprodukte werden H_2 und/oder PH_3 erhalten [5]. $(CH_3)_3SnH$ und $C_6H_5N_3$ setzen sich in THF bei 40°C unter Abspaltung von N_2 zu $(CH_3)_3SnNHC_6H_5$ um [6]. Während $(CH_3)_3SnH$ mit $(CF_3)_2PPH_2$ bis 40°C nicht reagiert und bei 80°C das Ausgangsphosphin bereits zerfällt, können bei der Reaktion mit $(CF_3)_2AsPH_2$ die Verbindungen $(CH_3)_3SnAs(CF_3)_2$, $(CF_3)_2AsH$ und PH_3 NMR-spektroskopisch nachgewiesen werden [7].

$(CH_3)_3SnH$ und $CH_2{=}N_2$ bzw. $(CF_3)_2C{=}N_2$ reagieren unter Abspaltung von N_2 und Bildung von $(CH_3)_4Sn$ [8] bzw. $(CH_3)_3SnCH(CF_3)_2$ [9, 10].

B_2H_6 reagiert mit $(CH_3)_3SnH$ bei 70°C im Bombenrohr nicht, katalysiert jedoch den Zerfall des Hydrids zu H_2, $(CH_3)_4Sn$, $[(CH_3)_3Sn]_2$ und polymerem $[(CH_3)_{2.24}Sn]_n$ [11].

Literatur:

[1] J. A. Cramer, R. S. Iyer, F. S. Rowland (J. Am. Chem. Soc. **95** [1973] 643/4). — [2] R. Varma, A. K. Ray, B. K. Sahay (Inorg. Nucl. Chem. Letters **5** [1969] 497/500). — [3] F. H. Pollard, G. Nickless, D. J. Cooke (J. Chromatog. **17** [1965] 472/82). — [4] U. Christen, W. P. Neumann (Chem. Ber. **106** [1973] 421/34). — [5] C. H. Kolich (Diss. South. Illinois Univ. 1970; Diss. Abstr. Intern. B **31** [1971] 5862).

[6] H. Schumann, S. Ronecker (J. Organometal. Chem. **23** [1970] 451/8). — [7] R. Demuth, J. Grobe (J. Fluorine Chem. **2** [1972] 299/314). — [8] K. A. W. Kramer, A. N. Wright (J. Chem. Soc. **1963** 3604/8). — [9] W. R. Cullen, M. C. Waldman (Can. J. Chem. **48** [1970] 1885/92). — [10] M. C. Waldman (Diss. Univ. of British Columbia 1970; Diss. Abstr. Intern. B **31** [1971] 7174/5).

[11] A. B. Burg, J. R. Spielman (J. Am. Chem. Soc. **83** [1961] 2667/8).

1.2.1.1.1.4.6 Reaktionen mit Metallen und Metallverbindungen

Reactions with Metals and Metal Compounds

$(CH_3)_3SnH$ setzt sich mit Na in flüssigem NH_3 zu $(CH_3)_3SnNa$ und H_2 um [1]. $(CH_3)_3SnNa$ entsteht auch bei Zugabe des Hydrids zu $NaNH_2$ in flüssigem NH_3, wobei neben NH_3 auch $(CH_3)_3SnNH_2$ und H_2 als Reaktionsprodukte nachgewiesen werden [2]. Analog bildet sich aus $(CH_3)_3SnH$ und KNH_2 in flüssigem NH_3 das entsprechende $(CH_3)_3SnK$ [3].

$(CH_3)_3SnH$ reagiert mit $[(CH_3)_3C]_2Hg$ im Verlauf von 2 h bei −25°C und ohne Lösungsmittel [4] bzw. innerhalb von 8 h bei −30°C in Hexan als Lösungsmittel [6] unter Bildung von $[(CH_3)_3Sn]_2Hg$ in jeweils 75%iger Ausbeute neben *iso*-C_4H_{10}. In manchen Fällen wird auf eine Isolierung der reaktiven Quecksilberverbindung verzichtet und die Reaktionsmischung mit einer weiteren Komponente umgesetzt [5, 6]. So liefert die Umsetzung von $(CH_3)_3SnH$ mit $[(CH_3)_3C]_2Hg$ und $(C_2H_5OOCC{\equiv}C)_2Hg$ bei 20°C nach 12 h die Verbindung $(CH_3)_3SnC{\equiv}CCOOC_2H_5$ neben Hg und *iso*-C_4H_{10}. Durch Zugabe von $(C_6H_5C{\equiv}C)_2Hg$ als dritter Reaktionskomponente erhält man analog in quantitativer Ausbeute $(CH_3)_3SnC{\equiv}CC_6H_5$. Die Reaktion von $(CH_3)_3SnH$ mit $(CH_2{=}CHCH_2)_2Hg$ bzw. $(Cl_3C)_2Hg$ führt unter Abspaltung von Hg und $CH_2{=}CHCH_3$ bzw. CCl_3H zur Bildung von $(CH_3)_3SnCH_2CH{=}CH_2$ bzw. $(CH_3)_3SnCCl_3$ in hohen Ausbeuten. Als Produkte der Umsetzung von $(CH_3)_3SnH$ mit $\{[(CH_3)_3C]_3Sn\}_2Hg$ im Molverhältnis 2:1 werden nach 30minütiger Reaktion bei 20°C in quantitativer Ausbeute $[(CH_3)_3C]_3SnH$, $[(CH_3)_3Sn]_2$ und Hg isoliert [6]. Mit $(CH_3)_3CHgC(COOC_2H_5){=}C(COOC_2H_5)C(CH_3)_3$ reagiert Trimethylzinnhydrid zu *iso*-C_4H_{10} und $(CH_3)_3SnC(COOC_2H_5){=}C(COOC_2H_5)C(CH_3)_3$, mit $[(CH_3)_3CHgN(COOC_2H_5)]_2$ zu *iso*-C_4H_{10} und $[(CH_3)_3SnN(COOC_2H_5)]_2$ [7].

Bei der Reaktion von $(CH_3)_3SnH$ mit $C_5H_5GeH_3$ bilden sich sowohl $(CH_3)_3SnC_5H_5$ und GeH_4 als auch $(CH_3)_3SnGeH_3$ und C_5H_6 [8].

Für die Austauschreaktionen zwischen $(CH_3)_3SnH$ und $(C_2H_5)_3SnX$ ($X = N(C_6H_5)CHO$, $N(C_2H_5)_2$, $N(C_6H_5)_2$, $P(C_6H_5)_2$, OCH_3 und OC_6H_5) im Sinne der Bildung von $(CH_3)_3SnX$ und $(C_2H_5)_3SnH$ werden die Gleichgewichte bei 40°C in Cyclohexan bzw. AIBN als Lösungsmittel NMR-spektroskopisch untersucht [9]. Die Umsetzung von $(CH_3)_3SnH$ mit $(CH_3)_3SnCF_3$ in der Gasphase bei 150°C verläuft unter Einschiebung des intermediär auftretenden Carbens CF_2 in die SnH-Bindung, so daß als Hauptprodukte $(CH_3)_3SnF$ und $(CH_3)_3SnCF_2H$ neben geringen Mengen $(CH_3)_4Sn$ entstehen [10]. Gaschromatographische Untersuchungen der Reaktion von $(CH_3)_3SnH$ mit $(C_2H_5)_3SnCH{=}CHOC_2H_5$ zeigen, daß neben der Hydrostannierung auch ein Austausch der Triorganylstannylgruppen unter gleichzeitiger Isomerisierung (*cis-trans*) der nebeneinander vorliegenden organozinnsubstituierten Olefine stattfindet [11]. Stannylamine reagieren mit $(CH_3)_3SnH$ unter Freisetzung des Amins und Bildung von Verbindungen mit Sn-Sn-Bindungen. So entstehen aus $(CH_3)_3SnH$ und $(CH_3)_3SnN(C_2H_5)_2$, $(C_2H_5)_3SnN(C_2H_5)_2$ bzw. $(CH_3)_2Sn[N(C_2H_5)_2]_2$ jeweils unter Abspaltung von $(C_2H_5)_2NH$ die Verbindungen $[(CH_3)_3Sn]_2$ [12], $(CH_3)_3SnSn(C_2H_5)_3$ [12, 14] bzw. $(CH_3)_2Sn[Sn(CH_3)_3]_2$ [13]. Analog entstehen aus $[(CH_3)_3Sn]_2N$-*iso*-C_3H_7 und $(CH_3)_3SnH$ die Produkte $[(CH_3)_3Sn]_2$ und *iso*-$C_3H_7NH_2$ [12].

Mit $(C_4H_9)_2SbC{\equiv}CH$ setzt sich $(CH_3)_3SnH$ unter Bildung von $(CH_3)_3SnCH{=}CHSb(C_4H_9)_2$ neben $(CH_3)_3SnSb(C_4H_9)_2$ um. Hierbei ist es notwendig, die Reaktanten im Bombenrohr über 16 h auf 80°C zu erhitzen [15].

Der Verlauf der Reaktion von $(CH_3)_3SnH$ mit $Fe(CO)_5$ ist stark von den Bedingungen und vom Molverhältnis der beiden Reaktionskomponenten abhängig. So werden bei einem Mischungsverhältnis von 1:3.78 nach 3stündigem Erhitzen auf 70°C 47% $[(CH_3)_3Sn]_2Fe(CO)_4$ erhalten und das gleichzeitige Vorliegen von $(CH_3)_3SnFeH(CO)_4$ diskutiert, während bei einem Mischungsverhältnis von 1:6.02 nach 2stündiger Reaktionszeit bei 100 bis 110°C 70% $[(CH_3)_3Sn]_2Fe(CO)_4$, 10% $[(CH_3)_2SnFe(CO)_4]_2$, 2% $(CH_3)_4Sn_3[Fe(CO)_4]_4$ und $Sn[Fe(CO)_4]_4$ gebildet werden [16].

Eine glatte Austauschreaktion findet zwischen $(CH_3)_3SnH$ und $(CH_3)_3SiCo(CO)_4$ bzw. $(CH_3)_3GeCo(CO)_4$ statt. In Benzol bei 20°C bilden sich nach 24 h $(CH_3)_3SnCo(CO)_4$ und $(CH_3)_3SiH$ bzw. $(CH_3)_3GeH$. Die zweikernigen Verbindungen $Co_2(CO)_8$ bzw. $[Mo(C_5H_5)(CO)_3]_2$ werden von der doppelten Molmenge $(CH_3)_3SnH$ unter H_2-Abspaltung und Bildung von $(CH_3)_3SnCo(CO)_4$ bzw. $[(CH_3)_3Sn](C_5H_5)Mo(CO)_3$ an der Metall-Metall-Bindung gespalten [17].

$Ru_3(CO)_{12}$ setzt sich mit $(CH_3)_3SnH$ bei Verwendung von Hexan als Lösungsmittel im Bombenrohr bei 80°C im Verlauf von 96 h zu $[(CH_3)_3Sn]_2Ru(CO)_4$ (68% Ausbeute) und $(CH_3)_{10}Sn_4Ru_2(CO)_6$ (3% Ausbeute) um [18]. Neben $(CH_3)_3SiH$ entstehen die gleichen Produkte im Ausbeuteverhältnis 53%:3% bei der Einwirkung von $(CH_3)_3SnH$ auf $[(CH_3)_3SiRu(CO)_4]_2$ in 40stündiger Reaktionszeit unter sonst gleichen Bedingungen. Dagegen führt die Umsetzung von $[(C_2H_5)_3SiRu(CO)_4]_2$ mit $(CH_3)_3SnH$ in Hexan bei 80°C nach 42 h zur alleinigen Bildung von $[(CH_3)_3Sn]_2Ru(CO)_4$ in 92% Ausbeute. Die spektroskopische Untersuchung des durch Umsetzung von $(CH_3)_3SnH$ und $[(CH_3)_3Si]_2Ru(CO)_4$ in Cyclohexan bei 80°C im Einschlußrohr nach 43 h erhaltenen Gemisches beweist das Vorliegen von $[(CH_3)_3Sn]_2Ru(CO)_4$ und $(CH_3)_{10}Sn_4Ru_2(CO)_6$ neben $(CH_3)_3SiH$. Ebenfalls nur spektrokopisch nachgewiesen wurde $(CH_3)_3SnMn(CO)_5$ bei der Einwirkung von überschüssigem $(CH_3)_3SnH$ auf $(CH_3)_3SiRu(CO)_4Mn(CO)_5$ [19].

$Os_3(CO)_{12}$ und $(CH_3)_3SnH$ reagieren bei Verwendung von Hexan als Lösungsmittel im Verlauf von 10 h bei 140°C im Bombenrohr zu $(CH_3)_3SnOsH(CO)_4$ (26% Ausbeute) und $[(CH_3)_3Sn]_2Os(CO)_4$ (38% Ausbeute). Viertägige UV-Bestrahlung einer bei 25°C in einem Bombenrohr befindlichen Mischung aus $Os_3(CO)_{12}$ und $(CH_3)_3SnH$ führt zu $(CH_3)_3SnOsH(CO)_4$ (10% Ausbeute) als alleinigem Reaktionsprodukt. Erhitzt man dieses jedoch zusammen mit weiterem $(CH_3)_3SnH$ auf 120°C, so bildet sich $[(CH_3)_3Sn]_2Os(CO)_4$. Die Umsetzung von $[R_3SiOs(CO)_4]_2$ ($R = CH_3$, C_2H_5) mit $(CH_3)_3SnH$ in Cyclohexan im Bombenrohr bei 80°C führt im Verlauf von 43 h zu einem 1:1-Gemisch aus $[(CH_3)_3Sn]_2Os(CO)_4$ und $(CH_3)_3SnOsH(CO)_4$ [20].

$IrClCO[P(C_6H_5)_3]_2$, $IrBrCO[P(C_6H_5)_3]_2$ oder $IrClCO[P(C_6H_5)_2CH_3]_2$ reagieren mit $(CH_3)_3SnH$ in benzolischer Lösung bei Raumtemperatur und in einer Schutzgasatmosphäre unter Bildung von $(CH_3)_3SnIrHClCO[P(C_6H_5)_3]_2$ [21, 22], $(CH_3)_3SnIrHBrCO[P(C_6H_5)_3]_2$ bzw. unter Bildung von $(CH_3)_3SnIrHClCO[P(C_6H_5)_2CH_3]_2$ [22]. Die Umsetzung von $IrH_2CO[Ge(CH_3)_3][P(C_6H_5)_3]_2$ mit $(CH_3)_3SnH$ verläuft in Benzol bei 30°C unter Bildung von $IrH_2CO[Sn(CH_3)_3][P(C_6H_5)_3]_2$, die mit $(CH_3)_3SnD$ unter Bildung von $IrHDCO[Sn(CH_3)_3][P(C_6H_5)_3]_2$ [21].

$Pt(C_2H_4)[P(C_6H_5)_3]_2$ bzw. $Pt[P(C_6H_5)_3]_4$ reagiert mit $(CH_3)_3SnH$ in Benzol zu $[(CH_3)_3Sn]_2Pt[P(C_6H_5)_3]_2$ [24]. Die Umsetzung von $PtCl[P(C_6H_5)_2CH_2CH_2P(C_6H_5)_2][M(CH_3)_3]$ bzw. $Pt[P(C_6H_5)_2CH_2CH_2P(C_6H_5)_2][M(CH_3)_3]_2$ mit äquimolaren Mengen $(CH_3)_3SnH$ führt zur Ausbildung eines Gleichgewichtes mit den Verbindungen $(CH_3)_3MH$ und $PtCl[P(C_6H_5)_2CH_2CH_2P(C_6H_5)_2][Sn(CH_3)_3]$ bzw. $Pt[P(C_6H_5)_2CH_2CH_2P(C_6H_5)_2][Sn(CH_3)_3]_2$. Mit überschüssigem $(CH_3)_3SnH$ reagiert dagegen der erstgenannte chlorhaltige Komplex unter Substitution und Addition zu $PtH[P(C_6H_5)_2CH_2CH_2P(C_6H_5)_2][Sn(CH_3)_3]_3$ ($M = Si$, Ge) [25].

Literatur:

[1] C. A. Kraus, W. N. Greer (J. Am. Chem. Soc. **44** [1922] 2629/33). — [2] C. A. Kraus, A. M. Neal (J. Am. Chem. Soc. **52** [1930] 695/701). — [3] C. A. Kraus (J. Chem. Educ. **29** [1952] 488/91). — [4] W. P. Neumann, U. Blaukat (Angew. Chem. **81** [1969] 625/6). — [5] U. Christen, W. P. Neumann (Chem. Ber. **106** [1973] 421/34).

[6] U. Blaukat, W. P. Neumann (J. Organometal. Chem. **63** [1973] 27/39). — [7] U. Blaukat, W. P. Neumann (J. Organometal. Chem. **49** [1973] 323/32). — [8] P. C. Angus, S. R. Stobart (J. Chem. Soc. Dalton Trans. **1973** 2374/80). — [9] H. M. J. C. Creemers, F. Verbeek, J. G. Noltes (J. Organometal. Chem. **8** [1967] 469/77). — [10] W. R. Cullen, J. R. Sams, M. C. Waldman (Inorg. Chem. **9** [1970] 1682/6).

[11] A. J. Leusink, H. A. Budding, W. Drenth (J. Organometal. Chem. **11** [1968] 541/7). — [12] W. P. Neumann, B. Schneider, R. Sommer (Liebigs Ann. Chem. **692** [1966] 1/11). — [13] R. Sommer, B. Schneider, W. P. Neumann (Liebigs Ann. Chem. **692** [1966] 12/21). — [14] M. Gielen, J. Nasielski, G. Vandendunghen (Bull. Soc. Chim. Belges **80** [1971] 165/73). — [15] A. N. Nesmeyanov, A. E. Borisov, N. V. Novikova (Dokl. Akad. Nauk SSSR **172** [1967] 1329/32 nach C.A. **67** [1967] Nr. 302).

[16] J. D. Cotton, S. A. R. Knox, I. Paul, F. G. A. Stone (J. Chem. Soc. A **1967** 264/9). — [17] G. F. Bradley, S. R. Stobart (J. Chem. Soc. Dalton Trans. **1974** 264/9). — [18] J. D. Cotton, S. A. R. Knox, F. G. A. Stone (J. Chem. Soc. A **1968** 2758/62). — [19] S. A. R. Knox, F. G. A. Stone (J. Chem. Soc. A **1969** 2559/65). — [20] S. A. R. Knox, F. G. A. Stone (J. Chem. Soc. A **1970** 3147/53).

[21] F. Glockling, J. G. Irwin (Inorg. Chim. Acta **6** [1972] 355/8). — [22] M. F. Lappert, N. F. Travers (J. Chem. Soc. A **1970** 3303/8). — [23] M. F. Lappert, N. F. Travers (Chem. Commun. **1968** 1569/70). — [24] M. Akhtar, H. C. Clark (J. Organometal. Chem. **22** [1970] 233/40). — [25] A. F. Clemmit, F. Glockling (Chem. Commun. **1970** 705/6).

1.2.1.1.2 Triäthylzinnhydrid $(C_2H_5)_3SnH$

Triethyltin Hydride

1.2.1.1.2.1 Bildung und Darstellung

Formation. Preparation

Triäthylzinnhydrid entsteht bei der Umsetzung von $(C_2H_5)_3SnCl$ mit $LiAlH_4$ in Diäthyläther. Nach 3stündigem Rühren bei Raumtemperatur wird die Verbindung in 56%iger Ausbeute erhalten [1], nach 2.5stündigem Rückflußkochen in N_2-Atmosphäre in 66%iger Ausbeute [2], unter gleichen Bedingungen und bei Zugabe von Hydrochinon in ebenfalls 66%iger Ausbeute [3], jedoch in 80- bis 90%iger Ausbeute bei gegenüber [2] und [3] abgeänderter Aufarbeitung des Reaktionsgemisches. Statt das entstehende $Al(OH)_3$ mit Seignettesalz-Lösung zu behandeln, hebert man die ätherische Schicht unter Schutzgas ab, filtriert durch wasserfreies Na_2SO_4 und fraktioniert im Vakuum, nachdem der Äther, möglichst über eine Kolonne, abgezogen wurde [4]. Analog wird Triäthylzinnhydrid aus $(C_2H_5)_3SnBr$ und $LiAlH_4$ [5] bzw. aus $(C_2H_5)_3SnJ$ und $LiAlH_4$ nach 1.5-stündigem Rückflußerhitzen in Diäthyläther in 48% Ausbeute erhalten [6]. Die Einwirkung von $LiAlH_4$ auf $(C_2H_5)_3SnC{\equiv}CCH{=}CH_2$ bei −15°C in Diäthyläther liefert ebenfalls $(C_2H_5)_3SnH$ [7]. Die Verbindung wird auch durch Umsetzung von $(C_2H_5)_3SnCl$ mit NaH und $B(C_6H_5)_3$ in Mineralöl bei 110°C [8] sowie durch Reduktion von $(C_2H_5)_3SnOCH_3$ mit B_2H_6 in Pentan bei −78°C (96.6% Ausbeute) erhalten [9]. Die Reaktion von Triäthylzinnalkoxiden mit Organosilanen stellt auch eine Möglichkeit zur Darstellung von $(C_2H_5)_3SnH$ dar [10]. In einer Ausbeute von 89% wird $(C_2H_5)_3SnH$ aus $(C_2H_5)_3SnCl$ und $(C_2H_5)_2AlH$ in Diäthyläther-Dibutyläther bei −20°C und anschließendem 2stündigem Belassen der Reaktionsmischung bei 0°C erhalten. Bei der Umsetzung von $(C_2H_5)_3SnF$ mit $(C_2H_5)_2AlH$ ohne Lösungsmittel bei −30°C und folgendem 2stündigen Stehen bei 20°C sowie bei der 1stündigen, lösungsmittelfreien Reaktion zwischen $(C_2H_5)_3SnOC_2H_5$ und $(C_2H_5)_2AlH$ bei −10°C wird $(C_2H_5)_3SnH$ in 97- bzw. 95.5%iger Ausbeute zugänglich [4]. $(C_2H_5)_3SnD$ ist das Produkt der Reaktion von $(C_2H_5)_3SnCl$ mit $(C_2H_5)_2AlD$ [11] bzw. von $(C_2H_5)_3SnNa$ mit D_2O [14]. Die Einwirkung von $(C_2H_5)_2AlH$ und $(C_2H_5)_3Al$ auf $(C_2H_5)_3SnCl$ führt nach 1.5 h bei 0°C zu 83% $(C_2H_5)_3SnH$ [12]. Zwei weitere Möglichkeiten zur Darstellung des Hydrids stellen die Reaktionen zwischen $(C_2H_5)_3SnOCH_3$ und $(C_4H_9)_2AlH$ [13] bzw. zwischen $(C_2H_5)_3SnCl$ und Al-Hg bei 10°C (30% Ausbeute) dar [15]. Die Verbindung entsteht ferner bei der Reaktion von $(C_2H_5)_2SnH_2$ mit $[(C_2H_5)_3Sn]_2O$ bei 20°C nach 1 h [21] sowie wahrscheinlich als irreversibles Produkt im zweiten Schritt bei der polarographischen Reduktion von Triäthylzinnhalogeniden [22]. — $(C_2H_5)_3SnH$, dargestellt aus $(C_2H_5)_3SnCl$ und $(C_2H_5)_2AlH$, ist in ätherischer Lösung über Monate haltbar, wenn diese mit wäßriger $NaHCO_3$-Lösung gewaschen und anschließend über Na_2SO_4 getrocknet wird [16].

Analysis

Analyse. Zur gaschromatographischen Abtrennung von $(C_2H_5)_3SnH$ von anderen Organozinnverbindungen s. [17], aus Gemischen von $(C_2H_5)_4M$ und $(C_2H_5)_3MH$ (M = Si, Ge, Sn) s. [18].

Thermodynamic Data of Formation

Thermodynamische Daten der Bildung. Für die Bildungsenthalpie ΔH° in kcal/mol bei der Bildung der gasförmigen und flüssigen Verbindung aus den Elementen unter Standardbedingungen werden jeweils zwei unterschiedliche Werte angegeben: $\Delta H^\circ_{298} = -0.1 \pm 2.5$ [19] und −16.3 [20] im Gaszustand bzw. −10.7 ± 2 [19] und −24.3 [20] in flüssiger Phase.

Literatur:

[1] C. R. Dillard, E. H. McNeill, D. E. Simmons, J. B. Yeldell (J. Am. Chem. Soc. **80** [1958] 3607/9). — [2] G. J. M. van der Kerk, J. G. Noltes, J. G. A. Luijten (J. Appl. Chem. [London] **7** [1957] 366/9). — [3] J. G. Noltes, G. J. M. van der Kerk (Functionally Substituted Organotin Compounds, Tin Research Institute, Greenford 1958, S. 1/128). — [4] W. P. Neumann, H. Niermann (Liebigs Ann. Chem. **653** [1962] 164/72). — [5] G. Schott, C. Harzdorf (Z. Anorg. Allgem. Chem. **307** [1960] 105/8).

[6] H. H. Anderson (J. Am. Chem. Soc. **79** [1957] 4913/5). — [7] V. S. Zavgorodnii, A. A. Petrov (Zh. Obshch. Khim. **32** [1962] 3527/32; J. Gen. Chem. USSR **32** [1962] 3461/5). — [8] A. Berger, General Electric Co. (U.S.P. 3401183 [1965/68]; C.A. **70** [1969] Nr. 29058). — [9] E. Amberger, M.-R. Kula (Chem. Ber. **96** [1963] 2560/1). — [10] K. Itoi, Kurashiki Rayon Co., Ltd. (F.P. 1368522 [1962/64]; C.A. **62** [1965] 2794).

[11] W. P. Neumann, R. Sommer (Angew. Chem. **75** [1963] 788). — [12] Studiengesellschaft Kohle m. b. H. (B.P. 951150 [1960/64]; C.A. **60** [1964] 13271). — [13] M.-R. Kula, E. Amberger,

H. Rupprecht (Chem. Ber. **98** [1965] 629/33). — [14] K. Kühlein, W. P. Neumann, H. Mohring (Angew. Chem. **80** [1968] 438/9). — [15] G. J. M. van der Kerk, J. G. Noltes, J. G. A. Luijten (Chem. Ind. [London] **1958** 1290/1).

[16] W. P. Neumann, H. Niermann, Studiengesellschaft Kohle m. b. H. (Belg. P. 638642 [1962/64]; C.A. **62** [1965] 11455). — [17] S. Faleschini, L. Doretti (Ann. Chim. [Rome] **60** [1970] 597/604). — [18] G. N. Bortnikov, N. S. Vyazankin, N. P. Nikulina, Ya. I. Yashin (Izv. Akad. Nauk SSSR Ser. Khim. **1973** 21/4; Bull. Acad. Sci. USSR Div. Chem. Sci. **1973** 19/21). — [19] V. I. Telnoi, G. M. Kolyakova, I. B. Rabinovich, N. S. Vyazankin (Dokl. Akad. Nauk SSSR **185** [1969] 374/6; Dokl. Chem. Proc. Acad. Sci. USSR **184/189** [1969] 214/6). — [20] W. F. Lautsch, A. Tröber, W. Zimmer, L. Mehner, W. Linck, H.-M. Lehmann, H. Brandenburger, H. Körner, H.-J. Metzschker, K. Wagner, R. Kaden (Z. Chem. [Leipzig] **3** [1963] 415/21).

[21] R. Sommer, B. Schneider, W. P. Neumann (Liebigs Ann. Chem. **692** [1966] 12/21). — [22] M. Devaud (J. Chim. Phys. **63** [1966] 1335/45).

The Molecule. Spectra

1.2.1.1.2.2 Molekül. Spektren

Dissociation. Atomizing

Dissoziation. Atomisierung. Die Bindungsdissoziationsenthalpie D(Sn-H) beträgt 74.7 kcal/mol [1]. Als Atomisierungsenthalpie wird $\Delta H^{\circ}_{298} = 1932.0 \pm 3.0$ kcal/mol gemessen [2].

Nuclear Magnetic Resonance Spectra

Kernmagnetische Resonanzspektren. Im ^{1}H-NMR-Spektrum erscheint für das SnH-Proton ein Multiplett-Signal. Folgende chemische Verschiebungen werden angegeben: $\tau = 5.24$ in CS_2 [3], 5.17 [4], 5.00 in Cyclopentan [5] sowie $\delta = -293.5$ Hz [6]. Folgende Kopplungskonstanten wurden bestimmt: $J(^{1}HCSn^{1}H) = 2$ Hz [4]; $J(^{1}H^{117/119}Sn) = 1504/1574$ Hz [4], 1539.9/1611.3 Hz [5], 1539.6/1612.4 Hz [6]. Über Vergleiche der ^{1}H-NMR-Spektren mit denen weiterer Organozinnhydride unter Korrelation der Kopplungskonstanten $J(^{1}H^{117/119}Sn)$ und der chemischen Verschiebung δSnH mit der Summe der Taftschen σ-Konstanten aller Liganden s. [4, 6].

Die Auswertung des ^{13}C-NMR-Spektrums ergibt folgende chemische Verschiebungen und Kopplungskonstanten: $\delta C_{\alpha} = 0.3$ ppm, $\delta C_{\beta} = -11.8$ ppm, $J(^{13}CSn) = 347$ Hz, $J(^{13}CCSn) = 25$ Hz [7].

Die chemische Verschiebung im ^{119}Sn-NMR-Spektrum beträgt $\delta^{119}Sn = 40$ ppm (1:1-Gemisch mit Benzol) [8].

Mössbauer Spectrum

Mössbauer-Spektrum. Im Mössbauer-Spektrum werden für die Isomerieverschiebung δ folgende Werte gefunden: -0.80 mm/s gegen α-Sn [9] und 1.30 mm/s gegen SnO_2 [10]. Die Quadrupolaufspaltung beträgt in allen Fällen 0 mm/s.

Vibrational Spectrum

Schwingungsspektrum. Das IR- und Raman-Spektrum von flüssigem und gelöstem $(C_2H_5)_3SnH$ ist in Tabelle 2 wiedergegeben: Relative Intensitäten sind in Klammern angegeben [11]. Abbildungen des IR-Spektrums s. auch bei [2, 3]. Daneben wird die νSnH bei 1797 [5], 1800 [14, 15], 1809 [3], 1816 [6] und 1820 cm^{-1} gefunden [12]. Für νSnD wird in $(C_2H_5)_3SnD$ ein Wert von 1304 cm^{-1} angegeben [16]. Die Intensität der νSnH wird vom Lösungsmittel beeinflußt. Die Halbwertsbreite beträgt (in Klammern die Wellenzahl in cm^{-1}) in Hexan 24.3 (1819), in CS_2 29.1 (1813) und in Dioxan 47.5 cm^{-1} (1809) [11].

Tabelle 2
IR- und Raman-Spektrum von $(C_2H_5)_3SnH$

Zuordnung	ν in cm^{-1} IR	Raman
—	—	247 (5)
$\nu_s SnC_3$	491 st	482 (10)
δSnH	507 Sch	506 (4)
$\nu_{as} SnC_3$	561 st	550 (7)
ρCH_2	681 st	680 (0)

Tabelle 2 (Fortsetzung)

Zuordnung	ν in cm⁻¹ IR	Raman
νCC, ρCH_3	947 s	—
	962 s	961 (2)
	1016 m	1011 (3)
ρCCH	1189 s	1188 (9)
CH_2 (wag)	1235 s	—
$\delta_s CH_3$	1380 s	1379 (1)
δCH_2	1427 s	1423 (2)
$\delta_{as} CH_3$	1466 m	1458 (3)
ν_sSnH	1816 st	1810 (10)
—	2736 s	2729 (1)
—	2829 s	2824 (2)
νCH_3	2873 st	2865 (7)
$\nu_s CH_3$, $\nu_{as} CH_3$	2914 st	2910 (8)
	2948 st	2931 (8)
	2958 Sch	—

Literatur:

[1] W. F. Lautsch, A. Tröber, H. Körner, K. Wagner, R. Kaden, S. Blase (Z. Chem. [Leipzig] **4** [1964] 441/54). — [2] V. I. Telnoi, G. M. Kolyakova, I. B. Rabinovich, N. S. Vyazankin (Dokl. Akad. Nauk SSSR **185** [1969] 374/6; Dokl. Chem. Proc. Acad. Sci. USSR **184/189** [1969] 214/6). — [3] Y. Kawasaki, K. Kawakami, T. Tanaka (Bull. Chem. Soc. Japan **38** [1965] 1102/5). — [4] J. Dufermont, J. C. Maire (J. Organometal. Chem. **7** [1967] 415/25). — [5] M. L. Maddox, N. Flitcroft, H. D. Kaesz (J. Organometal. Chem. **4** [1965] 50/6).

[6] M.-R. Kula, E. Amberger, H. Rupprecht (Chem. Ber. **98** [1965] 629/33). — [7] T. N. Mitchell (J. Organometal. Chem. **59** [1973] 189/97). — [8] P. G. Harrison, S. E. Ulrich, J. J. Zuckerman (J. Am. Chem. Soc. **93** [1971] 5398/402). — [9] V. I. Goldanskii, V. V. Khrapov, O. Yu. Okhlobystin, V. Ya. Rochev (in: V. I. Goldanskii, R. H. Herber, Chemical Application of Moessbauer-Spectroscopy, New York 1969, S. 336/76). — [10] P. J. Smith (Organometal. Chem. Rev. A **5** [1970] 373/402).

[11] H. Kriegsmann, K. Ulbricht (Z. Anorg. Allgem. Chem. **328** [1964] 90/104). — [12] N. A. Chumaevskii (Dokl. Akad. Nauk SSSR **141** [1961] 168/79; Proc. Acad. Sci. USSR Phys. Chem. Sect. **136/141** [1961] 850/3). — [13] N. A. Chumaevskii (Usp. Khim. **32** [1963] 1152/75). — [14] W. P. Neumann, H. Niermann (Liebigs Ann. Chem. **653** [1962] 164/72). — [15] W. P. Neumann (Angew. Chem. **75** [1963] 225/35).

[16] W. P. Neumann, R. Sommer (Angew. Chem. **75** [1963] 788).

1.2.1.1.2.3 Physikalische Eigenschaften

Physical Properties

$(C_2H_5)_3SnH$ ist eine farblose, bei Zimmertemperatur flüssige Verbindung, für die folgende Siedepunkte bei dem jeweils gemessenen Druck angegeben werden: 35 bis 37°C/11 Torr [1], 37 bis 38°C/12 Torr [2], 37 bis 45°C/12 Torr [3], 38°C/11 Torr [4], 46°C/14 Torr [5], 47°C/12 Torr [6], 48°C/22 Torr [7], 51.5 bis 52°C/20 Torr [8], 62°C/47 Torr [9], 73 bis 75°C/72 Torr [10], 78 bis 80°C/92 Torr [11], 79 bis 81°C/92 Torr [12, 13, 14], 142°C/760 Torr [8], 148 bis 150°C/760 Torr [3, 2], 149°C/760 Torr [15]. Die Angaben für die Dichte (in g/cm³) lauten: $D_4^{20} = 1.250$ [2, 3], 1.258 [8] und 1.259 [15, 17]. Die Dichte von $(C_2H_5)_3SnD$ wird zu $n_D^{20} = 1.4702$ g/cm³ angegeben [17]. Für den Brechungsindex sind die folgenden Werte zu finden: $n_D^{18} = 1.4730$ [4], $n_D^{20} = 1.4700$ [11], 1.4702 [1], 1.4707 [3], 1.4709 [2, 3], 1.4725 [15, 17], $n_D^{23} = 1.4721$ [16]. Die Molrefraktion beträgt $R_{mol} = 46.055$ [17]. Die Temperaturabhängigkeit des Dampfdrucks folgt der Gleichung $\lg p = B - A/T$ mit $A = 2273$ und $B = 8.36$ [8]. Der Dampfdruck beträgt 4.0 Torr bei 20.3°C [15] bzw. 4.2 Torr bei 21°C [16]. Die Verdampfungswärme ΔH_s wurde aus dem Siedepunkt zu 8.1 kcal/mol berechnet [17].

Literatur:

[1] W. P. Neumann, R. Sommer (Angew. Chem. **75** [1963] 788). — [2] W. P. Neumann (Angew. Chem. **75** [1963] 225/35). — [3] W. P. Neumann, H. Niermann (Liebigs Ann. Chem. **653** [1962] 164/72). — [4] H. Kriegsmann, K. Ulbricht (Z. Anorg. Allgem. Chem. **328** [1964] 90/104). — [5] F. Caujolle, M. Lesbre, D. Meynier, G. Saquisannes (Compt. Rend. **243** [1956] 987/9).

[6] Studiengesellschaft Kohle m.b.H. (B.P. 951150 [1960/64]; C.A. **60** [1964] 13271). — [7] G. Schott, C. Harzdorf (Z. Anorg. Allgem. Chem. **307** [1960] 105/8). — [8] C. R. Dillard, E. H. McNeill, D. E. Simmons, J. B. Yeldell (J. Am. Chem. Soc. **80** [1958] 3607/9). — [9] V. I. Telnoi, G. M. Kolyakova, I. B. Rabinovich, N. S. Vyazankin (Dokl. Akad. Nauk SSSR **185** [1969] 374/6; Dokl. Chem. Proc. Acad. Sci. USSR **184/189** [1969] 214/6). — [10] Y. Kawasaki, K. Kawakami, T. Tanaka (Bull. Chem. Soc. Japan **38** [1965] 1102/5).

[11] V. S. Zavgorodnii, A. A. Petrov (Zh. Obshch. Khim. **32** [1962] 3527/32; J. Gen. Chem. USSR **32** [1962] 3461/5). — [12] A. Berger, General Electric Co. (U.S.P. 3401183 [1965/68]; C.A. **70** [1969] Nr. 29058). — [13] J. G. Noltes, G. J. M. van der Kerk (Functionally Substituted Organotin Compounds, Tin Research Institute, Greenford 1958, S. 1/128). — [14] G. J. M. van der Kerk, J. G. Noltes, J. G. A. Luijten (J. Appl. Chem. [London] **7** [1957] 366/9). — [15] E. Amberger, M.-R. Kula (Chem. Ber. **96** [1963] 2560/1).

[16] M.-R. Kula, E. Amberger, H. Rupprecht (Chem. Ber. **98** [1965] 629/33). — [17] W. F. Lautsch A. Tröber, H. Körner, K. Wagner, R. Kaden, S. Blase (Z. Chem. [Leipzig] **4** [1964] 441/54).

Chemical Reactions

1.2.1.1.2.4 Chemisches Verhalten

Reactions with Oxygen

1.2.1.1.2.4.1 Verhalten gegen Sauerstoff

$(C_2H_5)_3SnH$ reagiert mit Luftsauerstoff unter Bildung von $(C_2H_5)_3SnOH$ [1]. Die Verbrennungswärme der flüssigen Verbindung wird mit $\Delta H_{298} = 1239 \pm 2$ kcal/mol [2] und $\Delta H_{293} = 1225.4 \pm 1.2$ kcal/mol bzw. $\Delta u_{293} = 5909 \pm 6$ cal/g [3] angegeben.

Literatur:

[1] E. Amberger, M.-R. Kula (Chem. Ber. **96** [1963] 2560/1). — [2] V. I. Telnoi, G. M. Kolyakova, I. B. Rabinovich, N. S. Vyazankin (Dokl. Akad. Nauk SSSR **185** [1969] 374/6; Dokl. Chem. Proc. Acad. Sci. USSR **184/189** [1969] 214/6). — [3] W. F. Lautsch, A. Tröber, W. Zimmer, L. Mehner, W. Linck, H.-M. Lehmann, H. Brandenburger, H. Körner, H.-J. Metzschker, K. Wagner, R. Kaden (Z. Chem. [Leipzig] **3** [1963] 415/21).

Hydrostannation Reactions

1.2.1.1.2.4.2 Hydrostannierungsreaktionen

Durch Hydrostannierung von olefinischen Doppelbindungen, von C-C-Dreifachbindungen, von konjugierten Doppelbindungssystemen und auch ganz allgemein von Mehrfachbindungssystemen mit $(C_2H_5)_3SnH$ kann die Triäthylzinngruppe in unterschiedliche Verbindungssysteme eingeführt werden. Diese Reaktionen haben technische Bedeutung erlangt.

Der Mechanismus dieser entweder polaren oder radikalischen Reaktion wurde eingehend studiert. Die Hydrostannierung von Olefinen und von Acetylen verläuft eindeutig nach einem radikalischen Mechanismus, da durch Zusatz von Radikalbildnern die Reaktionsgeschwindigkeit beträchtlich gesteigert werden kann, durch Zusatz von Radikalfängern jedoch stark gebremst werden kann. **Fig. 1** zeigt die Reaktionsgeschwindigkeit bei der Addition von $(C_2H_5)_3SnH$ an Styrol, ausgedrückt durch die prozentuale Abnahme der $(C_2H_5)_3SnH$-Konzentration mit der Zeit t. Kurve 1 stellt die Reaktionsgeschwindigkeit bei Zusatz von 2.5 Mol-% Phenoxyl I als Radikalfänger dar, Kurve 2 zeigt die Geschwindigkeit der Hydrostannierung von Styrol, das mit einem handelsüblichen Stabilisator versetzt ist, Kurve 3 die Reaktion ohne Stabilisator und Kurve 4 die Reaktion ohne Stabilisator, jedoch mit 3.3 Mol-% Azoisobuttersäuredinitril (= AIBN) als Radikalbildner. Bemerkenswert ist es, daß Polystyrol nicht gebildet wird, wenn man Styrol in Gegenwart von Radikalbildnern bei 100°C hydrostanniert [1].

Fig. 1

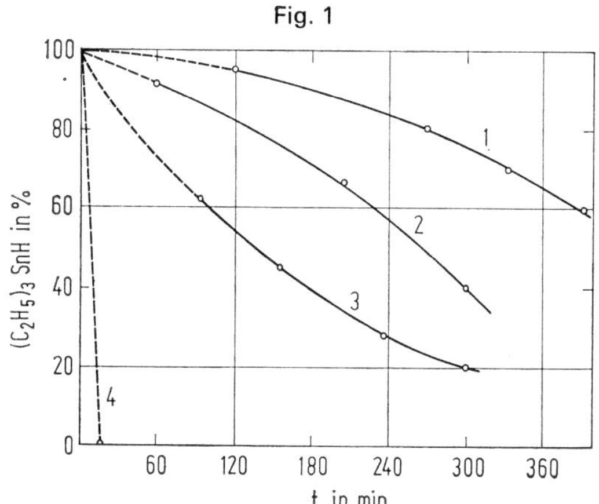

Addition von $(C_2H_5)_3SnH$ an $C_6H_5CH{=}CH_2$ bei 100°C.

Aus der großen Vielfalt der Additionsreaktionen von $(C_2H_5)_3SnH$ bzw. $(C_2H_5)_3SnD$ an die Doppelbindungen eines ungesättigten Systems sind in der folgenden Tabelle die wichtigsten Reaktionen aufgeführt (AIBN = Azoisobuttersäuredinitril):

Reaktionspartner	Reaktions-bedingungen	Reaktionsprodukte	Lit.
Olefine	γ-Strahlung	$(C_2H_5)_3SnR$	[2]
α-Olefine	—	$(C_2H_5)_3SnR$	[3]
$CH_3(CH_2)_5CH{=}CH_2$	—	$(C_2H_5)_3SnC_8H_{17}$	[4]
	90 bis 100°C, AIBN oder AlR_3	$(C_2H_5)_3SnC_8H_{17}$	[5, 6]
	5 h, 120°C, $LiAlH_4$	$(C_2H_5)_3SnC_8H_{17}$	[7]
$CH_3(CH_2)_7CH{=}CH_2$	60 h, 80°C, AIBN	$(C_2H_5)_3SnC_{10}H_{21}$	[5]
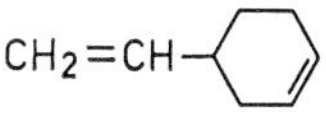 $CH_2{=}CH-$	50 h, 90°C, AIBN oder AlR_3	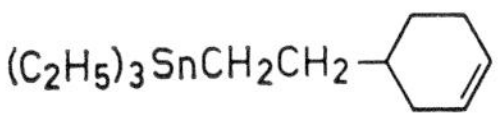 $(C_2H_5)_3SnCH_2CH_2-$	[5, 6]
$C_6H_5CH{=}CH_2$	100°C, Ar	$(C_2H_5)_3SnCH_2CH_2C_6H_5$	[1]
	10 h, 50°C, AIBN	$(C_2H_5)_3SnCH_2CH_2C_6H_5$	[5]
$C_6H_5C(CH_3){=}CH_2$	20 h, 60°C, AIBN	$(C_2H_5)_3SnCH_2CH(CH_3)C_6H_5$	[5]
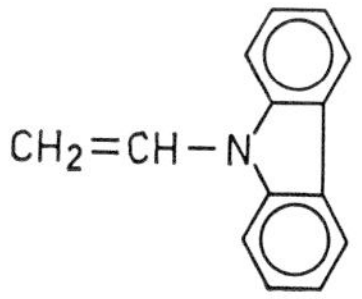 $CH_2{=}CH-N$	22 h, 75°C, AIBN	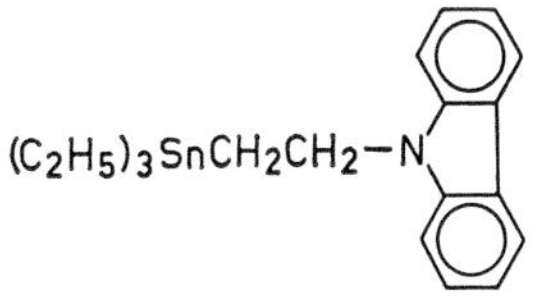 $(C_2H_5)_3SnCH_2CH_2-N$	[4, 5]
$CH_2{=}CHCN$	1 h, 60°C, Ar	$(C_2H_5)_3SnCH_2CH_2CN$	[1]
	6 h, 60°C, AIBN	$(C_2H_5)_3SnCH_2CH_2CN$	[4, 5]
	14 h, 75°C	$(C_2H_5)_3SnCH_2CH_2CN$ $(C_2H_5)_3SnCH(CH_3)CN$	[8]
$RCH{=}C(CN)_2$	—	$(C_2H_5)_3SnN{=}C{=}C(CN)CH_2R$	[9, 10]

Reaktionspartner	Reaktions-bedingungen	Reaktionsprodukte	Lit.
$CH_2{=}CHCH_2OH$	1 h, 35°C, AIBN	$(C_2H_5)_3SnCH_2CH_2CH_2OH$	[4, 5]
$CH_2{=}CHOC_2H_5$	24 h, 60°C, AIBN	$(C_2H_5)_3SnCH_2CH_2OC_2H_5$	[5]
$CH_2{=}CHOC_4H_9$	43 h, 60°C, AIBN	$(C_2H_5)_3SnCH_2CH_2OC_4H_9$	[4, 5]
$CH_2{=}CHO\text{-}iso\text{-}C_4H_9$	29 h, 60°C, AIBN	$(C_2H_5)_3SnCH_2CH_2O\text{-}iso\text{-}C_4H_9$	[5]
$CH_2{=}CHOOCCH_3$	UV oder 40°C, AIBN	$(C_2H_5)_3SnCH_2CH_2OOCCH_3$	[4, 5, 11]
$CH_2{=}CHCH_2OOCCH_3$	2 h, 40°C, AIBN	$(C_2H_5)_3Sn(CH_2)_3OOCCH_3$	[4, 5]
$CH_2{=}CHCH_2OCH_2CH_2OH$	15 h, 50°C, AIBN	$(C_2H_5)_3Sn(CH_2)_3OCH_2CH_2OH$	[5]
$CH_2{=}CHOCH_2CH\text{-}CH_2$ └O┘	1.5 h, 110°C	$(C_2H_5)_3SnCH_2CH_2OCH_2CH\text{-}CH_2$ └O┘	[12]
$CH_2{=}CHCH_2OCH_2CH\text{-}CH_2$ └O┘	1.5 h, 110°C	$(C_2H_5)_3Sn(CH_2)_3OCH_2CH\text{-}CH_2$ └O┘	[12, 13]
$RCH{=}CR'COOC_2H_5$	—	$(C_2H_5)_3SnOC(OC_2H_5){=}CR'CH_2R$	[9, 10]
$RCH{=}C(CN)COR'$	—	$(C_2H_5)_3SnOCR'{=}C(CN)CH_2R$	[9, 10]
$CH_2{=}CHCOOCH_3$	5 h, 40°C, AIBN	$(C_2H_5)_3SnCH_2CH_2COOCH_3$	[4, 5]
$CH_2{=}C(CH_3)COOCH_3$	22 h, 60°C, AIBN	$(C_2H_5)_3SnCH_2CH(CH_3)COOCH_3$	[4, 5]
$CH_2{=}CH(CH_2)_8COOCH_3$	45 h, 60°C, AIBN	$(C_2H_5)_3Sn(CH_2)_{10}COOCH_3$	[5]
$CH_2{=}CH(CH_2)_8COOC_2H_5$	50 h, 50°C, AIBN	$(C_2H_5)_3Sn(CH_2)_{10}COOC_2H_5$	[4, 5]
$CH_2{=}CHCONH_2$	22 h, 50°C, AIBN	$(C_2H_5)_3SnCH_2CH_2CONH_2$	[4, 5]
$CH_2{=}C(CH_3)CONH_2$	15 h, 50°C, AIBN	$(C_2H_5)_3SnCH_2CH(CH_3)CONH_2$	[5]
$CH_2{=}CHCH_2OCH_2CHOH$ | CH_2NH_2	23 h, 70°C, AIBN	$(C_2H_5)_3Sn(CH_2)_3OCH_2CHOH$ | CH_2NH_2	[5]
$CH_2{=}CHSi(OCH_3)_3$	6 h, 100°C, AIBN	$(C_2H_5)_3SnCH_2CH_2Si(OCH_3)_3$ $(C_2H_5)_3SnCH(CH_3)Si(OCH_3)_3$	[14]
C_6H_5 | N $CH_2{=}CH-B$ $B-CH{=}CH_2$ C_6H_5-N $N-C_6H_5$ B | $CH{=}CH_2$	10:2.6; AIBN oder Toluol, 5 h, Rückfluß	C_6H_5 | N $(C_2H_5)_3SnCH_2CH_2-B$ $B-CH_2CH_2Sn(C_2H_5)_3$ C_6H_5-N $N-C_6H_5$ B | $CH_2CH_2Sn(C_2H_5)_3$	[15, 16]
$(C_2H_5)_3SnCH_2CH{=}CH_2$	AlR_3	$(C_2H_5)_3Sn(CH_2)_3Sn(C_2H_5)_3$	[6]
CH_3 O–C–CH_3 $CH_2{=}CH-B$ O CH_3	30 h, 110°C, Bombenrohr	CH_3 O–C–CH_3 $(C_2H_5)_3SnCH_2CH_2-B$ O CH_3	[17]

Reaktionspartner	Reaktions-bedingungen	Reaktionsprodukte	Lit.
$CH_2{=}CO$	—	$(C_2H_5)_3SnCOCH_3$	[18]
Diene	—	1-Triäthylstannylalkene	[3]
$CH_2{=}CHCH_2CH{=}CH_2$	—	$(C_2H_5)_3Sn(CH_2)_5Sn(C_2H_5)_3$	[7]
$CH_2{=}CHCH{=}CH_2$	30 h, 75°C, AIBN Bombenrohr	$(C_2H_5)_3SnCH_2CH_2CH{=}CH_2$ $(C_2H_5)_3SnCH_2CH{=}CHCH_3$	[19, 20]
$CH_2{=}CHCH{=}CHCH_3$	75°C, AIBN, Bombenrohr	$(C_2H_5)_3SnCH_2CH_2CH{=}CHCH_3$ $(C_2H_5)_3SnCH_2CH{=}CHCH_2CH_3$	[19, 20, 21]
$CH_2{=}CHC(CH_3){=}CH_2$	30 h, 75°C, AIBN Bombenrohr	$(C_2H_5)_3SnCH_2CH(CH_3)CH{=}CH_2$ $(C_2H_5)_3SnCH_2CH_2C(CH_3){=}CH_2$ $(C_2H_5)_3SnCH_2C(CH_3){=}CHCH_3$ $(C_2H_5)_3SnCH_2CH{=}C(CH_3)_2$	[19, 20]
$CH_2{=}C(CH_3)C(CH_3){=}CH_2$	70°C, AIBN	$(C_2H_5)_3SnCH_2CH(CH_3)C(CH_3){=}CH_2$ $(C_2H_5)_3SnCH_2C(CH_3){=}C(CH_3)_2$	[19, 20]
$CH_2{=}CHCH_2CH_2CH{=}CH_2$	18 h, 80°C, AIBN	$(C_2H_5)_3Sn(CH_2)_4CH{=}CH_2$ $(C_2H_5)_3Sn(CH_2)_6Sn(C_2H_5)_3$	[4, 5]
$CH_2{=}CH(CH_2)_4CH{=}CH_2$	30 h, 80°C, AIBN	$(C_2H_5)_3Sn(CH_2)_6CH{=}CH_2$ $(C_2H_5)_3Sn(CH_2)_8Sn(C_2H_5)_3$	[5]
p-$CH_2{=}CHC_6H_4CH{=}CH_2$	40 h, 80°C, AIBN	*p*-$(C_2H_5)_3SnCH_2CH_2C_6H_4CH{=}CH_2$	[4, 5]
$CH_2{=}CHSi(CH_3)_2CH_2CH{=}CH_2$	14 h, 80°C, AIBN	$(C_2H_5)_3SnCH_2CH_2Si(CH_3)_2CH_2CH{=}CH_2$	[22]
	75°C, AIBN, Bombenrohr	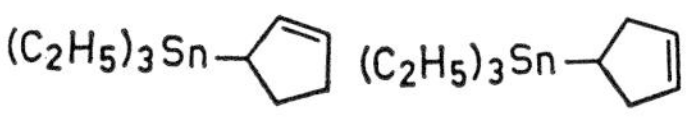 $(C_2H_5)_3Sn$— $(C_2H_5)_3Sn$—	[19, 20]
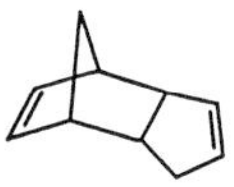	24 h, 70°C, AIBN	1:1-Additionsprodukt	[20]
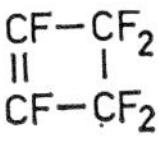 CF—CF_2 CF—CF_2	60 d, 20°C	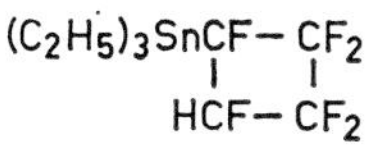 $(C_2H_5)_3SnCF$—CF_2 HCF—CF_2	[23]
$HC{\equiv}CR$	Reaktion mit $(C_2H_5)_3SnD$	$(C_2H_5)_3SnCR{=}CHD$ $(C_2H_5)_3SnCH{=}CDR$	[24]
$CF_3C{\equiv}CCF_3$	1 d, 20°C	$(C_2H_5)_3SnC(CF_3){=}CHCF_3$	[25]
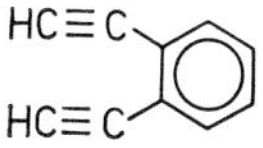 $HC{\equiv}C$ $HC{\equiv}C$	Benzol, Rückfluß	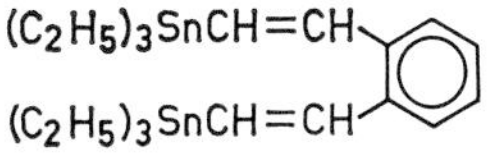 $(C_2H_5)_3SnCH{=}CH$ $(C_2H_5)_3SnCH{=}CH$	[26]
$HC{\equiv}CCN$	25°C	$(C_2H_5)_3SnCH{=}CHCN$	[27, 28]

Reaktionspartner	Reaktions-bedingungen	Reaktionsprodukte	Lit.
$HC{\equiv}CCH_2OH$	milde Bedingungen 6 h, 100°C	Polymere $(C_2H_5)_3SnCH{=}CHCH_2OH$ $(C_2H_5)_3SnC({=}CH_2)CH_2OH$	[29] [28]
$HC{\equiv}CCH_2CH_2OH$	5 h, 100°C	$(C_2H_5)_3SnCH{=}CHCH_2CH_2OH$	[30]
$HC{\equiv}CCH(C_2H_5)OH$	12 h, 100°C	$(C_2H_5)_3SnCH{=}CHCH(C_2H_5)OH$	[31]
$HC{\equiv}CC(CH_3)_2OH$	12 h, 100°C	$(C_2H_5)_3SnCH{=}CHC(CH_3)_2OH$	[31]
$HC{\equiv}C$ HO	12 h, 100°C	CH_2 ‖ $(C_2H_5)_3SnC$ HO	[31]
$HC{\equiv}COC_2H_5$	55°C	$(C_2H_5)_3SnCH{=}CHOC_2H_5$	[32]
$HC{\equiv}COC_4H_9$	55°C	$(C_2H_5)_3SnCH{=}CHOC_4H_9$	[32]
$HC{\equiv}CROCH(CH_3)OC_4H_9$	$R = CH_2, CH_2CH_2, CH(CH_3), C(CH_3)_2$	$(C_2H_5)_3SnCH{=}CHRO$ $C_4H_9OCHCH_3$	[30, 33]
$HC{\equiv}CCRR'OH$	90°C, N_2	$(C_2H_5)_3SnCH{=}CHCRR'OH$	[34]
$HC{\equiv}CCOOR$	14 h, 90°C	$(C_2H_5)_3SnC({=}CH_2)COOR$ $(C_2H_5)_3SnCH{=}CHCOOR$ $(C_2H_5)_3SnCH_2CH_2COOR$	[35, 36, 37, 38]
$CH_3C{\equiv}CCOOCH_3$	120°C	$(C_2H_5)_3SnC(COOCH_3){=}CHCH_3$	[39]
$C_2H_5OOCC{\equiv}CCOOC_2H_5$	—	$(C_2H_5)_3Sn \quad COOC_2H_5$ $C{=}C$ $C_2H_5OOC \quad H$	[28]
$ROOCC{\equiv}CCOOR$	0°C	$(C_2H_5)_3SnC(COOR){=}CHCOOR$	[39]
$C_2H_5C{\equiv}CN(C_2H_5)_2$	80°C	$(C_2H_5)_3SnC(C_2H_5)C{=}CHN(C_2H_5)_2$	[40]
$(CH_3)_2CHC{\equiv}CN(C_2H_5)_2$	80°C	$(C_2H_5)_3SnC[CH(CH_3)_2]{=}CH$ $N(C_2H_5)_2$	[40]
$HC{\equiv}CSi(CH_3)_3$	14 h, 120°C	$(C_2H_5)_3SnCH{=}CHSi(CH_3)_3$	[14]
$HC{\equiv}CSi(CH_3)_2OCH_3$	14 h, 120°C	$(C_2H_5)_3SnCH{=}CHSi(CH_3)_2OCH_3$	[14]
$HC{\equiv}CSi(CH_3)_2OC_2H_5$	14 h, 120°C	$(C_2H_5)_3SnCH{=}CHSi(CH_3)_2OC_2H_5$	[14]
$HC{\equiv}CSi(CH_3)_2OSi(CH_3)_3$	14 h, 120°C	$(C_2H_5)_3SnCH{=}CH$ $(CH_3)_3SiOSi(CH_3)_2$	[14]
$[HC{\equiv}CSi(CH_3)_2]_2O$	14 h, 120°C	$(C_2H_5)_3SnCH{=}CH$ $HC{\equiv}CSi(CH_3)_2OSi(CH_3)_2$	[14]
$(HC{\equiv}C)_2Si(CH_3)_2$	14 h, 120°C	$(C_2H_5)_3SnCH{=}CHSi(CH_3)_2C{\equiv}CH$	[14]

Reaktionspartner	Reaktions-bedingungen	Reaktionsprodukte	Lit.
$C_6H_5C{\equiv}CSi(CH_3)_3$	14 h, 120°C	$(C_2H_5)_3SnC(C_6H_5){=}CHSi(CH_3)_3$	[14]
$(CH_3)_3SnC{\equiv}COC_2H_5$	—	$(C_2H_5)_3Sn(CH_3)_3Sn{>}C{=}C{<}H\,OC_2H_5$	[41]
$HC{\equiv}CCH{=}CH_2$	6 h, 80°C	$(C_2H_5)_3SnCH{=}CHCH{=}CH_2$ $(C_2H_5)_3SnCH_2CH_2C{\equiv}CH$ $(C_2H_5)_3SnCH(CH_3)C{\equiv}CH$ $(C_2H_5)_3SnCH{=}C{=}CHCH_3$ $(C_2H_5)_3SnCH_2CH{=}C{=}CH_2$ $(C_2H_5)_3SnC({=}CH_2)CH{=}CH_2$	[42, 44]
$HC{\equiv}CC(CH_3){=}CH_2$	6 h, 80°C	$(C_2H_5)_3SnCH{=}CHC(CH_3){=}CH_2$ $(C_2H_5)_3SnC({=}CH_2)C(CH_3){=}CH_2$ $(C_2H_5)_3SnC{\equiv}CC(CH_3){=}CH_2$	[42]
$HC{\equiv}CCH{=}CHCH_3$	6 h, 120°C	$(C_2H_5)_3SnCH{=}CHCH{=}CHCH_3$ $(C_2H_5)_3SnC({=}CH_2)CH{=}CHCH_3$	[42]
$HC{\equiv}C$–(1-Cyclopentenyl)	6 h, 100°C	$(C_2H_5)_3SnCH{=}CH$–(1-Cyclopentenyl)	[42]
$HC{\equiv}C$–(1-Cyclohexenyl)	6 h, 120°C	$(C_2H_5)_3SnCH{=}CH$–(1-Cyclohexenyl)	[42]
$CH_3C{\equiv}CCH{=}CH_2$	6 h, 120°C	$(C_2H_5)_3SnC(CH_3){=}CHCH{=}CH_2$ $(C_2H_5)_3SnCH_2CH_2C{\equiv}CCH_3$ $(C_2H_5)_3SnC({=}CHCH_3)CH{=}CH_2$	[43]
$C_2H_5C{\equiv}CCH{=}CH_2$	8 h, 120°C	$(C_2H_5)_3SnC(C_2H_5){=}CHCH{=}CH_2$ $(C_2H_5)_3SnCH_2CH_2C{\equiv}CC_2H_5$ $(C_2H_5)_3SnC({=}CHC_2H_5)CH{=}CH_2$	[43]
$CH_3C{\equiv}CCH{=}CHCH_3$	6 h, 120°C	$(C_2H_5)_3SnC(CH_3){=}CHCH{=}CHCH_3$ $(C_2H_5)_3SnCH(CH_3)CH_2C{\equiv}CCH_3$	[43]
$(CH_3)_2C_2H_5SiC{\equiv}CCH{=}CH_2$	10 h, 200°C	$(C_2H_5)_3SnCH_2CH_2C{\equiv}CSi(CH_3)_2C_2H_5$ $(C_2H_5)_3SnCH_2CH{=}C{=}CHSi(CH_3)_2C_2H_5$ $(C_2H_5)_3SnC[Si(CH_3)_2C_2H_5]{=}C{=}CHCH_3$	[43]
$(C_2H_5)_3SnC{\equiv}CCH{=}CH_2$	12 h, 100°C	$(C_2H_5)_3SnCH_2CH_2C{\equiv}CSn(C_2H_5)_3$ $(C_2H_5)_3SnCH{=}C{=}CHCH_2Sn(C_2H_5)_3$ $(C_2H_5)_3SnCH{=}C[Sn(C_2H_5)_3]CH{=}CH_2$ $[(C_2H_5)_3Sn]_2C{=}CHCH{=}CH_2$	[43]
$(C_2H_5)_3SnC{\equiv}CC(CH_3){=}CH_2$	12 h, 100°C	$(C_2H_5)_3SnCH_2CH(CH_3)C{\equiv}CSn(C_2H_5)_3$ $(C_2H_5)_3SnCH{=}C{=}C(CH_3)CH_2Sn(C_2H_5)_3$ $(C_2H_5)_3SnCH{=}C[Sn(C_2H_5)_3]C(CH_3){=}CH_2$ $[(C_2H_5)_3Sn]_2C{=}CHC(CH_3){=}CH_2$	[43]

Reaktionspartner	Reaktions-bedingungen	Reaktionsprodukte	Lit.
$(C_2H_5)_3SnC{\equiv}CCH{=}CHCH_3$	12 h, 100°C	$(C_2H_5)_3SnCH(CH_3)CH_2C{\equiv}CSn(C_2H_5)_3$ $(C_2H_5)_3SnCH{=}C{=}CHCH(Sn(C_2H_5)_3)CH_3$ $(C_2H_5)_3SnCH{=}C(Sn(C_2H_5)_3)CH{=}CHCH_3$ $[(C_2H_5)_3Sn]_2C{=}CHCH{=}CHCH_3$	[43]
$RC{\equiv}CCH{=}CH_2$	90°C; R = $(CH_3)_2COR'$, $CH_3(C_2H_5)COR'$, $CH_3(C_4H_9)COR'$, $C_2H_5(C_3H_7)COR'$, *cyclo*-$C_6H_{10}OR'$; R' = H, CH_3	$(C_2H_5)_3SnCR{=}C{=}CHCH_3$ $(C_2H_5)_3SnCH_2CH_2C{\equiv}CR$	[45]
$HC{\equiv}CCH_2CH_2OCH{=}CH_2$	3 h, 110°C	$(C_2H_5)_3SnCH{=}CHCH_2CH_2OCH{=}CH_2$	[30]
$CH_2{=}CHC{\equiv}CRR'OH$	90°C, N_2	$(C_2H_5)_3SnCH_2CH_2C(Sn(C_2H_5)_3){=}CHCRR'OH$ $(C_2H_5)_3SnC(CH{=}CH_2){=}CHCRR'OH$	[34]
$RCH(OH)C{\equiv}CCH{=}CH_2$	—	1,2- oder 1,4-Addition	[46]
$HC{\equiv}CCH{=}CHN(CH_3)_2$	—	$(C_2H_5)_3SnC{\equiv}CCH{=}CHN(CH_3)_2$	[47]
$HC{\equiv}CCH{=}CHR$	R = CH_3, OCH_3, SC_2H_5, $N(C_2H_5)_2$	$(C_2H_5)_3SnCH{=}CHCH{=}CHR$ $(C_2H_5)_3SnC{\equiv}CCH{=}CHR$	[47]
$HC{\equiv}CC{\equiv}CR$	—	$(C_2H_5)_3SnCH{=}CHC{\equiv}CR$	[48]
$HC{\equiv}CC{\equiv}CSi(CH_3)_3$	—	$(C_2H_5)_3SnCH{=}CHC{\equiv}CSi(CH_3)_3$	[49]
$HC{\equiv}CC{\equiv}CGe(C_2H_5)_3$	—	$(C_2H_5)_3SnCH{=}CHC{\equiv}CGe(C_2H_5)_3$	[49]
$HC{\equiv}CC{\equiv}CSn(C_2H_5)_3$	—	$(C_2H_5)_3SnCH{=}CHC{\equiv}CSn(C_2H_5)_3$	[49]
C_6F_5CHO	20°C	$(C_2H_5)_3SnOCH_2C_6F_5$	[50, 51]
$CH_2{=}CHCHO$	milde Bedingungen	Polymere	[29]
CCl_3CHO	10 min, 0°C	$(C_2H_5)_3SnOCH_2CCl_3$ $(C_2H_5)_3SnOCH(CCl_3)OCH_2CCl_3$	[51]
$RR'CO$	$ZnCl_2$	$(C_2H_5)_3SnOCHRR'$	[52, 53]
$C_6H_5COCF_3$	20°C	$(C_2H_5)_3SnOCH(C_6H_5)CF_3$	[50, 51]
Cyclohexanon (Strukturformel, =O)	Cyclohexan	$(C_2H_5)_3SnO$-*cyclo*-C_6H_{11}	[54]

Reaktionspartner	Reaktionsbedingungen	Reaktionsprodukte	Lit.
$RR'C{=}C(COOC_2H_5)_2$	24 h, 60°C, AIBN; R/R' = CH_3/CH_3, H/CH_3, H/C_6H_5, C_6H_5/C_6H_5, $H/p\text{-}ClC_6H_4$, $H/p\text{-}NO_2C_6H_4$, CH_3/C_6H_5, $(CH_2)_5$	$(RR'CH)(C_2H_5OOC)C{=}C(OC_2H_5)(OSn(C_2H_5)_3)$	[55]
C_6H_5NCS	—	$(C_2H_5)_3SnSCH{=}NC_6H_5$	[56, 57, 58]
$C_2H_5OC_6H_4\text{-}p\text{-}NCS$	—	$(C_2H_5)_3SnSCH{=}NC_6H_4\text{-}p\text{-}OC_2H_5$	[56]
$C_6H_5CH{=}NC_6H_5$	Cyclohexan, 26 h, 90°C, AIBN	$(C_2H_5)_3SnN(C_6H_5)CH_2C_6H_5$	[4, 59]
$C_6H_5CH{=}NC_6H_4\text{-}p\text{-}CH_3$	Cyclohexan, 28 h, 70°C, AIBN	$(C_2H_5)_3SnN(C_6H_4\text{-}p\text{-}CH_3)CH_2C_6H_5$	[52, 59]
$(C_6H_{11}N{=})_2C$	24 h, 70°C, AIBN	$(C_2H_5)_3SnN(C_6H_{11})CH{=}NC_6H_{11}$	[59]
C_6H_5NCO	25°C	$(C_2H_5)_3SnN(C_6H_5)CHO$	[56, 57, 58, 60]
$p\text{-}ClC_6H_4NCO$	25°C	$(C_2H_5)_3SnN(CHO)C_6H_4\text{-}p\text{-}Cl$	[58]
$C_6H_{13}NCO$	—	$(C_2H_5)_3SnN(CHO)C_6H_{13}$	[57, 58, 60]
$p\text{-}NO_2C_6H_4NCO$	Benzol, 2 h, Rückfluß	$(C_2H_5)_3SnN(CHO)C_6H_4\text{-}p\text{-}NO_2$	[58]
$p\text{-}OCNC_6H_4NCO$	—	$(C_2H_5)_3SnN(CHO)C_6H_4\text{-}p\text{-}N(CHO)Sn(C_2H_5)_3$	[58]
C_6H_5NO	Aceton, 20°C	$(C_2H_5)_3SnONHC_6H_5$, $C_6H_5N{=}NC_6H_5$, $(C_2H_5)_3SnOH$	[59]
$RN{=}NNR'R''$	4:1; Cumol, 6 h, 80°C, AIBN; R = C_6H_5, $p\text{-}CH_3C_6H_4$; R' = CH_3, C_2H_5, $CH_2C_6H_5$, $C(C_6H_5)_3$, NH_2, $Sn(CH_3)_3$; R'' = C_2H_5, C_6H_5, $CH_2C_6H_5$; R'R'' = $(CH_2)_5$	RH, N_2, R'R''NH, $[(C_2H_5)_3Sn]_2$, R'H, $(C_2H_5)_3SnNRN{=}NR''$	[61]

Literatur:

[1] W. P. Neumann, R. Sommer (Liebigs Ann. Chem. **675** [1964] 10/8). — [2] V. S. Lopatina, N. I. Sheverdina, V. A. Chernoplekova, K. A. Kocheshkov (Dokl. Akad. Nauk SSSR **213** [1973] 846/7; Proc. Acad. Sci. USSR Chem. Sect. **208/213** [1973] 900/1). — [3] W. P. Neumann, H. Niermann, B. Schneider (Liebigs Ann. Chem. **707** [1967] 15/9). — [4] K. Ziegler (B.P. 966813 [1961/64]; C.A. **61** [1964] 14711). — [5] W. P. Neumann, H. Niermann, R. Sommer (Liebigs Ann. Chem. **659** [1962] 27/39).

[6] W. P. Neumann, H. Niermann, B. Schneider (Angew. Chem. **75** [1963] 790). — [7] Studiengesellschaft Kohle m.b.H. (Belg.P. 629783 [1962/63]; C.A. **60** [1964] 14538). — [8] A. J. Leusink, J. G. Noltes (Tetrahedron Letters **1966** 335/40). — [9] W. P. Neumann, R. Sommer, E. Müller (Angew. Chem. **78** [1966] 545/7). — [10] E. Müller, K. Sommer, W. P. Neumann (Liebigs Ann. Chem. **718** [1968] 1/10).

[11] J. Tsurugi, M. Iida, R. Nakao, T. U. M. Fukumoto, N. Murata (Bull. Chem. Soc. Japan **44** [1971] 777/80). — [12] Z. M. Rzaev, S. M. Mamedov, S. K. Kyazimov (Azerb. Khim. Zh. **1972** 85/7 nach C.A. **79** [1973] Nr. 53481). — [13] R. Becker, A. Wende, Deutsche Akademie der Wissenschaften zu Berlin (D.P. 1158974 [1960/63]; C.A. **60** [1964] 9311). — [14] M. G. Voronkov, R. G. Mirskov, O. G. Yarosh, O. S. Ishchenko, E. O. Tsetlina (Zh. Obshch. Khim. **43** [1973] 2425/8; J. Gen. Chem. USSR **43** [1973] 2412/4). — [15] D. Seyferth, H. P. Kogler, W. R. Freyer, M. Takamizawa, H. Yamazaki, Y. Sato (Advan. Chem. Ser. **42** [1964] 259/65).

[16] D. Seyferth, M. Takamizawa (Inorg. Chem. **2** [1963] 731/3). — [17] R. H. Fish (J. Organometal. Chem. **42** [1972] 345/51). — [18] M. A. Kazankova, T. I. Zverkova, A. I. Lutsenko, I. F. Lutsenko (Zh. Obshch. Khim. **44** [1974] 229/30; J. Gen. Chem. USSR **74** [1974] 225). — [19] W. P. Neumann, R. Sommer (Angew. Chem. **76** [1964] 52/3). — [20] W. P. Neumann, R. Sommer (Liebigs Ann. Chem. **701** [1967] 28/39).

[21] H. J. Albert, W. P. Neumann, W. Kaiser, H. P. Ritter (Chem. Ber. **103** [1970] 1372/82). — [22] T. K. Gar, A. A. Buyakov, A. V. Kisin, V. F. Mironov (Zh. Obshch. Khim. **41** [1971] 1589/94; J. Gen. Chem. USSR **41** [1971] 1596/600). — [23] W. R. Cullen, G. E. Styan (J. Organometal. Chem. **6** [1966] 633/44). — [24] A. J. Leusink, H. A. Budding, W. Drenth (J. Organometal. Chem. **9** [1967] 295/306). — [25] W. R. Cullen, G. E. Styan (J. Organometal. Chem. **6** [1966] 117/25).

[26] A. J. Leusink, H. A. Budding, J. G. Noltes (J. Organometal. Chem. **24** [1970] 375/86). — [27] A. J. Leusink, J. W. Marsman (Rec. Trav. Chim. **84** [1965] 1123/8). — [28] A. J. Leusink, J. W. Marsman, H. A. Budding (Rec. Trav. Chim. **84** [1965] 689/703). — [29] N. G. Dzhurinskaya, V. F. Mironov, A. D. Petrov (Dokl. Akad. Nauk SSSR **138** [1961] 1107/10; Proc. Acad. Sci. USSR Chem. Sect. **136/141** [1961] 574/7). — [30] V. M. Vlasov, R. G. Mirskov, V. N. Petrova (Zh. Obshch. Khim. **37** [1967] 954/7; J. Gen. Chem. USSR **37** [1967] 902/4).

[31] E. N. Maltseva, V. S. Zavgorodnii (Zh. Obshch. Khim. **40** [1970] 1773/80; J. Gen. Chem. USSR **40** [1970] 1759/64). — [32] M. A. Kazankova, N. P. Protsenko, I. F. Lutsenko (Zh. Obshch. Khim. **38** [1968] 106/8; J. Gen. Chem. USSR **38** [1968] 104/6). — [33] M. F. Shostakovskii, R. G. Mirskov, N. P. Ivanova, V. G. Chernova (Mater. 2nd Konf. Vop. Str. Reakts. Sposobnosti Atsetalei, Frunze 1967 [1970], S. 219/24 nach C.A. **76** [1972] Nr. 34365). — [34] I. M. Gverdtsiteli, S. V. Adamiya, M. M. Katsitadze (Soobshch. Akad. Nauk Gruz. SSR **57** Nr. 1 [1970] 65/8 nach C.A. **73** [1970] Nr. 56194). — [35] A. J. Leusink, H. A. Budding, J. W. Marsman (J. Organometal. Chem. **9** [1967] 285/94).

[36] A. J. Leusink, J. W. Marsman, H. A. Budding, J. G. Noltes, G. J. M. van der Kerk (Rec. Trav. Chim. **84** [1965] 567/78). — [37] A. J. Leusink, H. A. Budding (J. Organometal. Chem. **11** [1968] 533/9). — [38] A. J. Leusink, H. A. Budding, W. Drenth (J. Organometal. Chem. **11** [1968] 541/7). — [39] I. F. Lutsenko, S. V. Ponomarev, O. P. Petru (Zh. Obshch. Khim. **32** [1962] 896/900; J. Gen. Chem. USSR **32** [1962] 886/9). — [40] M. A. Kazankova, T. I. Zverkova, M. Z. Levin, I. F. Lutsenko (Zh. Obshch. Khim. **44** [1974] 230; J. Gen. Chem. USSR **44** [1974] 226).

[41] S. V. Ponomarev, S. Ya. Pechurina, I. F. Lutsenko (Zh. Obshch. Khim. **39** [1969] 1171/2; J. Gen. Chem. USSR **39** [1969] 1138). — [42] E. N. Maltseva, V. S. Zavgorodnii, A. A. Petrov (Zh. Obshch. Khim. **39** [1969] 152/9; J. Gen. Chem. USSR **39** [1969] 138/44). — [43] E. N. Maltseva, V. S. Zavgorodnii (Zh. Obshch. Khim. **40** [1970] 2060/6; J. Gen. Chem. USSR **40** [1970] 2046/51). — [44] K. A. Makarov, V. S. Zavgorodnii, E. N. Maltseva, A. F. Nikolaev, A. A. Petrov, A. I. Andersen (Vysokomol. Soedin. A **12** [1970] 1429/34; Polymer Sci. [USSR] A **12** [1970] 1623/30). — [45] I. M. Gverdtsiteli, S. V. Adamiya, D. S. Ioramashvili (Zh. Obshch. Khim. **40** [1970] 1427/8; J. Gen. Chem. USSR **40** [1970] 1415).

[46] I. M. Gverdtsiteli, S. V. Adamiya (Soobshch. Akad. Nauk Gruz. SSR **61** [1971] 77/80). — [47] E. N. Maltseva, V. S. Zavgorodnii, I. A. Maretina, A. A. Petrov (Zh. Obshch. Khim. **38** [1968] 203/4; J. Gen. Chem. USSR **38** [1968] 209). — [48] V. S. Zavgorodnii, A. A. Petrov (Zh. Obshch. Khim. **35** [1965] 1313/4; J. Gen. Chem. USSR **35** [1965] 1319). — [49] A. I. Maleeva, V. S. Zavgorodnii, A. A. Petrov (Zh. Obshch. Khim. **43** [1973] 112/5; J. Gen. Chem. USSR **43** [1973] 109/11). — [50] A. J. Leusink, H. A. Budding, W. Drenth (J. Organometal. Chem. **13** [1968] 163/8).

[51] A. J. Leusink, H. A. Budding, J. W. Marsman (J. Organometal. Chem. **13** [1968] 155/62). — [52] W. P. Neumann, E. Heymann (Angew. Chem. **75** [1963] 166/7). — [53] W. P. Neumann, E. Heymann (Liebigs Ann. Chem. **683** [1965] 11/23). — [54] R. Knocke, W. P. Neumann (Liebigs Ann. Chem. **1974** 1486/95). — [55] R. Sommer, E. Müller, W. P. Neumann (Liebigs Ann. Chem. **721** [1969] 1/13).

[56] A. J. Leusink, H. A. Budding, J. G. Noltes (Rec. Trav. Chim. **85** [1966] 151/8). — [57] J. G. Noltes, M. J. Janssen (Rec. Trav. Chim. **82** [1963] 1055/6). — [58] J. G. Noltes, M. J. Janssen (J. Organometal. Chem. **1** [1963/64] 346/55). — [59] W. P. Neumann, E. Heymann (Liebigs Ann. Chem. **683** [1965] 24/9). — [60] A. J. Leusink, J. G. Noltes (Rec. Trav. Chim. **84** [1965] 585/9).

[61] J. Hollaender, W. P. Neumann (Angew. Chem. **83** [1971] 850/1).

1.2.1.1.2.4.3 Reaktionen mit Halogenverbindungen unter Abspaltung von Triäthylzinnhalogeniden

Reactions with Halogen Compounds with Separation of Triethyltin Halides

$(C_2H_5)_3SnH$ reagiert mit HBr unter Abspaltung von H_2 und Bildung von $(C_2H_5)_3SnBr$ [1]. Die Umsetzung mit $(C_6H_5O)_2PCl$ in Diäthyläther führt nach schwach exothermem Reaktionsstart und anschließendem 2stündigem Rühren bei Raumtemperatur zur Abspaltung von $(C_2H_5)_3SnCl$ bei gleichzeitiger Bildung von $(C_6H_5O)_2PH$ in 62%iger Ausbeute [2]. Mit CCl_4 entsteht in exothermer Reaktion $(C_2H_5)_3SnCl$ [3, 4, 5], wobei das gebildete $CHCl_3$ mit weiterem $(C_2H_5)_3SnH$ unter erneuter Bildung von $(C_2H_5)_3SnCl$ reagiert [5]. $(C_2H_5)_3SnCl$ und $[(C_2H_5)_3Sn]_2$ sind die Produkte der Reaktion von $(C_6H_5)_3CCl$ mit $(C_2H_5)_3SnH$ in Benzol nach 12stündiger Umsetzungsdauer [6]. Tropft man $(C_2H_5)_3SnH$ zu einer äquivalenten Menge Cl_3CCHO bei 0°C und läßt das Gemisch noch 1 h bei Raumtemperatur stehen, so sind 15% $(C_2H_5)_3SnCl$ und 17% $(C_2H_5)_3SnOCH_2CHCl_2$ neben 68% reinem Additionsprodukt zu isolieren [7]. Die Reaktion von $(C_2H_5)_3SnH$ mit 1,2-Dichlor-3,3,4,4-tetrafluor-cyclobuten-1 führt bei 24stündigem Erhitzen auf 100°C zu $(C_2H_5)_3SnCl$ und 1-Chlor-3,3,4,4-tetrafluor-cyclobuten-1 [8]. $(C_2H_5)_3SnD$ reagiert mit Alkyl- oder Arylhalogeniden sowie mit Säurechloriden RCOCl unter Bildung von Triäthylzinnhalogeniden neben monodeuterierten Alkanen oder Aromaten bzw. neben RCOD und $RCOOCD_2R$ [9]. Ebenso kann man mit Hilfe von $(C_2H_5)_3SnH$ bzw. $(C_2H_5)_3SnD$ an monobromierten Aromaten RC_6H_4Br in Cyclohexan als Lösungsmittel bei 25°C unter Argon und UV-Bestrahlung Br gegen H bzw. D austauschen unter gleichzeitiger Bildung von $(C_2H_5)_3SnBr$ in 80- bis 90%iger Ausbeute. R kann dabei sein: H, *p*-OCH_3, *m*-OCH_3, *p*-CN, *m*-CN, *p*-CH_3, *m*-CH_3, *p*-Cl, *m*-Cl, *p*-F, *m*-F, *m*-CF_3, *p*-$C(CH_3)_3$. Die gleiche Reaktion verläuft auch mit 2,6-$Cl_2C_6H_3Br$ sowie mit C_6F_5Br [10]. Bei der Reaktion von $(C_2H_5)_3SnH$ mit $(CH_3OOCCH_2)_3GeBr$ entsteht $(C_2H_5)_3SnBr$ neben $(CH_3OOCCH_2)_3GeH$ [11], während mit $TiCl_4$ die Bildung von Ti^{3+} neben Ti^{2+} beobachtet wird. Auf dieser Bildung von Ti^{2+} beruht die katalytische Wirkung von Gemischen aus $(C_2H_5)_3SnH$ und $TiCl_4$ [12].

$(C_2H_5)_3SnH$ reagiert mit Organozinnhalogeniden unter Bildung von H_2 neben Polystannanen. So werden mit $(C_2H_5)_2SnCl_2$ in Toluol bei 110°C [13] oder in Xylol bei 125°C [14] H_2, $(C_2H_5)_3SnCl$ und $[(C_2H_5)_2Sn]_n$ erhalten. Mit $(C_4H_9)_2SnCl_2$ entstehen in Xylol entsprechend $(C_2H_5)_3SnCl$, H_2 und $[(C_4H_9)_2Sn]_n$, mit $(C_6H_5)_2SnCl_2$ in Heptan bei 100°C H_2, $(C_2H_5)_3SnCl$, Sn, $Sn(C_6H_5)_4$ und $(C_6H_5)_3SnCl$ [14]. Auch bei der Reaktion mit C_2H_5HgCl in Benzol bei Zimmertemperatur wird Hg neben C_2H_6 und $(C_2H_5)_3SnCl$ erhalten [13, 14].

$(C_2H_5)_3SnH$ reagiert beim Rückflußkochen mit verschiedenen Nichtmetall- und Metallchloriden bzw. -bromiden unter Bildung von $(C_2H_5)_3SnCl$ bzw. $(C_2H_5)_3SnBr$ in Ausbeuten zwischen 47 und 99%. Daneben werden folgende Produkte identifiziert oder isoliert: $CuBr_2 \rightarrow CuBr$, Cu, H_2, $(C_2H_5)_2SnBr_2$; $AgBr \rightarrow Ag$, H_2; $KAuCl_4 \rightarrow Au$, KCl, H_2; $CdCl_2 \rightarrow Cd$, H_2; $HgCl_2 \rightarrow Hg$, Hg_2Cl_2, H_2; $TiCl_4 \rightarrow TiCl_3$, H_2; $VOCl_3 \rightarrow VOCl$, H_2; $CrO_2Cl_2 \rightarrow Cr_2O_3$, H_2, H_2O; $PdCl_2 \rightarrow Pd$, H_2; $K_2PtCl_6 \rightarrow KCl$, Pt, H_2; $GeCl_4 \rightarrow Ge$, GeH_4, H_2; $SnCl_4 \rightarrow Sn$, H_2; $SnCl_2 \rightarrow Sn$, H_2; $PbCl_2 \rightarrow Pb$, H_2; $AsCl_3 \rightarrow As$, H_2; $SbCl_3 \rightarrow Sb$, H_2; $BiCl_3 \rightarrow Bi$, H_2; $S_2Cl_2 \rightarrow [(C_2H_5)_3Sn]_2S$, H_2S, H_2 [15].

Literatur:

[1] G. Fritz, H. Scheer (Z. Anorg. Allgem. Chem. **338** [1965] 1/8). — [2] V. L. Foss, Yu. A. Veits, V. V. Kudinova, A. A. Borisenko, I. F. Lutsenko (Zh. Obshch. Khim. **43** [1973] 1000/6; J. Gen. Chem.

USSR **43** [1973] 994/9). — [3] S. V. Rykov, T. I. Zverkova, M. A. Kazankova, A. V. Ignatenko, A. V. Kessenikh (Zh. Obshch. Khim. **44** [1974] 2706/8; J. Gen. Chem. USSR **44** [1974] 2659/60). — [4] J. Cooper, A. Hudson, R. A. Jackson (J. Chem. Soc. Perkin Trans. II **1973** 1056/60). — [5] H. Kriegsmann, K. Ulbricht (Z. Chem. [Leipzig] **3** [1963] 67).

[6] N. S. Vyazankin, V. T. Bychkov (Zh. Obshch. Khim. **35** [1965] 684/7; J. Gen. Chem. USSR **35** [1965] 685/7). — [7] A. J. Leusink, H. A. Budding, J. W. Marsman (J. Organometal. Chem. **13** [1968] 155/62). — [8] W. R. Cullen, G. E. Styan (J. Organometal. Chem. **6** [1966] 633/44). — [9] K. Kühlein, W. P. Neumann, H. Mohring (Angew. Chem. **80** [1968] 438/9). — [10] W. P. Neumann, H. Hillgärtner (Synthesis **1971** 537/8).

[11] Yu. I. Baukov, G. S. Burlachenko, I. Yu. Belavin, I. F. Lutsenko (Zh. Obshch. Khim. **38** [1968] 1899/900; J. Gen. Chem. USSR **38** [1968] 1846). — [12] G. V. Sorokin, M. V. Pozdnyakova, N. I. Terasaturova, V. N. Perchenko, N. S. Nametkin (Dokl. Akad. Nauk SSSR **174** [1967] 376/7; Dokl. Chem. Proc. Acad. Sci. USSR **172/177** [1967] 465/6). — [13] N. S. Vyazankin, G. A. Razuvaev, S. P. Korneva (Zh. Obshch. Khim. **33** [1963] 1041/2; J. Gen. Chem. USSR **33** [1963] 1029). — [14] N. S. Vyazankin, G. A. Razuvaev, S. P. Korneva (Zh. Obshch. Khim. **34** [1964] 2787/91; J. Gen. Chem. USSR **34** [1964] 2809/12). — [15] H. H. Anderson (J. Am. Chem. Soc. **79** [1957] 4913/5).

Other Reactions with Nonmetals and Nonmetal Compounds

1.2.1.1.2.4.4 Weitere Reaktionen mit Nichtmetallen und Nichtmetallverbindungen

$(C_2H_5)_3SnH$ reagiert mit Carbonsäuren unter Bildung der entsprechenden Triäthylstannylester. So entsteht mit *p*-$CH_3C_6H_4COOH$ in Benzol beim Rückflußkochen die Verbindung *p*-$CH_3C_6H_4COOSn(C_2H_5)_3$ [1], mit Norbornen-2-yl-5-carbonsäure der Ester $(C_2H_5)_3SnOOCC_7H_9$ [2] und mit Adamantancarbonsäure der Ester $(C_2H_5)_3SnOOCC_{10}H_{15}$ [2]. $(C_2H_5)_3SnH$ reagiert mit *tert*-C_4H_9OOH in Benzol bei 0°C unter Bildung von *tert*-C_4H_9OH neben $[(C_2H_5)_3Sn]_2O$. Mit Nitrosoacetanilid in Xylol entsteht bei Zimmertemperatur Benzol neben $(C_2H_5)_3SnOOCCH_3$ [3]. Auch bei den Umsetzungen mit organischen Persäuren, Persäureanhydriden und Persäureestern werden vornehmlich Triäthylstannylester gebildet. Im einzelnen wurden folgende Reaktionen beobachtet: $(C_2H_5)_3SnH$ reagiert mit $(CH_3COO)_2$ in benzolischer Lösung bei 45°C unter Bildung von $(C_2H_5)_3SnOOCCH_3$, mit $(C_6H_5COO)_2$ in Benzol bei 50°C unter Bildung von $(C_2H_5)_3SnOOCC_6H_5$ [4, 5], mit $(C_{11}H_{23}COO)_2$ in Benzol nach 4 h bei 28°C unter Bildung von $(C_2H_5)_3SnOOCC_{11}H_{23}$ [5], jeweils unter gleichzeitiger Bildung der Carbonsäuren RCOOH. Mit $(C_6H_5C{\equiv}CCOO)_2$ in Benzol erfolgt bei 50°C Bildung von $(C_2H_5)_3SnOOCC{\equiv}CC_6H_5$ [6], mit $(C_6H_5CH{=}CHCOO)_2$ unter gleichen Bedingungen nach 20 h Bildung von $(C_2H_5)_3SnOOCCH{=}CHC_6H_5$ in 88%iger Ausbeute [6], mit $RCOOOC(CH_3)_3$ in Benzol bei 50 bis 70°C [6] oder ohne Lösungsmittel zwischen 30 und 60°C mit 5fachem Überschuß an $(C_2H_5)_3SnH$ [7] Bildung von CO_2, $(CH_3)_3COH$, C_2H_6, RH und $(C_2H_5)_3SnOOCR$ mit $R = CH_3$ [7], C_6H_5 [7], $(CH_3)_3C$ [7], $C_6H_5C{\equiv}C$ [6], $C_6H_5CH{=}CH$ [6], *p*-$CH_3C_6H_4C{\equiv}C$ [6] und *p*-$ClC_6H_4C{\equiv}C$ [6]. Während in einem Fall [6] auch die Bildung von Verbindungen des Typs $(C_2H_5)_3SnR$ beobachtet werden konnte, entsteht nach anderen Untersuchungen [7] stets etwas $[(C_2H_5)_3Sn]_2$. Zur Kinetik der Reaktionen und zur Diskussion der Reaktionsmechanismen unter Zugrundelegung einer radikalischen Startreaktion s. [7]. $C_6H_5CH_2ON{=}NOCH_2C_6H_5$ reagiert in Benzol mit $(C_2H_5)_3SnH$ bei einer Halbwertszeit von 22.5 min unter Bildung von $(C_2H_5)_3SnOCH_2C_6H_5$, $C_6H_5CH_2OH$ und N_2 [8, 9]. Mit $(CH_3)_3CON{=}NOC(CH_3)_3$ wird entsprechend bei einer Halbwertszeit von 1 bis 2 min $(C_2H_5)_3SnOC(CH_3)_3$ neben $(CH_3)_3COH$ und N_2 gebildet [8]. Für diese Reaktionen wird ein radikalischer Mechanismus diskutiert [9], ebenso für die Umsetzung von $(C_2H_5)_3SnH$ mit $C_6H_5N{=}NSO_2C_6H_5$, die in Toluol bei 80°C zur Bildung von $(C_2H_5)_3SnN(SO_2C_6H_5)NHC_6H_5$ neben $(C_2H_5)_3SnSO_2C_6H_5$ und Benzol führt [9]. Bei der gleichen Reaktion wird auch die Bildung von $[(C_2H_5)_3Sn]_2O$ beobachtet [10]. $(C_2H_5)_3SnH$ reagiert mit $CH_2{=}CHCH{-}CH_2$ (└O┘) unter Bildung von $[(C_2H_5)_3Sn]_2$ neben *cis*- und *trans*-$CH_3CH{=}CHCH_2OH$ sowie $CH_2{=}CHCH_2CH_2OH$. Mit $CH_2CHC(CH_3){-}CH_2$ (└O┘) erfolgt Bildung von $CH_3CH{=}C(CH_3)CH_2OH$ und $CH_2{=}CHCH(CH_3)CH_2OH$ [11].

$(C_2H_5)_3SnH$ reagiert mit elementarem Schwefel, Selen oder Tellur unter Bildung von H_2S, H_2Se oder H_2Te und $[(C_2H_5)_3Sn]_2S$, $[(C_2H_5)_3Sn]_2Se$ bzw. $[(C_2H_5)_3Sn]_2Te$ [12]. Bei der Reaktion mit S_8 wird als Zwischenstufe die Bildung von $(C_2H_5)_3SnSH$ postuliert [13]. Mit $(C_2H_5)_3GeSH$

reagiert die Verbindung in Inertgasatmosphäre unter Bildung von H_2S neben $(C_2H_5)_3GeSSn(C_2H_5)_3$ [14], mit CH_3NCS wird bei Zimmertemperatur $[(C_2H_5)_3Sn]_2S$ gebildet [15]. In Benzol entsteht bei 50°C mit *p*-$(CH_3)_3CC_6H_4SN{=}NC_6H_5$ auch $(C_2H_5)_3SnSC_6H_4$-*p*-$C(CH_3)_3$ neben N_2, Benzol und $[(C_2H_5)_3Sn]_2$. Zum Mechanismus dieser Reaktion, diskutiert an Hand des Verlaufes in verschiedenen Lösungsmitteln, s. Original [10]. $(C_2H_5)_3SnH$ reagiert mit $(C_2H_5)_2Se$ bei 170°C unter Bildung von C_2H_6 neben $[(C_2H_5)_3Sn]_2Se$; mit $(C_2H_5)_3GeSeH$ entstehen bei 120°C nach 2.5 h H_2 und $(C_2H_5)_3GeSeSn(C_2H_5)_3$ [13]. Entsprechend verlaufen die Reaktionen mit $(C_2H_5)_2Te$ unter Bildung von C_2H_6 neben $[(C_2H_5)_3Sn]_2Te$ sowie mit $(C_2H_5)_3SiTeC_2H_5$ und $(C_2H_5)_3GeTeC_2H_5$ unter Bildung von C_2H_6 neben $(C_2H_5)_3SiTeSn(C_2H_5)_3$ bzw. $(C_2H_5)_3GeTeSn(C_2H_5)_3$ [14].

Bei der Reaktion von $(C_2H_5)_3SnH$ mit *p*-$NOC_6H_4N(CH_3)_2$ in Aceton bei 20°C wird nach 24 h neben H_2 und $[(C_2H_5)_3Sn]_2$ auch $(CH_3)_2NC_6H_4$-*p*-$NO{=}NC_6H_4$-*p*-$N(CH_3)_2$ gebildet [16]. $(C_2H_5)_3SnH$ reagiert mit Tetraphenylhydrazin in Toluol bei 50°C im Verlauf von 5 Tagen unter Bildung von Diphenylamin und $(C_2H_5)_3SnN(C_6H_5)_2$ [17]. In Dibutyläther entsteht bei der Reaktion mit *p*-$NH_2C_6H_4N{=}NC_6H_4$-*p*-NH_2 nach 20 h bei 60°C und 12 h bei 110°C *p*-$NH_2C_6H_4NH_2$ [18]. Mit $C_6H_5N{=}NC_6H_5$ im Molverhältnis 1:1 wird nach Zersetzung des nicht identifizierten Reaktionsproduktes mit Äthanol und Wasser $C_6H_5NHNHC_6H_5$ neben $(C_2H_5)_3SnOH$ erhalten. Im Molverhältnis 1:2 entsteht dagegen $C_6H_5NHNHC_6H_5$ neben $[(C_2H_5)_3Sn]_2$ [18]. In Hexan entsteht mit $C_2H_5OOCN{=}NCOOC_2H_5$ in exothermer Reaktion $C_2H_5OOCNHNHCOOC_2H_5$ neben $(C_2H_5)_3SnN(COOC_2H_5)N(COOC_2H_5)Sn(C_2H_5)_3$ [18]. Azoisobuttersäuredinitril bildet mit $(C_2H_5)_3SnH$ in Toluol bei 80°C $(C_2H_5)_3SnCN$ neben C_2H_6. Azocyclohexan-dicarbonitril-(1,1') $NCC_6H_{10}N{=}NC_6H_{10}CN$ reagiert über verschiedene, teilweise isolierte Zwischenstufen bei 100°C unter Bildung von C_2H_6, N_2, H_2, *cyclo*-$C_6H_{11}CN$, $(C_2H_5)_3SnCN$ und $[(C_2H_5)_3Sn]_2$. Bei der entsprechenden Reaktion mit Phenylazo-isobuttersäurenitril $C_6H_5N{=}NC(CN)(CH_3)_2$, die ebenfalls radikalisch abläuft, entsteht bei 80°C nach 20 h $(C_2H_5)_3SnCN$ neben $C_6H_5NHN{=}C(CH_3)_2$ und $C_6H_5N{=}NCH(CH_3)_2$. Zum Mechanismus dieser radikalischen Reaktionen s. Original [19]. $(C_2H_5)_3SnH$ beschleunigt den Zerfall von Triazenen. So konnte festgestellt werden, daß beim Zerfall der folgenden Triazen-Derivate die aufgeführten Reaktionsprodukte jeweils in Toluol, Xylol oder Cumol bei Temperaturen zwischen 70 und 100°C entstehen: Mit $C_6H_5N{=}NN(C_6H_5)COC_6H_5$ entsteht $C_6H_5C{=}NC_6H_5$ neben N_2 und $(C_2H_5)_3SnN(C_6H_5)COC_6H_5$, mit $C_6H_5N{=}NN(C_6H_5)CH_2C_6H_5$ entstehen C_6H_6, $C_6H_5CH_3$ und $(C_2H_5)_3SnN(C_6H_5)N{=}NC_6H_5$, mit *p*-$CH_3C_6H_4N{=}N(C_6H_4$-*p*-$CH_3)COC_6H_5$ entstehen N_2 und $(C_2H_5)_3SnN(C_6H_4$-*p*-$CH_3)COC_6H_5$, mit $C_6H_5N{=}NN(C_6H_5)C(C_6H_5)_3$ entstehen C_6H_6, $(C_6H_5)_3CH$ und $(C_2H_5)_3SnN(C_6H_5)N{=}NC_6H_5$, mit $C_6H_5N{=}NN(CH_2C_6H_5)_2$ entsteht $(C_2H_5)_3SnN(C_6H_5)N{=}NCH_2C_6H_5$ neben N_2 und Toluol [20]. Entsprechend konnten bei Reaktionen mit Tetrazenen, die kinetisch untersucht wurden, folgende Produkte festgestellt werden: $(C_6H_5)_2NN{=}NN(C_6H_5)_2$ ergibt in Toluol bei 50°C $(C_6H_5)_2NH$ neben $(C_6H_5)_2NN(C_6H_5)_2$ und $(C_2H_5)_3SnN(C_6H_5)_2$, C_6H_5(*cyclo*-C_6H_{11})$NN{=}NN$(*cyclo*-C_6H_{11})C_6H_5 ergibt mit $(C_2H_5)_3SnH$ im Molverhältnis 1:10 in Benzol bei 50°C $[(C_2H_5)_3Sn]_2$ neben C_6H_5NH-*cyclo*-C_6H_{11}, im Molverhältnis 1:1 dagegen C_6H_5NH-*cyclo*-C_6H_{11} neben $(C_2H_5)_3SnN(C_6H_5)$*cyclo*-C_6H_{11}. In überschüssigem $(C_2H_5)_3SnH$ gelöst, ergibt Di-9-carbazolyldiazen $C_{12}H_8NN{=}NNC_{12}H_8$ in Gegenwart von etwas AIBN bei 80°C Carbazol neben N_2 und $[(C_2H_5)_3Sn]_2$. Dipiperidinodiazen $C_5H_{10}NN{=}NNC_5H_{10}$ ergibt bei 90°C in Gegenwart von Di-*tert*-butylperoxid als Radikalbildner Piperidin [17].

$(C_2H_5)_3SnH$ reagiert mit $CH_2{=}N_2$ unter Bildung von $(C_2H_5)_3SnCH_3$ [21].

Literatur:

[1] W. P. Neumann, K. Rübsamen (Chem. Ber. **100** [1967] 1621/6). — [2] R. H. Fish, C. W. Le Fevre, United States Borax and Chemical Corp. (F.P. 1499737 [1966/67]; C.A. **70** [1969] Nr. 37917). — [3] N. S. Vyazankin, V. T. Bychkov (Zh. Obshch. Khim. **35** [1965] 684/7; J. Gen. Chem. USSR **35** [1965] 685/7). — [4] W. P. Neumann, K. Rübsamen, R. Sommer (Angew. Chem. **77** [1965] 733). — [5] W. P. Neumann, K. Rübsamen, R. Sommer (Chem. Ber. **100** [1967] 1063/73).

[6] U. Christen, W. P. Neumann (Chem. Ber. **106** [1973] 421/34). — [7] H. J. Albert, W. P. Neumann, K. Schneider (Chem. Ber. **106** [1973] 411/20). — [8] W. P. Neumann, H. Lind (Chem. Ber. **101** [1968] 2837/44). — [9] W. P. Neumann, H. Lind (Angew. Chem. **79** [1967] 52/3). — [10] W. P. Neumann, H. Lind, G. Alester (Chem. Ber. **101** [1968] 2845/54).

[11] A. V. Bryskovskaya, V. M. Albitskaya, A. A. Petrov (Zh. Org. Khim. **1** [1965] 1898/9; J. Org. Chem. [USSR] **1** [1965] 1934). — [12] N. S. Vyazankin, M. N. Bochkarev, L. P. Sanina (Zh. Obshch. Khim. **36** [1966] 166). — [13] N. S. Vyazankin, M. N. Bochkarev, L. P. Sanina (Zh. Obshch. Khim. **36**

[1966] 1961/4). — [14] N. S. Vyazankin, M. N. Bochkarev, L. P. Sanina (Zh. Obshch. Khim. **37** [1967] 1037/40). — [15] J. G. Noltes, M. J. Janssen (J. Organometal. Chem. **1** [1963/64] 346/55).

[16] W. P. Neumann, E. Heymann (Liebigs Ann. Chem. **683** [1965] 24/9). — [17] J. Hollaender, W. P. Neumann, H. Lind (Chem. Ber. **106** [1973] 2395/407). — [18] J. G. Noltes (Rec. Trav. Chim. **83** [1964] 515/21). — [19] W. P. Neumann, R. Sommer, H. Lind (Liebigs Ann. Chem. **688** [1965] 14/27). — [20] J. Hollaender, W. P. Neumann, G. Alester (Chem. Ber. **105** [1972] 1540/52).

[21] K. A. W. Kramer, A. N. Wright (J. Chem. Soc. **1963** 3604/8).

Reactions with Metals and Metal Compounds

1.2.1.1.2.4.5 Reaktionen mit Metallen und Metallverbindungen

$(C_2H_5)_3SnH$ wird von KOH bei Zimmertemperatur unter Bildung von $(C_2H_5)_3SnOH$ und H_2 zersetzt [1]. Die spezifische Geschwindigkeitskonstante für die alkalische Solvolyse einer 0.01 M Hydridlösung durch 0.1 M KOH-Lösung bei 20°C beträgt $k = 0.030\ s^{-1}$ [44]. Mit CCl_3COONa entsteht nach 8stündigem Rückflußkochen in Dimethoxyäthan $(C_2H_5)_3SnCHCl_2$ [2].

$(C_2H_5)_3SnH$ reagiert mit $Be(CH_3)_2$ in Diäthyläther und nach anschließendem 4stündigem Erhitzen auf 65 bis 70°C unter Bildung von $(C_2H_5)_3SnCH_3$ neben CH_3BeH, das aus der Lösung als $[CH_3BeH \cdot N(CH_3)_3]$ ausgefällt werden kann. Mit $Be(C_2H_5)_2$ entsteht entsprechend $Sn(C_2H_5)_4$ neben C_2H_5BeH [3]. Mit $Zn(C_2H_5)_2$ reagiert $(C_2H_5)_3SnH$ unter Bildung von Zn, C_2H_6, $Sn(C_2H_5)_4$ und $[(C_2H_5)_3Sn]_2$ [4]. Bei nachfolgender Zugabe von CH_2J_2 in Toluol bei 0°C können 21% $(C_2H_5)_3SnCH_3$ neben 53% $Sn(C_2H_5)_4$ isoliert werden [5]. Beim Rückflußkochen des Organozinnhydrids mit ZnO entsteht als Hauptprodukt $[(C_2H_5)_3Sn]_2O$ neben Zn und H_2 [6]. $[(C_2H_5)_3Ge]_2Cd$ reagiert mit $(C_2H_5)_3SnH$ innerhalb von 3 Tagen bei 20 bis 25°C unter Bildung von Cd, $(C_2H_5)_3GeH$ und $[(C_2H_5)_3Sn]_2$ [7]. Auch Quecksilberorganyle reagieren mit $(C_2H_5)_3SnH$. So bildet sich mit $Hg(C_2H_5)_2$ bei 100°C Hg, C_2H_6 und $[(C_2H_5)_3Sn]_2$ in praktisch quantitativer Ausbeute [8, 9], mit $Hg(CH_2C_6H_5)_2$ in Xylol bei 125°C nach 17 h Hg neben $[(C_2H_5)_3Sn]_2$ [8], mit $Hg(C_6H_5)_2$ nach 22 h bei 140°C neben H_2 und Hg auch $(C_2H_5)_3SnC_6H_5$ in 46.8%iger Ausbeute [8]. In Toluol entsteht mit $Hg(C_6H_4\text{-}p\text{-}CH_3)_2$ nach 85stündigem Rückflußkochen $(C_2H_5)_3SnC_6H_4\text{-}p\text{-}CH_3$ in 62.3%iger Ausbeute neben H_2 und Hg [8], mit $CH_3HgOOCCH_3$ in Toluol nach 2 h bei 100°C $(C_2H_5)_3SnOOCCH_3$ in 64.6%iger Ausbeute neben CH_4 und Hg [8]. Die Verbindung reagiert beim Rückflußkochen mit HgO nach 3 min unter Bildung von Hg neben H_2 und $[(C_2H_5)_3Sn]_2O$ [6], mit $Hg(CH_2COOR)_2$ nach 90 min bei 75°C in N_2-Atmosphäre unter Bildung von $(C_2H_5)_3SnCH_2COOR$ neben Hg und CH_3COOR ($R = CH_3$, C_3H_7) [10]. Bei der Reaktion von *tert*-$C_4H_9HgC(CN)_2CH($*tert*-$C_4H_9)C_6H_5$ mit $(C_2H_5)_3SnH$ in Benzol unter Ar wird $(C_2H_5)_3SnN{=}C{=}C(CN)CH($*tert*-$C_4H_9)C_6H_5$ erhalten [11]. Mit $Hg($*tert*-$C_4H_9)_2$ entsteht sowohl in Hexan bei −25°C nach 8 h [12] als auch ohne Lösungsmittel bei −25°C nach 8 h [13] in Ausbeuten von 70 bzw. 73% $Hg[Sn(C_2H_5)_3]_2$.

$(C_2H_5)_3SnH$ reagiert mit $Al(C_4H_9)_3$ in Cyclohexan bei 80°C und bildet $(C_2H_5)_3SnC_4H_9$ neben $(C_4H_9)_2AlH$ [13]. Kinetische Untersuchungen dieser Reaktion s. bei [13, 14]. Sowohl $(C_2H_5)_3SnH$ als auch $(C_2H_5)_3SnD$ reagieren mit $($*iso*-$C_4H_9)_2AlH$ bei 50°C unter Ausbildung eines Gleichgewichtes. Bei der Umsetzung von $(C_2H_5)_3SnD$ mit $($*iso*-$C_4H_9)_2AlH$ werden so äquimolare Mengen an $(C_2H_5)_3SnH$ neben $($*iso*-$C_4H_9)_2AlD$ erhalten [15]. Mit $[(C_2H_5)_3Ge]_3Tl$ bildet die Verbindung nach 4 h bei 100°C neben Tl auch $(C_2H_5)_3GeH$ und $[(C_2H_5)_3Sn]_2$ [16].

$(C_2H_5)_3SiTeC_2H_5$ reagiert mit $(C_2H_5)_3SnH$ unter Bildung von $(C_2H_5)_3SiTeSn(C_2H_5)_3$ [17]. Mit $(C_2H_5)_3GeLi$ reagiert die Verbindung bei Zimmertemperatur in Tetrahydrofuran unter Abspaltung von LiH. Als Hauptkomponente wird $(C_2H_5)_3GeSn(C_2H_5)_3$ isoliert [18, 19, 20]. Entsprechend entsteht mit $(C_2H_5)_3GeK$ in Benzol bei 20°C KH neben $(C_2H_5)_3GeSn(C_2H_5)_3$ [21]. Bei der Reaktion von $(C_2H_5)_3SnH$ mit $(C_2H_5)_3GeSH$, $(C_2H_5)_3GeSeH$ oder $(C_2H_5)_3GeTeC_2H_5$ können die entsprechenden Organometallchalkogenide $(C_2H_5)_3GeSSn(C_2H_5)_3$, $(C_2H_5)_3GeSeSn(C_2H_5)_3$ oder $(C_2H_5)_3GeTeSn(C_2H_5)_3$ isoliert werden [17], während bei der Reaktion des Hydrides mit $[(C_2H_5)_3Ge]_2Te$ ein Austausch unter Bildung von $(C_2H_5)_3GeH$ und $[(C_2H_5)_3Sn]_2Te$ stattfindet [22, 23]. Bei der Einwirkung von $(C_2H_5)_3SnD$ auf $($*iso*-$C_4H_9)_3SnH$ findet Austausch der Protonen bzw. Deuteronen statt, wie IR-spektroskopisch nachgewiesen werden konnte [15]. $(C_2H_5)_3SnH$ reagiert mit $(C_6F_5)_3SnOCH_3$ in Benzol bei 50°C unter Abspaltung von CH_3OH und Bildung von $(C_6F_5)_3SnSn(C_2H_5)_3$ [24], mit $(C_2H_5)_3SnOC_6H_5$ in Gegenwart von AIBN unter Abspaltung von C_6H_5OH und Bildung von $[(C_2H_5)_3Sn]_2$ [25], mit $[(C_2H_5)_3Sn]_2O$ bei 140°C unter Bildung von $[(C_2H_5)_3Sn]_2$ [26, 27], mit $[($*iso*-$C_4H_9)_3Sn]_2O$ bei 130°C unter Bildung von $[(C_2H_5)_3Sn]_2$,

$[(iso\text{-}C_4H_9)_3Sn]_2$ und $(C_2H_5)_3SnSn(iso\text{-}C_4H_9)_3$ [26], mit $[(C_6H_5)_3Sn]_2O$ unter Bildung von $(C_2H_5)_3SnSn(C_6H_5)_3$ [27], mit $[(C_2H_5)_2SnO]_n$ in Benzol bei 100°C nach 32 h unter Bildung von $[(C_2H_5)_3Sn]_2$, $[(C_2H_5)_3Sn]_2Sn(C_2H_5)_2$ und $C_2H_5[Sn(C_2H_5)_2]_nC_2H_5$ [27, 28], mit $(C_2H_5)_3SnSnH(C_2H_5)_2$ und C_6H_5NCO unter Bildung von $[(C_2H_5)_3Sn]_2Sn(C_2H_5)_2$ [29]. Die Umsetzung von $(C_2H_5)_3SnH$ mit $(C_2H_5)_3SnN_3$ führt zur Bildung von $[(C_2H_5)_3Sn]_2$ [30], während aus Organozinnaminen unter Freisetzung des Amins Verbindungen mit Sn-Sn-Bindungen entstehen. So entsteht aus $(CH_3)_3SnN(C_2H_5)_2$ in exothermer Reaktion $(CH_3)_3SnSn(C_2H_5)_3$ [26, 31], aus $(C_2H_5)_3SnN(C_2H_5)_2$ in 88%iger Ausbeute $[(C_2H_5)_3Sn]_2$ [26], aus $(C_2H_5)_3SnN(C_6H_5)_2$ [18], $(C_2H_5)_3SnN(C_6H_{13})CHO$ [32] und aus $(C_2H_5)_3SnN(CH_2)_5$ [33] ebenfalls $[(C_2H_5)_3Sn]_2$, aus $(C_4H_9)_3SnN(C_2H_5)_2$ bei 60°C $(C_2H_5)_3SnSn(C_4H_9)_3$ [26, 34], aus $(CH_3)_2Sn[N(C_2H_5)_2]_2$ bei einem Molverhältnis von 2:1 $[(C_2H_5)_3Sn]_2Sn(CH_3)_2$ [28, 34], aus $(C_2H_5)_2Sn[N(C_2H_5)_2]_2$ entsprechend $[(C_2H_5)_3Sn]_2Sn(C_2H_5)_2$ [28], aus $(C_4H_9)_2Sn[N(C_2H_5)_2]_2$ in 65%iger Ausbeute $[(C_2H_5)_3Sn]_2Sn(C_4H_9)_2$ [28, 34] und aus $Sn[N(C_2H_5)_2]_4$ bei 65°C nicht das erwartete $Sn[Sn(C_2H_5)_3]_4$, sondern Sn neben $[(C_2H_5)_3Sn]_2$ [28]. PbO reagiert mit $(C_2H_5)_3SnH$ nach halbstündigem Rückflußkochen unter Bildung von $[(C_2H_5)_3Sn]_2O$ neben Pb, H_2 und H_2O [6], mit $Pb(OOCCH_3)_4$ entsteht in Benzol bei 20°C $(C_2H_5)_3SnOOCCH_3$ neben $Pb(OOCCH_3)_2$ und CH_3COOH, bei 50°C dagegen an Stelle von Essigsäure H_2 [35]. Beim Einsatz von $(C_2H_5)_3PbOOCCH_3$ oder $(C_4H_9)_3PbOOCCH_3$ in diese Reaktion kann neben $(C_2H_5)_3SnOOCCH_3$ die Ausbildung von $(C_2H_5)_3PbH$ bzw. $(C_4H_9)_3PbH$ über eine Adduktbildung an Acetylen nachgewiesen werden. Entsprechende Reaktionen laufen auch mit $(C_2H_5)_3PbNC_4H_4$ und $(C_4H_9)_3PbNC_4H_4$ (NC_4H_4 = Pyrrolrest) ab [36]. $Pb(C_2H_5)_4$ reagiert mit $(C_2H_5)_3SnH$ im Bombenrohr bei 130°C unter Bildung von $Sn(C_2H_5)_4$, $[(C_2H_5)_3Sn]_2$, Pb, C_2H_6, C_2H_4 und H_2 [37].

As_4O_6 reagiert mit $(C_2H_5)_3SnH$ nach halbstündigem Rückflußkochen unter Bildung von $[(C_2H_5)_3Sn]_2O$ neben As, H_2 und H_2O [6]. Während $Sb(C_2H_5)_3$ mit $(C_2H_5)_3SnH$ beim Erhitzen neben C_2H_6 auch $[(C_2H_5)_3Sn]_3Sb$ liefert [38], entsteht aus $(C_2H_5)_3SnH$ und einer Mischung aus $[(C_2H_5)_3Si]_3Sb$ oder $[(C_2H_5)_3Ge]_3Sb$ und Li in Tetrahydrofuran bei 50°C Sb neben LiH und $(C_2H_5)_3SiSn(C_2H_5)_3$ bzw. $(C_2H_5)_3GeSn(C_2H_5)_3$ [39]. Entsprechend wird mit $Bi(C_2H_5)_3$ unter den gleichen Bedingungen $[(C_2H_5)_3Sn]_3Bi$ gebildet [38, 40], mit $Bi(C_6H_5)_3$ dagegen $(C_2H_5)_3SnC_6H_5$ neben Bi und H_2 [8] und mit $[(C_2H_5)_3Ge]_3Bi$ in einer Austauschreaktion $(C_2H_5)_3GeH$ neben $[(C_2H_5)_3Sn]_3Bi$ [38, 41, 42].

$(C_2H_5)_3SnH$ reagiert mit V_2O_5, $KMnO_4$ und mit Fe_2O_3 unter Bildung von $[(C_2H_5)_3Sn]_2O$, H_2 und H_2O neben V_2O_2 bzw. KOH und MnO_2 bzw. Fe [6]. Bei der Reaktion von $(C_2H_5)_3SnH$ mit *trans*-$IrCl(CO)[P(C_6H_5)_3]_2$ in Benzol entsteht unter oxidativer Addition $(C_2H_5)_3SnIrHCl(CO)[P(C_6H_5)_3]_2$ [43].

Literatur:

[1] N. G. Dzhurinskaya, V. F. Mironov, A. D. Petrov (Dokl. Akad. Nauk SSSR **138** [1961] 1107/10; Proc. Acad. Sci. USSR Chem. Sect. **136/141** [1961] 574/7). — [2] Chao-Lun Tseng, Jen-Hsi Cho, Shun-Chun Ma (K'o Hsueh T'ung Pao **17** [1966] 77/8 nach C.A. **66** [1967] Nr. 28862). — [3] G. E. Coates, M. Tranah (J. Chem. Soc. A **1967** 615/7). — [4] N. S. Vyazankin, G. A. Razuvaev, S. P. Korneva, O. A. Kruglaya, R. F. Galiulina (Dokl. Akad. Nauk SSSR **158** [1964] 884/7; Dokl. Chem. Proc. Acad. Sci. USSR **154/159** [1964] 1002/4). — [5] J. Nishimura, J. Fukukawa, N. Kawabata (J. Organometal. Chem. **29** [1971] 237/43).

[6] H. H. Anderson (J. Am. Chem. Soc. **79** [1957] 4913/5). — [7] N. S. Vyazankin, G. A. Razuvaev, V. T. Bychkov (Izv. Akad. Nauk SSSR Ser. Khim. **1965** 1665/7; Bull. Acad. Sci. USSR Div. Chem. Sci. **1965** 1624/5). — [8] N. S. Vyazankin, G. A. Razuvaev, S. P. Korneva (Zh. Obshch. Khim. **34** [1964] 2787/91; J. Gen. Chem. USSR **34** [1964] 2809/12). — [9] N. S. Vyazankin, G. A. Razuvaev, S. P. Korneva (Zh. Obshch. Khim. **33** [1963] 1041/2; J. Gen. Chem. USSR **33** [1963] 1029). — [10] I. F. Lutsenko, Yu. I. Baukov, B. N. Khasapov (Zh. Obshch. Khim. **33** [1963] 2724/7; J. Gen. Chem. USSR **33** [1963] 2653/5).

[11] U. Blaukat, W. P. Neumann (J. Organometal. Chem. **63** [1973] 27/39). — [12] W. P. Neumann, U. Blaukat (Angew. Chem. **81** [1969] 625/6). — [13] B. Schneider, W. P. Neumann (Liebigs Ann. Chem. **707** [1967] 7/14). — [14] R. Gupta, B. Majee (J. Organometal. Chem. **49** [1973] 197/202). — [15] W. P. Neumann, R. Sommer (Angew. Chem. **75** [1963] 788).

[16] O. A. Kruglaya, N. S. Vyazankin, G. A. Razuvaev, E. V. Mitrofanova (Dokl. Akad. Nauk SSSR **173** [1967] 834/6; Dokl. Chem. Proc. Acad. Sci. USSR **172/177** [1967] 310/2). — [17] N. S.

Vyazankin, M. N. Bochkarev, L. P. Sanina (Zh. Obshch. Khim. **36** [1966] 1154/5). — [18] N. S. Vyazankin, E. N. Gladyshev, G. A. Razuvaev, S. P. Korneva (Zh. Obshch. Khim. **36** [1966] 952/3; J. Gen. Chem. USSR **36** [1966] 969). — [19] N. S. Vyazankin, G. A. Razuvaev, E. N. Gladyshev, S. P. Korneva (J. Organometal. Chem. **7** [1967] 353/7). — [20] N. S. Vyazankin, E. N. Gladyshev, S. P. Korneva, G. A. Razuvaev, E. A. Archangelskaya (Zh. Obshch. Khim. **38** [1968] 1803/9; J. Gen. Chem. USSR **38** [1968] 1757/61).

[21] E. N. Gladyshev, E. A. Fedorova, N. S. Vyazankin, G. A. Razuvaev (Zh. Obshch. Khim. **43** [1973] 1315/9; J. Gen. Chem. USSR **43** [1973] 1306/10). — [22] N. S. Vyazankin, M. N. Bochkarev, L. P. Sanina (Zh. Obshch. Khim. **38** [1968] 414/5). — [23] M. N. Bochkarev, L. P. Sanina, N. S. Vyazankin (Zh. Obshch. Khim. **39** [1969] 135/41). — [24] M. N. Bochkarev, S. P. Korneva, L. P. Maiorova, V. A. Kuznetsov, N. S. Vyazankin (Zh. Obshch. Khim. **44** [1974] 308/13; J. Gen. Chem. USSR **44** [1974] 293/7). — [25] H. M. J. C. Creemers, J. G. Noltes (Rec. Trav. Chim. **84** [1965] 1589/93).

[26] W. P. Neumann, B. Schneider, R. Sommer (Liebigs Ann. Chem. **692** [1966] 1/11). — [27] W. P. Neumann, B. Schneider (Angew. Chem. **76** [1964] 891). — [28] R. Sommer, B. Schneider, W. P. Neumann (Liebigs Ann. Chem. **692** [1966] 12/21). — [29] H. M. J. C. Creemers, J. G. Noltes (Rec. Trav. Chim. **84** [1965] 382/4). — [30] J. Lorberth, H. Krapf, H. Nöth (Chem. Ber. **100** [1967] 3511/9).

[31] W. P. Neumann, E. Petersen, R. Sommer (Angew. Chem. **77** [1965] 622). — [32] H. M. J. C. Creemers, F. Verbeek, J. G. Noltes (J. Organometal. Chem. **8** [1967] 469/77). — [33] J. Hollaender, W. P. Neumann, H. Lind (Chem. Ber. **106** [1973] 2395/407). — [34] R. Sommer, W. P. Neumann, B. Schneider (Tetrahedron Letters **1964** 3875/8). — [35] U. Christen, W. P. Neumann (J. Organometal. Chem. **39** [1972] C58/C60).

[36] H. M. J. C. Creemers, A. J. Leusink, J. G. Noltes, G. J. M. van der Kerk (Tetrahedron Letters **1966** 3167/71). — [37] N. S. Vyazankin, G. S. Kalinina, O. A. Kruglaya, G. A. Razuvaev (Zh. Obshch. Khim. **38** [1968] 906/11; J. Gen. Chem. USSR **38** [1968] 870/4). — [38] N. S. Vyazankin, O. A. Kruglaya, G. A. Razuvaev, G. S. Semchikova (Dokl. Akad. Nauk SSSR **166** [1966] 99/102). — [39] N. S. Vyazankin, G. S. Kalinina, O. A. Kruglaya, G. A. Razuvaev (Zh. Obshch. Khim. **39** [1969] 2005/11). — [40] O. A. Kruglaya, N. S. Vyazankin, G. A. Razuvaev (Usp. Khim. Org. Perekisnykh Soedin. Autookisleniya Dokl. Vses. 3rd Konf., Lvov 1965 [1969], S. 247/51).

[41] O. A. Kruglaya, N. S. Vyazankin, G. A. Razuvaev (Zh. Obshch. Khim. **35** [1965] 394). — [42] G. A. Razuvaev, N. S. Vyazankin (Intern. Symp. Organosilicon Chem. Sci. Commun., Prague 1965, S. 97/9). — [43] M. F. Lappert, N. F. Travers (J. Chem. Soc. A **1970** 3303/8). — [44] G. Schott, C. Harzdorf (Z. Anorg. Allgem. Chem. **307** [1960] 105/8).

Uses

1.2.1.1.2.5 Verwendung

$(C_2H_5)_3SnH$ katalysiert den Zerfall von Alkanoylaroylperoxiden [1]. Im Gemisch mit WCl_6 und einigen anderen Zusätzen wie 3,5-Dichlor-1,2-dinitrobenzol [2 bis 6] katalysiert $(C_2H_5)_3SnH$ die Polymerisation von Cyclopenten.

$(C_2H_5)_3SnH$ ist toxisch gegenüber Hasen. Nach einer halben Stunde waren nach Injektion von 0.40 mmol/kg Körpergewicht alle Versuchstiere verendet [7].

Literatur:

[1] K. Rübsamen, W. P. Neumann, R. Sommer, U. Frommer (Chem. Ber. **102** [1969] 1290/9). — [2] K. Nützel, K. Dinges, F. Haas, Farbenfarbiken Bayer A.-G. (Deut. Offenlegungsschrift 1919046 [1969/70]; C.A. **74** [1971] Nr. 32143). — [3] K. Nützel, F. Haas, G. Marwede, Farbenfabriken Bayer A.-G. (Nd.P. 70-05356 [1969/70]). — [4] K. Nützel, F. Haas, G. Marwede, Farbenfabriken Bayer A.-G. (Nd.P. 70-05355 [1969/70]). — [5] K. Nützel, K. Dinges, F. Haas, Farbenfabriken Bayer A.-G. (Nd.P. 70-05354 [1969/70]).

[6] K. Nützel, F. Haas, G. Marwede, Farbenfabriken Bayer A.-G. (Deut. Offenlegungsschrift 1919047 [1969/70]; C.A. **74** [1971] Nr. 32530). — [7] F. Caujolle, M. Lesbre, D. Meynier, G. Saquisannes (Compt. Rend. **243** [1956] 987/9).

1.2.1.1.3 Tripropylzinnhydrid $(C_3H_7)_3SnH$

Tripropyltin Hydride

1.2.1.1.3.1 Bildung und Darstellung

Formation. Preparation

$(C_3H_7)_3SnH$ entsteht bei der Umsetzung von Tripropylzinnhalogeniden mit $LiAlH_4$ in Diäthyläther [1]. So werden aus $(C_3H_7)_3SnCl$ und $LiAlH_4$ unter N_2 beim 2- bis 3stündigen Rückflußkochen in Diäthyläther 75% Ausbeute erhalten [2, 3, 4]. Auch $(C_3H_7)_3SnBr$ [5] oder $[(C_3H_7)_3Sn]_2O$ [6] werden in Diäthyläther durch $LiAlH_4$ zu $(C_3H_7)_3SnH$ umgesetzt. Aus $[(C_3H_7)_3Sn]_2O$ und $(C_6H_5)_3SiH$ entsteht das Hydrid bei 150°C in 49%iger Ausbeute, aus $[(C_3H_7)_3Sn]_2O$ und $(CH_3SiHO)_n$ beim Kochen in 66%iger Ausbeute [7]. $(C_3H_7)_3SnCl$ wird von Aluminiumamalgam bei 10°C innerhalb 6 bis 8 h zu 65% unter Bildung von $(C_3H_7)_3SnH$ umgesetzt [3, 4, 8]. Die Verbindung entsteht auch bei der Komproportionierung von $Sn(C_3H_7)_4$ mit SnH_4 [6] sowie bei der thermischen Zersetzung von $(C_3H_7)_3SnOOCH$. Bei letzterem Prozeß wird die Verbindung beim 8stündigen Erhitzen auf 160 bis 170°C/10 bis 12 Torr in 25%iger Ausbeute erhalten [9], beim Erhitzen auf 100°C/10 Torr in 92%iger [10] und auf 150°C/20 Torr in etwa 80%iger Ausbeute [11].

Analysis

Analyse. Zur gaschromatographischen Abtrennung von $(C_3H_7)_3SnH$ von anderen Organozinnverbindungen s. [12].

Thermodynamic Data of Formation

Thermodynamische Daten der Bildung. Bildungsenthalpie $\Delta H°$ bei der Bildung der flüssigen Verbindung aus den Elementen unter Standardbedingungen: $\Delta H^{\circ}_{298} = -32.1$ kcal/mol [6].

Literatur:

[1] M.-R. Kula, E. Amberger, H. Rupprecht (Chem. Ber. **98** [1965] 629/33). — [2] G. J. M. van der Kerk, J. G. Noltes, J. G. A. Luijten (J. Appl. Chem. **7** [1957] 366/9). — [3] G. J. M. van der Kerk, J. G. Noltes (J. Appl. Chem. **9** [1959] 106/13). — [4] J. G. Noltes, G. J. M. van der Kerk (Functionally Substituted Organotin Compounds, Tin Research Institute, Greenford 1958, S. 1/128). — [5] G. Schott, C. Harzdorf (Z. Anorg. Allgem. Chem. **307** [1960] 105/8).

[6] W. F. Stack, G. A. Nash, H. A. Skinner (Trans. Faraday Soc. **61** [1965] 2122/5). — [7] K. Hayashi, J. Iyoda, I. Shiihara (J. Organometal. Chem. **10** [1967] 81/94). — [8] G. J. M. van der Kerk, J. G. Noltes, J. G. A. Luijten (Chem. Ind. [London] **1958** 1290/1). — [9] M. Ohara, R. Okawara (J. Organometal. Chem. **3** [1965] 484/5). — [10] R. Okawara, M. Ohara, Shine Etsu Chemical Industry Co., Ltd. (Japan.P. 66-6737 [1963/66]; C.A. **65** [1966] 5490).

[11] R. Okawara, M. Ohara, M and T Chemicals, Inc. (U.S.P. 3439010 [1965/69]; C.A. **71** [1969] Nr. 39187). — [12] S. Faleschini, L. Doretti (Ann. Chim. [Rome] **60** [1970] 597/604).

1.2.1.1.3.2 Spektren

Spectra

Im ^1H-NMR-Spektrum erscheint für das Hydrid-Wasserstoffatom ein Septett-Signal. Folgende chemische Verschiebungen und Kopplungskonstanten werden angegeben: $\delta SnH = -290.0$ Hz, $J(^1H^{117/119}Sn) = 1533.7/1604.8$ Hz, $J(^1HCSn^1H) = 1.77$ Hz [1], $\tau SnH = 5.21$, $J(^1H^{117/119}Sn) = 1533.5/1605.0$ Hz [2, 3], $\tau SnH = 5.23$ (in CS_2) [4], $J(^1H^{117/119}Sn) = 1530/1600$ Hz (in Dibutyläther) [5]. Über Vergleiche der ^1H-NMR-Spektren mit denen weiterer Organozinnhydride unter Korrelation der Kopplungskonstanten $J(^1H^{117/119}Sn)$ und der chemischen Verschiebung mit den IR-Frequenzen νSnH unter Einbeziehung der Taftschen σ-Konstanten s. [1, 2, 4].

Die Isomerieverschiebung im Mössbauer-Spektrum beträgt 1.45 ± 0.05 mm/s. Eine Quadrupolaufspaltung wird nicht beobachtet [6].

Im IR-Spektrum von $(C_3H_7)_3SnH$ (Spektrum im Bereich zwischen 4000 und 650 cm^{-1} s. bei [7]) wird die νSnH bei 1795 cm^{-1} (in Dibutyläther) [5], bei 1800 cm^{-1} [8], bei 1807 cm^{-1} [1], bei 1809 cm^{-1} (in CS_2) [4], bei 1811 cm^{-1} (in Cyclohexan) [2] und bei 1820 cm^{-1} gefunden [7, 9].

Literatur:

[1] M.-R. Kula, E. Amberger, H. Rupprecht (Chem. Ber. **98** [1965] 629/33). — [2] M. L. Maddox, N. Flitcroft, H. D. Kaesz (J. Organometal. Chem. **4** [1965] 50/6). — [3] J. Dufermont, J. C. Maire (J. Organometal. Chem. **7** [1967] 415/25). — [4] Y. Kawasaki, K. Kawakami, T. Tanaka (Bull.

Chem. Soc. Japan **38** [1965] 1102/5). — [5] P. E. Potter, L. Pratt, G. Wilkinson (J. Chem. Soc. **1964** 524/7).

[6] A. Yu. Aleksandrov, O. Yu. Okhlobystin, L. S. Polak, V. S. Shpinel (Dokl. Akad. Nauk SSSR **157** [1964] 934/7; Dokl. Phys. Chem. Proc. Acad. Sci. USSR **154/159** [1964] 768/71). — [7] R. Mathis-Noel, M. Lesbre, I. S. de Roche (Compt. Rend. **243** [1956] 257/9). — [8] M. Ohara, R. Okawara (J. Organometal. Chem. **3** [1965] 484/5). — [9] Yu. P. Egorov, V. P. Morozov, N. F. Kovalenko (Ukr. Khim. Zh. **31** [1965] 123/32 nach C.A. **63** [1965] 3771).

Physical Properties

1.2.1.1.3.3 Physikalische Eigenschaften

$(C_3H_7)_3SnH$ ist eine farblose, bei Normalbedingungen flüssige Verbindung, für die folgende Siedepunkte angegeben werden: 59 bis 64°C/4 Torr [1], 72°C/10 Torr [2, 3], 76 bis 78°C/12 Torr [4], 79°C/12 Torr [5], 80°C/12 Torr [6], 80 bis 81°C/12 Torr [7, 8], 101 bis 103°C/28 Torr [9] und 108 bis 109°C/37 Torr [10]. Brechungsindex $n_D^{20} = 1.4715$ [11], $n_D^{25} = 1.4698$ [1]. Dichte $D_4^{25} = 1.1571$ g/cm³ [1]. Molrefraktion nach Eisenlohr: $R_{mol} = 366.35$, daraus berechnete Bindungsrefraktionskonstante der Sn-H-Bindung: $R_{Sn-H} = 45.38$ [11].

Literatur:

[1] K. Hayashi, J. Iyoda, I. Shiihara (J. Organometal. Chem. **10** [1967] 81/94). — [2] R. Mathis-Noel, M. Lesbre, I. S. de Roche (Compt. Rend. **243** [1956] 257/9). — [3] F. Caujolle, M. Lesbre, D. Meynier, G. Saquisannes (Compt. Rend. **243** [1956] 987/9). — [4] G. J. M. van der Kerk, J. G. Noltes, J. G. A. Luijten (J. Appl. Chem. **7** [1957] 366/9). — [5] M.-R. Kula, E. Amberger, H. Rupprecht (Chem. Ber. **98** [1965] 629/33).

[6] W. F. Stack, G. A. Nash, H. A. Skinner (Trans. Faraday Soc. **61** [1965] 2122/5). — [7] G. J. M. van der Kerk, J. G. Noltes (J. Appl. Chem. **9** [1959] 106/13). — [8] J. G. Noltes, G. J. M. van der Kerk (Functionally Substituted Organotin Compounds, Tin Research Institute, Greenford 1958, S. 1/128). — [9] G. Schott, C. Harzdorf (Z. Anorg. Allgem. Chem. **307** [1960] 105/8). — [10] Y. Kawasaki, K. Kawakami, T. Tanaka (Bull. Chem. Soc. Japan **38** [1965] 1102/5).

[11] J. J. Pohl (Allgem. Prakt. Chem. **19** [1968] 84).

Chemical Reactions

1.2.1.1.3.4 Chemisches Verhalten

Durch Umsetzung von $(C_3H_7)_3SnH$ mit Olefinen, Acetylenen und Vinylacetylenen kann die Tripropylzinngruppe über eine Hydrostannierung in unterschiedliche Verbindungssysteme eingeführt werden. Zum Mechanismus dieser Reaktionen vgl. die Vorbemerkungen bei den Hydrostannierungsreaktionen von $(C_2H_5)_3SnH$ auf S. 22. Beispiele für die Reaktion von $(C_3H_7)_3SnH$ mit einem ungesättigten System sind in der folgenden Tabelle aufgeführt (AIBN = Azoisobuttersäuredinitril):

Reaktionspartner	Reaktionsbedingungen	Reaktionsprodukte	Lit.
$CH_2{=}CHR$	—	$(C_3H_7)_3SnCH_2CH_2R$	[1, 2, 3]
$CH_2{=}CH(CH_2)_8COOCH_3$	8 h, 80°C, AIBN	$(C_3H_7)_3Sn(CH_2)_{10}COOCH_3$	[4]
$CH_2{=}CHOCH_2CH\text{-}CH_2$ (CH-CH₂ über O verbrückt)	1.5 h, 110°C	$(C_3H_7)_3SnCH_2CH_2OCH_2CH\text{-}CH_2$ (CH-CH₂ über O verbrückt)	[5]
$CH_2{=}CHCH_2OCH_2CH\text{-}CH_2$ (CH-CH₂ über O verbrückt)	1.5 h, 110°C	$(C_3H_7)_3Sn(CH_2)_3OCH_2CH\text{-}CH_2$ (CH-CH₂ über O verbrückt)	[5]
$CH_2{=}CO$	UV	$(C_3H_7)_3SnCOCH_3$	[6]

Reaktionspartner	Reaktionsbedingungen	Reaktionsprodukte	Lit.
$CH_2{=}CH{-}B\langle O_2C(CH_3)_2CH_2CH(CH_3)\rangle$ (2-Vinyl-4,4,6-trimethyl-1,3,2-dioxaborinan)	30 h, 110°C, Bombenrohr	$(C_3H_7)_3SnCH_2CH_2{-}B\langle O_2C(CH_3)_2CH_2CH(CH_3)\rangle$	[7]
$HC{\equiv}CR$	—	$(C_3H_7)_3SnCR{=}CH_2$ $(C_3H_7)_3SnCH{=}CHR$ $(C_3H_7)_3SnCH_2CHRSn(C_3H_7)_3$	[1, 2, 8]
$HC{\equiv}CC_2H_5$	—	$(C_3H_7)_3SnCH{=}CHC_2H_5$	[9]
$HC{\equiv}COC_2H_5$	—	$(C_3H_7)_3SnCH{=}CHOC_2H_5$	[10]
$HC{\equiv}COC_4H_9$	—	$(C_3H_7)_3SnCH{=}CHOC_4H_9$	[10]
$HC{\equiv}CCOOCH_3$	—	$(C_3H_7)_3SnC(COOCH_3){=}CH_2$ $(C_3H_7)_3SnCH{=}CHCOOCH_3$ $(C_3H_7)_3SnCH_2CH_2COOCH_3$ $(C_3H_7)_3SnC{\equiv}CCOOCH_3$	[11]
$CH_3C{\equiv}CCOOCH_3$	—	$(C_3H_7)_3SnC(COOCH_3)CHCH_3$	[12]
$ROOCC{\equiv}CCOOR$	0°C	$(C_3H_7)_3SnC(COOR){=}CHCOOR$	[12]
$(CH_3)_2CHC{\equiv}CN(C_2H_5)_2$	80°C	$(C_3H_7)_3SnC(CH(CH_3)_2){=}CHN(C_2H_5)_2$	[13]
$HC{\equiv}CSi(C_2H_5)_3$	—	$(C_3H_7)_3SnCH{=}CHSi(C_2H_5)_3$	[14]
$HC{\equiv}CSn(C_3H_7)_3$	—	$(C_3H_7)_3SnCH{=}CHSn(C_3H_7)_3$	[14]
$HC{\equiv}CCH{=}CH_2$	—	$(C_3H_7)_3SnCH{=}C{=}CHCH_3$	[9]

$(C_3H_7)_3SnH$ reagiert mit HCl unter Bildung von $(C_3H_7)_3SnCl$ und H_2 [2, 15]. Die Reaktionswärme beträgt $\Delta H = -27.85 \pm 0.21$ kcal/mol [15]. Br_2 spaltet $(C_3H_7)_3SnH$ in Diäthyläther unter Bildung von $(C_3H_7)_3SnBr$. Mit BF_3 wird $(C_3H_7)_3SnF$ und mit $AlCl_3$ wird $(C_3H_7)_3SnCl$ erhalten [2]. Bei der alkalischen Hydrolyse der Verbindung wird H_2 neben $(C_3H_7)_3SnOH$ gebildet. Die Geschwindigkeitskonstante dieser Reaktion beträgt $k = 0.01\ s^{-1}$ [16]. Entsprechend reagiert die Verbindung mit Carbonsäuren unter Abspaltung von H_2 und Bildung von Tripropylstannylestern. So entsteht aus $CH_2{=}CHCOOH$ bei 60°C $(C_3H_7)_3SnOOCCH{=}CH_2$ [2, 3] und aus RCOOH in Hexan/Dioxan nach 22stündigem Rückflußkochen die entsprechenden Ester $(C_3H_7)_3SnOOCR$ mit R = *cyclo*-C_3H_5, *cyclo*-C_4H_7, *cyclo*-C_5H_9, *cyclo*-C_6H_{11}, C_7H_9 (=5-Norbornen-2-yl), $C_{10}H_{15}$ (=1-Adamantanyl) [17]. $C_6H_5COOC_6H_9$ reagiert mit $(C_3H_7)_3SnH$ bei 80°C in Gegenwart von Azoisobuttersäuredinitril (AIBN) unter Bildung von $(C_3H_7)_3SnOOCC_6H_5$ neben Cyclohexen [18]. Mit $CH_2{=}N_2$ reagiert $(C_3H_7)_3SnH$ in Diäthyläther unter Bildung von $(C_3H_7)_3SnCH_3$. Mit $C_2H_5COOCH{=}N_2$ bzw. $C_6H_5COCH{=}N_2$ erfolgt entsprechend Reaktion unter Bildung von $(C_3H_7)_3SnCH_2COOC_2H_5$ bzw. $(C_3H_7)_3SnCH_2COC_6H_5$ [19].

$(C_3H_7)_3SnH$ reagiert in Hexan bei −25°C mit Hg(*tert*-$C_4H_9)_2$ unter Bildung von $Hg[Sn(C_3H_7)_3]_2$ [20]. Mit $Al(C_4H_9)_3$ entsteht in Cyclohexan bei 80°C $(C_3H_7)_3SnC_4H_9$. Zur Kinetik dieser Reaktion s. Original [21, 22]. Bei der Reaktion zwischen $(C_3H_7)_3SnH$ und $(CO)_5CrC(C_6H_5)OCH_3$ in Hexan unter Argon bei Zimmertemperatur wird $(C_3H_7)_3SnCH(C_6H_5)OCH_3$ in 82%iger Ausbeute gebildet [23, 24].

Literatur:

[1] G. J. M. van der Kerk, J. G. Noltes (J. Appl. Chem. **9** [1959] 106/13). — [2] J. G. Noltes, G. J. M. van der Kerk (Functionally Substituted Organotin Compounds, Tin Research Institute, Greenford 1958, S. 1/128). — [3] G. J. M. van der Kerk, J. G. Noltes, J. G. A. Luijten (J. Appl. Chem. **7** [1957] 356/65). — [4] G. Weissenberger, Monsanto Co. (U.S.P. 3188331 [1961/65];

C.A. **63** [1965] 5676). — [5] Z. M. Rzaev, S. M. Mamedov, S. K. Kyazimov (Azerb. Khim. Zh. **1972** 85/7 nach C.A. **79** [1973] Nr. 53481).

[6] M. A. Kazankova, T. I. Zverkova, A. I. Lutsenko, I. F. Lutsenko (Zh. Obshch. Khim. **44** [1974] 229/30; J. Gen. Chem. USSR **44** [1974] 225). — [7] R. H. Fish (J. Organometal. Chem. **42** [1972] 345/51). — [8] A. J. Leusink, H. A. Budding, J. W. Marsman (J. Organometal. Chem. **9** [1967] 285/94). — [9] E. C. Juenge, S. J. Hawkes, T. E. Snider (J. Organometal. Chem. **51** [1973] 189/95). — [10] M. A. Kazankova, N. P. Protsenko, I. F. Lutsenko (Zh. Obshch. Khim. **38** [1968] 106/8; J. Gen. Chem. USSR **38** [1968] 104/6).

[11] A. J. Leusink, J. W. Marsman, H. A. Budding, J. G. Noltes, G. J. M. van der Kerk (Rec. Trav. Chim. **84** [1965] 567/78). — [12] I. F. Lutsenko, S. V. Ponomarev, O. P. Petru (Zh. Obshch. Khim. **32** [1962] 896/900; J. Gen. Chem. USSR **32** [1962] 886/9). — [13] M. A. Kazankova, T. I. Zverkova, M. Z. Levin, I. F. Lutsenko (Zh. Obshch. Khim. **44** [1974] 230; J. Gen. Chem. USSR **44** [1974] 226). — [14] A. N. Nesmeyanov, A. E. Borisov, S. H. Wan (Izv. Akad. Nauk SSSR Ser. Khim. **1967** 1141/2; Bull. Acad. Sci. USSR Div. Chem. Sci. **1967** 1101/3). — [15] W. F. Stack, G. A. Nash, H. A. Skinner (Trans. Faraday Soc. **61** [1965] 2122/5).

[16] G. Schott, C. Harzdorf (Z. Anorg. Allgem. Chem. **307** [1960] 105/8). — [17] R. H. Fish, C. W. LeFevre, United States Borax and Chemical Corp. (F.P. 1499737 [1966/67]; C.A. **70** [1969] Nr. 37917). — [18] L. E. Khoo, H. H. Lee (Tetrahedron Letters **1968** 4351/4). — [19] M. Lesbre, R. Buisson (Bull. Soc. Chim. France **1957** 1204/6). — [20] U. Blaukat, W. P. Neumann (J. Organometal. Chem. **63** [1973] 27/39).

[21] R. Gupta, B. Majee (J. Organometal. Chem. **49** [1973] 197/202). — [22] B. Schneider, W. P. Neumann (Liebigs Ann. Chem. **707** [1967] 7/14). — [23] J. A. Connor, P. D. Rose, R. M. Turner (J. Organometal. Chem. **55** [1973] 111/9). — [24] J. A. Connor, J. P. Day, R. M. Turner (Chem. Commun. **1973** 578/9).

Physiological Behavior. Uses

1.2.1.1.3.5 Physiologisches Verhalten. Verwendung

$(C_3H_7)_3SnH$ ist toxisch gegenüber Hasen. Nach einer Stunde waren nach Injektion von 0.40 mmol/kg Körpergewicht 60% der Versuchstiere verendet [1].

Die Verbindung wird als Katalysator zur Polymerisation von Olefinen verwendet [2].

Literatur:

[1] F. Caujolle, M. Lesbre, D. Meynier, G. Saquisannes (Compt. Rend. **243** [1956] 987/9). — [2] R. Okawara, M. Ohara, Shine Etsu Chemical Industry Co., Ltd. (Japan.P. 66-6737 [1963/66]; C.A. **65** [1966] 5490).

Triisopropyltin Hydride

1.2.1.1.4 Triisopropylzinnhydrid $(iso\text{-}C_3H_7)_3SnH$

$(iso\text{-}C_3H_7)_3SnH$ entsteht bei der Umsetzung von $(iso\text{-}C_3H_7)_3SnCl$ mit $LiAlH_4$ in Diäthyläther. Nähere Angaben über die Synthese sowie die Ausbeute werden nicht gegeben [1].

Die farblose, bei Normalbedingungen flüssige Verbindung siedet bei 68 bis 69°C/16 Torr [2], bei 69 bis 70°C/12 Torr [1]. NMR-Daten: $\delta SnH = -308.2$ Hz gegen TMS, $J(^1H^{117/119}Sn) = 1437.8/1505.0$ Hz [1], $\tau SnH = 4.82$, $J(^1H^{117/119}Sn) = 1437.4/1505.0$ Hz [3], $\tau SnH = 4.82$, $J(^1H^{117/119}Sn) = 1439.4/1505.8$ Hz [4], $\tau SnH = 4.89$ (in Cyclohexan) [2]. Über Vergleiche der ^1H-NMR-Spektren mit denen weiterer Organozinnhydride unter Korrelation der Kopplungskonstanten $J(^1H^{117/119}Sn)$ und der chemischen Verschiebung mit den IR-Frequenzen νSnH unter Einbeziehung der Taftschen σ-Konstanten s. [1, 3, 4]. Im IR-Spektrum erscheint die νSnH bei 1787 cm^{-1} (in Substanz) [1], bei 1792 cm^{-1} (in Cyclohexan) [2] und bei 1794 cm^{-1} (in Cyclohexan) [4].

$(iso\text{-}C_3H_7)_3SnH$ reagiert mit $CH_2{=}CHCN$ innerhalb von 24 h bei 75°C unter Bildung von 90% Additionsprodukten. Von dieser Gesamtausbeute sind 15% $(iso\text{-}C_3H_7)_3SnCH(CH_3)CN$ und 85% $(iso\text{-}C_3H_7)_3SnCH_2CH_2CN$ [5].

Literatur:

[1] M.-R. Kula, E. Amberger, H. Rupprecht (Chem. Ber. **98** [1965] 629/33). — [2] Y. Kawasaki, K. Kawakami, T. Tanaka (Bull. Chem. Soc. Japan **38** [1965] 1102/5). — [3] J. Dufermont, J. C. Maire (J. Organometal. Chem. **7** [1967] 415/25). — [4] M. L. Maddox, N. Flitcroft, H. D. Kaesz (J. Organometal. Chem. **4** [1965] 50/6). — [5] A. J. Leusink, J. G. Noltes (Tetrahedron Letters **1966** 335/40).

1.2.1.1.5 Tributylzinnhydrid $(C_4H_9)_3SnH$

Tributyltin Hydride

1.2.1.1.5.1 Bildung und Darstellung

Formation. Preparation

$(C_4H_9)_3SnH$ entsteht am einfachsten durch Umsetzung von Tributylzinnhalogeniden, bevorzugt Tributylzinnchlorid, mit $LiAlH_4$ in Diäthyläther als Lösungsmittel [1 bis 4]. Nach Vereinigung der beiden Reaktanten wird noch 2 bis 4 h unter Rückfluß erhitzt und das überschüssige $LiAlH_4$ durch Zugabe von Eiswasser zersetzt. Nach der anschließenden Destillation können so Ausbeuten von 72% [5], 74% [6, 7] und 87% erzielt werden [8]. Beim Einsatz von $LiAlD_4$ entsteht entsprechend $(C_4H_9)_3SnD$ in 88%iger Ausbeute [5]. Setzt man ein technisches Gemisch (etwa 1:1) von $(C_4H_9)_3SnCl$ und $Sn(C_4H_9)_4$ mit $LiAlD_4$ in Diäthyläther um, so erhält man nach 3 h bei 40°C und anschließendem Abdestillieren des Äthers eine etwa 40- bis 42%ige Lösung von $(C_4H_9)_3SnD$ in $Sn(C_4H_9)_4$ [9]. $(C_4H_9)_3SnH$ entsteht bei der Umsetzung von $(C_4H_9)_3SnCl$ mit $Mg(AlH_4)_2$ in Tetrahydrofuran [10], bei der Reaktion von $[(C_4H_9)_3Sn]_2$ mit $LiAlH_4$ unter verschiedenen Bedingungen in Ausbeuten zwischen 4 und maximal 19% neben $[(C_4H_9)_2SnO]_n$ und Sn [11] und von $[(C_4H_9)_3Sn]_2S$ mit $LiAlH_4$ in Diäthyläther in 72%iger Ausbeute [12]. $(C_4H_9)_3SnCl$ wird auch von $NaBH_4$ in Monoglyme bei Zimmertemperatur zu 96% in $(C_4H_9)_3SnH$ umgewandelt [13, 14]. B_2H_6 reagiert in Pentan bei −78°C mit $(C_4H_9)_3SnN(C_2H_5)_2$ unter Bildung von $(C_4H_9)_3SnH$ in 94.4%iger Ausbeute [15] und mit $(C_4H_9)_3SnOCH_3$ unter Bildung des Hydrides in 99.8%iger Ausbeute [16].

Eine weitere gute Methode zur Synthese von $(C_4H_9)_3SnH$ stellt die Umsetzung von Tributylzinn-Sauerstoff-Verbindungen mit Organosilanen dar. Die Sn-O-Bindung wird hierbei leicht durch das Silan unter Bildung des Stannans gespalten. Die Reaktionen verlaufen durchwegs bei Zimmertemperatur — teilweise exotherm — und das gewünschte $(C_4H_9)_3SnH$ wird bei der Destillation in reiner Form gewonnen. So entstehen aus $[(C_4H_9)_3Sn]_2O$ und $(C_6H_5)_3SiH$ 41%, aus $[(C_4H_9)_3Sn]_2O$ und $[(HSiO_{1.5})_n((CH_3)_2SiO)_n]$ 68%, aus $(C_4H_9)_3SnOSi(C_6H_5)_3$ und $(CH_3SiHO)_n$ 76%, aus $[(C_4H_9)_3Sn]_2O$ und $(CH_3SiHO)_n$ 79%, aus $(C_4H_9)_3SnOC_2H_5$ und $(CH_3SiHO)_n$ 86% sowie aus $(C_4H_9)_3SnOSi(C_4H_9)_3$ und $(CH_3SiHO)_n$ 88% an Tributylzinnhydrid [17]. Die Reaktion zwischen $[(C_4H_9)_3Sn]_2O$ oder auch Tributylzinnalkoxiden und Polymethylsiloxan $(CH_3SiHO)_n$ eignet sich zur industriellen Darstellung von $(C_4H_9)_3SnH$, da das Organozinnhydrid vom polymeren Siloxan durch Destillation leicht abzutrennen ist. Weitere Einzelheiten dieses Prozesses s. bei [18 bis 25]. Über einen Vergleich der Einsetzbarkeit solcher „in situ"-Reaktionsmischungen an Stelle des isolierten $(C_4H_9)_3SnH$ in verschiedenen Reaktionen s. [26]. Ausführliche Untersuchungen des Mechanismus und der Kinetik der Reaktionen zwischen Tributylzinnalkoxiden und verschiedenen Organosilanen, die neben Organosilicium-Sauerstoff-Verbindungen zur Bildung von $(C_4H_9)_3SnH$ führen, zeigen, daß es sich um eine Austauschreaktion handelt, die über einen S_Ni-Si-Mechanismus abläuft. In diesem ist die Ausbildung der Si-O-Bindung mehr geschwindigkeitsbestimmend als die Ausbildung der Sn-H-Bindung. Möglich ist auch ein Zweistufenmechanismus mit einem instabilen pentakoordinierten Silicium-Zwischenprodukt zwischen zwei Übergangszuständen von vergleichbarer Energie [27 bis 30].

$(C_4H_9)_3SnH$ entsteht in 60%iger Ausbeute bei sechsstündiger Reaktion von $(C_4H_9)_3SnCl$ mit Aluminiumamalgam bei 10°C [31]. $(C_4H_9)_3SnLi$ wird von wäßrigem NH_4Cl zersetzt unter Bildung von $(C_4H_9)_3SnH$ [11]. Bei der gleichen Hydrolyse mit H_2O in THF werden zwischen 54 und 67% Ausbeute erhalten, je nachdem, ob das eingesetzte $(C_4H_9)_3SnLi$ aus $(C_4H_9)_3SnCl$ oder schon aus $[(C_4H_9)_3Sn]_2$ gewonnen wurde [32]. Aus $(C_4H_9)_3SnNa$ und D_2O entsteht entsprechend $(C_4H_9)_3SnD$ [33].

$(C_4H_9)_3SnH$ entsteht auch bei der Komproportionierung zwischen SnH_4 und $Sn(C_4H_9)_4$ [4] sowie bei analogen Reaktionen zwischen $(C_4H_9)_2SnH_2$ und $[(C_4H_9)_3Sn]_2O$ bei Zimmertemperatur in 71%iger Ausbeute neben $[(C_4H_9)_2SnO]_n$ [34], zwischen $[(C_4H_9)_3Sn]_2S$ und $(\textit{iso}\text{-}C_4H_9)_2SnH_2$ bei 110°C nach 24 h in 54%iger Ausbeute neben $[(\textit{iso}\text{-}C_4H_9)_2SnS]_3$ und wenig $[(C_4H_9)_3Sn]_2$ [35], zwischen $(C_4H_9)_3SnOCH_3$ und $(C_6H_5)_3SnH$ als Nebenprodukt neben $[(C_6H_5)_3Sn]_2$ und $(C_6H_5)_3SnSn(C_4H_9)_3$ [36], zwischen $[(C_4H_9)_3Sn]_2S$ und $(C_6H_5)_3SnH$ in Gegenwart von $(C_2H_5)_3N$ nach 25 h bei 20°C in 11%iger Ausbeute neben $(C_6H_5)_3SnSn(C_4H_9)_3$, $[(C_6H_5)_3Sn]_2$ und SnS [36].

$(C_4H_9)_3SnOOCH$ spaltet zwischen 150 und 185°C CO_2 ab unter Bildung von $(C_4H_9)_3SnH$ [37 bis 40]. Als Ausbeuten werden hierbei angegeben: 6.9% neben $Sn(C_4H_9)_4$ und viel $[(C_4H_9)_3Sn]_2$ nach 11.5 h bei 150 bis 185°C unter N_2 [38], 60% nach 9 h bei 170 bis 180°C und einem Druck von 1 Torr [37]. Außerdem entsteht $(C_4H_9)_3SnH$ bei der Umsetzung von $(C_4H_9)_3SnC{\equiv}CH$ mit C_2H_5MgBr und H_2O in Benzol nach 15 h bei 90°C [41].

Analysis

Analyse. Zur gaschromatographischen Abtrennung von $(C_4H_9)_3SnH$ von anderen Organozinnverbindungen s. [42].

Thermodynamic Data of Formation

Thermodynamische Daten der Bildung. Bildungsenthalpie $\Delta H°$ bei der Bildung der flüssigen Verbindung aus den Elementen unter Standardbedingungen: $\Delta H^\circ_{298} = -48.6$ kcal/mol [4].

Literatur:

[1] M.-R. Kula, E. Amberger, H. Rupprecht (Chem. Ber. **98** [1965] 629/33). — [2] L. E. Khoo, H. H. Lee (Tetrahedron **26** [1970] 4261/8). — [3] J. P. Pete, M. L. Viriot-Villaume (Bull. Soc. Chim. France **1971** 3699/709). — [4] W. F. Stack, G. A. Nash, H. A. Skinner (Trans. Faraday Soc. **61** [1965] 2122/5). — [5] F. D. Greene, H. N. Lowry (J. Org. Chem. **32** [1967] 882/5).

[6] J. G. Noltes, G. J. M. van der Kerk (Functionally Substituted Organotin Compounds, Tin Research Institute, Greenford 1958, S. 1/128). — [7] G. J. M. van der Kerk, J. G. Noltes, J. G. A. Luijten (J. Appl. Chem. **7** [1957] 366/9). — [8] H. G. Kuivila, O. F. Beumel (J. Am. Chem. Soc. **83** [1961] 1246/50). — [9] M. Wahren, P. Hädge, H. Hübner, M. Mühlstädt (Isotopenpraxis **1** [1965] 65/8). — [10] B. D. James (Chem. Ind. [London] **1971** 227/8).

[11] G. A. Baum, W. J. Considine (J. Org. Chem. **29** [1964] 1267/8). — [12] S. B. Damle, W. J. Considine (J. Organometal. Chem. **19** [1969] 207/9). — [13] E. R. Birnbaum, P. H. Javora (J. Organometal. Chem. **9** [1967] 379/82). — [14] E. R. Birnbaum, P. H. Javora (Inorg. Syn. **12** [1970] 45/57). — [15] M.-R. Kula, J. Lorberth, E. Amberger (Chem. Ber. **97** [1964] 2087/9).

[16] E. Amberger, M.-R. Kula (Chem. Ber. **96** [1963] 2560/1). — [17] K. Hayashi, J. Iyoda, I. Shiihara (J. Organometal. Chem. **10** [1967] 81/94). — [18] K. Itoi, S. Kumano (Kogyo Kagaku Zasshi **70** [1967] 82/6). — [19] K. Itoi, Kurashiki Rayon Co., Ltd. (Japan.P. 68-10133 [1965/68]; C.A. **69** [1968] Nr. 106879). — [20] K. Itoi, Kurashiki Rayon Co., Ltd. (Japan.P. 68-10134 [1965/68]; C.A. **69** [1968] Nr. 106880).

[21] K. Itoi, Kurashiki Rayon Co., Ltd. (Japan.P. 68-12132 [1965/68]; C.A. **70** [1969] Nr. 37922). — [22] K. Itoi, Kurashiki Rayon Co., Ltd. (Japan.P. 68-26508 [1965/68]; C.A. **70** [1969] Nr. 78524). — [23] K. Itoi, Kurashiki Rayon Co., Ltd. (Japan.P. 68-28833 [1965/68]; C.A. **70** [1969] Nr. 78510). — [24] K. Itoi, Kurashiki Rayon Co., Ltd. (F.P. 1368522 [1962/64]; C.A. **62** [1965] 2794). — [25] K. Itoi, Kurashiki Rayon Co., Ltd. (F.P. 1411034 [1963/65]; C.A. **64** [1966] 5137).

[26] G. L. Grady, H. G. Kuivila (J. Org. Chem. **34** [1969] 2014/6). — [27] B. Bellegarde, M. Pereyre, J. Valade (Bull. Soc. Chim. France **1967** 3082/3). — [28] M. Pereyre, J. Pijselman (J. Organometal. Chem. **25** [1970] C27/C29). — [29] J. Pijselman, M. Pereyre (J. Organometal. Chem. **32** [1971] C72/C74). — [30] J. Pijselman, M. Pereyre (J. Organometal. Chem. **63** [1973] 139/57).

[31] G. J. M. van der Kerk, J. G. Noltes, J. G. A. Luijten (Chem. Ind. [London] **1958** 1290/1). — [32] C. Tamborski, F. E. Ford, E. J. Soloski (J. Org. Chem. **28** [1963] 237/9). — [33] K. Kühlein, W. P. Neumann, H. Mohring (Angew. Chem. **80** [1968] 438/9). — [34] A. K. Sawyer (J. Am. Chem. Soc. **87** [1965] 537/9). — [35] R. Sommer, B. Schneider, W. P. Neumann (Liebigs Ann. Chem. **692** [1966] 12/21).

[36] W. P. Neumann, B. Schneider, R. Sommer (Liebigs Ann. Chem. **692** [1966] 1/11). — [37] M. Ohara, R. Okawara (J. Organometal. Chem. **3** [1965] 484/5). — [38] G. H. Reifenberg, W. J. Considine, Billiton-M en T Chemische Industrie N.V. (Deut. Offenlegungsschrift 1955241 [1968/70]; C.A. **73** [1970] Nr. 66733). — [39] R. Okawara, M. Ohara, M and T Chemicals, Inc. (U.S.P. 3439010 [1965/69]; C.A. **71** [1969] Nr. 39187). — [40] R. Okawara, M. Ohara, Shine Etsu Chemical Industry Co., Ltd. (Japan.P. 66-6737 [1963/66]; C.A. **65** [1966] 5490).

[41] I. S. Saveleva (Izv. Akad. Nauk SSSR Ser. Khim. **1974** 2557/8; Bull. Acad. Sci. USSR Div. Chem. Sci. **1974** 2464/5). — [42] S. Faleschini, L. Doretti (Ann. Chim. [Rome] **60** [1970] 597/604).

1.2.1.1.5.2 Spektren

Spectra

Im ^{1}H-NMR-Spektrum erscheinen für die Butylgruppe und für das an Zinn gebundene Wasserstoffatom Multiplett-Signale. Folgende chemische Verschiebungswerte und Kopplungskonstanten werden angegeben: δSnH = −290.2 Hz, J(^{1}H$^{117/119}$Sn) = 1536.4/1607.8 Hz, J(^{1}HSnC^{1}H) = 1.79 Hz bei 60 MHz [1]; δSnH = −4.78 ppm, J(^{1}H$^{117/119}$Sn) = 1532 ± 2/1609 ± 2 Hz, J(^{1}HSnC^{1}H) = 1.8 ± 0.1 Hz [2]; δSnH = −4.75 ppm [3]; τSnH = 7.93, J(^{1}H$^{117/119}$Sn) = 1650/1722 Hz (bei diesen stark abweichenden Werten müssen Fehler vorliegen!) [4]; τSnH = 5.22 in CS_2 und Cyclohexan, J(^{1}H$^{117/119}$Sn) = 1539.0/1610.6 Hz [5, 6]; τSnH = 5.2, J(^{1}H$^{117/119}$Sn) = 1524/1609 Hz, J(^{1}HSnC^{1}H) = 1.71 Hz [7]. — Aus dem ^{13}C-NMR-Spektrum werden folgende Konstanten angegeben: δC_α = −8.3 ppm, J(^{13}CSn) = 355 Hz, δC_β = −30.2 ppm, J(^{13}CCSn) = 22 Hz, δC_γ = −27.3 ppm, J(^{13}CCCSn) = 53 Hz, δC_δ = −13.6 ppm gegen TMS [8]. — Die chemische Verschiebung im ^{119}Sn-NMR-Spektrum beträgt δ = 89 ± 4 ppm gegen $Sn(CH_3)_4$ in Substanz und 91.4 ppm in CCl_4 [9, 10].

Die Isomerieverschiebung im Mössbauer-Spektrum beträgt 1.41 [11] bzw. 1.45 ± 0.05 mm/s gegen SnO_2 [12]. Eine Quadrupolaufspaltung wird nicht beobachtet.

Das IR- und das Raman-Spektrum von flüssigem $(C_4H_9)_3SnH$ ist in Tabelle 3 wiedergegeben [13].

Tabelle 3
IR- und Raman-Spektrum von $(C_4H_9)_3SnH$

Zuordnung	ν in cm^{-1} IR	Raman
δSnC_3	—	194 (2)
	—	238 (3)
Butyl-skelettschw.	—	381 (2)
	—	402 (1)
	446 s	440 (0)
$\nu_s SnC_3$	494 m	493 (8)
δSnH	547 st	539 (5)
$\nu_{as} SnC_3$	607 m	602 (8)
$\rho_s CH_2$	679 st	—
	703 st	—
$\rho_{as} CH_2$	750 s	—
	772 s	—
	847 s	840 (2)
	870 m	—
ρCH_3	880 m	879 (4)
	965 m	960 (0)
	1007 s	998 (0)
	1024 m	—

Tabelle 3 (Fortsetzung)

Zuordnung	ν in cm^{-1} IR	Raman
ν_sCC, $\nu_{as}CC$	1048 s	1047 (4)
	1077 m	1072 (3)
	1156 s	1151 (9)
	1186 s	1175 (5)
	1253 s	1247 (1)
	1297 s	—
	1346 s	1332 (1)
	1363 s	—
	1382 m	—
δCH_2	1425 s	1423 (2)
	1469 st	1443 (5)
νSnH	1813 sst	1808 (10)
	2735 s	2731 (0)
νCH	2855 sst	2848 (7)
	2877 sst	2897 (10)
	2930 sst	2929 (7)
	2965 sst	2956 (6)

Abbildungen des IR-Spektrums s. bei [14, 15]. Weiter werden für die Verbindung $(C_4H_9)_3SnH$ folgende Banden (in cm^{-1}) angegeben: 1810, 1460, 1370, 1060, 860, 850, 680 und 660 [23]. Die νSnH wird bei 1807 cm^{-1} (in Dibutyläther) [5], bei 1808 cm^{-1} [4, 16], bei 1813 cm^{-1} [1, 6], bei 1814 cm^{-1} [17] und bei 1820 cm^{-1} gefunden [18, 19, 20]. Für νSnD wird in $(C_4H_9)_3SnD$ ein Wert von 1290 cm^{-1} angegeben [21, 22]. Die Lage der νSnH ist abhängig vom Lösungsmittel. Folgende Wellenzahlen (in cm^{-1}) werden gefunden: 1813 (in Substanz), 1818 (in Hexan), 1810 (in CS_2), 1811 (in Benzol), 1808 (in Acetonitril) und 1808 (in Dioxan). Auch die Intensität wird von der Art des Lösungsmittels beeinflußt. Die Halbwertsbreite der νSnH beträgt in Hexan 26.6 cm^{-1}, in CS_2 29.2 cm^{-1} und in Dioxan 47.1 cm^{-1} [13]. Weitere Diskussionen der IR-spektroskopischen Daten im Vergleich mit anderen Organozinnverbindungen unter Einbeziehung von Taftschen σ-Konstanten sowie von del Re-Berechnungen s. bei [1, 13, 16, 20].

Literatur:

[1] M.-R. Kula, E. Amberger, H. Rupprecht (Chem. Ber. **98** [1965] 629/33). — [2] H. C. Clark, J. T. Kwon, L. W. Reeves, E. J. Wells (Inorg. Chem. **3** [1964] 907/8). — [3] I. S. Saveleva (Izv. Akad. Nauk SSSR Ser. Khim. **1974** 2557/8; Bull. Acad. Sci. USSR Div. Chem. Sci. **1974** 2464/5). — [4] P. E. Potter, L. Pratt, G. Wilkinson (J. Chem. Soc. **1964** 524/7). — [5] Y. Kawasaki, K. Kawakami, T. Tanaka (Bull. Chem. Soc. Japan **38** [1965] 1102/5).

[6] M. L. Maddox, N. Flitcroft, H. D. Kaesz (J. Organometal. Chem. **4** [1965] 50/6). — [7] J. Dufermont, J. C. Maire (J. Organometal. Chem. **7** [1967] 415/25). — [8] T. N. Mitchell (J. Organometal. Chem. **59** [1973] 189/97). — [9] J. D. Kennedy, W. McFarlane (Rev. Silicon Germanium Tin Lead Compounds **1** [1974] 235/98). — [10] A. P. Tupciauskas, N. M. Sergeev, Yu. A. Ustynyuk (Org. Magn. Resonance **3** [1971] 655/9).

[11] R. H. Herber, G. I. Parisi (Inorg. Chem. **5** [1966] 769/74). — [12] A. Yu. Aleksandrov, O. Yu. Okhlobystin, L. S. Polak, V. S. Shpinel (Dokl. Akad. Nauk SSSR **157** [1964] 934/7; Dokl. Phys. Chem. Proc. Acad. Sci. USSR **154/159** [1964] 768/71). — [13] H. Kriegsmann, K. Ulbricht (Z. Anorg. Allgem. Chem. **328** [1964] 90/104). — [14] R. A. Cummins, P. Dunn (Australia Commonwealth Dept. Supply Defense Std. Lab. Rept. Nr. 266 [1963] 106). — [15] R. Mathis-Noel, M. Lesbre, I. S. de Roche (Compt. Rend. **243** [1956] 257/9).

[16] R. Gupta, B. Majee (J. Organometal. Chem. **36** [1972] 71/6). — [17] A. K. Sawyer (J. Am. Chem. Soc. **87** [1965] 537/9). — [18] W. P. Neumann (Angew. Chem. **75** [1963] 225/35). — [19] A. E. Borisov, N. V. Novikova, N. A. Chumaevskii, E. B. Shkirtil (Dokl. Akad. Nauk SSSR **173** [1967] 855/8; Dokl. Phys. Chem. Proc. Acad. Sci. USSR **172/177** [1967] 248/51). — [20] Yu. P. Egorov, V. P. Morozov, N. F. Kovalenko (Ukr. Khim. Zh. **31** [1965] 123/32 nach C.A. **63** [1965] 3771).

[21] M. Wahren, P. Hädge, H. Hübner, M. Mühlstädt (Isotopenpraxis **1** [1965] 65/8). — [22] V. M. A. Chambers, W. R. Jackson, G. W. Young (J. Chem. Soc. C **1971** 2075/9). — [23] J. P. Pete, M. L. Viriot-Villaume (Bull. Soc. Chim. France **1971** 3699/709).

1.2.1.1.5.3 Physikalische Eigenschaften

Physical Properties

$(C_4H_9)_3SnH$ ist eine farblose, bei Zimmertemperatur flüssige Verbindung, für die folgende Siedepunkte angegeben werden: 44 bis 47°C/0.05 bis 0.075 Torr [1], 46 bis 49°C/0.18 Torr [2], 60°C/10 Torr [3], 63 bis 64°C/0.41 bis 0.48 Torr [2], 65 bis 67°C/0.6 Torr [4], 68 bis 74°C/0.3 Torr [5], 70 bis 71°C/0.1 Torr [6], 70 bis 74°C/0.5 Torr [1], 73°C/0.5 Torr [7], 75°C/0.7 Torr [8], 75 bis 85°C/0.025 Torr [9], 76°C/0.7 Torr [10, 11], 78 bis 80°C/0.6 Torr [12], 81°C/0.9 Torr [10, 11], 81 bis 83°C/0.1 Torr [13], 84°C/4 Torr [14], 92 bis 94°C/4 Torr [15], 95 bis 105°C/6 Torr [16], 100 bis 110°C/6 Torr [17], 105 bis 108°C/6 Torr [18], 105 bis 115°C/5 Torr [18], 110 bis 113°C/8 Torr [19], 112.5 bis 113.5°C/8 Torr [20]. Für $(C_4H_9)_3SnD$ wird ein Siedepunkt von 73 bis 80°C/0.6 Torr gefunden [21].

Dichte $D_4^{20} = 1.104$ g/cm³ [4], $D_4^{25} = 1.0976$ g/cm³ [18]. Brechungsindex $n_D^{18} = 1.4738$ [7], $n_D^{20} = 1.4726$ [4], $n_D^{22} = 1.471$ [13], 1.4720 [2], 1.4721 [2], $n_D^{24} = 1.4694$ [18], $n_D^{25} = 1.4715$ [22], $n_D^{26} = 1.4696$ [12], $n_D^{30} = 1.4682$ [9]. Molrefraktion nach Eisenlohr: $R_{mol} = 428.60$, daraus berechnete Bindungsrefraktionskonstante der Sn-H-Bindung: $R_{Sn\text{-}H} = 45.83$. Molrefraktion nach Lorenz-Lorentz: $R_{mol} = 73.901$, Bindungsrefraktionskonstante $R_{Sn\text{-}H} = 4.601$ [23].

Literatur:

[1] F. D. Greene, H. N. Lowry (J. Org. Chem. **32** [1967] 882/5). — [2] C. Tamborski, F. E. Ford, E. J. Soloski (J. Org. Chem. **28** [1963] 237/9). — [3] R. Mathis-Noel, M. Lesbre, I. S. de Roche (Compt. Rend. **243** [1956] 257/9). — [4] W. P. Neumann (Angew. Chem. **75** [1963] 225/35). — [5] H. G. Kuivila, O. F. Beumel (J. Am. Chem. Soc. **83** [1961] 1246/50).

[6] M.-R. Kula, E. Amberger, H. Rupprecht (Chem. Ber. **98** [1965] 629/33). — [7] H. Kriegsmann, K. Ulbricht (Z. Anorg. Allgem. Chem. **328** [1964] 90/104). — [8] W. F. Stack, G. A. Nash, H. A. Skinner (Trans. Faraday Soc. **61** [1965] 2122/5). — [9] G. A. Baum, W. J. Considine (J. Org. Chem. **29** [1964] 1267/8). — [10] G. J. M. van der Kerk, J. G. Noltes, J. G. A. Luijten (J. Appl. Chem. **7** [1957] 366/9).

[11] J. G. Noltes, G. J. M. van der Kerk (Functionally Substituted Organotin Compounds, Tin Research Institute, Greenford 1958, S. 1/128). — [12] L. E. Khoo, H. H. Lee (Tetrahedron **26** [1970] 4261/8). — [13] J. P. Pete, M. L. Viriot-Villaume (Bull. Soc. Chim. France **1971** 3699/709). — [14] K. Itoi, Kurashiki Rayon Co. (F.P. 1368522 [1962/64]; C.A. **62** [1965] 2794). — [15] K. Itoi, S. Kumano (Kogyo Kagaku Zasshi **70** [1967] 82/6).

[16] K. Itoi, Kurashiki Rayon Co., Ltd. (Japan.P. 68-26508 [1965/68]; C.A. **70** [1969] Nr. 78524). — [17] K. Itoi, Kurashiki Rayon Co., Ltd. (Japan.P. 68-10134 [1965/68]; C.A. **69** [1968] Nr. 106880). — [18] K. Hayashi, J. Iyoda, I. Shiihara (J. Organometal. Chem. **10** [1967] 81/94). — [19] K. Itoi, Kurashiki Rayon Co., Ltd. (F.P. 1411034 [1963/65]; C.A. **64** [1966] 5137). — [20] Y. Kawasaki, K. Kawakami, T. Tanaka (Bull. Chem. Soc. Japan **38** [1965] 1102/5).

[21] V. M. A. Chambers, W. R. Jackson, G. W. Young (J. Chem. Soc. C **1971** 2075/9). — [22] E. R. Birnbaum, P. H. Javora (Inorg. Syn. **12** [1970] 45/57). — [23] J. J. Pohl (Allgem. Prakt. Chem. **19** [1968] 84).

Chemical Reactions

Hydrostannation Reactions

1.2.1.1.5.4 Chemisches Verhalten

1.2.1.1.5.4.1 Hydrostannierungsreaktionen

Durch Umsetzung von $(C_4H_9)_3SnH$ mit Olefinen, Acetylenen und Vinylacetylenen wie auch mit Carbonylverbindungen und anderen ungesättigten organischen Verbindungen kann die Tributylzinngruppe in verschiedene Verbindungssysteme eingeführt werden. Zum Mechanismus dieser Reaktionen vgl. die Vorbemerkungen bei den Hydrostannierungsreaktionen von $(C_2H_5)_3SnH$ auf S. 22. Beispiele für die Reaktion von $(C_4H_9)_3SnH$ mit einem ungesättigten System sind in der folgenden Tabelle aufgeführt (AIBN = Azoïsobuttersäuredinitril):

Reaktions-partner	Reaktions-bedingungen	Reaktions-produkte	Lit.
$CH_2{=}CH_2$	$(CH_3)_3CO$-Radikale	$(C_4H_9)_3SnCH_2CH_2$-Radikal	[1]
$CH_2{=}CHC_2H_5$	—	$(C_4H_9)_4Sn$	[2]
$CH_2{=}CHC_5H_{11}$	γ-Strahlung	$(C_4H_9)_3SnC_7H_{15}$	[3]
$CH_2{=}CHC_6H_{13}$	—	$(C_4H_9)_3SnC_8H_{17}$	[2, 4]
	γ-Strahlung	$(C_4H_9)_3SnC_8H_{17}$	[3]
	UV	$(C_4H_9)_3SnC_8H_{17}$	[5]
	(*iso*-$C_4H_9)_2AlH$	$(C_4H_9)_3SnC_8H_{17}$	[6]
	H_2O_2	Epoxid	[7]
$CH_2{=}C(CH_3)CH_2C(CH_3)_3$	(*iso*-$C_4H_9)_2AlH$	$(C_4H_9)_3SnCH_2CH(CH_3)CH_2C(CH_3)_3$	[6]
$CH_2{=}C(C_2H_5)C_4H_9$	(*iso*-$C_4H_9)_2AlH$	$(C_4H_9)_3SnCH_2CH(C_2H_5)C_4H_9$	[6]
$CH_2{=}CHC_6H_5$	γ-Strahlung	$(C_4H_9)_3SnCH_2CH_2C_6H_5$	[3]
$CH_2{=}C(CH_3)C_6H_5$	(*iso*-$C_4H_9)_2AlH$	$(C_4H_9)_3SnCH_2CH(CH_3)C_6H_5$	[6]
CH_2 (Ring-Struktur) $C(CH_3)_2$	24 h, 200°C, Bombenrohr, AIBN	$(C_4H_9)_3SnCH_2$–(Ring)–$CHCH_3$ mit CH_3	[8]
$CH_2{=}C(CH_3)$–(Ring)–CH_3	24 h, 200°C, Bombenrohr, AIBN	$(C_4H_9)_3SnCH_2CH(CH_3)$–(Ring)–CH_3	[8]
$CH_3CH(CH_3)$–(Ring)$=CH_2$	24 h, 200°C, Bombenrohr, AIBN	$(C_4H_9)_3SnCH_2$–(Ring)–$CHCH_3$ mit CH_3	[8]
$CH_2{=}CHCH$—CH_2 (└CCl_2┘)	38 h, UV	$(C_4H_9)_3SnCH_2CH{=}CHCH_2CHCl_2$	[9]
$CH_2{=}CHCN$	—	$(C_4H_9)_3SnCH_2CH_2CN$	[10, 11, 12]
	16 h, 75°C	$(C_4H_9)_3SnCH_2CH_2CN$ $(C_4H_9)_3SnCH(CN)CH_3$	[13]
	5 h, 150°C	$(C_4H_9)_3SnCH_2CH_2CN$ $(C_4H_9)_3SnCH(CN)CH_3$	[14]
	18 h, 70°C, UV	$(C_4H_9)_3SnCH_2CH_2CN$	[13]
$CH_2{=}CHOC_2H_5$	γ-Strahlung	$(C_4H_9)_3SnCH_2CH_2OC_2H_5$	[3]
$CH_2{=}CHOC_4H_9$	γ-Strahlung	$(C_4H_9)_3SnCH_2CH_2OC_4H_9$	[3]

Reaktions-partner	Reaktions-bedingungen	Reaktions-produkte	Lit.
$CH_2{=}CHO\text{-}\mathit{iso}\text{-}C_4H_9$	18 h, 70°C, AIBN	$(C_4H_9)_3SnCH_2CH_2O\text{-}\mathit{iso}\text{-}C_4H_9$	[15]
$CH_2{=}CHOC_6H_5$	—	$(C_4H_9)_3SnCH_2CH_2OC_6H_5$	[2]
$CH_2{=}CHOCH_2CH\text{-}CH_2$ └O┘	1.5 h, 110°C	$(C_4H_9)_3SnCH_2CH_2OCH_2CH\text{-}CH_2$ └O┘	[16]
$CH_2{=}CHOOCCH_3$	UV	$(C_4H_9)_3SnCH_2CH_2OOCCH_3$	[17]
$CH_2{=}CHCOOCH_3$	—	$(C_4H_9)_3SnCH_2CH_2COOCH_3$	[10,11,12]
$CH_2{=}CHCOOC_2H_5$	UV oder 5 h, 150°C	$(C_4H_9)_3SnCH_2CH_2COOC_2H_5$	[14, 17]
$CH_2{=}CHCONH_2$	γ-Strahlung	$(C_4H_9)_3SnCH_2CH_2CONH_2$	[3]
$CH_2{=}CH{-}B\langle O{-}C(CH_3)_2{-}CH_2{-}CH(CH_3){-}O\rangle$	30 h, 110°C, Bombenrohr	$(C_4H_9)_3SnCH_2CH_2{-}B\langle O{-}C(CH_3)_2{-}CH_2{-}CH(CH_3){-}O\rangle$	[18]
$CH_2{=}C(CH_3)COOCH_3$	γ-Strahlung	$(C_4H_9)_3SnCH_2CH(CH_3)COOCH_3$	[3]
$CH_2{=}C(COOR)CH_2COOR$	$R{=}CH_3, C_2H_5, C_3H_7$	$(C_4H_9)_3SnCH_2CH(COOR)CH_2COOR$	[19 bis 23]
$CH_2{=}CHCH_2OH$	γ-Strahlung 3 h, 60°C, AIBN	$(C_4H_9)_3Sn(CH_2)_3OH$ $(C_4H_9)_3Sn(CH_2)_3OH$	[3] [15]
$CH_2{=}CHCH_2OCH_3$	UV	$(C_4H_9)_3Sn(CH_2)_3OCH_3$	[5]
$CH_2{=}CHCH_2OC_6H_5$	UV	$(C_4H_9)_3Sn(CH_2)_3OC_6H_5$	[5]
$CH_2{=}CHCH_2OCH_2CH\text{-}CH_2$ └O┘	1.5 h, 110°C	$(C_4H_9)_3Sn(CH_2)_3OCH_2CH\text{-}CH_2$ └O┘	[16]
$CH_2{=}CHCH_2OOCCH_3$	UV	$(C_4H_9)_3Sn(CH_2)_3OOCCH_3$	[17]
$CH_2{=}CHCH_2CH_2COCH_3$	9 h, 70°C, UV	$(C_4H_9)_3Sn(CH_2)_4COCH_3$ $CH_2{=}CHCH_2CH_2CH(OH)CH_3$ $[(C_4H_9)_3Sn]_2$	[24]
$CH_2{=}CH(CH_2)_8COOCH_3$	8 h, 80°C, AIBN	$(C_4H_9)_3Sn(CH_2)_{10}COOCH_3$	[25]
$CH_2{=}CH(CH_2)_8COOSn(C_3H_7)_3$	8 h, 80°C, AIBN	$(C_4H_9)_3Sn(CH_2)_{10}COOSn(C_3H_7)_3$	[25]
$CH_3CH{=}CHCN$	5 h, 150°C oder 18 h, 70°C, UV	$(C_4H_9)_3SnCH(CN)C_2H_5$ $(C_4H_9)_3SnCH(CH_3)CH_2CN$ $[(C_4H_9)_3Sn]_2$	[14]
$CH_3CH{=}CHCOOC_2H_5$	5 h, 150°C oder UV	$(C_4H_9)_3SnCH(CH_3)CH_2COOC_2H_5$ $(C_4H_9)_3SnCH(C_2H_5)COOC_2H_5$	[14]
$CH_3CH{=}C(COOC_2H_5)_2$	—	$(C_4H_9)_3SnCH(CH_3)CH(COOC_2H_5)_2$	[19 bis 23]
$(CH_3)_2C{=}CHCN$	18 h, 70°C, UV 5 h, 150°C	$(C_4H_9)_3SnCH(CN)CH(CH_3)_2$ $[(C_4H_9)_3Sn]_2$	[14] [14]
$(CH_3)_2C{=}CHCOOC_2H_5$	5 h, 150°C, UV	$(C_4H_9)_3SnC(CH_3)_2CH_2COOC_2H_5$	[14]

Reaktions-partner	Reaktions-bedingungen	Reaktions-produkte	Lit.
$ROOCCH{=}CHCOOR$	$R = CH_3, C_2H_5, C_3H_7, C_4H_9$	$(C_4H_9)_3SnCH(COOR)CH_2COOR$	[19 bis 23]
$HC{\equiv}CH$	Benzol, 80°C, Bombenrohr	$(C_4H_9)_3SnCH{=}CH_2$	[26]
	Benzol, 85°C, AIBN	$(C_4H_9)_3SnCH{=}CH_2$	[27]
$RC{\equiv}CR'$	—	$(C_4H_9)_3SnCR{=}CHR'$ $(C_4H_9)_3SnCR'{=}CHR$	[28]
	CH_3OH, 15 h, 70°C, UV	$(C_4H_9)_3SnCR'{=}CHR$ $(C_4H_9)_3SnOCH_3$ $RCH{=}CHR'$	[29]
$HC{\equiv}COR$	$R = C_2H_5, C_4H_9$	$(C_4H_9)_3SnCH{=}CHOR$	[30]
$HC{\equiv}CCN$	—	$(C_4H_9)_3SnCH{=}CHCN$	[31, 32]
$HC{\equiv}CSi(C_2H_5)_3$	—	$(C_4H_9)_3SnCH{=}CHSi(C_2H_5)_3$	[33]
$HC{\equiv}CGe(C_4H_9)_3$	—	$(C_4H_9)_3SnCH{=}CHGe(C_4H_9)_3$	[33]
$HC{\equiv}CSn(C_4H_9)_3$	—	$(C_4H_9)_3SnCH{=}CHSn(C_4H_9)_3$	[33]
$HC{\equiv}CP(C_4H_9)_2$	22 h, 80°C	$(C_4H_9)_3SnCH{=}CHP(C_4H_9)_2$	[34]
$HC{\equiv}CSb(C_4H_9)_2$	16 h, 90°C	$(C_4H_9)_3SnCH{=}CHSb(C_4H_9)_2$	[34]
$HC{\equiv}C$–$C_5H_4FeC_5H_5$ (Ferrocenyl)	15 h, 105°C	$(C_4H_9)_3SnCH{=}CH$–$C_5H_4FeC_5H_5$	[35]
$CH_3C{\equiv}CCOOC_2H_5$	—	$(C_4H_9)_3SnC(CH_3){=}CHCOOC_2H_5$ $(C_4H_9)_3SnC(COOC_2H_5){=}CHCH_3$	[31]
$C_6H_5C{\equiv}CC_6H_5$	γ-Strahlung	$(C_4H_9)_3SnC(C_6H_5){=}CHC_6H_5$	[3]
$CF_3C{\equiv}CCF_3$	1 Tag, 20°C	$(C_4H_9)_3SnC(CF_3){=}CHCF_3$	[36]
$C_2H_5OOCC{\equiv}CCOOC_2H_5$	—	$(C_4H_9)_3SnC(COOC_2H_5){=}CHCOOC_2H_5$	[31]
$CH_2{=}CHCH{=}CH_2$	—	$(C_4H_9)_3SnCH_2CH{=}CHCH_2\cdot$	[37]
$CH_2{=}C(CH_3)\text{-}C(CH_3){=}CH_2$	70°C, AIBN	$(C_4H_9)_3SnCH_2CH(CH_3)C(CH_3){=}CH_2$ $(C_4H_9)_3SnCH_2C(CH_3){=}C(CH_3)_2$	[38, 39]
$CH_2{=}CHCH_2CH_2CH{=}CH_2$	24 h, 70°C, AIBN	$(C_4H_9)_3Sn(CH_2)_4CH{=}CH_2$ $(C_4H_9)_3Sn(CH_2)_6Sn(C_4H_9)_3$	[15]
$CH_2{=}CH(CH_2)_4CH{=}CH_2$	24 h, 70°C, AIBN	$(C_4H_9)_3Sn(CH_2)_6CH{=}CH_2$ $(C_4H_9)_3Sn(CH_2)_8Sn(C_4H_9)_3$	[15]
$(C_4H_9)_2Sn(C{\equiv}CH)_2$	25°C, Ar	$(C_4H_9)_2Sn[CH{=}CHSn(C_4H_9)_3]_2$	[40]
$RR'CO$	—	$(C_4H_9)_3SnOCHRR'$	[41]

Reaktions-partner	Reaktions-bedingungen	Reaktions-produkte	Lit.
CCl_3CHO	20°C	$(C_4H_9)_3SnOCH_2CCl_3$ $(C_4H_9)_3SnOCH(CCl_3)OCH_2CCl_3$	[42]
XC_6H_4CHO	$ZnCl_2$, AIBN, CH_3OH als Katalysatoren	$(C_4H_9)_3SnOCH_2C_6H_4X$	[43]
C_6F_5CHO	20°C	$(C_4H_9)_3SnOCH_2C_6F_5$ $(C_4H_9)_3SnOCH(C_6F_5)OCH_2C_6F_5$	[42, 44]
$CH_3COC_6H_5$	20 h, UV	$(C_4H_9)_3SnOCH(CH_3)C_6H_5$	[5, 45]
CH_3CO-*cyclo*-C_3H_5	UV	$(C_4H_9)_3SnOC(CH_3)=CHC_2H_5$ $(C_4H_9)_3SnCH(C_2H_5)COCH_3$	[46]
	CH_3OH, UV	$(C_4H_9)_3SnOCH_3$ $CH_3COC_3H_7$	[46]
$(C_2H_5)_2CO$	20 h, UV	$(C_4H_9)_3SnOCH(C_2H_5)_2$	[5, 45]
$CF_3COC_6H_5$	20°C	$(C_4H_9)_3SnOCH(CF_3)C_6H_5$	[42, 44]
XC_6H_4CO-*cyclo*-C_3H_5	—	$(C_4H_9)_3SnOC(C_6H_4X)=CHC_2H_5$	[47]
cyclo-$C_6H_{10}O$	20 h, UV	$(C_4H_9)_3SnO$-*cyclo*-C_6H_{11}	[5, 45, 48]
CH_3-*cyclo*-C_6H_9O	UV	$(C_4H_9)_3SnO$-*cyclo*-$C_6H_{10}CH_3$	[48]
$CH_2=CO$	—	$(C_4H_9)_3SnCOCH_3$	[49]
$(CH_3)_2C=CHCHO$	UV	$(C_4H_9)_3SnOCH_2CH=C(CH_3)_2$ $(C_4H_9)_3SnOCH=CHCH(CH_3)_2$	[50]
$CH_2=CHCOCH_3$	UV	Additionsprodukte	[50]
$CH_3CH=CHCOCH_3$	UV	$(C_4H_9)_3SnOC(CH_3)=CHC_2H_5$ $(C_4H_9)_3SnCH(C_2H_5)COCH_3$	[50]
$(CH_3)_2C=CHCOCH_3$	UV	$(C_4H_9)_3SnOC(CH_3)=CHCH(CH_3)_2$	[50, 51]
$CH_3CH=CHCH_2CH_2COCH_3$	9 h, 70°C, UV	$(C_4H_9)_3SnOCH(CH_3)CH_2CH_2CH=CHCH_3$ $CH_3CH=CHCH_2CH_2CH(OH)CH_3$ $[(C_4H_9)_3Sn]_2$	[24]
$(CH_3)_2C=CHCH_2CH_2COCH_3$	9 h, 70°C, UV	$(C_4H_9)_3SnOCH(CH_3)CH_2CH_2CH=C(CH_3)_2$ $(CH_3)_2C=CHCH_2CH_2CH(OH)CH_3$ $[(C_4H_9)_3Sn]_2$	[24]
$(CH_3)_2C=CHCOCH_2CH(CH_3)_2$	UV	$(C_4H_9)_3SnOC(CH_2CH(CH_3)_2)=CHCH(CH_3)_2$	[50]
$CH_2=CHCOC_6H_5$	6 h, 55°C	$(C_4H_9)_3SnOC(C_6H_5)=CHCH_3$ $CH_3CH_2COC_6H_5$	[52]
$C_6H_5CH=CHCOC_6H_5$	6 h, 70°C	$(C_4H_9)_3SnOC(C_6H_5)=CHCH_2C_6H_5$ $C_6H_5CH_2CH_2COC_6H_5$	[52]

Reaktions-partner	Reaktions-bedingungen	Reaktions-produkte	Lit.
$[(CH_3)_2C{=}CH]_2CO$	UV	$(C_4H_9)_3SnOC(=CHCH(CH_3)_2)CH{=}C(CH_3)_2$	[50]
$RCH{=}CXCOOC_2H_5$	—	$(C_4H_9)_3SnOC(OC_2H_5){=}CXCH_2R$	[53, 54]
$RCH{=}C(CN)COR'$	—	$(C_4H_9)_3SnOCR'{=}C(CN)CH_2R$	[53, 54]
$RR'C{=}C(COOC_2H_5)_2$	Benzol, 25 h, 60°C, AIBN R und R' = CH_3,CH_3; CH_3,H; C_6H_5,H; C_6H_5,C_6H_5; p-ClC_6H_4,H; p-$NO_2C_6H_4$,H; C_6H_5,CH_3; -$(CH_2)_5$-	$(C_4H_9)_3SnOC(OC_2H_5){=}C(CHRR')COOC_2H_5$	[55]
$(CH_3COO)_2$	Benzol, 1 h, 65°C	$(C_4H_9)_3SnOOCCH_3$	[56]
$(C_{11}H_{23}COO)_2$	Benzol, 4 h, Rückfluß	$(C_4H_9)_3SnOOCC_{11}H_{23}$	[56]
$[(CH_3)_3CO]_2$	50 h, 130°C	$(C_4H_9)_3SnOC(CH_3)_3$, $(CH_3)_3COH$ $[(C_4H_9)_3Sn]_2$	[56]
C_6H_5NCO	25°C	$(C_4H_9)_3SnN(C_6H_5)CHO$	[57, 61]
$C_6H_{13}NCO$	—	$(C_4H_9)_3SnN(C_6H_{13})CHO$	[61]
RSO_2NCO	R = C_6H_5, p-$CH_3C_6H_4$, p-$CH_3OC_6H_4$, p-ClC_6H_4	$(C_4H_9)_3SnN(CHO)SO_2R$	[58]
C_6H_5NCS	—	$(C_4H_9)_3SnSCH{=}NC_6H_5$	[59]
$C_6H_5N{=}CHC_6H_5$	Cyclohexan, 16 h, 80°C, AIBN	$(C_4H_9)_3SnN(C_6H_5)CH_2C_6H_5$	[60]
$RCH{=}C(CN)_2$	—	$(C_4H_9)_3SnN{=}C{=}C(CN)CH_2R$	[53, 54]

Literatur:

[1] P. J. Krusic, J. K. Kochi (J. Am. Chem. Soc. **93** [1971] 846/60). — [2] J. Yamazaki, S. Kidooka, M. Iida, Sankyo Chemical Industries Co., Ltd. (Japan.P. 67-4650 [1964/67]; C.A. **67** [1967] Nr. 32779). — [3] V. S. Lopatina, N. I. Sheverdina, V. A. Chernoplekova, K. A. Kocheshkov (Dokl. Akad. Nauk SSSR **213** [1973] 846/7; Dokl. Chem. Proc. Acad. Sci. USSR **208/213** [1973] 900/1). — [4] K. Ziegler (B.P. 966813 [1961/64]; C.A. **61** [1964] 14711). — [5] J. Valade, J. C. Pommier (Bull. Soc. Chim. France **1963** 199).

[6] W. P. Neumann, H. Niermann, B. Schneider (Liebigs Ann. Chem. **707** [1967] 15/9). — [7] Shell Internationale Research Maatschappij N. V. (Nd.P. 71-00141 [1970/71]). — [8] J. Iyoda, I. Shiihara (J. Org. Chem. **35** [1970] 4267/70). — [9] D. Seyferth, T. F. Jula, H. Dertouzos, M. Pereyre (J. Organometal. Chem. **11** [1968] 63/76). — [10] J. G. Noltes, G. J. M. van der Kerk (Functionally Substituted Organotin Compounds, Tin Research Institute, Greenford 1958, S. 1/128).

[11] G. J. M. van der Kerk, J. G. A. Luijten, J. G. Noltes (Chem. Ind. [London] **1956** 352). — [12] G. J. M. van der Kerk, J. G. Noltes, J. G. A. Luijten (J. Appl. Chem. **7** [1957] 356/65). — [13]

A. J. Leusink, J. G. Noltes (Tetrahedron Letters **1966** 335/40). — [14] M. Pereyre, G. Colin, J. Valade (Bull. Soc. Chim. France **1968** 3358/9). — [15] W. P. Neumann, H. Niermann, R. Sommer (Liebigs Ann. Chem. **659** [1962] 27/39).

[16] Z. M. Rzaev, S. M. Mamedov, S. K. Kyazimov (Azerb. Khim. Zh. **1972** 85/7 nach C.A. **79** [1973] Nr. 53481). — [17] J. Tsurugi, M. Iida, R. Nakao, T. U. M. Fukumoto, N. Murata (Bull. Chem. Soc. Japan **44** [1971] 777/80). — [18] R. H. Fish (J. Organometal. Chem. **42** [1972] 345/51). — [19] S. Matsuda, S. Kikkawa, I. Omae (J. Organometal. Chem. **18** [1969] 95/104). — [20] S. Matsuda, S. Kikkawa, I. Omae (Kogyo Kagaku Zasshi **69** [1966] 646/9).

[21] I. Omae, S. Matsuda, S. Kikkawa (Kogyo Kagaku Zasshi **70** [1967] 1759/61). — [22] I. Omae, S. Matsuda, S. Kikkawa, R. Sato (Kogyo Kagaku Zasshi **70** [1967] 705/9). — [23] I. Omae, S. Onishi, S. Matsuda (Kogyo Kagaku Zasshi **70** [1967] 1755/8). — [24] M. Pereyre, J. Valade (Compt. Rend. **258** [1964] 4785/8). — [25] G. Weissenberger, Monsanto Co. (U.S.P. 3188331 [1961/65]; C.A. **63** [1965] 5676).

[26] E. M. Smolin (Tetrahedron Letters **1961** 143/5). — [27] E. M. Smolin, M. N. O'Connor, American Cyanamid Co. (U.S.P. 3074985 [1961/63]; C.A. **58** [1963] 12599). — [28] A. J. Leusink, H. A. Budding, J. W. Marsman (J. Organometal. Chem. **9** [1967] 285/94). — [29] J. P. Quintard, M. Pereyre (J. Organometal. Chem. **42** [1972] 75/93). — [30] M. A. Kazankova, N. P. Protsenko, I. F. Lutsenko (Zh. Obshch. Khim. **38** [1968] 106/8; J. Gen. Chem. USSR **38** [1968] 104/6).

[31] A. J. Leusink, J. W. Marsman, H. A. Budding (Rec. Trav. Chim. **84** [1965] 689/703). — [32] A. J. Leusink, J. W. Marsman (Rec. Trav. Chim. **84** [1965] 1123/8). — [33] A. N. Nesmeyanov, A. E. Borisov (Dokl. Akad. Nauk SSSR **174** [1967] 96/9; Dokl. Chem. Proc. Acad. Sci. USSR **172/177** [1967] 424/7). — [34] A. N. Nesmeyanov, A. E. Borisov, N. V. Novikova (Izv. Akad. Nauk SSSR Ser. Khim. **1969** 2028/9; Bull. Acad. Sci. USSR Div. Chem. Sci. **1969** 1873/5). — [35] A. N. Nesmeyanov, A. E. Borisov, N. V. Novikova (Izv. Akad. Nauk SSSR Ser. Khim. **1972** 1372/5; Bull. Acad. Sci. USSR Div. Chem. Sci. **1972** 1321/3).

[36] W. R. Cullen, G. E. Styan (J. Organometal. Chem. **6** [1966] 117/25). — [37] T. Kawamura, J. K. Kochi (J. Organometal. Chem. **30** [1971] C8/C12). — [38] W. P. Neumann, R. Sommer (Angew. Chem. **76** [1964] 52/3). — [39] W. P. Neumann, R. Sommer (Liebigs Ann. Chem. **701** [1967] 28/39). — [40] A. N. Nesmeyanov, A. E. Borisov, G. N. Shvedova (Izv. Akad. Nauk SSSR Ser. Khim. **1970** 1445; Bull. Acad. Sci. USSR Div. Chem. Sci. **1970** 1371).

[41] W. P. Neumann, E. Heymann (Liebigs Ann. Chem. **683** [1965] 11/23). — [42] A. J. Leusink, H. A. Budding, J. W. Marsman (J. Organometal. Chem. **13** [1968] 155/62). — [43] G. L. Grady, J. R. Saucier, W. J. Foley, D. J. O'Hern, W. J. Weidman (J. Organometal. Chem. **35** [1972] 307/13). — [44] A. J. Leusink, H. A. Budding, W. Drenth (J. Organometal. Chem. **13** [1968] 163/8). — [45] R. Calas, J. Valade, J. C. Pommier (Compt. Rend. **255** [1962] 1450/2).

[46] J. Y. Godet, M. Pereyre (Compt. Rend. C **273** [1971] 1183/5). — [47] J. Y. Godet, M. Pereyre (J. Organometal. Chem. **40** [1972] C23/C26). — [48] J. C. Pommier, J. Valade (Bull. Soc. Chim. France **1965** 975/80). — [49] M. A. Kazankova, T. I. Zverkova, A. I. Lutsenko, I. F. Lutsenko (Zh. Obshch. Khim. **44** [1974] 229/30; J. Gen. Chem. USSR **44** [1974] 225). — [50] M. Pereyre, J. Valade (Bull. Soc. Chim. France **1967** 1928/36).

[51] M. Pereyre, J. Valade (Compt. Rend. **260** [1965] 581/4). — [52] A. J. Leusink, J. G. Noltes (Tetrahedron Letters **1966** 2221/5). — [53] W. P. Neumann, R. Sommer, E. Müller (Angew. Chem. **78** [1966] 545/7). — [54] E. Müller, R. Sommer, W. P. Neumann (Liebigs Ann. Chem. **718** [1968] 1/10). — [55] R. Sommer, E. Müller, W. P. Neumann (Liebigs Ann. Chem. **721** [1969] 1/13).

[56] W. P. Neumann, K. Rübsamen, R. Sommer (Chem. Ber. **100** [1967] 1063/72). — [57] J. G. Noltes, M. J. Janssen (J. Organometal. Chem. **1** [1964] 346/55). — [58] G. P. Balabanov, Yu. I. Dergunov, Yu. I. Mushkin, N. I. Mysin (Zh. Obshch. Khim. **42** [1972] 627/31; J. Gen. Chem. USSR **42** [1972] 623/6). — [59] A. J. Leusink, H. A. Budding, J. G. Noltes (Rec. Trav. Chim. **85** [1966] 151/8). — [60] W. P. Neumann, E. Heymann (Liebigs Ann. Chem. **683** [1965] 24/9).

[61] A. J. Leusink, J. G. Noltes (Rec. Trav. Chim. **84** [1965] 585/9).

Reduction of Alkyl and Aryl Halides

1.2.1.1.5.4.2 Reduktion von Alkyl- und Arylhalogeniden

Tributylzinnhydrid ist ein wichtiges Reduktionsmittel für Alkylhalogenide. Dabei werden Alkyljodide leichter als Alkylbromide, Alkylbromide leichter als Alkylchloride und diese leichter als Alkylfluoride zu den entsprechenden Alkanen reduziert. Die Reduktion unter gleichzeitiger Bildung von Tributylzinnhalogeniden ist vor der Addition an die olefinische Doppelbindung bevorzugt. Ebenso erfolgt mit α-Halogenketonen eine selektive Reduktion zu dem halogenfreien Keton. Durch Azoisobuttersäuredinitril wird die Reduktion beschleunigt, was auf einen radikalischen Mechanismus schließen läßt. So reduziert $(C_4H_9)_3SnH$ in Toluol bei 80°C beispielsweise Benzylchlorid und Cyclohexylchlorid zu 100 bzw. 70% in Gegenwart von AIBN, dagegen nur zu 26 bzw. 1% ohne den Katalysator [1, 2]. Bei dem angenommenen radikalischen Mechanismus [1, 3, 4, 5] initiiert ein Radikal die Reaktion durch Ablösung des hydridischen Wasserstoffatoms von $(C_4H_9)_3SnH$ unter Bildung eines $(C_4H_9)_3Sn$-Radikals, das seinerseits mit dem Alkylhalogenid unter Bildung von Tributylzinnhalogenid und Alkyl-Radikal reagiert. Die Tatsache, daß Hydrochinon die Reduktion hemmt, spricht für diesen Mechanismus [5]. Propargylbromid [5] und zehn verschiedene Propargylchloride RC≡CCClR′R″ [6] bilden bei der Reduktion mit $(C_4H_9)_3SnH$ neben dem Tributylzinnhalogenid eine Mischung aus den entsprechenden Acetylenderivaten RC≡CCHR′R″ und Allenen RHC=C=CR′R″. Das spricht für die Bildung eines Propargyl-Radikals RC≡CCR′R″↔RC=C=CR′R″ als Zwischenstufe. — Norbornenylhalogenide und Tricycloheptylhalogenide werden von $(C_4H_9)_3SnH$ unter Bildung der gleichen Mischung aus Norbornen und Tricycloheptan reduziert, was auch für einen radikalischen Mechanismus spricht [7, 8]. Beim Einsatz des Chlorides wird das gleiche Resultat gefunden wie beim Einsatz des Bromides. Auch eine Zugabe von Azoisobuttersäuredinitril hat keinen Einfluß auf die Art und Menge der Reaktionsprodukte, ebenso eine Erhöhung der Temperatur. Das bedeutet, daß das im ersten Schritt gebildete Radikal schneller äquilibriert als es in der Lage ist, von $(C_4H_9)_3SnH$ den Wasserstoff abzuspalten. Weitere Untersuchungen im Zusammenhang mit dem Mechanismus dieser Reduktionen an Norbornylhalogeniden [9] und an verschiedenen anderen gesättigten und ungesättigten cyclischen Halogeniden [7, 10, 11, 12] s. in den angegebenen Originalen.

Der Verlauf der beschriebenen Reduktionsreaktionen über einen Radikalketten-Mechanismus wird auch durch die Tatsache gestützt, daß bei der Reduktion von *trans*- oder *cis*-9-Chlordekalin mit $(C_4H_9)_3SnH$ die gleiche Mischung von *trans*- und *cis*-Dekalin mit einem Übergewicht an *trans*-Derivat gebildet wird [16]. Die Kinetik dieser Reaktionen wurde speziell an *tert*-Butylhalogeniden studiert [17, 18, 19]. Bei der Reduktion von Alkylchloriden ist die Reaktion des Tributylzinn-Radikals mit dem Alkylchlorid der geschwindigkeitsbestimmende Schritt, bei der Reduktion von Alkylbromiden und Methyljodid ist es dagegen die Umsetzung des gebildeten Alkyl-Radikals mit $(C_4H_9)_3SnH$ unter Bildung von Alkan und Tributylzinn-Radikal. Die Geschwindigkeitskonstante für die H-Abspaltung aus $(C_4H_9)_3SnH$ durch Alkyl-Radikale beträgt etwa 10^6 $mol^{-1} \cdot s^{-1}$ [18]. Die Reaktion von *tert*-C_4H_9Cl und *tert*-C_4H_9Br mit $(C_4H_9)_3SnH$ in Cyclohexan bei 25°C in Gegenwart von α,α′-Azobis(cyclohexylnitril) und unter UV-Bestrahlung wurde durch Messung der Wärmeentwicklung während der Reaktion untersucht. Folgende Geschwindigkeitskonstanten wurden bestimmt: *tert*-$C_4H_9\cdot + (C_4H_9)_3SnH$: 3×10^5 $mol^{-1} \cdot s^{-1}$, $(C_4H_9)_3Sn\cdot +$ *tert*-C_4H_9Cl: 1.5×10^4 $mol^{-1} \cdot s^{-1}$, *tert*-$C_4H_9\cdot +$ *tert*-$C_4H_9\cdot$: 2×10^9 $mol^{-1} \cdot s^{-1}$, $(C_4H_9)_3Sn\cdot + (C_4H_9)_3Sn\cdot$: 1.5×10^9 $mol^{-1} \cdot s^{-1}$, *tert*-$C_4H_9\cdot + (C_4H_9)_3Sn\cdot$: 2×10^9 $mol^{-1} \cdot s^{-1}$ [17].

Die Reaktion von Alkylhalogeniden mit $(C_4H_9)_3SnH$ eröffnet einen Weg zur Darstellung einer großen Anzahl von Radikalen. Die Reduktion von $C_6H_5C(CH_3)_2CH_2Cl$ mit $(C_4H_9)_3SnH$ in Gegenwart von Azoisobuttersäuredinitril bei 80°C führt zur Bildung von $C_6H_5C(CH_3)_3$ als einzigem Produkt. In diesem Fall entreißt das Neophyl-Radikal dem $(C_4H_9)_3SnH$ den Wasserstoff schneller als es zum 2-Methyl-1-phenyl-propyl-Radikal umlagern kann [1]. In einigen Fällen tritt auch Cyclisierung des Radikals ein. So entsteht bei der Reaktion von $(C_4H_9)_3SnH$ mit $C_6H_5CO(CH_2)_3Cl$ neben 20% $C_6H_5COC_3H_7$ in 80%iger Ausbeute das Cyclisierungsprodukt 2-Phenyltetrahydrofuran [5]. Verschiedene Alkylbromide, die eine 5,6-Doppelbindung enthalten, werden von $(C_4H_9)_3SnH$ nicht nur unter Bildung des Alkens, sondern vor allem unter Bildung eines fünfgliedrigen Ringes reduziert [20, 21, 22]. Teilweise entstehen als Nebenprodukt auch sechsgliedrige Ringe, wenn am C_1-Atom oder am C_5-Atom Methylgruppen gebunden sind [21, 22]. Bei der Reduktion von 4-(1-Cyclohexenyl)butylbromid werden neben 1-Cyclohexenylbutan die Cyclisierungsprodukte I, II und III [23], bei der Reduktion von 2-(3-Cyclopentenyl)äthylbromid wird neben 3-Cyclopentenyl-äthan auch Norbornan erhalten [24].

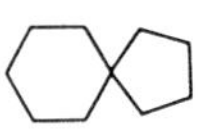

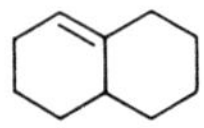

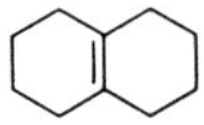

I II III

$(C_4H_9)_3SnH$ eignet sich vorzüglich zur stufenweisen Reduktion von Perhalogeniden und geminalen Dihalogeniden. CCl_4 wird so zu $CHCl_3$, CH_2Cl_2 und CH_3Cl hydriert [25, 26]. In gleicher Weise entsteht aus $C_6H_5CCl_3$ schrittweise $C_6H_5CHCl_2$, $C_6H_5CH_2Cl$ und schließlich $C_6H_5CH_3$ [1], aus $CHCl_3$ in exothermer Reaktion CH_2Cl_2 und CH_3Cl [26]. Die partielle Reduktion von $CHBr_3$ zu CH_2Br_2 [25], von CBr_3F zu $CHBr_2F$ [25], von $C_6H_5C(CH_3)_2CHBrCl$ zu $C_6H_5C(CH_3)_2CH_2Cl$ [27], von $R_3MCHBrX$ zu R_3MCH_2X (X = Cl, Br; M = Si, Ge) [28], von $(CH_3)_3SnCX_3$ zu $(CH_3)_3SnCHX_2$, $(CH_3)_3SnCH_2X$ und $(CH_3)_4Sn$ (X = Cl, Br) [29] ist ebenfalls mit Hilfe von $(C_4H_9)_3SnH$ möglich. $(C_4H_9)_3SnH$ reduziert die C-Br-Bindung in $C_6H_5HgCBrCl_2$ [30, 31], $C_6H_5HgCBr_2Cl$ und $C_6H_5HgCBr_3$ [30] unter Bildung von $C_6H_5HgCHCl_2$, $C_6H_5HgCHBrCl$ bzw. $C_6H_5HgCHBr_2$. — Geminale Dihalogencyclopropane werden durch $(C_4H_9)_3SnH$ zu den Monohalogeniden reduziert [32 bis 36]. Die Reduktion von 7,7-Dihalogenbicyclo[4.1.0]heptanen ergibt eine Mischung aus *cis*- und *trans*-Monohalogeniden, in der die *cis*-Isomeren dominieren [25]. Aus dem Ausbeuteverhältnis wird auf sterische Einflüsse während der Reduktion geschlossen. Aus sterischen Gründen sollte das $(C_4H_9)_3Sn$-Radikal die exponiertere Kohlenstoff-Halogen-Bindung spalten. Aber offensichtlich ist es für das voluminöse $(C_4H_9)_3SnH$ einfacher, das Wasserstoffatom auf die weniger behinderte Seite des als Zwischenstufe gebildeten Cyclopropyl-Radikals zu bringen, und somit auf die Seite der Cyclopropyl-Wasserstoffe. Eine gleiche Erklärung wird für den überraschenden Verlauf der Reduktion von 1,1-Dijod-2,3-*cis*-dimethylcyclopropan zu 1-Jod-*trans,trans*-2,3-Dimethylcyclopropan und 1-Jod-*cis,cis*-2,3-dimethylcyclopropan gegeben [37]. Auf diese Weise war die Synthese von Monofluorcyclopropanen durch Reduktion von 1-Chlor-1-fluorcyclopropanen mit $(C_4H_9)_3SnH$ erstmals möglich [38]. Bei der Reduktion von geminalen Halogenfluorcyclopropanen mit $(C_4H_9)_3SnH$ wurde stereospezifischer Ablauf beobachtet. Aus verschiedenen Überlegungen heraus wird eine Komplexbildung zwischen Fluor und der Organozinnverbindung vermutet, die die Inversion verhindert [39, 40, 41]. Weitere Beispiele der Monoreduktion von geminalen Dihalogencyclopropanen und entsprechenden Verbindungen s. bei [42 bis 46]. Auch 2,2-Dibromalkylidencyclopropane können stufenweise zu den Monobromiden und den Kohlenwasserstoffen mit Hilfe von $(C_4H_9)_3SnH$ reduziert werden [43, 47]. Die Reaktion von Tetrachlorcyclopropen mit $(C_4H_9)_3SnH$ wird zur Darstellung von 3,3-Dichlorcyclopropen [48] und 3-Chlorcyclopropen eingesetzt [49]. — Vicinale Dibromide, beispielsweise 1,2-Dibrompropan oder *meso*-Stilbendibromid, bilden bei der Reduktion Olefine neben H_2 und $(C_4H_9)_3SnBr$ [1 bis 4].

$(C_4H_9)_3SnD$ wird zur Überführung von Alkylhalogeniden in die entsprechenden Deuteride angewandt [50]. So entsteht beispielsweise bei der Reduktion von *syn*- oder *anti*-7-Bromnorbornen mit $(C_4H_9)_3SnD$ *anti*-7-Deuterionorbornen, vermutlich über den Weg eines nichtklassischen freien Radikals [13]. Das Auftreten eines nichtklassischen freien Radikals in dieser und in entsprechenden Reaktionen wird jedoch andererseits in Zweifel gezogen [14, 15]. Analog entstehen 9-Deuteriodekalin aus 9-Chlordekalin [16], $(CH_3)_2CDCH_2Cl$ aus $(CH_3)_2CClCH_2Cl$ [51] und $CH_3CDClC_2H_5$ aus $CH_3CCl_2C_2H_5$ [52].

Außer den oben beschriebenen Reaktionen sind weitere Beispiele von Reaktionen eines Alkyl- oder Arylhalogenids mit $(C_4H_9)_3SnH$ unter Bildung der angegebenen Reaktionsprodukte bei gleichzeitiger Bildung von Tributylzinnhalogenid in der folgenden Tabelle aufgeführt:

Halogenid	Reaktionsprodukte	Lit.
Halogenalkane	Alkane	[53]
$CH_3CH{=}CBrCH_3$	$CH_3CH{=}CHCH_3$	[54]
Dibromalkane	Alkane	[55]
Aryldibromalkane	Arylalkane	[55]
$CH_2JCH_2CH_2J$	C_3H_7J, C_3H_8, *cyclo*-C_3H_6	[55]
$CH_2{=}CH(CH_2)_nCH_2Br$	$CH_2{=}CH(CH_2)_nCH_3$	[56]

Halogenid	Reaktionsprodukte	Lit.
$CH_2=CHCH(CH_3)CH(OH)CCl_3$	$CH_2=CHCH(CH_3)CH(OH)CH_3$	[57]
$(C_6H_5)_3CCH_2Cl$	$(C_6H_5)_3CCH_3$, $(C_6H_5)_2CHCH_2C_6H_5$	[58]
$(C_6H_5)_3CCl$	$(C_6H_5)_3CH$	[59]
$C_6H_5CH_2CH_2Br$	$C_6H_5C_2H_5$	[59]
$C_6H_5(CH_3)_2Si(CH_2)_3Cl$	$C_6H_5(CH_3)_2SiC_3H_7$, $(CH_3)_2SiH(CH_2)_3C_6H_5$	[60, 61]
$C_6H_5(CH_3)_2Si(CH_2)_4Cl$	$C_6H_5(CH_3)_2SiC_4H_9$, $(CH_3)_2SiH(CH_2)_4C_6H_5$	[60, 61]
$C_6H_5(CH_3)_2Ge(CH_2)_4Cl$	$C_6H_5(CH_3)_2GeC_4H_9$, $(CH_3)_2GeH(CH_2)_4C_6H_5$	[62]
$C_3H_7C(CH_3)(OCH_3)CH_2Br$	$C_3H_7C(CH_3)(OCH_3)CH_3$	[63]
$C_6H_{13}CH(OCH_3)CH_2Br$	$C_6H_{13}CH(OCH_3)CH_3$	[63]
$C_3H_7C(CH_3)(O\text{-}tert\text{-}C_4H_9)CH_2Br$	$C_3H_7C(CH_3)(O\text{-}tert\text{-}C_4H_9)CH_3$	[63]
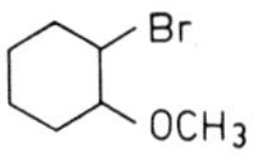 Br, OCH_3	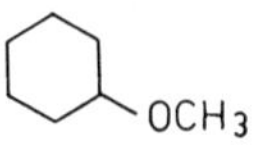 OCH_3	[63]
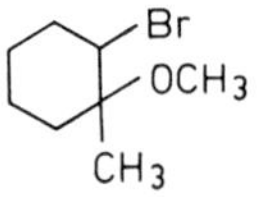 Br, OCH_3, CH_3	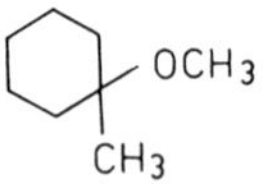 OCH_3, CH_3	[63]
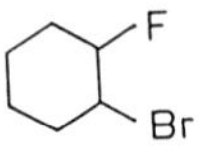 F, Br	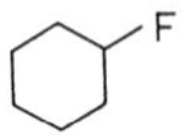 F	[64]
$RR'C(CH_2Br)COOC(CH_3)_3$ R und R' = H, CH_3	$RR'C—CH_2$ (O), $RR'C(CH_3)COOC(CH_3)_3$	[65, 66]
$(CH_3)_2C(CH_2Br)OOCC_6H_5$	$(CH_3)_3COOCC_6H_5$, $(CH_3)_2CHCH_2OOCC_6H_5$	[66]
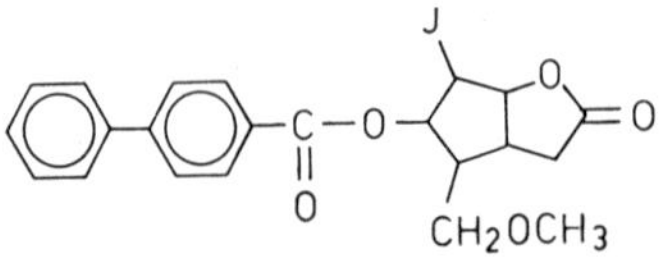 J, C(=O)–O, O, =O, CH_2OCH_3	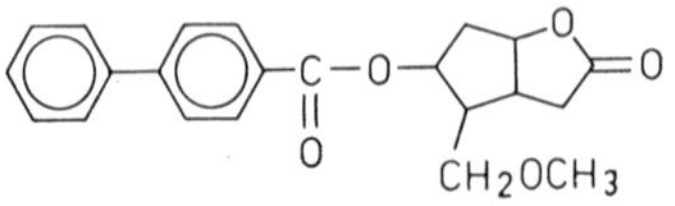 C(=O)–O, O, =O, CH_2OCH_3	[67]
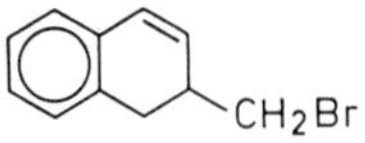 CH_2Br	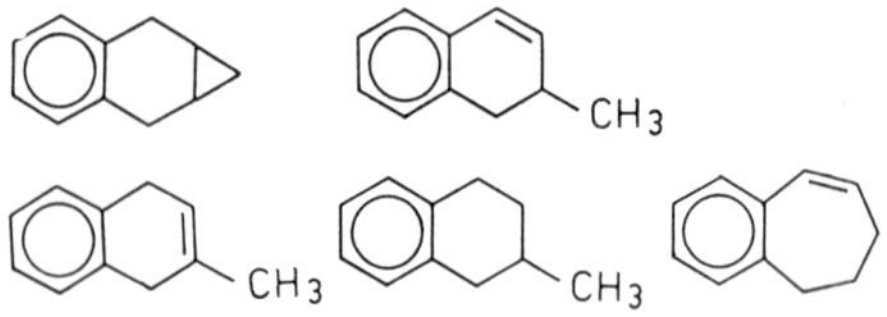 CH_3; CH_3; CH_3	[68]
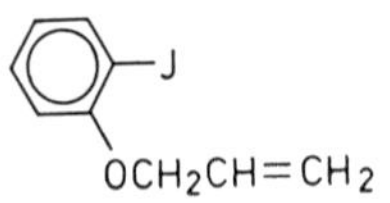 J, $OCH_2CH=CH_2$	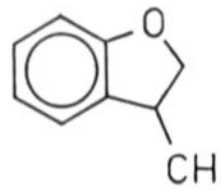 O, CH_3	[69]
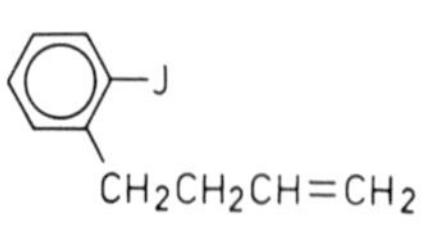 J, $CH_2CH_2CH=CH_2$	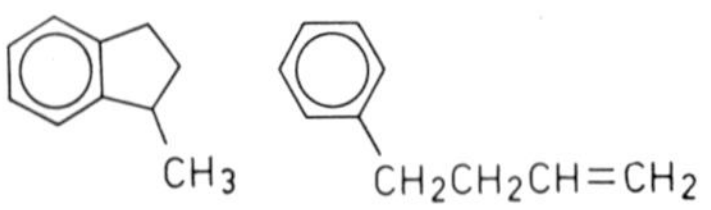 CH_3; $CH_2CH_2CH=CH_2$	[69]

Halogenid	Reaktionsprodukte	Lit.
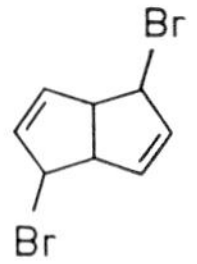	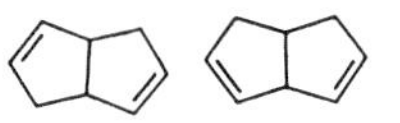	[70]
	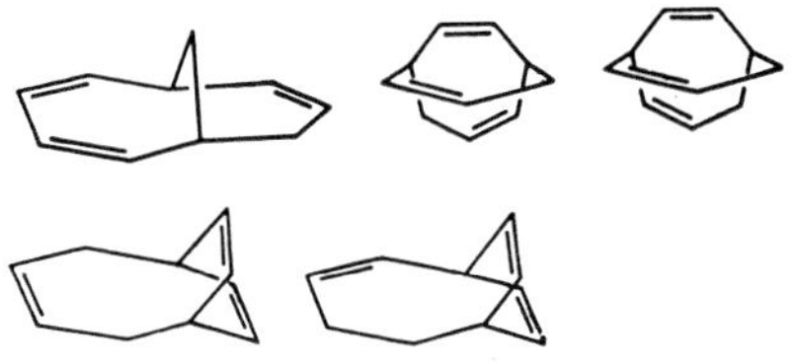	[71]
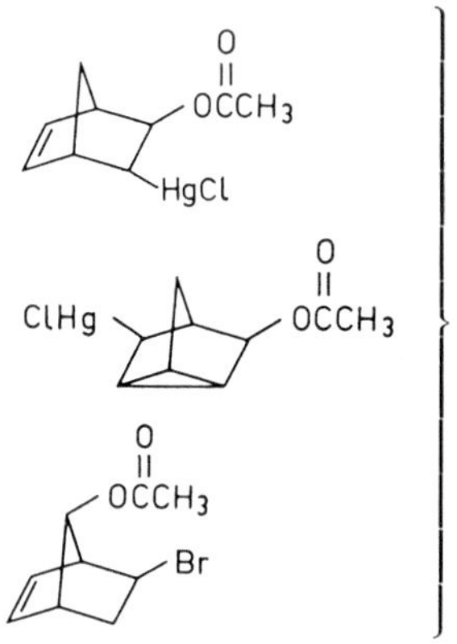	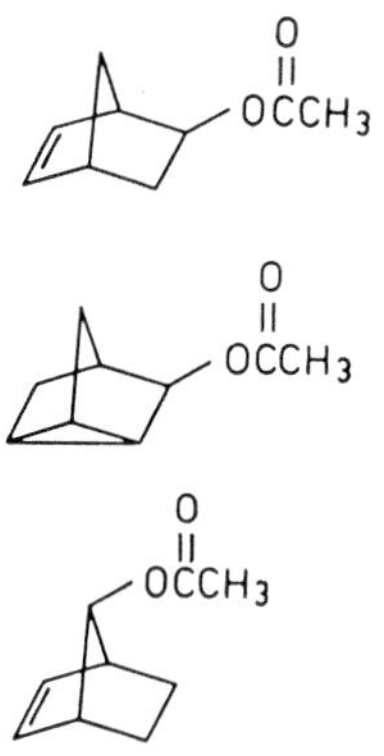	[72, 73]
Halogensubstituierte Steroide	Steroide	[74 bis 77]
Chlordesoxyzucker	Desoxyzucker	[78]
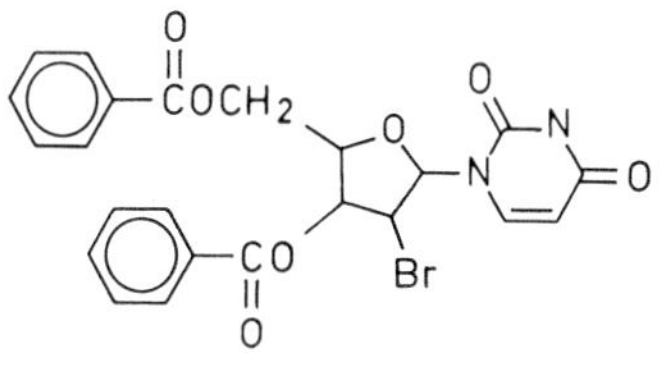	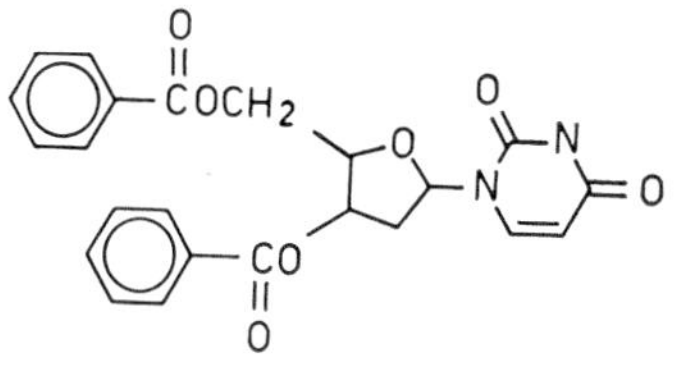	[79]

Literatur:

[1] H. G. Kuivila, L. W. Menapace (J. Org. Chem. **28** [1963] 2165/7). — [2] H. G. Kuivila, L. W. Menapace, C. R. Warner (J. Am. Chem. Soc. **84** [1962] 3584/6). — [3] P. M. Digiacomo (Diss. State Univ. New York, Albany, 1971, 140 S.; Diss. Abstr. Intern. B **32** [1971] 2066). — [4] R. J. Strunk, P. M. Digiacomo, K. Aso, H. G. Kuivila (J. Am. Chem. Soc. **92** [1970] 2849/56). — [5] L. W. Menapace, H. G. Kuivila (J. Am. Chem. Soc. **86** [1964] 3047/51).

[6] R. M. Fantazier, M. L. Poutsma (J. Am. Chem. Soc. **90** [1968] 5490/8). — [7] C. R. Warner, R. J. Strunk, H. G. Kuivila (J. Org. Chem. **31** [1966] 3381/4). — [8] T. A. Halgren, J. L. Firkins, T. A. Fujimoto, H. H. Suzukawa, J. D. Roberts (Proc. Natl. Acad. Sci. U.S. **68** [1971] 3216/8). — [9] J. S. Filippo, G. M. Anderson (J. Org. Chem. **39** [1974] 473/7). — [10] E. C. Friedrich, R. L. Holmstaed (J. Org. Chem. **36** [1971] 971/5).

[11] H. Yamanaka, T. Shimamura, K. Termura, T. Ando (Chem. Letters **1972** 921/2). — [12] E. C. Friedrich, R. L. Holmstaed (J. Org. Chem. **37** [1972] 2550/4). — [13] J. Warkentin, E. Sanford

(J. Am. Chem. Soc. **90** [1968] 1667/8). — [14] S. J. Cristol, A. L. Noreen (J. Am. Chem. Soc. **91** [1969] 3969/70). — [15] G. A. Russell, G. W. Holland (J. Am. Chem. Soc. **91** [1969] 3968/9).

[16] F. D. Greene, H. N. Lowry (J. Org. Chem. **32** [1967] 882/5). — [17] D. J. Carlsson, K. U. Ingold (J. Am. Chem. Soc. **90** [1968] 1055/6). — [18] D. J. Carlsson, K. U. Ingold (J. Am. Chem. Soc. **90** [1968] 7047/55). — [19] K. U. Ingold (Am. Chem. Soc. Div. Petrol. Chem. Preprints **13** [1968] C16/C29). — [20] C. Walling, J. H. Cooley, A. A. Ponaras, E. J. Racah (J. Am. Chem. Soc. **88** [1966] 5361/3).

[21] C. Walling, A. Cioffari (J. Am. Chem. Soc. **94** [1972] 6059/64). — [22] C. Walling, A. Cioffari (J. Am. Chem. Soc. **94** [1972] 6064/9). — [23] D. L. Struble, A. L. J. Beckwith, G. E. Gream (Tetrahedron Letters **1968** 3701/4). — [24] J. W. Wilt, S. N. Massie, R. B. Dabek (J. Org. Chem. **35** [1970] 2803/6). — [25] D. Seyferth, H. Yamazaki, D. L. Alleston (J. Org. Chem. **28** [1963] 703/6).

[26] H. Kriegsmann, K. Ulbricht (Z. Chem. [Leipzig] **3** [1963] 67). — [27] D. Seyferth, S. P. Hopper, T. F. Jula (J. Organometal. Chem. **17** [1969] 193/200). — [28] D. Seyferth, S. P. Hopper (J. Organometal. Chem. **23** [1970] 99/104). — [29] A. G. Davies, T. N. Mitchell (J. Chem. Soc. C **1969** 1896/901). — [30] D. Seyferth, J. M. Burlitch, H. Dertouzos, H. D. Simmons (J. Organometal. Chem. **7** [1967] 405/13).

[31] D. Seyferth, H. D. Simmons, L. J. Todd (J. Organometal. Chem. **2** [1964] 282/4). — [32] D. Seyferth, H. M. Shih, P. Mazerolles, M. Lesbre, M. Joanny (J. Organometal. Chem. **29** [1971] 371/83). — [33] E. Rosenberg, J. J. Zuckerman (J. Organometal. Chem. **33** [1971] 321/36). — [34] D. Seyferth, S. P. Hopper (J. Organometal. Chem. **51** [1973] 77/87). — [35] J. Hatem, B. Waegell (Tetrahedron Letters **1973** 2019/22).

[36] C. Descoins, M. Julia, H. van Sang (Bull. Soc. Chim. France **1971** 4087/93). — [37] J. P. Oliver, U. V. Rao (J. Org. Chem. **31** [1966] 2696/9). — [38] J. P. Oliver, U. V. Rao, M. T. Emerson (Tetrahedron Letters **1964** 3419/25). — [39] T. Ando, F. Namigate, H. Yamanaka, W. Funasaka (J. Am. Chem. Soc. **89** [1967] 5719/21). — [40] T. Ando, H. Yamanaka, F. Namigata, W. Fusanaka (J. Org. Chem. **35** [1970] 33/8).

[41] T. Ando, H. Yamanaka, W. Funasaka (Tetrahedron Letters **1967** 2587/90). — [42] J. Meinwald, J. W. Wheeler, A. A. Nimetz, J. S. Liu (J. Org. Chem. **30** [1965] 1038/46). — [43] W. Rahman, H. G. Kuivila (J. Org. Chem. **31** [1966] 772/6). — [44] E. Vogel, W. Grimme, S. Korte (Tetrahedron Letters **1965** 3625/31). — [45] T. Ando, K. Wakabayashi, H. Yamanaka, W. Funasaka (Bull. Chem. Soc. Japan **45** [1972] 1576/8).

[46] D. Seyferth, E. M. Hanson (J. Organometal. Chem. **27** [1971] 19/31). — [47] G. Leandri, H. Monti, M. Bertrand (Tetrahedron **30** [1974] 283/7). — [48] R. Breslow, G. Ryan (J. Am. Chem. Soc. **89** [1967] 3073). — [49] R. Breslow, J. T. Groves, G. Ryan (J. Am. Chem. Soc. **89** [1967] 5048). — [50] M. Wahren, P. Hädge, H. Hübner, M. Mühlstädt (Isotopenpraxis **1** [1965] 65/8).

[51] J. C. Pommier, D. Chevolleau (J. Organometal. Chem. **74** [1974] 405/16). — [52] D. Seyferth, Y. M. Cheng, D. D. Traficante (J. Organometal. Chem. **46** [1972] 9/19). — [53] G. L. Grady, H. G. Kuivila (J. Org. Chem. **34** [1969] 2014/6). — [54] G. M. Whitesides, C. P. Casey, J. K. Krieger (J. Am. Chem. Soc. **93** [1971] 1379/89). — [55] K. J. Shea, P. S. Skell (J. Am. Chem. Soc. **95** [1973] 6728/34).

[56] A. L. J. Beckwith, G. Moad (J. Chem. Soc. Chem. Commun. **1974** 472/3). — [57] C. Servens, M. Pereyre (J. Organometal. Chem. **35** [1972] C20/C22). — [58] M. L. Poutsma, P. A. Ibarbia (Tetrahedron Letters **1972** 3309/12). — [59] H. G. Kuivila, O. F. Beumel, Research Corp. (U.S.P. 2997485 [1958]; C.A. **57** [1962] 866). — [60] J. W. Wilt, C. F. Dockus (J. Am. Chem. Soc. **92** [1970] 5813/4).

[61] J. W. Wilt, W. K. Chwang (J. Am. Chem. Soc. **96** [1974] 6194/5). — [62] H. Sakurai, I. Nozue, A. Hosomi (J. Organometal. Chem. **80** [1974] 71/8). — [63] G. L. Grady, S. K. Chokshi (Synthesis **1972** 483/4). — [64] G. L. Grady (Synthesis **1971** 255). — [65] A. J. Bloodworth, A. G. Davies, I. M. Griffin, B. Muggleton, B. P. Roberts (J. Am. Chem. Soc. **96** [1974] 7599/601).

[66] A. L. J. Beckwith, C. B. Thomas (J. Chem. Soc. Perkin Trans. II **1973** 861/72). — [67] C. Gandolfi, G. Doria, P. Gaio (Tetrahedron Letters **1972** 2063/5). — [68] E. C. Friedrich, R. L. Holmstaed (J. Org. Chem. **37** [1972] 2546/50). — [69] A. L. J. Beckwith, W. B. Gara (J. Am. Chem. Soc. **91** [1969] 5691/2). — [70] L. A. Paquette, G. H. Birnberg, J. Clardy, B. Parkinson (J. Chem. Soc. Chem. Commun. **1973** 129/30).

[71] H. P. Löffler (Chem. Ber. **104** [1971] 1981/6). — [72] V. M. A. Chambers, W. R. Jackson, G. W. Young (Chem. Commun. **1970** 1275/6). — [73] V. M. A. Chambers, W. R. Jackson, G. W. Young (J. Chem. Soc. C **1971** 2075/9). — [74] S. Julia, R. Lorne (Compt. Rend. C **273** [1971] 174/7). — [75] R. Loven, W. N. Speckamp (Tetrahedron Letters **1972** 1567/70).

[76] S. Rozen, I. Shahak, E. D. Bergmann (Israel J. Chem. **11** [1973] 825/33). — [77] H. Laurent, R. Wiechert, Schering A.-G. (Deut. Offenlegungsschrift 2320099 [1973/74]; C.A. **82** [1975] Nr. 43657). — [78] H. Arita, N. Ueda, Y. Matshushima (Bull. Chem. Soc. Japan **45** [1972] 567/9). — [79] S. David, C. Auge (Carbohyd. Res. **28** [1973] 125/8).

1.2.1.1.5.4.3 Reduktion von Säurehalogeniden

Reduction of Acid Halides

$(C_4H_9)_3SnH$ reagiert mit Säurechloriden oder Säurebromiden unter Bildung einer Mischung aus Aldehyden und Estern gemeinsam mit dem jeweiligen Tributylzinnhalogenid. Der Mechanismus und die Anwendbarkeit dieser Reaktion wurde eingehend studiert [1, 2]. Die relative Ausbeute an Ester und Aldehyd hängt stark von der Struktur des Säurehalogenids ab; sie wird auch vom Lösungsmittel beeinflußt. So erhält man aus C_2H_5COCl ohne Einsatz eines Lösungsmittels keinerlei Aldehyd, aber $C_2H_5COOCH_2C_2H_5$ in 87%iger Ausbeute. In 2,3-Dimethylbutan entstehen dagegen 75% C_2H_5CHO neben 25% $C_2H_5COOCH_2C_2H_5$. In Methylacetat steigt dieses Verhältnis auf 90:10, während es sich in $(C_4H_9)_3SnCl$ in 27:73 umkehrt. Bei der Reduktion von C_2H_5COBr liegt das Ausbeuteverhältnis Aldehyd:Ester ohne Lösungsmittel bei 79:21, in 2,3-Dimethylbutan bei 60:40. Sterische Faktoren spielen dabei auch eine Rolle. Voluminöse Alkylgruppen steigern die Ausbeute an Aldehyden [1, 2, 3]. Die Tatsache, daß Azoisobuttersäuredinitril die Reduktion von C_2H_5OCOCl mit $(C_4H_9)_3SnH$ katalysiert, stützt auch hier den vorgeschlagenen radikalischen Reaktionsmechanismus [1]. Bei der entsprechenden Reduktion von $(C_6H_5)_3CCOCl$ bei 100°C in Xylol entstehen CO, $(C_6H_5)_3CH$ und $(C_6H_5)_3CCHO$, bei der Reduktion von $C_6H_5CH_2OCOCl$ wird Toluol gebildet. In beiden Fällen wird das CO durch Zerfall eines instabilen Acyl-Radikals in ein stabileres Triphenylmethyl- bzw. Benzyl-Radikal erzeugt [1, 2]. $(C_4H_9)_3SnH$ reduziert unter entsprechenden Bedingungen in Hexan als Lösungsmittel $C_6H_5CH_2OCOCl$ zu Toluol und $C_6H_5CH_2OCHO$, *cyclo*-$C_6H_{11}OCOCl$ zu *cyclo*-C_6H_{12} und *cyclo*-$C_6H_{11}OCHO$ [5], ferner $CH_2{=}CH(CH_2)_3COCl$ zu Cyclohexanon, $(CH_3)_2C{=}CHCH_2CH_2CH(CH_3)CH_2COCl$ zu $(CH_3)_2C{=}CHCH_2CH_2C(CH_3)_2$ und 2-Isopropyl-4-methylcyclohexanon [6] sowie verschiedene substituierte Furfurylchloride zu Furfurol [7].

Succinyldichlorid wird von $(C_4H_9)_3SnH$ unter Bildung von γ-Chlor-γ-butyrolacton reduziert. Das zweite Chloratom kann nicht durch Wasserstoff ersetzt werden. Aus Phthalyldichlorid entsteht entsprechend, aber jetzt unter Reduktion beider Chloratome, Phthalid, da hier die zweite Reduktion durch die intermediäre Bildung eines relativ stabilen benzylanalogen Radikals begünstigt wird [4].

Literatur:

[1] H. G. Kuivila, E. J. Walsh (J. Am. Chem. Soc. **88** [1966] 571/6). — [2] E. J. Walsh, H. G. Kuivila (J. Am. Chem. Soc. **88** [1966] 576/81). — [3] E. J. Walsh, R. L. Stoneberg, M. Yorke, H. G. Kuivila (J. Org. Chem. **34** [1969] 1156/7). — [4] H. G. Kuivila (J. Org. Chem. **25** [1960] 284/5). — [5] P. Beak, S. W. Moje (J. Org. Chem. **39** [1974] 1320/1).

[6] Z. Cekovic (Tetrahedron Letters **1972** 749/52). — [7] I. Stibor, H. Prochazkova, M. Janda, J. Srogl (Z. Chem. [Leipzig] **11** [1971] 17).

1.2.1.1.5.4.4 Reduktion von Aldehyden und Ketonen

Reduction of Aldehydes and Ketones

$(C_4H_9)_3SnH$ reduziert Aldehyde und Ketone unter schonenden Bedingungen zu Alkoholen. Für diese präparativ wichtige Reduktion werden in der Regel allerdings Diorganozinndihydride R_2SnH_2 eingesetzt (s. S. 108, 116). Da im Falle der Reduktion mit $(C_4H_9)_3SnH$ in sehr vielen Fällen die im Verlauf der Reaktion an der Carbonylgruppe als Zwischenstufe gebildeten Hydrostannierungsprodukte isoliert oder nachgewiesen wurden, sind diese Reaktionen unter 1.2.1.1.5.4.1 auf S. 46/51 aufgeführt.

Aldehyde RCHO und ihre deuterierten Derivate RCDO werden von $(C_4H_9)_3SnH$ unter UV-Bestrahlung reduziert zu Kohlenwasserstoffen RH bzw. RD und RH unter gleichzeitiger Bildung von Alkoholen RCH_2OH bzw. RCHDOH [1]. Aus C_6H_5CHO entsteht bei 140°C nach 15 h $Sn(C_4H_9)_4$

neben $C_6H_5CH_2OH$ [2]. Die Reduktion von CH_3COCH_3 liefert unter Bestrahlung $(CH_3)_2CHOH$ [3]. Der Mechanismus und die Stereochemie der durch Azoisobuttersäuredinitril katalysierten Reduktion von Ketonen RCOR′ mit $(C_4H_9)_3SnH$ wurde am Beispiel von 13 Ketonen ausführlich studiert. Es zeigte sich, daß die Stereoselektivität sowohl unter den Bedingungen für einen ionischen Reaktionsmechanismus als auch unter denen der radikalischen Reaktion in Gegenwart von AIBN gering ist. Die Stereochemie der Reaktionsprodukte wird nur wenig durch den Mechanismus der einleitenden Hydrostannierung beeinflußt [4]. Bei der Reduktion von Ketonen mit $(C_4H_9)_3SnD$ in Gegenwart von Ni oder Pt als Katalysator kann RR′CDOD isoliert werden [5].

Durch Vergleich der Geschwindigkeitskonstanten für die bimolekulare Reaktion der Abspaltung von Wasserstoff durch Benzophenon im Triplett-Zustand (nach Bestrahlung mit UV) aus $Sn(C_4H_9)_4$ und $(C_6H_9)_3SnH$ konnte ermittelt werden, daß die hohe Reaktivität von Tributylzinnhydrid auf die schwache Sn-H-Bindung zurückzuführen ist. Auch bei einer Anzahl weiterer aromatischer Ketone wurden als Photoreduktionsprodukte jeweils die entsprechenden Alkohole gefunden [6]. Untersuchungen der Reduktion unter Bestrahlung, unter Katalyse mit AIBN oder unter Normalbedingungen, wobei eine Carbonylverbindung mit $(C_4H_9)_3SnH$ unter Bildung der angegebenen Reaktionsprodukte neben meist $(C_4H_9)_3SnOH$ reagiert, sind in der folgenden Tabelle zusammengestellt:

Carbonylverbindung	Reaktionsprodukte	Lit.
◇–C(=O)R R = CH_3, C_6H_5	◇–CH(OH)R	[7]
◇=O	◇(OH)(H)	[8]
$(CH_3)_2$◇=O	$(CH_3)_2$◇(OH)(H)	[8]
⬠=O	⬠(OH)(H)	[8]
R–⬡=O	R–⬡(OH)(H)	[8, 9]
$CH_3COC_6H_5$	$CH_3CH(OH)C_6H_5$	[6]
C_6H_5–CH=CHC(=O)–C_6H_5	C_6H_5–CH_2CH_2C(=O)–C_6H_5 C_6H_5–$CHCH_2C$(=O)–C_6H_5 | C_6H_5–$CHCH_2C$(=O)–C_6H_5	[6]
$(C_6H_5)_2CO$	$(C_6H_5)_2C(OH)C(OH)(C_6H_5)_2$	[6]

Carbonylverbindung	Reaktionsprodukte	Lit.
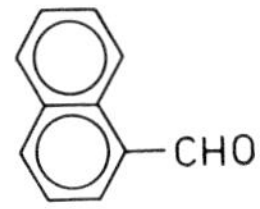 CHO	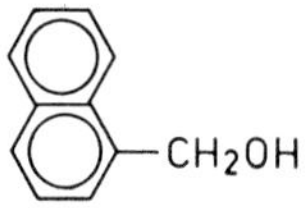 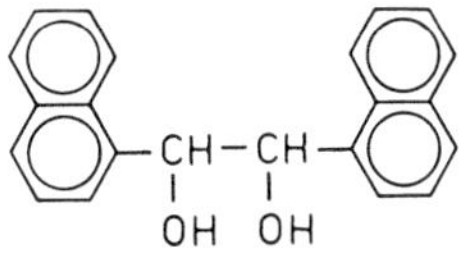 CH_2OH $CH-CH$ OH OH	[6, 10]
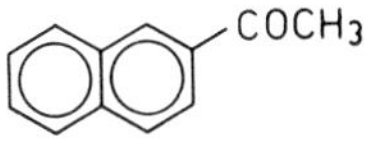 $COCH_3$	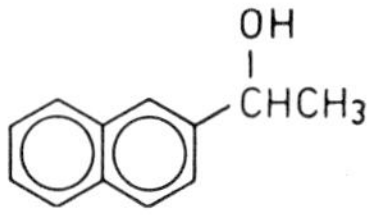 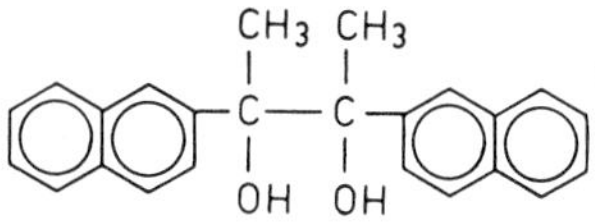 OH $CHCH_3$ CH_3 CH_3 C—C [1)] OH OH	[6,10,11,12]
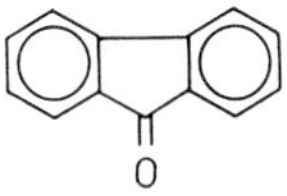 O	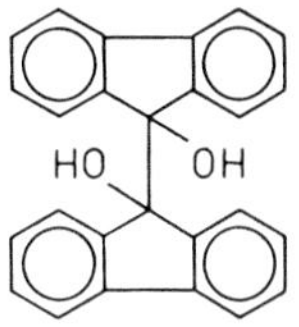 HO OH	[6]
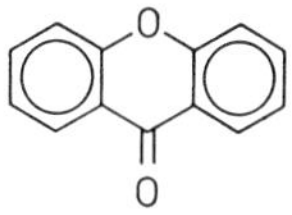 O O	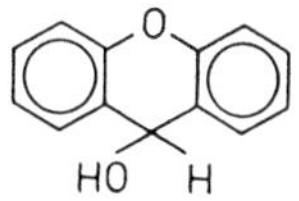 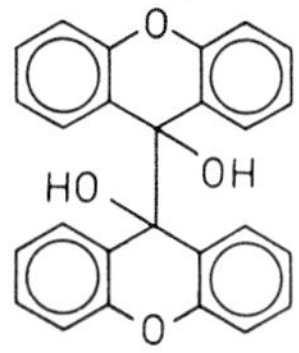 O HO H O OH HO O	[6]
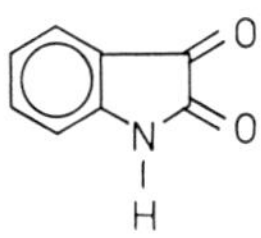 O N O H	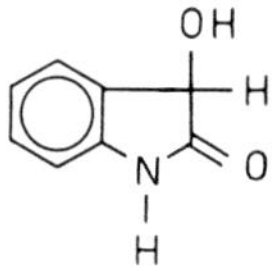 OH H N O H	[13]
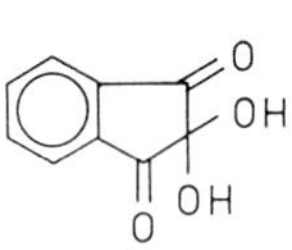 O OH O OH	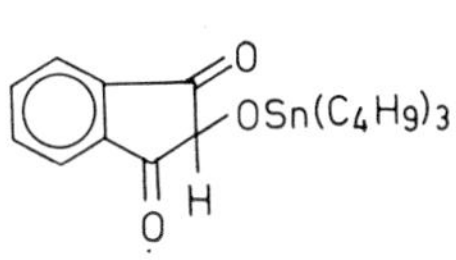 O $OSn(C_4H_9)_3$ O H	[13]

1) Im Original ist wohl irrtümlich 1,2-Di(2-naphthyl)butan-1,2-diol als Dimerisationsprodukt angegeben.

Carbonylverbindung	Reaktionsprodukte	Lit.
Steroidketone	Steroidalkohole	[6, 14]
(Cp)Fe(C₅H₄–C(=O)R)	(Cp)Fe(C₅H₄–CH₂R)	[15]
(Cp)Fe(C₅H₄–C(=O)R)	(Cp)Fe(C₅H₄–CH(OH)R)	[16]
Ferrocenylcyclohexanone	Ferrocenylcyclohexanole	[17, 18]

Literatur:

[1] H. Küntzel, H. Wolf, K. Schaffner (Helv. Chim. Acta **54** [1971] 868/96). — [2] H. G. Kuivila, O. F. Beumel (J. Am. Chem. Soc. **83** [1961] 1246/50). — [3] P. J. Wagner (J. Am. Chem. Soc. **89** [1967] 2503/5). — [4] J. P. Quintard, M. Pereyre (J. Organometal. Chem. **82** [1974] 103/11). — [5] K. Kühlein, W. P. Neumann, H. Mohring (Angew. Chem. **80** [1968] 438/9).

[6] D. R. G. Brimage, R. S. Davidson, P. F. Lambeth (J. Chem. Soc. C **1971** 1241/4). — [7] J. Y. Godet, M. Pereyre (J. Organometal. Chem. **77** [1974] C1/C3). — [8] N. J. Turro, D. M. McDaniel (Mol. Photochem. **2** [1970] 39/52). — [9] J. P. Quintard, M. Pereyre (Bull. Soc. Chim. France **1972** 1950/5). — [10] G. S. Hammond, P. A. Leermakers (J. Am. Chem. Soc. **84** [1962] 207/11).

[11] J. Osugi, S. Kusuhara, S. Hirayama (Rev. Phys. Chem. Japan **36** [1966] 93/9). — [12] J. Osugi, S. Hirayama, S. Kusuhara (Nippon Kagaku Zasshi **88** [1967] 810/2). — [13] M. Frankel, D. Wagner, D. Gertner, A. Zilkha (Israel J. Chem. **4** [1966] 183/7). — [14] J. P. Pete, M. L. Viriot-Villaume (Bull. Soc. Chim. France **1971** 3699/709). — [15] H. Patin, R. Dabard (Bull. Soc. Chim. France **1973** 2756/9).

[16] J. D. Coyle, G. Marr (J. Organometal. Chem. **60** [1973] 153/6). — [17] H. Patin, J. Y. Le Bihan (Compt. Rend. C **274** [1972] 1861/4). — [18] H. Patin, R. Dabard (Bull. Soc. Chim. France **1973** 2764/8).

Reduction of Other Organic Compounds

1.2.1.1.5.4.5 Reduktion von sonstigen organischen Verbindungen

$(C_4H_9)_3SnH$ reduziert bei 150 bis 155°C in Gegenwart von Methanol substituierte Olefine zu substituierten Alkanen und substituierte Acetylene zu substituierten Olefinen unter gleichzeitiger Bildung von $(C_4H_9)_3SnOCH_3$. Die tributylstannylhaltigen Zwischenprodukte wurden in den meisten Fällen isoliert und charakterisiert [1 bis 4]. Diese Reduktionen wurden auch mit $(C_4H_9)_3SnD$ und unter Verwendung von CH_3OD durchgeführt [3]. Bei entsprechenden Reduktionen entstehen jeweils unter UV-Bestrahlung aus $(C_4H_9)_3SnOC(C_6H_5){=}CHR$ und $(C_6H_5)_3SnOC(C_6H_5){=}CHR$ die Verbindungen $(C_4H_9)_3SnOCH(C_6H_5)CH_2R$ bzw. $(C_6H_5)_3SnOCH(C_6H_5)CH_2R$ mit $R = CH_3$ oder $CH_2C_6H_5$ [5], aus Polyacenen Dihydroprodukte [6], aus aromatischen Kohlenwasserstoffen Cycloalkane [7]. Auch Phenazin [8] und 2,3-Diphenylchinoxalin [9] werden von $(C_4H_9)_3SnH$ unter UV-Bestrahlung zu 5,10-Dihydrophenazinen reduziert. 2,3-Dichlorcyclopropyliumhexachloroantimonat reagiert mit $(C_4H_9)_3SnH$ unter Bildung von 2,3-Dichlorcyclopropen [10]. β-Deuteriostyrol [11] und *cis*-$CH_3C(CH_3){=}CHCH_3$ [12] werden bei UV-Bestrahlung in Gegenwart von $(C_4H_9)_3SnH$ isomerisiert.

$(C_4H_9)_3SnH$ reduziert in CH_2Cl_2 bei 25°C in Gegenwart von CF_3COOH *tert*-butyl-substituierte Cyclohexanole unter Bildung von entsprechenden Cyclohexanen und Cyclohexenen [13]. Epoxygruppen in Steroiden werden unter Bildung von β-Hydroxysteroidketonen reduziert [14]. An ungesättigte Celluloseäther wird $(C_4H_9)_3SnH$ addiert unter Bildung von tributylzinnhaltigen Celluloseäthern, die als Bakterizid verwendet werden können [15].

$(C_4H_9)_3SnH$ reagiert mit $(CH_3)_3COOH$ in Dekalin unter Bildung von Wasser, *tert*-Butylalkohol und $(C_4H_9)_3SnOOC(CH_3)_3$ [16]. Mit $CH_3C(O)OOC(O)CH_3$ oder $C_6H_5C(O)OOC(O)C_6H_5$ wird in Benzol bei 50°C $(C_4H_9)_3SnOC(O)CH_3$ bzw. $(C_4H_9)_3SnOC(O)C_6H_5$ gebildet. Die entsprechenden Carbinole und Distannan entstehen mit $(CH_3)_3COOC(CH_3)_3$ oder $(CH_3)_3COOC(CH_3)_2C_6H_5$ bei 130 bis 150°C [17, 23]. Versuche mit ^{18}O-markierten Verbindungen zeigen, daß der Angriff der $(C_4H_9)_3Sn$-Radikale an der Peroxidgruppe und nicht am Carbonyl-Sauerstoffatom erfolgt [17]. Weitere mechanistische Studien der radikalischen Reaktion von $(C_4H_9)_3SnH$ mit Peroxiden s. bei [18]. $(C_4H_9)_3SnH$ wird genutzt als Startradikalspender zur Erzeugung von Nitronradikalen [19, 20]. ESR-Untersuchungen an solchen Systemen s. bei [21, 22].

Literatur:

[1] M. Pereyre, G. Colin, J. Valade (Tetrahedron Letters **1967** 4805/8). — [2] M. Pereyre, J. Valade (Tetrahedron Letters **1969** 489/90). — [3] M. Pereyre, J. P. Quintard, J. Y. Godet, J. Valade (Organometal. Chem. Syn. **1** [1971] 269/88). — [4] J. P. Quintard, M. Pereyre (Compt. Rend. C **271** [1970] 868/70). — [5] A. J. Leusink, J. G. Noltes (Tetrahedron Letters **1966** 2221/5).

[6] I. Fujihara, M. Okushima, S. Hirayama, S. Kusuhara, J. Osugi (Bull. Chem. Soc. Japan **44** [1971] 3495). — [7] D. R. G. Brimage, R. S. Davidson (Chem. Commun. **1971** 281/2). — [8] G. A. Davis, J. D. Gresser, P. A. Carapellucci (J. Am. Chem. Soc. **93** [1971] 2179/82). — [9] G. A. Davis (Tetrahedron Letters **1971** 3045/8). — [10] R. Breslow, T. Sugimoto (Tetrahedron Letters **1974** 1437/8).

[11] H. G. Kuivila, R. Sommer (J. Am. Chem. Soc. **89** [1967] 5616/9). — [12] H. G. Kuivila, C. H. C. Pian (Tetrahedron Letters **1973** 2561/4). — [13] F. A. Carey, H. S. Tremper (Tetrahedron Letters **1969** 1645/8). — [14] Ciba-Geigy A.G. (B.P. 1239073 [1967/71]). — [15] Yu. V. Artemova, A. D. Virnik, N. N. Zemlyanskii, Z. A. Rogovin (Cellul. Chem. Technol. **5** [1971] 319/31).

[16] D. L. Alleston, A. G. Davies (J. Chem. Soc. **1962** 2465/71). — [17] W. P. Neumann, K. Rübsamen (Chem. Ber. **100** [1967] 1621/6). — [18] J. L. Brokenshire, K. U. Ingold (Intern. J. Chem. Kinetics **3** [1971] 343/57). — [19] E. Flesia, J. M. Surzur (Tetrahedron Letters **1974** 123/6). — [20] S. Terabe, R. Konaka (J. Chem. Soc. Perkin Trans. II **1973** 369/74).

[21] T. Kawamura, J. K. Kochi (J. Organometal. Chem. **47** [1973] 79/88). — [22] E. G. Janzen, B. J. Blackburn (J. Am. Chem. Soc. **91** [1969] 4481/90). — [23] W. P. Neumann, K. Rübsamen, R. Sommer (Chem. Ber. **100** [1967] 1063/72).

1.2.1.1.5.4.6 Reaktionen mit Säuren und Estern

Reactions with Acids and Esters

$(C_4H_9)_3SnH$ reagiert mit HCl unter Bildung von $(C_4H_9)_3SnCl$ und H_2. Die Reaktionswärme dieser Reaktion mit gasförmigem HCl beträgt $\Delta H = -27.85$ kcal/mol [1]. Mit Phosphonsäuren $R_2P(O)OH$ mit $R = CH_3$, C_6H_{13}, C_6H_5 werden in Cyclohexan beim Rückflußkochen neben H_2 Ester des Typs $(C_4H_9)_3SnOP(O)R_2$ gebildet [2], mit Säuren $RP(O)(OH)_2$ entstehen Verbindungen des Typs $[(C_4H_9)_3SnO]_2P(O)R$ ($R = CH_3$, C_8H_{17}, $CH_2C_6H_5$) [2] oder je nach dem Mengenverhältnis des eingesetzten $(C_4H_9)_3SnH$ in THF beim Rückflußkochen die oligomerisierenden Verbindungen $(C_4H_9)_3SnOP(O)(CH_3)OH$ bzw. ebenfalls $[(C_4H_9)_3SnO]_2P(O)CH_3$ [3]. — $(C_4H_9)_3SnH$ reagiert mit $HClO_4$ und Oxalsäure unter Bildung von H_2 neben Tributylzinnperchlorat bzw. Tributylzinnoxalat [4]. Mit CH_3COOH wird $(C_4H_9)_3SnOOCCH_3$ erhalten [5]. Zur Kinetik dieser Reaktionen s. [4, 5]. Carbonsäuren RCOOH bilden mit $(C_4H_9)_3SnH$ die entsprechenden Tributylzinnester, wobei R für eine große Anzahl von Cycloalkanen und Bi- und Tricyclen, wie Norbornan, Norbornadien usw., stehen kann [6]. Bei der Reaktion von Fumarsäure mit $(C_4H_9)_3SnH$ in Gegenwart von $HO(CH_2)_4OH$ bei 70°C in Chlorbenzol in Gegenwart eines Katalysators wird ein Polymer gebildet, in dem an jede sechste bis siebente Moleküleinheit des Polyesters eine Tributylzinngruppe gebunden ist [7].

$(C_4H_9)_3SnH$ spaltet Ester vom Typ RCOOR′ unter Bildung von RCH_3, R′OH, $RCOOCH_2R'$, $(C_4H_9)_3SnOOCR$, $(C_4H_9)_3SnOR'$ und Sn. Dabei ist R und R′ = C_6H_5, C_6H_5; C_6H_5, p-$[(CH_3)_3C]C_6H_4$; CH_3, C_6H_5; C_6H_5, 2,6-$(CH_3)_2C_6H_3$. Die Ausbeute der einzelnen Reaktionsprodukte ist von der

Temperatur und der Konzentration der Ausgangsverbindungen abhängig [8]. Entsprechende Reduktionen von 18 verschiedenen Verbindungen des Typs C_6H_5COOR bei 80 bis 130°C in Gegenwart von AIBN, *tert*-Butylperoxid oder unter UV-Bestrahlung s. bei [9]. Bei der Reduktion von $C_6H_5COOCH(CH_3)C_6H_5$ mit $(C_4H_9)_3SnD$ in Benzol bei 80°C in Gegenwart von AIBN entsteht razemisches $C_6H_5(CH_3)CHD$ in 96%iger Ausbeute [9]. Bei der Behandlung von Celluloseestern, -äthern oder von Polyacrylsäure mit $(C_4H_9)_3SnH$ werden Polymere erhalten, die zwischen 8 und 39% Sn enthalten und eine antimikrobische Wirkung zeigen [10].

Literatur:

[1] W. F. Stack, G. A. Nash, H. A. Skinner (Trans. Faraday Soc. **61** [1965] 2122/5). — [2] R. E. Ridenour, E. E. Flagg (J. Organometal. Chem. **16** [1969] 393/404). — [3] R. E. Ridenour, E. E. Flagg, Dow Chemical Co. (U.S.P. 3634479 [1968/72]; C.A. **76** [1972] Nr. 12770). — [4] H. G. Kuivila, P. L. Levins (J. Am. Chem. Soc. **86** [1964] 23/7). — [5] R. E. Dessy, T. Hieber, F. Paulik (J. Am. Chem. Soc. **86** [1964] 28/32).

[6] R. H. Fish, C. W. Le Fevre, United States Borax and Chemical Corp. (F.P. 1499737 [1966/67]; C.A. **70** [1969] Nr. 37917). — [7] G. Weissenberger, Monsanto Co. (U.S.P. 3208978 [1961/65]; C.A. **63** [1965] 18372). — [8] L. E. Khoo, H. H. Lee (Tetrahedron **26** [1970] 4261/8). — [9] L. E. Khoo, H. H. Lee (Tetrahedron Letters **1968** 4351/4). — [10] Yu. V. Artemova, A. D. Virnik (Khim. Tekhnol. Proizvod. Tsellyul. **1971** 313/7 nach C.A. **78** [1973] Nr. 73812).

Reactions with Compounds with Tin-Element Bonds

1.2.1.1.5.4.7 Reaktionen mit Verbindungen mit Zinn-Element-Bindungen

$(C_4H_9)_3SnH$ reagiert mit Verbindungen, die Sn-Element-Bindungen enthalten, in der Regel unter Bildung von Verbindungen mit Sn-Sn-Bindungen. So wird mit $(C_4H_9)_3SnCHRR'$ unter UV-Bestrahlung nach 18 h bei 150°C $[(C_4H_9)_3Sn]_2$ neben dem entsprechenden Kohlenwasserstoff RCH_2R' gebildet (R und R' = $(CH_3)_2CH$, CN; $(CH_3)_2CH$, C_2H_5OOC; H, CH_3CO) [1]. Mit $(C_4H_9)_3SnOC(CH_3)_3$ reagiert $(C_4H_9)_3SnH$ nach 200 h bei 110°C unter Bildung von $[(C_4H_9)_3Sn]_2$ [2], ebenso mit substituierten Cyclohexanen $(C_4H_9)_3SnO$-*cyclo*-$C_6H_{10}R$ [3] und mit Distannoxan $[(C_4H_9)_3Sn]_2O$, bei letzterem unter Abspaltung von Wasser [2, 4, 5]. Bei der Hydrostannolyse von polymerem $[(C_4H_9)_2SnO]_n$ entsteht nach 26 h bei 100°C $[(C_4H_9)_3Sn]_2Sn(C_4H_9)_2$ [5]. Mit $(C_4H_9)_3SnN(C_2H_5)_2$ reagiert $(C_4H_9)_3SnH$ ebenfalls unter Bildung von $[(C_4H_9)_3Sn]_2$ [2], während mit $(C_4H_9)_2Sn[N(C_2H_5)_2]_2$ in 49%iger Ausbeute $[(C_4H_9)_3Sn]_2Sn(C_4H_9)_2$ neben $(C_2H_5)_2NH$ entsteht [6, 7]. Entsprechend bildet $(C_4H_9)_3SnH$ und das Produkt der Reaktion von $(C_4H_9)_3SnSnH(C_4H_9)_2$ mit C_6H_5NCO unter Eliminierung von $NH(C_6H_5)CHO$ ebenfalls $[(C_4H_9)_3Sn]_2Sn(C_4H_9)_2$, während aus $(C_4H_9)_3SnH$, $(C_4H_9)_3SnSn(C_4H_9)_2N(C_6H_5)CHO$ und $(C_6H_5)_2SnH_2$ als Endprodukt $(C_4H_9)_3SnSn(C_4H_9)_2Sn(C_6H_5)_2Sn(C_4H_9)_3$ gewonnen wird [8]. $(C_4H_9)_3SnP(C_4H_9)_2$ reagiert mit $(C_4H_9)_3SnH$ nach 130 h bei 110°C unter Bildung von $[(C_4H_9)_3Sn]_2$ neben $(C_4H_9)_2PH$ [2].

Mit $C_2H_5(C_6H_5)SnCl_2$ reagiert $(C_4H_9)_3SnH$ unter Komproportionierung und Bildung von $(C_4H_9)_3SnCl$ neben $C_2H_5(C_6H_5)SnH_2$ [9]. Die Komproportionierung mit $(C_4H_9)_2SnX_2$ bei Zimmertemperatur wird zur Darstellung von $(C_4H_9)_2SnHF$, $(C_4H_9)_2SnHCl$, $(C_4H_9)_2SnHBr$ und $(C_4H_9)_2SnHJ$ ausgenutzt [10]. Diese Dibutylzinnhydridhalogenide bilden mit $(C_4H_9)_3SnH$ bei Zimmertemperatur $(C_4H_9)_2SnH_2$ neben dem Tributylzinnhalogenid [10]. Mit unterschüssigem $C_4H_9SnCl_3$ reagiert $(C_4H_9)_3SnH$ unter Bildung von $C_4H_9SnH_3$, mit überschüssigem dagegen unter Bildung von $C_4H_9SnHCl_2$ [10]. Diese Reaktionen sind auch auf andere Diorganozinndichloride übertragbar. So bildet $(C_4H_9)_3SnH$ mit R_2SnCl_2 bei der Umsetzung im Molverhältnis 1:1 $(C_4H_9)_3SnCl$ neben R_2SnHCl, bei der Reaktion im Molverhältnis 2:1 ebenfalls $(C_4H_9)_3SnCl$ neben R_2SnH_2 (R = CH_3, C_2H_5, C_3H_7, *iso*-C_4H_9, *cyclo*-C_6H_{11}, C_8H_{17}, C_6H_5) [11].

Literatur:

[1] M. Pereyre, G. Colin, J. Valade (Bull. Soc. Chim. France **1968** 3358/9). — [2] W. P. Neumann, B. Schneider, R. Sommer (Liebigs Ann. Chem. **692** [1966] 1/11). — [3] J. C. Pommier, J. Valade (Bull. Soc. Chim. France **1965** 975/80). — [4] W. P. Neumann, B. Schneider (Angew. Chem. **76** [1964] 891). — [5] A. K. Sawyer (J. Am. Chem. Soc. **87** [1965] 537/9).

[6] R. Sommer, W. P. Neumann, B. Schneider (Tetrahedron Letters **1964** 3875/8). — [7] R. Sommer, B. Schneider, W. P. Neumann (Liebigs Ann. Chem. **692** [1966] 12/21). — [8] H. M. J. C. Creemers, J. G. Noltes (Rec. Trav. Chim. **84** [1965] 382/4). — [9] L. S. Melnichenko, N. N. Zemlyanskii, K. A. Kocheshkov (Dokl. Akad. Nauk SSSR **197** [1971] 1335/6; Dokl. Chem. Proc. Acad. Sci. USSR **196/201** [1971] 341/2). — [10] A. K. Sawyer, J. E. Brown (J. Organometal. Chem. **5** [1966] 438/45).

[11] A. K. Sawyer, J. E. Brown, G. S. May (J. Organometal. Chem. **11** [1968] 192/4).

1.2.1.1.5.4.8 Weitere Reaktionen

Other Reactions

$(C_4H_9)_3SnH$ reduziert bei 90°C innerhalb einer halben Stunde $[(CH_3)_2N]_2BCl$ zu $[(CH_3)_2N]_2BH$ in 73%iger Ausbeute. Daneben entsteht $(C_4H_9)_3SnCl$. Entsprechend entsteht aus 2-Chlor-1,3,2-benzodioxaborol IV die reduzierte Verbindung 1,3,2-Benzodioxaborol V. Kinetische Untersuchungen sprechen in beiden Fällen für einen polaren Mechanismus [1]. Bei der Reduktion von $(C_6H_5)_2C{=}NCl$ in Benzol bei 80°C entsteht $(C_6H_5)_2C{=}NH$ neben $(C_4H_9)_3SnCl$. Bei der analogen Reaktion mit $C_6H_5CH_2(C_6H_5)C{=}NCl$ wird in Chlorbenzol unter Rückflußbedingungen neben $(C_4H_9)_3SnCl$ Toluol und Benzonitril erhalten, während unter UV-Bestrahlung bei 35 bis 40°C neben Spuren an Toluol in über 25%iger Ausbeute $C_6H_5CH_2(C_6H_5)C{=}NH$ entsteht [2].

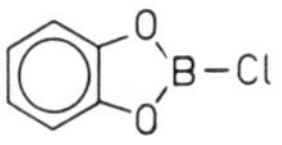

IV 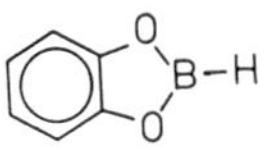 V

$(C_4H_9)_3SnH$ reagiert mit $(CH_3O)_2PCl$ in $P(OCH_3)_3$ bei Zimmertemperatur unter Bildung von $(CH_3O)_2PH$ neben $(C_4H_9)_3SnCl$ [3]. $(C_2H_5O)_2PCl$ [4], $(C_3H_7O)_2PCl$ [4], (*iso*-$C_3H_7O)_2PCl$ [4], $(C_4H_9O)_2PCl$ [4, 5, 6], (*iso*-$C_4H_9O)_2PCl$ [5, 6] und $(C_5H_{11}O)_2PCl$ [4, 6] reagieren in Benzol oder Tetrahydrofuran analog. Auch die phosphorhaltigen Heterocyclen 2-Chlor-4-methyl-1,3,2-dioxaphosphorinan VI [7] und die analoge Dithioverbindung VII [8] sowie 2-Chlor-1,3-di(*tert*-butyl)-1,3,2-diazaphosphorinan VIII [8] werden zu den entsprechenden P-H-Verbindungen hydriert. 4-Alkoxy-1-chlor-4-(diäthoxymethyl)-1,4-dihydroarsenin IX wird von $(C_4H_9)_3SnH$ zum Diäthylacetal des Arsenin-4-carbaldehyds X reduziert [9].

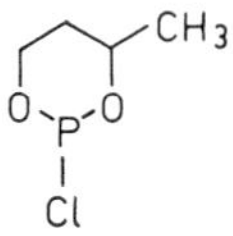

VI 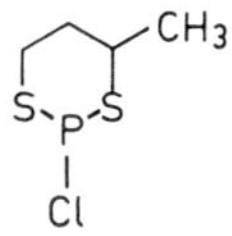 VII 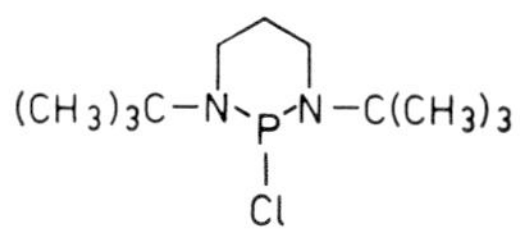 VIII 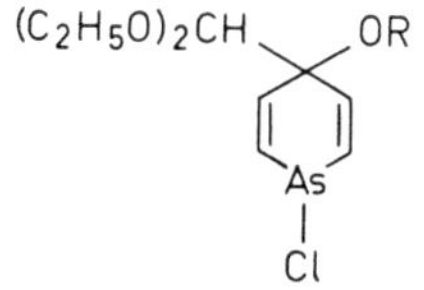 IX 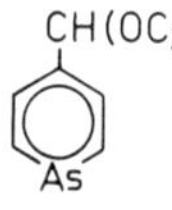 X

$(C_4H_9)_3SnH$ reagiert mit CCl_2, das beim achtstündigen Rückflußkochen von CCl_3COONa in Dimethoxyäthan gebildet wird, unter Einschiebung des Carbens in die Sn-H-Bindung und Bildung von $(C_4H_9)_3SnCHCl_2$ [10]. Eine analoge Einschiebung eines C_6H_5CCl-Teilchens in die Sn-H-Bindung unter Bildung von $(C_4H_9)_3SnCHClC_6H_5$ erfolgt beim dreitägigen Rückflußkochen mit 1-Chlor-1-phenyl-diazirin XI in Diäthyläther unter N_2 [11]. Auch $C_6H_5N_3$ reagiert mit $(C_4H_9)_3SnH$

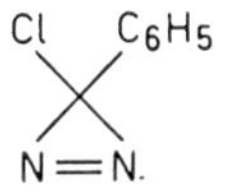

XI

entsprechend in Pentan beim Rückflußkochen, allerdings in Gegenwart von Azoisobuttersäuredinitril, unter Bildung von $(C_4H_9)_3SnNHC_6H_5$ [12], während $C_6H_5CON_3$ in Petroläther N_2 nur in Gegenwart von AIBN abspaltet und mit $(C_4H_9)_3SnH$ unter Bildung von $(C_4H_9)_3SnNHCOC_6H_5$ abreagiert. Ohne Katalysator wird beim Rückflußkochen in Petroläther $C_6H_5NHCONHCOC_6H_5$

gebildet, beim Kochen in Xylol entsteht auch in Gegenwart von AIBN nur $C_6H_5CONH_2$ [13]. $(C_4H_9)_3SnH$ reagiert in Diäthyläther mit Diazomethan unter Bildung von $(C_4H_9)_3SnCH_3$. Auch bei den entsprechenden Reaktionen mit N_2CHCN, $N_2CHCOCH_3$, $N_2CHCOC_6H_5$ und $N_2CHCOOC_2H_5$ in Benzol oder Toluol als Lösungsmittel werden unter Einschiebung in die Sn-H-Bindung die jeweiligen Tetraorganozinnverbindungen gebildet [14].

Diazoniumsalze reagieren mit $(C_4H_9)_3SnH$ in Diäthyläther, Tetrahydrofuran oder Acetonitril unter Bildung von Arenen [15], tertiäre Aminoxide wie Pyridin-N-oxid, Chinolin-N-oxid oder Lepidin-N-oxid werden in Gegenwart von AIBN unter gleichzeitiger Bildung von $[(C_4H_9)_3Sn]_2O$ und Wasser zu den tertiären Aminen reduziert [16]. Aus N-Benzoyliminopyridinium-Betainen entsteht Pyridin und Benzamid [16]. Nitrobenzol oder Nitronaphthalin wird in Benzol unter UV-Bestrahlung zu Anilin bzw. Naphthylamin reduziert [17].

$(C_4H_9)_3SnH$ reagiert mit Isonitrilen unter Bildung von $(C_4H_9)_3SnCN$. Daneben entsteht aus $(CH_3)_3CNC$ in Benzol nach 24 h Rückflußkochen in Gegenwart von AIBN *iso*-C_4H_{10}, aus *cyclo*-$C_6H_{11}NC$ entsprechend Cyclohexan und aus $C_6H_5CH_2NC$ nach 8 h bei 120 bis 130°C in Gegenwart von *tert*-Butylperoxid unter N_2 Toluol [18]. In einer analogen Reaktion wird mit $CH_2{=}CHCH_2NCO$ nach 7 h bei 60 bis 80°C neben $(C_4H_9)_3SnNCO$ Propylen gebildet [19]. $(C_4H_9)_3SnH$ reduziert Verbindungen vom Typ *p*-$RC_6H_4SO_2N_3$ unter Bildung von *p*-$RC_6H_4SO_2NHSn(C_4H_9)_3$ mit R = H, CH_3, OCH_3, Cl, NO_2 [20]. Mit elementarem Schwefel S_8 reagiert $(C_4H_9)_3SnH$ unter Bildung von $[(C_4H_9)_3Sn]_2S$ [21, 22], mit Disulfiden RSSR entsteht $(C_4H_9)_3SnSR$ neben RSH [23]. Sulfoxide oder Sulfimine werden in Tetrahydrofuran in Gegenwart von AIBN zu den zugrunde liegenden Sulfiden reduziert. Daneben entstehen in Spuren auch Verbindungen vom Typ $(C_4H_9)_3SnR$. Zum Mechanismus dieser radikalisch ablaufenden Reaktion s. Original [24].

$(C_4H_9)_3SnH$ reagiert mit Grignard-Verbindungen RMgCl (R = *iso*-C_3H_7, *sec*-C_4H_9, *tert*-C_4H_9 und *cyclo*-C_6H_{11}) unter Bildung von $(C_4H_9)_3SnMgCl$, wie aus der Deuteriolyse des nicht in Substanz isolierten und analysierten Reaktionsproduktes, bei der $(C_4H_9)_3SnD$ gewonnen werden konnte, geschlossen wird [25]. Bei der Reaktion mit $Al(C_4H_9)_3$ in Cyclohexan bei 80°C wird neben $Sn(C_4H_9)_4$ auch $(C_4H_9)_2AlH$ gebildet [26, 27]. Auch andere Aluminiumorganyle $R_2R'Al$ (R = R' = C_2H_5, *iso*-C_4H_9, C_8H_{17}, *iso*-C_8H_{17} und R = *iso*-C_4H_9, R' = C_8H_{17}) reagieren mit $(C_4H_9)_3SnH$ entsprechend zu $(C_4H_9)_3SnR'$ neben R_2AlH [26]. Kinetische Messungen an diesen Reaktionen s. bei [26, 27]. $(C_4H_9)_3SnH$ reagiert mit Germaniumverbindungen GeABX(OR) oder GeABX(NR_2) unter Bildung von GeABH(OR) bzw. GeABH(NR_2), die leicht Alkohol oder Amin abspalten und damit zu hochreaktiven Germanium(II)-Verbindungen werden [28]. Auch Organoquecksilberverbindungen werden von $(C_4H_9)_3SnH$ reduziert [29]. So reagiert $(C_4H_9)_3SnH$ mit $Hg(CH{=}CHCl)_2$ unter Bildung von $(C_4H_9)_3SnCH{=}CHCl$ [30]. Mit $Hg[C(CH_3)_3]_2$ wird ohne Lösungsmittel bei −25°C nach 24 h in einer Ausbeute zwischen 50 und 70% $Hg[Sn(C_4H_9)_3]_2$ gebildet [31].

$(C_4H_9)_3SnH$ reagiert in Pyridin mit $(CO)_5CrC(OCH_3)C_6H_5$ bei Zimmertemperatur unter Ar unter Bildung von $(C_4H_9)_3SnCH(OCH_3)C_6H_5$. Auch bei der entsprechenden Reaktion mit $(CO)_5CrCRC_6H_5$ mit R = α-Pyrrolidin wird der Carbenligand vom Chrom abgespalten und zwischen die Sn-H-Bindung eingeschoben [32]. Bei der Reaktion von $(C_4H_9)_3SnH$ mit $Ru_3(CO)_{12}$ in Hexan im Einschlußrohr bei 70°C entsteht nach 120 h $[(C_4H_9)_3Sn]_2Ru(CO)_4$ neben einer Verbindung mit der Bruttozusammensetzung $(C_4H_9)_{10}Sn_4Ru_2(CO)_6$ [33]. Entsprechend bildet $(CH_3)_3Sn[(CH_3)_3Si]Ru(CO)_4$ mit $(C_4H_9)_3SnH$ in Hexan im Einschlußrohr bei 80°C nach 55 h $[(C_4H_9)_3Sn]_2Ru(CO)_4$ neben $(CH_3)_3Sn[(C_4H_9)_3Sn]Ru(CO)_4$ [34]. $IrCl(CO)[P(C_6H_5)_3]_2$ und $IrH_2(CO)[Ge(CH_3)_3][P(C_6H_5)_3]_2$ reagieren in Benzol bei 50 bis 70°C mit $(C_4H_9)_3SnH$ im Verlauf von mehreren Tagen unter Bildung viskoser gelber Flüssigkeiten. Während im Falle der ersten Reaktion NMR-spektroskopisch die Bildung von $IrH_2(CO)[Sn(C_4H_9)_3][P(C_6H_5)_3]_2$ wahrscheinlich gemacht werden konnte, konnte im zweiten Fall die Bildung von $(CH_3)_3GeH$ nachgewiesen werden [35].

Literatur:

[1] H. C. Newsom, W. G. Woods (Inorg. Chem. **7** [1968] 177/8). — [2] M. L. Poutsma, P. A. Ibaria (J. Org. Chem. **34** [1969] 2848/55). — [3] L. F. Centofani (Inorg. Chem. **12** [1973] 1131/3). — [4] M. V. Proskurnina, A. L. Chekhun, I. F. Lutsenko (Zh. Obshch. Khim. **43** [1973] 66/9; J. Gen. Chem. USSR **43** [1973] 63/5). — [5] I. F. Lutsenko, M. V. Proskurnina, A. A. Borisenko (Dokl. Akad. Nauk SSSR **193** [1970] 828/30; Dokl. Chem. Proc. Acad. Sci. USSR **190/195** [1970] 553/5).

[6] I. F. Lutsenko, M. V. Proskurnina, A. A. Borisenko (Organometal. Chem. Syn. **1** [1970] 169/72). — [7] V. L. Foss, Yu. A. Veits, V. V. Kudinova, A. A. Borisenko, I. F. Lutsenko (Zh. Obshch. Khim. **43** [1973] 1000/6; J. Gen. Chem. USSR **43** [1973] 994/9). — [8] E. E. Nifantev, A. A. Borisenko, A. I. Zavalishina, S. F. Sorokina (Dokl. Akad. Nauk SSSR **219** [1974] 881/3; Dokl. Chem. Proc. Acad. Sci. USSR **214/219** [1974] 839/41). — [9] G. Märkl, F. Kneidl (Angew. Chem. **86** [1974] 746). — [10] Chao-Lun Tseng, Jen-Hsi Cho, Shun-Chun Ma (K'o Hsueh T'ung Pao **17** [1966] 77/8 nach C.A. **66** [1967] Nr. 28862).

[11] A. Padwa, D. Eastman (J. Org. Chem. **34** [1969] 2728/31). — [12] H. Schumann, S. Ronecker (J. Organometal. Chem. **23** [1970] 451/8). — [13] M. Frankel, D. Wagner, D. Gertner, A. Zilkha (J. Organometal. Chem. **7** [1967] 518/20). — [14] M. Lesbre, R. Buisson (Bull. Soc. Chim. France **1957** 1204/6). — [15] J. Nakayama, M. Yoshida, O. Simamura (Tetrahedron **26** [1970] 4609/13).

[16] S. Kozuka, T. Akasaka, S. Furumai (Chem. Ind. [London] **1974** 452/3). — [17] W. Trotter, A. C. Testa (J. Am. Chem. Soc. **90** [1968] 7044/6). — [18] T. Saegusa, S. Kobayashi, Y. Ito, N. Yasuda (J. Am. Chem. Soc. **90** [1968] 4182). — [19] Yu. I. Dergunov, A. V. Pavlycheva, V. D. Sheludyakov, I. A. Vostokov, Yu. I. Myshkin, V. F. Mironov, V. P. Kozykov (Zh. Obshch. Khim. **42** [1972] 2501/4; J. Gen. Chem. USSR **42** [1972] 2492/5). — [20] G. P. Balabanov, Yu. I. Dergunov, N. I. Mysin (Zh. Obshch. Khim. **42** [1972] 898/900; J. Gen. Chem. USSR **42** [1972] 887/9).

[21] N. S. Vyazankin, M. N. Bochkarev, L. P. Sanina (Zh. Obshch. Khim. **36** [1966] 1961/4). — [22] N. S. Vyazankin, M. N. Bochkarev, L. P. Sanina (Zh. Obshch. Khim. **36** [1966] 166). — [23] J. Spanswick, K. U. Ingold (Intern. J. Chem. Kinetics **2** [1970] 157/66). — [24] S. Kozuka, S. Furumia, T. Akasaka (Chem. Ind. [London] **1974** 496/7). — [25] J. C. Lahournere, J. Valade (J. Organometal. Chem. **22** [1970] C3/C4).

[26] B. Schneider, W. P. Neumann (Liebigs Ann. Chem. **707** [1967] 7/14). — [27] R. Gupta, B. Majee (J. Organometal. Chem. **49** [1973] 197/202). — [28] J. Satge, G. Dousse (J. Organometal. Chem. **61** [1973] C26/C32). — [29] V. M. A. Chambers, W. R. Jackson, G. W. Young (J. Chem. Soc. C **1971** 2075/9). — [30] A. N. Nesmeyanov, A. E. Borisov (Izv. Akad. Nauk SSSR Ser. Khim. **1974** 1667/8; Bull. Acad. Sci. USSR Div. Chem. Sci. **1974** 1596).

[31] W. P. Neumann, U. Blaukat (Angew. Chem. **81** [1969] 625/6). — [32] J. A. Connor, P. D. Rose, R. M. Turner (J. Organometal. Chem. **55** [1973] 111/9). — [33] J. D. Cotton, S. A. R. Knox, F. G. A. Stone (J. Chem. Soc. A **1968** 2758/62). — [34] S. A. R. Knox, F. G. A. Stone (J. Chem. Soc. A **1969** 2559/65). — [35] F. Glockling, J. G. Irwin (Inorg. Chim. Acta **6** [1972] 355/8).

1.2.1.1.5.5 Verwendung

Uses

$(C_4H_9)_3SnH$ wird in der organischen Chemie als ein spezifisches „Reduktionsmittel" zum Austausch von Halogen gegen Wasserstoff verwendet. Nähere Angaben hierzu s. in den vorstehenden Abschnitten.

$(C_4H_9)_3SnH$ löscht die Phosphoreszenz von Diacetyl [1]. Die Verbindung dient als Katalysator zum Esteraustausch bei Dialkylterephthalat-Äthylenglycol-Gemischen während der Darstellung von Polyestern [2] sowie zur Polymerisation von Olefinen allein [3], im Gemisch mit $TiCl_4$ [4], im Gemisch mit $TiCl_4$ und Aluminiumhalogeniden [5, 6, 7], im Gemisch mit $TiCl_4$ und Aluminiumalkylen [8 bis 13] und im Gemisch mit $TiCl_3$, Äthylbromid und Wasserstoff [14].

Literatur:

[1] N. J. Turro, R. Engel (Mol. Photochem. **1** [1969] 143/6). — [2] K. Itoi, H. Segawa, Kuraray Co., Ltd. (Japan.P. 71-02266 [1965/71]; C.A. **74** [1971] Nr. 112624). — [3] R. Okawara, M. Ohara, Shine Etsu Chemical Industry Co., Ltd. (Japan.P. 66-6737 [1963/66]; C.A. **65** [1966] 5490). — [4] Kurashiki Rayon Kabushiki Kaisha (B.P. 1057998 [1964/67]; C.A. **70** [1969] Nr. 97391). — [5] T. Nishida, K. Itoi, Kurashiki Rayon Co., Ltd. (Deut. Offenlegungsschrift 2009409 [1969/70]; C.A. **74** [1971] Nr. 43294).

[6] T. Nishida, K. Itoi, Kuraray Co., Ltd. (Japan.P. 72-05100 [1969/72]; C.A. **77** [1972] Nr. 6955). — [7] T. Hori, M. Sennari, K. Mizushima, K. Itoi, Mitsubishi Petrochemical Co., Ltd.,

and Kurashiki Rayon Co., Ltd. (Japan.P. 70-12862 [1966/70]; C.A. **73** [1970] Nr. 77825). — [8] T. Nishida, K. Itoi, Kuraray Co., Ltd. (Japan.P. 70-38265 [1967/70]; C.A. **74** [1971] Nr. 65255). — [9] T. Nishida, K. Itoi, Kuraray Co., Ltd. (Japan.P. 70-38266 [1967/70]; C.A. **74** [1971] Nr. 77225). — [10] M. Ukita, Y. Shiihara, Japan Bureau of Industrial Technology (Japan.P. 72-14450 [1969/72]; C.A. **77** [1972] Nr. 115120).

[11] K. Itoi, Kuraray Co., Ltd. (Japan.P. 70-38259 [1967/70]; C.A. **75** [1971] Nr. 64603). — [12] T. Hori, M. Sennari, K. Nagashima, J. Itoi, Mitsubishi Petrochemical Co., Ltd., Kurashiki Rayon Co., Ltd. (Japan.P. 70-13583 [1966/70]; C.A. **73** [1970] Nr. 67047). — [13] T. Nishida, K. Itoi, Kuraray Co., Ltd. (Japan.P. 70-38073 [1967/70]; C.A. **74** [1971] Nr. 65253). — [14] K. Itoi, Kurashiki Rayon Co., Ltd. (Japan.P. 70-24343 [1967/70]; C.A. **73** [1970] Nr. 110321).

1.2.1.1.6 Weitere Trialkylzinnhydride R_3SnH

Other Trialkyltin Hydrides

(*iso*-C_4H_9)$_3$SnH

Triisobutylzinnhydrid entsteht bei der Reduktion von Triisobutylzinnhalogeniden mit $LiAlH_4$ in Diäthyläther [1]. Beim Eintropfen von (*iso*-C_4H_9)$_3$SnCl in eine ätherische Suspension von $LiAlH_4$ bei −30 bis −40°C und anschließendem zweistündigem Rückflußkochen in Diäthyläther entsteht die Verbindung in 88.5%iger Ausbeute [2]. (*iso*-C_4H_9)$_3$SnD wird dagegen aus (*iso*-C_4H_9)$_3$SnCl und $(C_2H_5)_2AlD$ dargestellt [3].

Die farblose, bei Normalbedingungen flüssige Verbindung siedet bei 101 bis 104°C/12 Torr [2], 103°C/12 Torr [1], die deuterierte Verbindung (*iso*-C_4H_9)$_3$SnD bei 104 bis 106°C/11 Torr [3]. Dichte D_4^{20} = 1.09 g/cm³ [2, 4]. Brechungsindex n_D^{20} = 1.4697 für das H-Derivat [2, 4] und das Deuterid [3, 4]. Molrefraktionen und Bindungsrefraktionskonstante s. bei [4]. Im IR-Spektrum erscheint die νSnH bei 1810 cm⁻¹ [2], bei 1817 cm⁻¹ [1]; die νSnD im Deuteriumderivat liegt bei 1302 cm⁻¹ [3]. Im ^{1}H-NMR-Spektrum wird ein Septett für das an Sn gebundene H-Atom bei δ = −293.0 Hz mit den Kopplungskonstanten $J(^1H^{117}Sn)$ = 1532.6 Hz, $J(^1H^{119}Sn)$ = 1604.4 Hz und $J(^1HSnCH)$ = 1.80 Hz gefunden [1]. In einer weiteren Publikation, in der ausführliche Vergleiche mit anderen Organozinnhydriden angestellt werden, werden folgende Konstanten angegeben: τSnH = 5.2, $J(^1H^{117}Sn)$ = 1535 Hz, $J(^1H^{119}Sn)$ = 1608 Hz, $J(^1HCSn^1H)$ = 1.6 Hz [5]. Im Mössbauer-Spektrum von (*iso*-C_4H_9)$_3$SnH erscheint ein Signal bei δ = 1.45 ± 0.05 mm/s gegen SnO_2 ohne Quadrupolaufspaltung [6].

(*iso*-C_4H_9)$_3$SnH reagiert mit Olefinen und Acetylen-Derivaten unter Hydrostannierung der C-C-Doppelbindungen. So wird mit C_8H_{16} nach 100 h bei 70 bis 80°C in Gegenwart von AIBN (*iso*-C_4H_9)$_3$SnC_8H_{17} gebildet. Mit $CH_2{=}CHOC_4H_9$ entsteht (*iso*-C_4H_9)$_3$Sn$CH_2CH_2OC_4H_9$ nach 40 h, mit $CH_2{=}CHCH_2OOCCH_3$ nach 22 h (*iso*-C_4H_9)$_3$Sn$(CH_2)_3OOCCH_3$, mit $CH_2{=}C(CH_3)COOCH_3$ nach 10 h bei 50°C (*iso*-C_4H_9)$_3$Sn$CH_2CH(CH_3)COOCH_3$ [2]. Mit $CH_2{=}C(CH_3)C(CH_3){=}CH_2$ erhält man bei 60 bis 70°C etwa 70% (*iso*-C_4H_9)$_3$Sn$CH_2C(CH_3){=}C(CH_3)_2$ neben etwa 30% (*iso*-C_4H_9)$_3$Sn$CH_2CH(CH_3)C(CH_3){=}CH_2$ [7, 8]. Mit HC≡CH entsteht in Benzol beim Rückflußkochen in Gegenwart von AIBN (*iso*-C_4H_9)$_3$Sn$CH{=}CH_2$ [9]. Mit Aldehyden RCHO oder Ketonen RR′CO werden Verbindungen vom Typ (*iso*-C_4H_9)$_3$SnOCH_2R bzw. (*iso*-C_4H_9)$_3$SnOCHRR′ erhalten [10].

Bei der Umsetzung von (*iso*-C_4H_9)$_3$SnH mit Azoisobuttersäuredinitril in Toluol bei 80°C entsteht im Verlauf eines radikalischen Prozesses (*iso*-C_4H_9)$_3$SnCN. Mit dem entsprechenden Azodicyclohexyldinitril werden nach Reaktion bei 100°C N_2, H_2, C_4H_8, C_4H_{10} und (*iso*-C_4H_9)$_3$SnCN gefunden [11]. Nach UV-Bestrahlung von (*iso*-C_4H_9)$_3$SnH können (*iso*-C_4H_9)$_3$Sn-Radikale in flüssigem N_2 einkondensiert werden [12].

Zwischen (*iso*-C_4H_9)$_3$SnH und $(C_2H_5)_3SnD$ erfolgt Isotopenaustausch; dabei entsteht (*iso*-C_4H_9)$_3$SnD neben $(C_2H_5)_3SnH$ [3]. Mit $C_2H_5SnBr_3$ erfolgt Substituentenaustausch, wobei das neben (*iso*-C_4H_9)$_3$SnBr gebildete, nicht in Substanz isolierte $C_2H_5SnHBr_2$ an das gleichzeitig anwesende $C_6H_5C{\equiv}CH$ unter Bildung von $C_2H_5Sn(Br_2)CH{=}CHC_6H_5$ addiert wird [13].

(*iso*-C_4H_9)$_3$SnH reagiert mit [(*iso*-C_4H_9)$_3$Sn]$_2$O bei 160°C unter Bildung von [(*iso*-C_4H_9)$_3$Sn]$_2$ [15]. Mit $[(C_2H_5)_3Sn]_2O$ entsteht bei 110°C unter Wasserabspaltung $(C_2H_5)_3SnSn$(*iso*-C_4H_9)$_3$ [14], bei 160°C entstehen nach 20 h daneben noch $[(C_2H_5)_3Sn]_2$ und [(*iso*-C_4H_9)$_3$Sn]$_2$ [15]. Aus (*iso*-C_4H_9)$_3$Sn$N(C_2H_5)_2$ wird unter analogen Bedingungen [(*iso*-C_4H_9)$_3$Sn]$_2$, aus $(C_2H_5)_3SnN(C_2H_5)_2$ ebenfalls $(C_2H_5)_3SnSn$(*iso*-C_4H_9)$_3$ gebildet [15, 16]. Bei der Reaktion mit

$(C_6H_5)_3SnCl$ in Gegenwart von $N(C_2H_5)_3$ entsteht nach zehnstündigem Rückflußkochen eine Mischung aus $(iso\text{-}C_4H_9)_3SnSn(C_6H_5)_3$, $[(C_6H_5)_3Sn]_2$ und $[(iso\text{-}C_4H_9)_3Sn]_2$ [15]. Mit $Al(C_4H_9)_3$ reagiert $(iso\text{-}C_4H_9)_3SnH$ bei 80°C in Cyclohexan unter Bildung von $(iso\text{-}C_4H_9)_3SnC_4H_9$ neben $(C_4H_9)_2AlH$. Zur Kinetik der Reaktion s. Originale [17, 18].

$(sec\text{-}C_4H_9)_3SnH$

Die Verbindung wird durch Umsetzung von $(sec\text{-}C_4H_9)_3SnJ$ mit $LiAlH_4$ in Diäthyläther in 66%iger Ausbeute gewonnen. Siedepunkt 65°C/0.4 Torr, Dichte $D_4^{20} = 1.12$ g/cm³, Brechungsindex $n_D^{20} = 1.4863$ [15]. Molrefraktion und Bindungsrefraktionskonstante s. bei [4]. Im IR-Spektrum erscheint die νSnH bei 1790 cm^{-1} [15]. Die Verbindung reagiert mit $Al(C_4H_9)_3$ in Cyclohexan bei 80°C unter Bildung von $(sec\text{-}C_4H_9)_3SnC_4H_9$ neben $(C_4H_9)_2AlH$. Zur Kinetik der Reaktion s. Originale [17, 18].

$(tert\text{-}C_4H_9)_3SnH$

Die Verbindung entsteht bei der Umsetzung von $(CH_3)_3SnH$ mit $Hg[Sn(tert\text{-}C_4H_9)_3]_2$ im Molverhältnis 2:1 bei 20°C bereits nach einer halben Stunde in quantitativer Ausbeute neben Hg und $[(CH_3)_3Sn]_2$. In benzolischer Lösung erscheint im ^1H-NMR-Spektrum für die Protonen der *tert*-Butylgruppen ein Signal bei $\tau = 8.72$. Die Kopplungskonstanten $J(^1HCC^{117/119}Sn)$ betragen 58 bzw. 60.5 Hz [19]. Die Verbindung reagiert mit $Al(C_4H_9)_3$ in Cyclohexan bei 80°C unter Bildung von $(tert\text{-}C_4H_9)_3SnC_4H_9$ neben $(C_4H_9)_2AlH$. Zur Kinetik der Reaktion s. Originale [17, 18]. Bei der Reaktion mit $Hg(tert\text{-}C_4H_9)_2$ in Hexan, erst 4 h bei −25°C und anschließend 24 h bei 25°C, wird in Umkehrung der Bildungsreaktion in 95%iger Ausbeute $Hg[Sn(tert\text{-}C_4H_9)_3]_2$ gebildet [19].

$(C_5H_{11})_3SnH$

Für die Verbindung wird kein Darstellungsverfahren angegeben. Sie reagiert mit Epoxiden wie $CH_2{=}CHOCH_2CH\text{-}CH_2$ (└O┘) und $CH_2{=}CHCH_2OCH_2CH\text{-}CH_2$ (└O┘) unter Hydrostannierung der C-C-Doppelbindung zu $(C_5H_{11})_3SnCH_2CH_2OCH_2CH\text{-}CH_2$ (└O┘) bzw. $(C_5H_{11})_3Sn(CH_2)_3OCH_2CH\text{-}CH_2$ (└O┘) [20].

$[(CH_3)_3CCH_2]_3SnH$

Die Verbindung wird bei der Reaktion zwischen $LiAlH_4$ und $[(CH_3)_3CCH_2]_3SnCl$ in Diäthyläther bei 20°C nach 20 h in 70.5%iger Ausbeute gewonnen. Schmelzpunkt 33 bis 34°C, Siedepunkt 82 bis 83°C/1 Torr. Im IR-Spektrum erscheint die νSnH bei 1820 cm^{-1}. Die Verbindung reagiert mit $Cd(C_2H_5)_2$ und $Hg(C_2H_5)_2$ nach 2 h bei 20°C und anschließend 2 h bei 40°C unter Bildung von Äthan und $Cd\{Sn[CH_2C(CH_3)_3]_3\}_2$ bzw. $Hg\{Sn[CH_2C(CH_3)_3]_3\}_2$ [21].

$(C_6H_{13})_3SnH$

Die Verbindung entsteht bei der Umsetzung von $(C_6H_{13})_3SnCl$ mit $LiAlH_4$ in Diäthyläther in 60%iger Ausbeute. Siedepunkt 124 bis 127°C/0.015 Torr [22]. Bei der Reaktion mit Acetylen in Benzol in Gegenwart von AIBN unter Rückflußkochen erfolgt Hydrostannierung und Bildung von $(C_6H_{13})_3SnCH{=}CH_2$ [9].

$(cyclo\text{-}C_6H_{11})_3SnH$

Tricyclohexylzinnhydrid entsteht bei der Umsetzung von Tricyclohexylzinnbromid mit $LiAlH_4$ in Diäthyläther in 89%iger Ausbeute. Siedepunkt 147 bis 150°C/0.001 Torr. Dichte $D_4^{20} = 1.40$ g/cm³, Brechungsindex $n_D^{20} = 1.5411$ [15]. Molrefraktion und Bindungsrefraktionskonstante s. bei [4]. Die νSnH erscheint im IR-Spektrum bei 1782 cm^{-1} [15].

Die Verbindung reagiert mit Olefinen unter Hydrostannierung. So wird mit $CH_2{=}CHCN$ bei 100°C nach 10 h $(cyclo\text{-}C_6H_{11})_3SnCH_2CH_2CN$ gebildet [23]. Mit α-Vinylpyridin $CH_2{=}CHC_5H_4N$ entsteht $(cyclo\text{-}C_6H_{11})_3SnCH_2CH_2C_5H_4N$ [24]. Mit $CH_2{=}CHCH{=}CHCH_3$ werden bei 60 bis 75°C in Gegenwart von AIBN im Bombenrohr in 86%iger Ausbeute Hydrostannierungsprodukte erhalten; davon sind 45% (*cyclo*-C_6H_{11})$_3$$SnCH_2CH_2CH$=$CHCH_3$ und 55% (*cyclo*-C_6H_{11})$_3$$SnCH_2CH$=$CHCH_2CH_3$. Mit CH_2=C(CH_3)C(CH_3)=CH_2 entstehen auf entsprechende Weise in 80%iger Ausbeute 30% (*cyclo*-C_6H_{11})$_3$$SnCH_2CH$($CH_3$)C($CH_3$)=$CH_2$ und 70% (*cyclo*-C_6H_{11})$_3$$SnCH_2C$($CH_3$)=C($CH_3$)$_2$ [8]. Mit (CH_3)$_3$SnN(C_2H_5)$_2$ reagiert (*cyclo*-C_6H_{11})$_3$SnH bei 50°C innerhalb von 5 h unter Bildung von (CH_3)$_3$SnSn(*cyclo*-C_6H_{11})$_3$, mit (*iso*-C_4H_9)$_3$SnN(C_2H_5)$_2$ nach 10 h bei 60 bis 70°C unter Bildung von unsymmetrischem (*iso*-C_4H_9)$_3$SnSn(*cyclo*-C_6H_{11})$_3$ und mit (*cyclo*-C_6H_{11})$_3$SnN(C_2H_5)$_2$ nach 1.5 h bei 80°C unter Bildung von [(*cyclo*-C_6H_{11})$_3$Sn]$_2$ [15].

Die Verbindung dient in Kombination mit Estern von Phosphorsäuren als Katalysator zur Polymerisation von Alkylenoxiden [25].

(C_8H_{17})$_3$SnH

Trioctylzinnhydrid entsteht bei der Umsetzung von (C_8H_{17})$_3$SnCl mit $LiAlH_4$ in Diäthyläther in 40%iger Ausbeute [22] oder analog unter Verwendung von (C_8H_{17})$_3$SnBr [1]. Siedepunkt 143°C/0.0005 Torr [22], Brechungsindex n_D^{20} = 1.4742 [4]. Im IR-Spektrum erscheint die Bande für die νSnH bei 1805 cm^{-1} [1]. Folgende NMR-Parameter werden angegeben: δSnH = −290.3 Hz (Septett), J($^1H^{117}Sn$) = 1534.4 Hz, J($^1H^{119}Sn$) = 1604.7 Hz, J($^1HCSn^1H$) = 1.80 Hz [1], τSnH = 5.2, J($^1H^{117}Sn$) = 1534 Hz, J($^1H^{119}Sn$) = 1600 Hz, J($^1HCSn^1H$) = 1.80 Hz [5].

Die Verbindung reagiert mit CH_2=$CHCH_2OCH_2CH_2OH$ zu (C_8H_{17})$_3$Sn(CH_2)$_3$O(CH_2)$_2$OH [26], mit CH_2=CHCH(CH_3)CH_2CH_2CH=C(CH_3)$_2$ unter Bildung des Hydrostannierungsproduktes (C_8H_{17})$_3$$SnCH_2CH_2CH$($CH_3$)$CH_2CH_2CH$=C($CH_3$)$_2$ [27]. Mit Al(C_4H_9)$_3$ entsteht in Cyclohexan bei 80°C (C_8H_{17})$_3$$SnC_4H_9$ neben (C_4H_9)$_2$AlH. Zur Kinetik der Reaktion s. Original [17].

($C_6H_5CH_2$)$_3$SnH

Die Verbindung entsteht bei der Umsetzung von ($C_6H_5CH_2$)$_3$SnCl mit $LiAlH_4$ in Diäthyläther nach dreistündigem Rückflußkochen in Form farbloser Kristalle, die zwischen 52 und 53°C schmelzen [22, 28]. ^{1}H-NMR-Spektrum: τSnH = 4.488, J($^1H^{117}Sn$) = 1692 Hz, J($^1H^{119}Sn$) = 1770 Hz, τCH_2Sn = 8.158, J($^1HC^{117}Sn$) = 59.8 Hz, J($^1HC^{119}Sn$) = 62 Hz, J($^1H^{13}C$) = 131 Hz [28].

Die Verbindung reagiert mit 1-Adamantylcarbonsäure $C_{10}H_{15}COOH$ unter Bildung von ($C_6H_5CH_2$)$_3$$SnOOCC_{10}H_{15}$ [29]. Mit [C_5H_5Cr(CO)$_3$]$_2$ entstehen in Benzol bei 80°C C_5H_5(CO)$_3$CrH und ($C_6H_5CH_2$)$_3$SnCr(CO)$_3$$C_5H_5$, mit (CO)$_5$CrC($C_6H_5$)$OCH_3$ wird in Pyridin entsprechend ($C_6H_5CH_2$)$_3$SnCH(C_6H_5)OCH_3 gebildet [31].

[(CH_3)$_3$$SiCH_2$]$_3$SnH

Die Verbindung entsteht bei der Umsetzung von $LiAlH_4$ mit [(CH_3)$_3$$SiCH_2$]$_3$SnCl in Diäthyläther nach 12 h bei Zimmertemperatur in 80.5%iger Ausbeute [32, 33] oder aus [(CH_3)$_3$$SiCH_2$]$_3$SnLi und ($CH_3$)$_3$CCl in Tetrahydrofuran bei 60°C nach 7 h in 67.6%iger Ausbeute neben LiCl und (CH_3)$_2$C=CH_2 [34]. Siedepunkt 80 bis 82°C/1.5 Torr [34], 81 bis 83°C/1 Torr [32, 33]. Brechungsindex n_D^{20} = 1.4750 [32, 33], 1.4760 [34]. Bei der Reaktion von [(CH_3)$_3$$SiCH_2$]$_3$SnH mit Tl($C_2H_5$)$_3$ zwischen −10 und 20°C wird unter Abspaltung von Äthan Tl{Sn[CH_2Si(CH_3)$_3$]$_3$}$_3$ in 62.2%iger Ausbeute gebildet [35]. Entsprechend entsteht mit Cd(C_2H_5)$_2$ und Hg(C_2H_5)$_2$ bei Zimmertemperatur Cd{Sn[CH_2Si(CH_3)$_3$]$_3$}$_2$ [32, 33, 36] bzw. Hg{Sn[CH_2Si(CH_3)$_3$]$_3$}$_2$ [32, 33], während bei der Reaktion mit Zn(C_2H_5)$_2$ bei Zimmertemperatur nur [(CH_3)$_3$$SiCH_2$]$_3$$SnC_2H_5$ neben Zn und C_2H_6 isoliert werden kann [32, 33].

Literatur:

[1] M.-R. Kula, E. Amberger, H. Rupprecht (Chem. Ber. **98** [1965] 629/33). — [2] W. P. Neumann, H. Niermann, R. Sommer (Liebigs Ann. Chem. **659** [1962] 27/39). — [3] W. P. Neumann, R. Sommer (Angew. Chem. **75** [1963] 788). — [4] J. J. Pohl (Allgem. Prakt. Chem. **19** [1968] 84). — [5] J. Dufermont, J. C. Maire (J. Organometal. Chem. **7** [1967] 415/25).

[6] A. Yu. Aleksandrov, O. Yu. Okhlobystin, L. S. Polak, V. S. Shpinel (Dokl. Akad. Nauk SSSR **157** [1964] 934/7; Dokl. Phys. Chem. Proc. Acad. Sci. USSR **154/159** [1964] 768/71). — [7] W. P. Neumann, R. Sommer (Angew. Chem. **76** [1964] 52/3). — [8] W. P. Neumann, R. Sommer (Liebigs Ann. Chem. **701** [1967] 28/39). — [9] E. M. Smolin, M. N. O'Connor, American

Cyanamid Co. (U.S.P. 3074985 [1961/63]; C.A. **58** [1963] 12599). — [10] W. P. Neumann, E. Heymann (Liebigs Ann. Chem. **683** [1965] 11/23).

[11] W. P. Neumann, R. Sommer, H. Lind (Liebigs Ann. Chem. **688** [1965] 14/27). — [12] U. Schmidt, K. Kabitske, K. Markau, W. P. Neumann (Chem. Ber. **98** [1965] 3827/30). — [13] W. P. Neumann, J. A. Pedain, Studiengesellschaft Kohle m.b.H. (D.P. 1214237 [1964/66]; C.A. **65** [1966] 5490). — [14] W. P. Neumann, B. Schneider (Angew. Chem. **76** [1964] 891). — [15] W. P. Neumann, B. Schneider, R. Sommer (Liebigs Ann. Chem. **692** [1966] 1/11).

[16] R. Sommer, W. P. Neumann, B. Schneider (Tetrahedron Letters **1964** 3875/8). — [17] B. Schneider, W. P. Neumann (Liebigs Ann. Chem. **707** [1967] 7/14). — [18] R. Gupta, B. Majee (J. Organometal. Chem. **49** [1973] 197/202). — [19] U. Blaukat, W. P. Neumann (J. Organometal. Chem. **63** [1973] 27/39). — [20] Z. M. Rzaev, S. M. Mamedov, S. K. Kyazimov (Azerb. Khim. Zh. **1972** 85/7 nach C.A. **79** [1973] Nr. 53481).

[21] B. V. Fedotev, O. A. Kruglaya, N. S. Vyazankin (Izv. Akad. Nauk SSSR Ser. Khim. **1974** 713/4; Bull. Acad. Sci. USSR Div. Chem. Sci. **1974** 679/81). — [22] J. G. Noltes, G. J. M. van der Kerk (Functionally Substituted Organotin Compounds, Tin Research Institute, Greenford 1958, S. 1/128). — [23] D. E. Bublitz, Dow Chemical Co. (U.S.P. 3591614 [1968/71]; C.A. **75** [1971] Nr. 77034). — [24] D. E. Bublitz, Dow Chemical Co. (U.S.P. 3641037 [1968/72]; C.A. **76** [1972] Nr. 141029). — [25] T. Nakata, K. Kawamata, Osaka Soda Co., Ltd. (Deut. Offenlegungsschrift 1941690 [1968/70]; C.A. **72** [1970] Nr. 133372).

[26] K. Ziegler (D.P. 966813 [1961/64]; C.A. **61** [1964] 14711). — [27] Studiengesellschaft Kohle m.b.H. (Belg.P. 629783 [1962/63]; C.A. **60** [1964] 14538). — [28] L. Verdonck, G. P. van der Kelen (J. Organometal. Chem. **5** [1966] 532/6). — [29] R. H. Fish, C. W. Le Fevre, United States Borax and Chemical Corp. (F.P. 1499737 [1966/67]; C.A. **70** [1969] Nr. 37917). — [30] A. Miyake, H. Kondo, M. Aoyama (Angew. Chem. **81** [1969] 498/9).

[31] M. Gielen, V. Close, B. de Poorter (Bull. Soc. Chim. Belges **83** [1974] 339/41). — [32] O. A. Kruglaya, G. S. Kalinina, B. I. Petrov, N. S. Vyazankin (J. Organometal. Chem. **46** [1972] 51/8). — [33] G. S. Kalinina, O. A. Kruglaya, B. I. Petrov, N. S. Vyazankin (Izv. Akad. Nauk SSSR Ser. Khim. **1971** 2101; Bull. Acad. Sci. USSR Div. Chem. Sci. **1971** 1997). — [34] O. A. Kruglaya, T. A. Basalgina, G. S. Kalinina, N. S. Vyazankin (Zh. Obshch. Khim. **44** [1974] 1068/72; J. Gen. Chem. USSR **44** [1974] 1027/30). — [35] G. S. Kalinina, E. A. Shchupak, O. A. Kruglaya, N. S. Vyazankin (Izv. Akad. Nauk SSSR Ser. Khim. **1973** 1186; Bull. Acad. Sci. USSR Div. Chem. Sci. **1973** 1154).

[36] G. S. Kalinina, O. A. Kruglaya, B. I. Petrov, E. A. Shchupak, N. S. Vyazankin (Zh. Obshch. Khim. **43** [1973] 2224/8; J. Gen. Chem. USSR **43** [1973] 2215/8).

1.2.1.1.7 Triphenylzinnhydrid $(C_6H_5)_3SnH$

Triphenyltin Hydride

1.2.1.1.7.1 Bildung und Darstellung

Formation. Preparation

$(C_6H_5)_3SnH$ wird am einfachsten durch Umsetzung von $(C_6H_5)_3SnCl$ mit $LiAlH_4$ in Äthern erhalten [1, 2]. Hierbei wird zu einer durch Eis gekühlten Suspension von $LiAlH_4$ in wasserfreiem Diäthyläther $(C_6H_5)_3SnCl$ gegeben. Nach Auftauen auf Zimmertemperatur wird die Reaktionsmischung für 3 h gerührt und anschließend mit Eiswasser versetzt. Aus der ätherischen Schicht können zwischen 77 und 85% an $(C_6H_5)_3SnH$ gewonnen werden [3]. Bei entsprechenden Darstellungen wurden folgende Ausbeuten erzielt: 42% [4], 58% [5], 61% [6, 7] und 78% [8]. Entsprechend werden aus $(C_6H_5)_3SnBr$ und $LiAlH_4$ in Diäthyläther 43% Ausbeute an $(C_6H_5)_3SnH$ erhalten [9], aus $(C_6H_5)_3SnJ$ und $LiAlH_4$ 51.6% [10]. Auch $NaBH_4$ eignet sich zur Reduktion von $(C_6H_5)_3SnCl$. So entstehen in Monoglyme [11] und in Diglyme [12] jeweils 82% an $(C_6H_5)_3SnH$.

$(C_6H_5)_3SnH$ entsteht bei der Reaktion zwischen $[(C_6H_5)_3Sn]_2$ und $LiAlH_4$ [13]. Bei der Reduktion von $(C_6H_5)_3SnCl$ mit Aluminiumamalgam werden bei 10°C nach 6 bis 8 h 65% Ausbeute [14], bei der Reduktion von $(C_6H_5)_3SnOCH_3$ mit B_2H_6 in Pentan bei −78°C 99% Ausbeute [15] und bei der Umsetzung von $[(C_6H_5)_3Sn]_2O$ mit polymerem $(CH_3SiHO)_n$ in Gegenwart von *tert*-Butylkatechol 32% Ausbeute erhalten [16].

Auch bei der Protolyse von $(C_6H_5)_3SnLi$ kann $(C_6H_5)_3SnH$ gewonnen werden. $(C_6H_5)_3SnLi$ wird dabei nicht in Substanz eingesetzt, sondern die Organozinn-Alkali-Verbindung wird auf unterschiedlichen Wegen dargestellt und dann, ohne isoliert zu werden, protolysiert. So entsteht

$(C_6H_5)_3SnH$ in 38%iger Ausbeute bei der Reaktion zwischen $(C_6H_5)_3SnCl$, Li und NH_4Cl in flüssigem NH_3 [17], in 33.5%iger Ausbeute aus $(C_6H_5)_3SnBr$, Li und NH_4Br in flüssigem NH_3 [9] und in Ausbeuten zwischen 69 und 74% bei der Reaktion zwischen $[(C_6H_5)_3Sn]_2$ und Li bei nachfolgender Zersetzung mit HCl in Tetrahydrofuran [18]. Völlig analog wird $(C_6H_5)_3SnH$ gebildet bei der Reaktion zwischen $(C_6H_5)_3SnNa$ und NH_4Br in flüssigem NH_3 [19] und bei der Hydrolyse von aus $(C_6H_5)_3SnCl$ und Mg in Tetrahydrofuran gebildetem $[(C_6H_5)_3Sn]_2Mg$ [20, 21].

$(C_6H_5)_3SnH$ entsteht bei der Komproportionierung zwischen $(C_6H_5)_2SnH_2$ und $[(C_6H_5)_3Sn]_2O$ im Molverhältnis 1:1 in Benzol bei 20°C im Verlauf von 4 h neben $[(C_6H_5)_2SnO]_n$ [22].

Zur Synthese des Deuterium-Derivates werden die entsprechenden Verfahren angewandt. So entsteht $(C_6H_5)_3SnD$ in 70%iger Ausbeute bei der Reduktion von $(C_6H_5)_3SnCl$ mit $LiAlD_4$ in Diäthyläther-Benzol nach 3 h bei Temperaturen zwischen −10 und 40°C [23], bei der Reduktion von $(C_6H_5)_3SnBr$ mit $LiAlD_4$ in Tetrahydrofuran bei Zimmertemperatur und nachfolgende Deuteriolyse mit D_2O bei 0°C [24], aus $(C_6H_5)_3SnCl$ und $(C_2H_5)_2AlD$ [25] sowie aus $(C_6H_5)_3SnNa$ und D_2O [26].

Analysis

Analyse. $(C_6H_5)_3SnH$ erzeugt zusammen mit Ninhydrin eine blauviolette Farbe. Diese Reaktion eignet sich zur colorimetrischen Bestimmung der Verbindung neben anderen Organozinnverbindungen in Konzentrationen bis hinab zu 10^{-4} mol/l [27]. Zur dünnschichtchromatographischen Trennung von $(C_6H_5)_2SnH_2$ und $Sn(C_6H_5)_4$ an Al_2O_3 oder Silicagel s. [28].

Literatur:

[1] G. H. Reifenberg, W. J. Considine (J. Organometal. Chem. **9** [1967] 505/9). — [2] J. P. Oliver, U. V. Rao, M. T. Emerson (Tetrahedron Letters **1964** 3419/25). — [3] H. G. Kuivila, O. F. Beumel (J. Am. Chem. Soc. **83** [1961] 1246/50). — [4] H. Gilman, H. W. Melvin (J. Am. Chem. Soc. **71** [1949] 4050/1). — [5] H. Gilman, J. Eisch (J. Org. Chem. **20** [1955] 763/9).

[6] J. G. Noltes, G. J. M. van der Kerk (Functionally Substituted Organotin Compounds, Tin Research Institute, Greenford 1958, S. 1/128). — [7] G. J. M. van der Kerk, J. G. Noltes, J. G. A. Luijten (J. Appl. Chem. **7** [1957] 366/9). — [8] F. D. Green, H. N. Lowry (J. Org. Chem. **32** [1967] 882/5). — [9] G. Wittig, F. J. Meyer, G. Lange (Liebigs Ann. Chem. **571** [1951] 167/201). — [10] H. Gilman, S. D. Rosenberg (J. Am. Chem. Soc. **75** [1953] 3592/3).

[11] E. R. Birnbaum, P. H. Javora (Inorg. Syn. **12** [1970] 45/57). — [12] E. R. Birnbaum, P. H. Javora (J. Organometal. Chem. **9** [1967] 379/82). — [13] T. T. Tsai, W. L. Lehn (J. Org. Chem. **31** [1966] 2981/5). — [14] G. J. M. van der Kerk, J. G. Noltes, J. G. A. Luijten (Chem. Ind. [London] **1958** 1290/1). — [15] E. Amberger, M.-R. Kula (Chem. Ber. **96** [1963] 2560/1).

[16] K. Hayashi, J. Iyoda, I. Shiihara (J. Organometal. Chem. **10** [1967] 81/94). — [17] C. W. Allen (J. Chem. Educ. **47** [1970] 479/80). — [18] C. Tamborski, F. E. Ford, E. J. Soloski (J. Org. Chem. **28** [1963] 181/4). — [19] R. F. Chambers, P. C. Scherer (J. Am. Chem. Soc. **48** [1926] 1054/62). — [20] C. Tamborski, E. J. Soloski (J. Am. Chem. Soc. **83** [1961] 3734).

[21] R. D. Taylor, J. L. Wardell (J. Organometal. Chem. **77** [1974] 311/23). — [22] R. Sommer, B. Schneider, W. P. Neumann (Liebigs Ann. Chem. **692** [1966] 12/21). — [23] M. Wahren, P. Hädge, H. Hübner, M. Mühlstädt (Isotopenpraxis **1** [1965] 65/8). — [24] M. F. Lappert, N. F. Traven (J. Chem. Soc. A **1970** 3303/8). — [25] W. P. Neumann, R. Sommer (Angew. Chem. **75** [1963] 788).

[26] K. Kühlein, W. P. Neumann, H. Mohring (Angew. Chem. **80** [1968] 438/9). — [27] M. Frankel, D. Wagner, D. Gertner, A. Zilkha (Israel J. Chem. **4** [1966] 183/7). — [28] V. E. Zhuravlev, N. G. Molchanova, V. I. Krauzova (Tr. Estestvennonauchn. Inst. Perm. Univ. **13** [1972] 153/7 nach C.A. **80** [1974] Nr. 33627).

Spectra

1.2.1.1.7.2 Spektren

Im ^1H-NMR-Spektrum erscheint für die Protonen der Phenylgruppen ein Multiplett-Signal bei $\tau = 2.8$ [1]. Für das an Sn gebundene H-Atom wird ein von zwei Satellitenpaaren flankiertes Singulett gefunden. Die chemische Verschiebung gegen TMS und die Kopplungskonstanten $J(^1H^{117}Sn)$ und $J(^1H^{119}Sn)$, jeweils in Hz, betragen in Substanz: −409.6, 1850.8 und 1935.8, in Diäthyläther: −410.9, 1843.2 und 1926.0, in 1,2-Dimethoxyäthan: −411.8, 1846.0 und 1930.0, in Tetrahydrofuran: −411.7, 1850.0 und 1936.0, in Benzol: −416.7, 1850.0 und 1936.0, in Cyclohexan: −410.2,

1846.5 und 1931.0 [1]. Außerdem werden folgende Parameter in der Literatur angegeben: δSnH = −409.6 Hz, J(^{1}H^{119}Sn) = 1850.8 Hz, J(^{1}H^{119}Sn) = 1935.8 Hz in Substanz [2], τSnH = 3.16, J(^{1}H^{117}Sn) = 1850.8 Hz, J(^{1}H^{119}Sn) = 1935.8 Hz in Diäthyläther [3, 4], τSnH = 3.03 in CS_2 [5], δSnH = −6.88 ppm gegen den Methylpeak von Toluol [6] sowie J(^{1}H^{117}Sn) = 1850 Hz, J(^{1}H^{119}Sn) = 1936 Hz [7]. Die chemischen Verschiebungen für das an Sn gebundene H-Atom in Benzol (τ = 2.96) und in $CDCl_3$ (τ = 3.17) wurden mit der in anderen Phenylzinnhydriden, Phenylelementhydriden von vier- und fünfwertigen Elementen sowie in Phenylmethan-Derivaten verglichen und daraus abgeleitet, daß die effektive Abschirmung der Phenylgruppe in Silanen, Germanen und Stannanen geringer ist als in Methan-Derivaten [8, 9].

Für die Isomerieverschiebung im Mössbauer-Spektrum werden angegeben: δ = 1.28 [10], 1.39 ± 0.06 [11] und 1.45 ± 0.05 mm/s [12] gegen SnO_2. In keinem Fall wird Quadrupolaufspaltung beobachtet.

Das IR- und Raman-Spektrum von flüssigem $(C_6H_5)_3SnH$ ist in Tabelle 4 zusammengestellt [13]. Abbildungen des IR-Spektrums s. bei [13, 14, 15]. Außerdem wird die νSnH bei 1825 cm^{-1} [16], 1838 cm^{-1} in Cyclohexan [5], 1843 cm^{-1} in Cyclohexan [4], 1845 cm^{-1} [17], 1847 cm^{-1}

Tabelle 4
IR- und Raman-Spektrum von $(C_6H_5)_3SnH$

Zuordnung	ν in cm^{-1}	
	IR	Raman
$\nu_sSn(C_6H_5)_3$	—	205 (2)
$\nu_{as}Sn(C_6H_5)_3$	450 m	—
δSnH	567 st	561 (2)
C_6H_5	620 Sch	616 (3)
C_6H_5	661 s	653 (8)
C_6H_5	678 Sch	—
C_6H_5	700 st	699 (1)
$\gamma CH (C_6H_5)$	729 st	—
	855 ss	—
	910 ss	907 (1)
Ringpulsation (C_6H_5)	997 s	995 (10)
$\beta CH (C_6H_5)$	1021 s	1022 (2)
	1062 ss	—
	1075 m	1073 (1)
	1158 ss	1158 (2)
	1189 s	1185 (2)
	1259 ss	—
	1300 s	—
$\nu CC (C_6H_5)$	1333 s	1331 (1)
	1377 ss	—
	1428 m	—
	1481 s	1480 (1)
	1580 ss	1576 (6)
ν_sSnH	1847 st	1844 (5)
$\nu CH (C_6H_5)$	—	2948 (1)
	2995 s	2993 (1)
	3019 m	—
	3050 st	3042 (10)
	3067 st	—

[2, 7], 1850 cm^{-1} [18], die νSnD im entsprechenden Deuterium-Derivat bei 1318 cm^{-1} [19], 1321 cm^{-1} [20] sowie bei 1323 cm^{-1} gefunden [21]. Der Bereich für die C-H-Deformationsschwingungen der Phenylkerne in $(C_6H_5)_3SnH$ liegt zwischen 1060 und 1070 bzw. 940 und 945 cm^{-1} [22]. Die Lage der νSnH ist abhängig vom Lösungsmittel. Folgende Wellenzahlen (in cm^{-1}) werden angegeben: 1847 (in Substanz), 1850 (in Hexan), 1846 (in CS_2), 1846 (in CCl_4), 1844 (in Benzol), 1854 (in Acetonitril) und 1850 (in Dioxan). Auch die Intensität wird von der Art des Lösungsmittels beeinflußt. Die Halbwertsbreite der νSnH beträgt in Hexan 25.4 cm^{-1}, in CS_2 31.9 cm^{-1} und in Dioxan 52.8 cm^{-1} [13].

Literatur:

[1] E. Amberger, H. P. Fritz, C. G. Kreiter, M.-R. Kula (Chem. Ber. **96** [1963] 3270/4). — [2] M.-R. Kula, E. Amberger, H. Rupprecht (Chem. Ber. **98** [1965] 629/33). — [3] J. Dufermont, J. C. Maire (J. Organometal. Chem. **7** [1967] 415/25). — [4] M. L. Maddox, N. Flitcroft, H. D. Kaesz (J. Organometal. Chem. **4** [1965] 50/6). — [5] Y. Kawasaki, K. Kawakami, T. Tanaka (Bull. Chem. Soc. Japan **38** [1965] 1102/5).

[6] F. A. Carey, H. S. Tremper (Tetrahedron Letters **1969** 1645/8). — [7] C. W. Allen (J. Chem. Educ. **47** [1970] 479/80). — [8] M. T. Ryan, W. T. Lehn (AD 423846 [1963] 8 S.; C.A. **62** [1965] 7276). — [9] M. T. Ryan, W. L. Lehn (J. Organometal. Chem. **4** [1965] 455/60). — [10] H. A. Stöckler, H. Sano, R. H. Herber (J. Chem. Phys. **47** [1967] 1567/71).

[11] R. H. Herber, G. I. Parisi (Inorg. Chem. **5** [1966] 769/74). — [12] A. Yu. Aleksandrov, O. Yu. Okhlobystin, L. S. Polak, V. S. Shpinel (Dokl. Akad. Nauk SSSR **157** [1964] 934/7; Dokl. Phys. Chem. Proc. Acad. Sci. USSR **154/159** [1964] 768/71). — [13] H. Kriegsmann, K. Ulbricht (Z. Anorg. Allgem. Chem. **328** [1964] 90/104). — [14] R. A. Cummins, P. Dunn (Australia Commonwealth Dept. Supply Defense Std. Lab. Rept. Nr. 266 [1963] 106 S.). — [15] M. C. Henry, J. C. Noltes (J. Am. Chem. Soc. **82** [1960] 555/8).

[16] Yu. P. Egorov, V. P. Morozov, N. F. Kovalenko (Ukr. Khim. Zh. **31** [1965] 123/32 nach C.A. **63** [1965] 3771). — [17] K. Hayashi, J. Iyoda, I. Shiihara (J. Organometal. Chem. **10** [1967] 81/94). — [18] W. P. Neumann (Angew. Chem. **75** [1963] 225/35). — [19] M. Wahren, P. Hädge, H. Hübner, M. Mühlstädt (Isotopenpraxis **1** [1965] 65/8). — [20] M. F. Lappert, N. F. Travers (J. Chem. Soc. A **1970** 3303/8).

[21] W. P. Neumann, R. Sommer (Angew. Chem. **75** [1963] 788). — [22] A. E. Borisov, N. V. Novikova, N. A. Chumaevskii, E. B. Shkirtil (Dokl. Akad. Nauk SSSR **173** [1967] 855/8; Dokl. Phys. Chem. Proc. Acad. Sci. USSR **172/177** [1967] 248/51).

Physical Properties

1.2.1.1.7.3 Physikalische Eigenschaften

$(C_6H_5)_3SnH$ ist eine farblose Verbindung, für die folgende Schmelzpunkte angegeben werden: 26 bis 28°C [1, 2], 29 bis 29.5°C [3]. $(C_6H_5)_3SnD$ schmilzt bei 20°C [4]. $(C_6H_5)_3SnH$ siedet bei 131 bis 134°C/0.004 Torr [5], 140 bis 149°C/0.03 Torr [6], 142 bis 143°C/0.1 Torr [7], 145 bis 149°C/0.1 Torr [7], 151°C/0.05 Torr [8], 155 bis 157°C/0.1 Torr [9], 156°C/0.1 Torr [10], 162 bis 168°C/0.5 Torr [11], 164 bis 165°C/0.3 Torr [12], 168 bis 170°C/0.5 Torr [1], 168 bis 172°C/0.5 Torr [2], 173 bis 174°C/6 Torr [13], 174°C/1.0 Torr [14], 177.5 bis 178.5°C/2 Torr [15], 196 bis 198°C/5.5 Torr [16], das Deuterium-Derivat $(C_6H_5)_3SnD$ bei 148°C/0.001 Torr [17], 152 bis 156°C/0.002 Torr [4], 160 bis 165°C/0.5 Torr [18].

Dichte $D_4^{20} = 1.378$ g/cm³ [5, 19], $D_4^{25} = 1.3771$ g/cm³ [7], Brechungsindex $n_D^{25} = 1.6342$ [7], 1.6345 [7], $n_D^{28} = 1.6322$ [5, 19], 1.6327 [20]. Der Brechungsindex für $(C_6H_5)_3SnD$ wurde zu $n_D^{20} = 1.6360$ [18] und $n_D^{28} = 1.6318$ [4, 19] bestimmt. Molrefraktion und Bindungsrefraktion s. bei [19].

Literatur:

[1] J. G. Noltes, G. J. M. van der Kerk (Functionally Substituted Organotin Compounds, Tin Researche Institute, Greenford 1958, S. 1/128). — [2] G. J. M. van der Kerk, J. G. Noltes, J. G. A. Luijten (J. Appl. Chem. **7** [1957] 366/9). — [3] E. Amberger, M.-R. Kula (Chem. Ber. **96** [1963] 2560/1). — [4] W. P. Neumann, R. Sommer (Angew. Chem. **75** [1963] 788). — [5] W. P. Neumann (Angew. Chem. **75** [1963] 225/35).

[6] F. D. Greene, H. N. Lowry (J. Org. Chem. **32** [1967] 882/5). — [7] C. Tamborski, F. E. Ford, E. J. Soloski (J. Org. Chem. **28** [1963] 181/4). — [8] H. Gilman, S. D. Rosenberg (J. Am. Chem. Soc. **75** [1953] 3592/3). — [9] G. Wittig, F. J. Meyer, G. Lange (Liebigs Ann. Chem. **571** [1951] 167/201). — [10] C. W. Allen (J. Chem. Educ. **47** [1970] 479/80).

[11] H. G. Kuivila, O. F. Beumel (J. Am. Chem. Soc. **83** [1961] 1246/50). — [12] H. Gilman, J. Eisch (J. Org. Chem. **20** [1955] 763/9). — [13] R. F. Chambers, P. C. Scherer (J. Am. Chem. Soc. **48** [1926] 1054/62). — [14] H. Kriegsmann, K. Ulbricht (Z. Anorg. Allgem. Chem. **328** [1964] 90/104). — [15] Y. Kawasaki, K. Kawakami, T. Tanaka (Bull. Chem. Soc. Japan **38** [1965] 1102/5).

[16] K. Hayashi, J. Iyoda, I. Shiihara (J. Organometal. Chem. **10** [1967] 81/94). — [17] M. F. Lappert, N. F. Travers (J. Chem. Soc. A **1970** 3303/8). — [18] M. Wahren, P. Hädge, H. Hübner, M. Mühlstädt (Isotopenpraxis **1** [1965] 65/8). — [19] J. J. Pohl (Allgem. Prakt. Chem. **19** [1968] 84). — [20] E. R. Birnbaum, P. H. Javora (Inorg. Syn. **12** [1970] 45/57).

1.2.1.1.7.4 Chemisches Verhalten

Chemical Reactions

1.2.1.1.7.4.1 Zersetzung

Decomposition

Durch Photolyse von $(C_6H_5)_3SnH$ im Hochvakuum und Kondensation unmittelbar hinter der Belichtungszone an einem mit flüssigem N_2 gekühlten Finger gelingt die Isolierung von $(C_6H_5)_3Sn$-Radikalen [1]. Bei der Bestrahlung von $(C_6H_5)_3SnH$ mit γ-Strahlen einer nominalen Dosisleistung von 4 Mrad/h werden ebenfalls $(C_6H_5)_3Sn$-Radikale erzeugt, wie ESR-spektroskopisch nachgewiesen wird [2]. In Gegenwart von Aminen zerfällt $(C_6H_5)_3SnH$ oberhalb von 100°C unter Bildung von $[(C_6H_5)_3Sn]_2$ und H_2. NH_3 konnte nicht gefunden werden [3, 4]. $(C_6H_5)_3SnH$ zerfällt auch in Gegenwart von Nitrilen oberhalb von 150°C unter Bildung von $[(C_6H_5)_3Sn]_2$ und H_2 [5]. Elektrochemische Daten von $(C_6H_5)_3SnH$ s. bei [6].

Literatur:

[1] U. Schmidt, K. Kabitske, K. Markau, W. P. Neumann (Chem. Ber. **98** [1965] 3827/30). — [2] S. A. Fieldhouse, A. R. Lyons, H. C. Starkie, M. C. R. Symons (J. Chem. Soc. Dalton Trans. **1974** 1966/72). — [3] G. J. M. van der Kerk, J. G. Noltes, J. G. A. Luijten (Rec. Trav. Chim. **81** [1962] 853/4). — [4] A. Stern, E. J. Becker (J. Org. Chem. **27** [1962] 4052/3). — [5] M. Pereyre, G. Colin, J. Valade (Bull. Soc. Chim. France **1968** 3358/9).

[6] R. E. Dessy, P. M. Weissman (J. Am. Chem. Soc. **88** [1966] 5124/9).

1.2.1.1.7.4.2 Hydrostannierungsreaktionen

Hydrostannation Reactions

$(C_6H_5)_3SnH$ addiert sich an olefinische Doppelbindungen, an Acetylene, Carbonylverbindungen und analoge Bindungssysteme unter Bildung von Tetraorganozinnverbindungen, von Organozinn-Sauerstoff-Verbindungen und entsprechenden Derivaten. Über den Mechanismus dieser Reaktionen s. bei den Hydrostannierungsreaktionen mit $(C_2H_5)_3SnH$ auf S. 22. Beispiele für die Reaktion von $(C_6H_5)_3SnH$ mit einem ungesättigten System sind in der folgenden Tabelle aufgeführt:

Reaktions-partner	Reaktions-bedingungen	Reaktions-produkte	Lit.
$>C=C<$	—	$(C_6H_5)_3Sn\text{-}\overset{\vert}{\underset{\vert}{C}}\text{-}\overset{\vert}{\underset{\vert}{C}}H$	[1, 2]
Olefine	γ-Strahlung	$(C_6H_5)_3SnR$	[3]
$CH_2=CHR$	—	$(C_6H_5)_3SnCH_2CH_2R$	[4, 5, 6]
$CH_2=CHC_6H_{13}$	31 h, 120°C	$(C_6H_5)_3SnC_8H_{17}$	[7]
$CH_2=CHC_6H_5$	24 h, 80°C	$(C_6H_5)_3SnCH_2CH_2C_6H_5$	[7, 8]
$CH_2=CH\text{-}C_5H_4N$ (2-Pyridyl)	—	$(C_6H_5)_3SnCH_2CH_2\text{-}C_5H_4N$ (2-Pyridyl)	[9]

Reaktions-partner	Reaktions-bedingungen	Reaktions-produkte	Lit.
$CH_2{=}CHCN$	3 h, 60°C	$(C_6H_5)_3SnCH_2CH_2CN$	[10, 11, 12]
$CH_2{=}CHCH_2CH_2COCH_3$	9 h, 90°C	$(C_6H_5)_3Sn(CH_2)_4COCH_3$	[13]
$CH_2{=}CHCOOC_2H_5$	5 h, 150°C	$(C_6H_5)_3SnCH_2CH_2COOC_2H_5$	[12]
$CH_2{=}C(CH_3)COOCH_3$	—	$(C_6H_5)_3SnCH_2CH(CH_3)COOCH_3$	[14]
$CH_2{=}CH(CH_2)_8COOCH_3$	8 h, 80°C, AIBN	$(C_6H_5)_3Sn(CH_2)_{10}COOCH_3$	[15]
$CHCH(COOCH_3)_2$ ‖ $CHCH_2C_6H_5$	Xylol, UV	$(C_6H_5)_3SnCHCH(COOCH_3)_2$ (mit $CH_2CH_2C_6H_5$ am CH)	[16]
$CH_2{=}CHSC_6H_4\text{-}p\text{-}CH_3$	AIBN	$(C_6H_5)_3SnCH_2CH_2SC_6H_4\text{-}p\text{-}CH_3$	[17]
$CH_2{=}CH{-}B$ (4,4,6-Trimethyl-1,3,2-dioxaborinan-2-yl)	30 h, 110°C, Bombenrohr	$(C_6H_5)_3SnCH_2CH_2{-}B$ (4,4,6-Trimethyl-1,3,2-dioxaborinan-2-yl)	[18]
2,4,6-Tris($CH{=}CH_2$)-1,3,5-tris(C_6H_5)-borazin	Toluol, 4 h, Rückfluß	2,4,6-Tris($CH_2CH_2Sn(C_6H_5)_3$)-1,3,5-tris(C_6H_5)-borazin	[19, 20]
$CH_2{=}CHC_6H_4\text{-}p\text{-}M(C_6H_5)_3$	M = Ge, Sn, Pb	$(C_6H_5)_3SnCH_2CH_2C_6H_4\text{-}p\text{-}M(C_6H_5)_3$	[21]
$(C_6H_5)_2M(C_6H_4\text{-}p\text{-}CH{=}CH_2)_2$	M = Ge, Sn, Pb	$(C_6H_5)_2M[C_6H_4\text{-}p\text{-}CH_2CH_2Sn(C_6H_5)_3]_2$	[21]
$(C_6H_5)_3MCH{=}CH_2$	M = Si, Ge, Sn	$(C_6H_5)_3SnCH_2CH_2M(C_6H_5)_3$	[22]
$(C_6H_5)_2M(CH{=}CH_2)_2$	M = Si, Ge	$(C_6H_5)_2M[CH_2CH_2Sn(C_6H_5)_3]_2$	[22]
$(C_6H_5)_2Sn(CH{=}CH_2)_2$	—	$(C_6H_5)_3SnCH_2CH_2Sn(C_6H_5)_3$	[22]
$(C_6H_5)_3SnCH_2CH{=}CH_2$	—	$(C_6H_5)_3Sn(CH_2)_3Sn(C_6H_5)_3$	[5]
Vinylferrocen ($C_5H_4{-}CH{=}CH_2$, Fe, C_5H_5)	8 h, 70°C, AIBN	$C_5H_4{-}CH_2CH_2Sn(C_6H_5)_3$, Fe, C_5H_5	[23, 24]
$CH_2{=}CHCOCH_3$	3 h, 55°C	$(C_6H_5)_3SnCH_2CH_2COCH_3$, $CH_3CH_2COCH_3$	[25]
$CH_2{=}CHCH{=}CHCH_3$	80°C, Bombenrohr, AIBN	$(C_6H_5)_3SnCH_2CH_2CH{=}CHCH_3$ $(C_6H_5)_3SnCH_2CH{=}CHCH_2CH_3$	[26, 27, 28]
$CH_2{=}CHCH{=}CHC_6H_5$	75°C, AIBN	$(C_6H_5)_3SnCH_2CH{=}CHCH_2C_6H_5$ $(C_6H_5)_3SnCH_2CH_2CH{=}CHC_6H_5$	[29]
$CH_2{=}C(CH_3)C(CH_3){=}CH_2$	75°C, AIBN	$(C_6H_5)_3SnCH_2CH(CH_3)C(CH_3){=}CH_2$ $(C_6H_5)_3SnCH_2C(CH_3){=}C(CH_3)_2$	[28, 29]
$CH_2{=}CHRCH{=}CH_2$	—	$[(C_6H_5)_3SnCH_2CH_2]_2R$	[5]
$CH_2{=}CHC_6H_4\text{-}o\text{-}CH{=}CH_2$	Benzol, Rückfluß	$o\text{-}C_6H_4[CH_2CH_2Sn(C_6H_5)_3]_2$	[30]

Reaktions- partner	Reaktions- bedingungen	Reaktions- produkte	Lit.
CH=CH	Benzol, Rückfluß	CH_2-$CHSn(C_6H_5)_3$	[31]
	75°C, AIBN oder Benzol, Rückfluß	$Sn(C_6H_5)_3$ $Sn(C_6H_5)_3$	[28, 29, 31]
CH_3	Benzol, Rückfluß	$Sn(C_6H_5)_3$ CH_3	[31]
	2 h, 70°C, AIBN	$Sn(C_6H_5)_3$ $Sn(C_6H_5)_3$	[28]
	Benzol, Rückfluß	$Sn(C_6H_5)_3$	[31]
	4 h, 70°C, AIBN	1:1-Addukt	[29]
HC≡CR	—	$(C_6H_5)_3SnCH{=}CR$ $(C_6H_5)_3SnCR{=}CH_2$ $(C_6H_5)_3SnCH_2CHRSn(C_6H_5)_3$	[5, 32]
$HC{\equiv}CC_6H_5$	—	$(C_6H_5)_3SnCH{=}CHC_6H_5$ $[(C_6H_5)_3Sn]_2CHCH_2C_6H_5$	[9, 33, 34]
HC≡CCN	AIBN	$(C_6H_5)_3SnCH{=}CHCN$ $(C_6H_5)_3SnC(CN){=}CH_2$	[35]
$HC{\equiv}CP(C_4H_9)_2$	—	$(C_6H_5)_3SnCH{=}CHP(C_4H_9)_2$	[36]
$HC{\equiv}CSb(C_4H_9)_2$	9 h, 90°C, Bombenrohr	$(C_6H_5)_3SnCH{=}CHSb(C_4H_9)_2$ $(C_6H_5)_3SnCH{=}CHSn(C_6H_5)_3$	[37]
$HC{\equiv}CSb(C_6H_5)_2$	16 h, 90°C, Bombenrohr	$(C_6H_5)_3SnCH{=}CHSb(C_6H_5)_2$	[37]
C≡CH Fe	6.5 h, 65°C	$CH{=}CHSn(C_6H_5)_3$ Fe $Sn(C_6H_5)_4$	[38]
$HC{\equiv}CC_2H_5$	THF, 3 h, 70°C, AIBN	$(C_6H_5)_3SnCH{=}CHC_2H_5$	[39]
$HC{\equiv}CCH{=}CH_2$	THF, 3 h, 70°C, AIBN	$(C_6H_5)_3SnCH{=}C{=}CHCH_3$	[39]
HC≡CC≡CH	—	$(C_6H_5)_3SnCH{=}CHCH{=}CHSn(C_6H_5)_3$	[40]

Reaktionspartner	Reaktionsbedingungen	Reaktionsprodukte	Lit.
$HC{\equiv}C-C_6H_4-C{\equiv}CH$ (p)	—	$(C_6H_5)_3SnCH{=}CH-C_6H_4-CH{=}CHSn(C_6H_5)_3$ (p)	[40]
$HC{\equiv}C-C_6H_4-C{\equiv}CH$ (o)	Benzol, Rückfluß	$(C_6H_5)_3SnCH{=}CH-C_6H_4-CH{=}CHSn(C_6H_5)_3$ (o)	[30]
C_6F_5CHO	—	$(C_6H_5)_3SnOCH_2C_6F_5$	[41]
$C_6H_5COCF_3$	—	$(C_6H_5)_3SnOCH(C_6H_5)CF_3$	[41]
$CH_2{=}CHCOC_6H_5$	3 h, 55°C	$(C_6H_5)_3SnOC(C_6H_5){=}CHCH_3$ $C_2H_5COC_6H_5$	[25]
$C_6H_5CH{=}CHCOC_6H_5$	3 h, 55°C	$(C_6H_5)_3SnOC(C_6H_5){=}CHCH_2C_6H_5$ $C_6H_5CH_2CH_2COC_6H_5$	[25]
$C_6H_{13}NCO$	20°C	$(C_6H_5)_3SnN(C_6H_{13})CHO$	[42]
C_6H_5NCO	20°C	$(C_6H_5)_3SnN(C_6H_5)CHO$	[42]
C_6H_5NCS	—	$(C_6H_5)_3SnSCH{=}NC_6H_5$	[43]
$C_2H_5OC_6H_4$-*p*-NCS	—	$(C_6H_5)_3SnSCH{=}NC_6H_4$-*p*-$OC_2H_5$	[43]
$(CF_3)_2C{=}CS$	CH_2Cl_2	$(C_6H_5)_3SnSCH{=}C(CF_3)_2$	[44]
$C_6H_5N{=}NC_6H_5$	Benzol, 2 h, Rückfluß	$(C_6H_5)_3SnN(C_6H_5)NHC_6H_5$	[45]

Literatur:

[1] J. G. Noltes, G. J. M. van der Kerk (Functionally Substituted Organotin Compounds, Tin Research Institute, Greenford 1958, S. 1/128). — [2] G. J. M. van der Kerk, J. G. A. Luijten, J. G. Noltes (Angew. Chem. **70** [1958] 298/306). — [3] V. S. Lopatina, N. I. Sheverdina, V. A. Chernoplekova, K. A. Kocheshkov (Dokl. Akad. Nauk SSSR **213** [1973] 846/7; Dokl. Chem. Proc. Acad. Sci. USSR **208/213** [1973] 900/1). — [4] G. J. M. van der Kerk, J. G. Noltes, J. G. A. Luijten (J. Appl. Chem. **7** [1957] 356/65). — [5] G. J. M. van der Kerk, J. G. Noltes (J. Appl. Chem. **9** [1959] 106/13).

[6] G. J. M. van der Kerk, J. G. A. Luijten, J. G. Noltes (Chem. Ind. [London] **1956** 352). — [7] G. J. del Franco, P. Resnick, C. R. Dillard (J. Organometal. Chem. **4** [1965] 57/66). — [8] Studiengesellschaft Kohle m.b.H. (Belg.P. 629783 [1962/63]; C.A. **60** [1964] 14538). — [9] N. V. Kern (Diss. Univ. of Minnesota, Minneapolis, 1961; Diss. Abstr. **22** [1961] 73). — [10] G. H. Reifenberg, W. J. Considine (J. Organometal. Chem. **9** [1967] 505/9).

[11] A. J. Leusink, J. G. Noltes (Tetrahedron Letters **1966** 335/40). — [12] M. Pereyre, G. Colin, J. Valade (Bull. Soc. Chim. France **1968** 3358/9). — [13] M. Pereyre, J. Valade (Compt. Rend. **258** [1964] 4785/8). — [14] K. Ziegler (B.P. 966813 [1961/64]; C.A. **61** [1964] 14711). — [15] G. Weissenberger, Monsanto Co. (U.S.P. 3188331 [1961/65]; C.A. **63** [1965] 5676).

[16] R. Sommer, E. Müller, W. P. Neumann (Liebigs Ann. Chem. **721** [1969] 1/13). — [17] R. D. Taylor, J. L. Wardell (J. Organometal. Chem. **77** [1974] 311/23). — [18] R. H. Fish (J. Organometal. Chem. **42** [1972] 345/51). — [19] D. Seyferth, M. Takamizawa (Inorg. Chem. **2** [1963] 731/3). — [20] D. Seyferth, H. P. Kogler, W. R. Freyer, M. Takamizawa, H. Yamazaki, Y. Sato (Advan. Chem. Ser. **42** [1964] 259/65).

[21] J. G. Noltes, G. J. M. van der Kerk (Rec. Trav. Chim. **80** [1961] 623/31). — [22] M. C. Henry, J. G. Noltes (J. Am. Chem. Soc. **82** [1960] 558/61). — [23] H. Patin, L. Roullier, R. Dabard (Compt. Rend. C **271** [1970] 1103/6). — [24] H. Patin, R. Dabard (Bull. Soc. Chim. France **1973** 2764/8). — [25] A. J. Leusink, J. G. Noltes (Tetrahedron Letters **1966** 2221/5).

[26] W. P. Neumann, H. J. Albert, W. Kaiser (Tetrahedron Letters **1967** 2041/3). — [27] H. J. Albert, W. P. Neumann, W. Kaiser, H. P. Ritter (Chem. Ber. **103** [1970] 1372/82). — [28] W. P. Neumann, R. Sommer (Liebigs Ann. Chem. **701** [1967] 28/39).— [29] W. P. Neumann, R. Sommer (Angew. Chem. **76** [1964] 52/3). — [30] A. J. Leusink, H. A. Budding, J. G. Noltes (J. Organometal. Chem. **24** [1970] 375/86).

[31] J. P. Pellegrini, J. I. Spilners, Gulf Research and Development Co. (U.S.P. 3519666 [1968/70]; C.A. **73** [1970] Nr. 66731). — [32] A. J. Leusink, H. A. Budding, J. W. Marsman (J. Organometal. Chem. **9** [1967] 285/94). — [33] R. F. Fulton (Diss. Univ. of Lafayette, India, 1960; Diss. Abstr. **22** [1962] 3397). — [34] M. Delmas, J. C. Maire, R. Pinzelli (J. Organometal. Chem. **16** [1969] 83/90). — [35] A. J. Leusink, J. W. Marsman (Rec. Trav. Chim. **84** [1965] 1123/8).

[36] A. N. Nesmeyanov, A. E. Borisov, N. V. Novikova (Izv. Akad. Nauk SSSR Ser. Khim. **1969** 2028/9; Bull. Acad. Sci. USSR Div. Chem. Sci. **1969** 1873/5). — [37] A. N. Nesmeyanov, A. E. Borisov, N. V. Novikova (Dokl. Akad. Nauk SSSR **172** [1967] 1329/32 nach C.A. **67** [1967] Nr. 302). — [38] A. N. Nesmeyanov, A. E. Borisov, N. V. Novikova (Izv. Akad. Nauk SSSR Ser. Khim. **1972** 1372/5; Bull. Acad. Sci. USSR Div. Chem. Sci. **1972** 1321/3). — [39] E. C. Juenge, S. J. Hawkes, T. E. Snider (J. Organometal. Chem. **51** [1973] 189/95). — [40] F. C. Leavitt, L. U. Matternas (J. Polymer Sci. **62** [1962] S68/S70).

[41] A. J. Leusink, H. A. Budding, W. Drenth (J. Organometal. Chem. **13** [1968] 163/8). — [42] A. J. Leusink, J. G. Noltes (Rec. Trav. Chim. **84** [1965] 585/9). — [43] A. J. Leusink, H. A. Budding, J. G. Noltes (Rec. Trav. Chim. **85** [1966] 151/8). — [44] M. S. Raasch (J. Org. Chem. **37** [1972] 1347/56). — [45] J. G. Noltes (Rec. Trav. Chim. **83** [1964] 515/21).

1.2.1.1.7.4.3 Reduktion von Alkyl- und Arylhalogeniden

Reduction of Alkyl and Aryl Halides

$(C_6H_5)_3SnH$ reduziert Alkylhalogenide unter Bildung von Triphenylzinnhalogeniden und den entsprechenden Alkanen oder Alkenen. Diese Substitution wird vor der Hydrostannierung an eine Doppelbindung bevorzugt, wie die Reaktionen von $(C_6H_5)_3SnH$ mit $CH_2{=}CHCH_2Br$ [1, 2], $CH_2{=}C(CH_3)CH_2Cl$ [2], $CH_2{=}CHCHClCH_3$ [3], $CH_3CH{=}CHCH_2Cl$ [3], verschieden substituierten Hexenen [4] oder *cis*- und *trans*-$C_6H_5CH{=}CBrC_6H_5$ [5] zeigen. Dabei entstehen die entsprechenden Alkene, beispielsweise $CH_3CH{=}CH_2$ in 98%iger Ausbeute [2], oder nebeneinander *cis*- und *trans*-$C_6H_5CH{=}CHC_6H_5$ in Ausbeuten zwischen 91.6 und 98% [5]. Auch neben einer C-C-Dreifachbindung kann durch $(C_6H_5)_3SnH$ ein Halogenatom durch Wasserstoff ersetzt werden, wie die Reaktionen mit Verbindungen des Typs RC≡CCClR′R″ zeigen, die im Bombenrohr bei 65°C zur Bildung von $(C_6H_5)_3SnCl$ neben RCH=C=CR′R″ und RC≡CCHR′R″ führen [6]. Die präparativen Möglichkeiten, die sich mit diesen Reduktionsreaktionen eröffnen, und die Reaktivität von $(C_6H_5)_3SnH$ mit verschiedenen Halogeniden sowie im Vergleich mit anderen Organozinnhydriden wurden ausführlich untersucht [3, 7]. Hierbei ergibt sich die Reaktivitätsreihe Alkyljodide > Alkylbromide > Alkylchloride > Alkylfluoride. Die Reaktivität der Organozinnhydride nimmt in der Reihe $(C_6H_5)_2SnH_2 > C_4H_9SnH_3 > (C_6H_5)_3SnH > (C_4H_9)_2SnH_2 > (C_4H_9)_3SnH$ ab. Daß die Reaktion durch Azoisobuttersäuredinitril katalysiert wird, spricht ebenso wie bei $(C_4H_9)_3SnH$ für einen radikalischen Verlauf. Ausführliche Diskussion dieses Reaktionsmechanismus s. bei [3, 8]. Viele Beobachtungen stützen die Behauptung einer intermediären Bildung von Alkylradikalen. So entstehen bei der Reduktion von optisch aktiven Alkylhalogeniden racemische Kohlenwasserstoffe. Bei der Reaktion von optisch aktivem $C_6H_5CHClCH_3$ mit $(C_6H_5)_3SnD$ wird neben $(C_6H_5)_3SnCl$ racemisches $C_6H_5CHDCH_3$ gebildet [3, 8]. Das spricht gegen einen S_N2-Mechanismus oder Vierzentrenmechanismus, bei denen optisch aktive Produkte gebildet werden sollten. Allerdings reagiert $(C_6H_5)_3SnH$ mit (+)-1-Brom-1-methyl-2,2-diphenylcyclopropan unter Inversion [9]. In diesem und in anderen Fällen mit analogen Cyclopropanderivaten [10, 11] wird die Seite des Radikals, an der das verbleibende Br-Atom gebunden ist, durch $(C_6H_5)_3SnBr$ blockiert, so daß die Abspaltung des Wasserstoffs aus $(C_6H_5)_3SnH$ bevorzugt von der anderen Seite aus erfolgt. — Die Beobachtung, daß Brückenkopfbromide, beispielsweise 1-Bromnorbornan, von $(C_6H_5)_3SnH$ reduziert werden können, spricht ebenfalls gegen einen S_N1- und einen S_N2-Mechanismus, da Brückenkopfhalogenide allgemein in solchen Reaktionen kaum angegriffen werden können [12, 13]. Auch die Tatsache, daß bei der Reduktion von Tricycloheptylbromid mit $(C_6H_5)_3SnH$ ein 1:1-Gemisch aus Norbornen und Tricycloheptan entsteht, spricht für einen radikalischen Mechanismus [15]. Cholesterylchlorid reagiert mit $(C_6H_5)_3SnH$ unter Bildung von 5-Cholesten, während Cyclocholestanylchlorid eine Mischung aus 3,5-Cyclocholestan und 5-Cholesten ergibt, was ebenfalls durch einen Mechanismus über freie Radikale erklärt wird [16].

Bei der Reduktion von *cis*- oder *trans*-Allylchlorid mit $(C_6H_5)_3SnH$ werden Allylradikale gebildet, die leicht *cis-trans*-Isomerisierung zeigen [14]. Die Tatsache, daß *cis*-$C_6H_5CH{=}CBrC_6H_5$ und *trans*-$C_6H_5CH{=}CBrC_6H_5$ mit $(C_6H_5)_3SnH$ zwischen 26 und 30°C unter Bildung der gleichen Mischung aus *cis*- und *trans*-$C_6H_5CH{=}CHC_6H_5$ reagieren, beweist einen Mechanismus über ein Vinylradikal [13].

Die Reaktion von $(C_6H_5)_3SnH$ mit $(CH_3)_3CCl$ und $(CH_3)_3CBr$ in Cyclohexan bei 25°C in Gegenwart von AIBN und unter UV-Bestrahlung verläuft ebenso wie die entsprechende Reaktion mit $(C_4H_9)_3SnH$ nach einem Radikalkettenmechanismus [17, 18, 19].

Durch Umsetzung von $(C_6H_5)_3SnH$ mit Alkylhalogeniden können einfach organische Radikale dargestellt werden. So kann beispielsweise das $(C_6H_5)_3CCH_2$-Radikal durch Umsetzung von $(C_6H_5)_3SnH$ mit $(C_6H_5)_3CCH_2Cl$ dargestellt und abgefangen werden [20]. Das Radikal reagiert mit $(C_6H_5)_3SnH$ unter Bildung von $(C_6H_5)_3CCH_3$. Außerdem entsteht dabei $(C_6H_5)_2CHCH_2C_6H_5$ [21]. Derartig gebildete Radikale können auch cyclisieren. So werden aus Alkylbromiden, die eine 5,6-Doppelbindung enthalten, bei der Reduktion mit $(C_6H_5)_3SnH$ nicht nur Alkene erhalten, sondern daneben in wechselnden Ausbeuten, die eine gewisse Temperaturabhängigkeit zeigen, auch fünfgliedrige und, falls am C_1 oder C_5 eine Methylgruppe gebunden ist, sechsgliedrige Ringe [4]. Bei der Reduktion von $CH_2JCH_2CH_2J$ mit $(C_6H_5)_3SnH$ in Benzol tritt keine Cyclisierung ein. Hier wird C_3H_8 gebildet [22].

$(C_6H_5)_3SnH$ reduziert CCl_4 stufenweise zu $CHCl_3$, CH_2Cl_2 und CH_3Cl [23, 24, 25]. Entsprechend entstehen aus $C_6H_5CCl_3$ stufenweise $C_6H_5CHCl_2$, $C_6H_5CH_2Cl$ und $C_6H_5CH_3$ [24]. $(C_6H_5)_3SnH$ reduziert auch $C_6H_5HgCBrCl_2$ unter Bildung von $C_6H_5HgCHCl_2$ [26, 27]. Die Reduktion von *cis*- und *trans*-7-Chlor-7-phenyl-bicyclo[4.1.0]heptan zum *cis*-Kohlenwasserstoff durch $(C_6H_5)_3SnH$ wird durch sterische Faktoren beeinflußt [28]. Monofluorcyclopropane wurden zuerst durch Reduktion von 1-Chlor-1-fluorcyclopropanen mit $(C_6H_5)_3SnH$ bei 140°C in Dibutyläther synthetisiert [29]. Weitere Beispiele von Monoreduktionen an geminalen Dihalogeniden s. bei [30].

Tropyliumbromid reagiert mit $(C_6H_5)_3SnH$ in Dioxan-Äthanol nach 2 h unter N_2 und Bildung von $(C_6H_5)_3SnBr$ neben Cycloheptatrien [31].

Durch Reduktion von Alkylhalogeniden mit $(C_6H_5)_3SnD$ werden die entsprechenden deuterierten Alkane gewonnen [32, 33].

Im Gegensatz zu den meistens exotherm verlaufenden Reduktionen der Alkylhalogenide ist für die Reduktion von Arylhalogeniden Erhitzen der Reaktionsmischungen notwendig. So entsteht aus $(C_6H_5)_3SnH$ und C_6H_5Br beim Rückflußkochen $(C_6H_5)_3SnBr$ und Benzol [2, 25, 34 bis 37]. Der Mechanismus dieser Reaktion wurde mit verschieden substituierten Arylhalogeniden eingehend studiert. Hierbei wurde festgestellt, daß Jodbenzol und Jodnaphthalin und seine Derivate schneller reagieren als die entsprechenden Brom- und Chloranaloga. Elektronenziehende Gruppen in ortho- oder para- Stellung zum Halogen beschleunigen die Reaktion, während elektronenschiebende Gruppen die Reaktion hindern [25, 35, 37].

Weitere Beispiele der Reaktion eines Alkyl- oder Arylhalogenids mit $(C_6H_5)_3SnH$ unter Bildung des angegebenen Reaktionsproduktes bei gleichzeitiger Bildung von Triphenylzinnhalogenid sind in der folgenden Tabelle aufgeführt:

Halogenid	Reaktionsprodukte	Lit.
$C_6H_5CH_2Cl$	$C_6H_5CH_3$, $Sn(C_6H_5)_4$	[38]
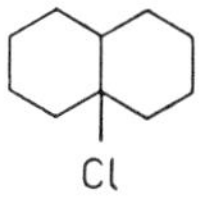 Cl	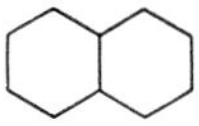	[39]
$RR'C(CH_2Br)OOC(CH_3)_3$ R und R' = H, CH_3	$RR'C$—O, $RR'C(CH_3)OOC(CH_3)_3$ └CH_2┘	[40]
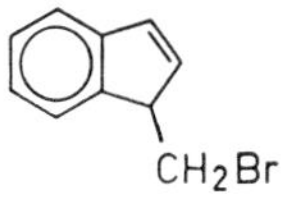 CH_2Br	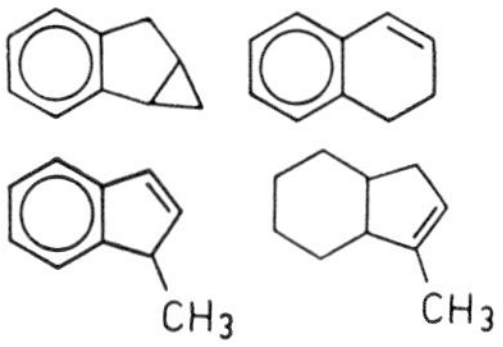 CH_3 CH_3	[41]
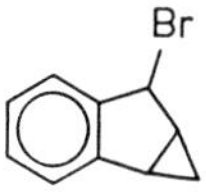 Br	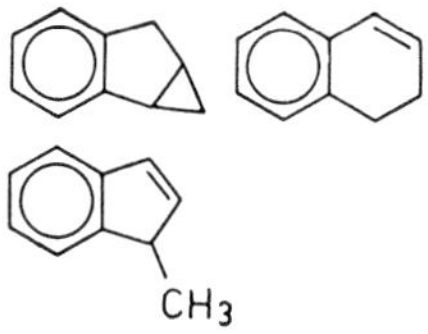 CH_3	[41]
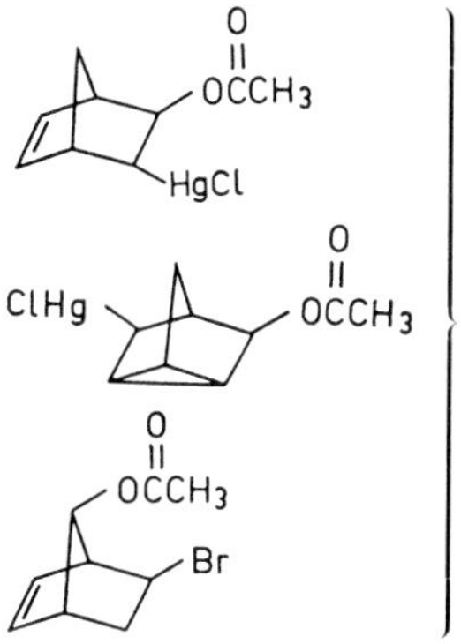 $OCCH_3$ (O), HgCl ClHg, $OCCH_3$ (O) $OCCH_3$ (O), Br	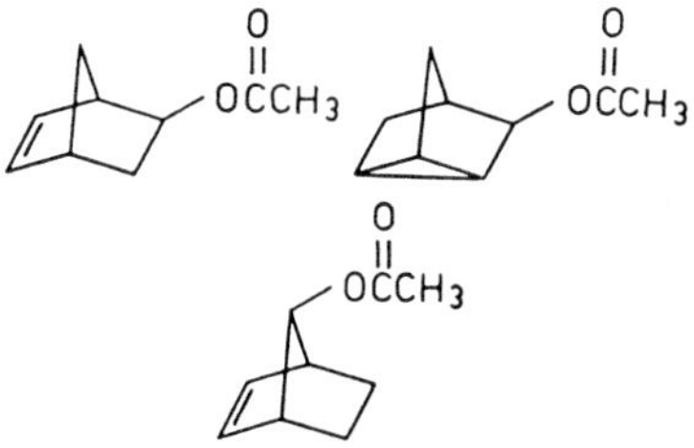 $OCCH_3$ (O), $OCCH_3$ (O) $OCCH_3$ (O)	[42]
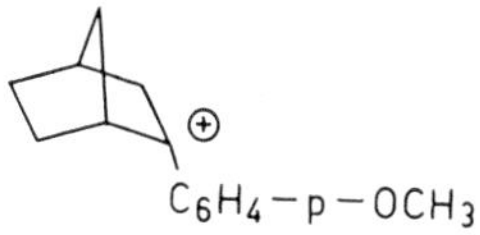 ⊕ $C_6H_4-p-OCH_3$	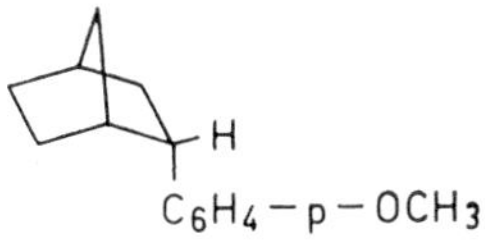 H $C_6H_4-p-OCH_3$	[43]
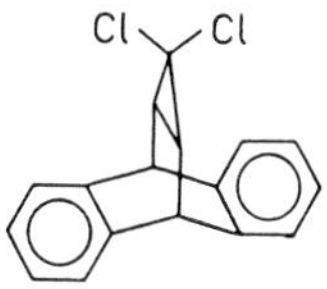 Cl Cl	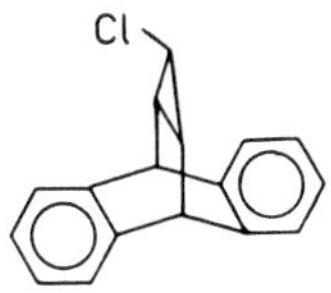 Cl	[44]
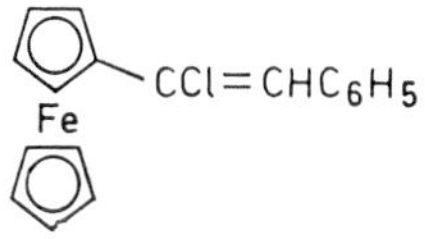 $CCl=CHC_6H_5$ Fe	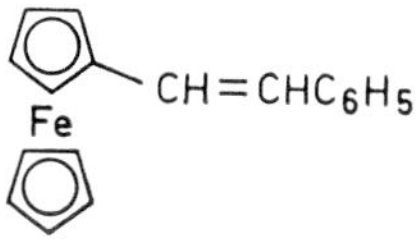 $CH=CHC_6H_5$ Fe	[45]

Literatur:

[1] G. J. M. van der Kerk, J. G. Noltes, J. G. A. Luijten (J. Appl. Chem. **7** [1957] 256/65). — [2] J. G. Noltes, G. J. M. van der Kerk (Chem. Ind. [London] **1959** 294/5). — [3] H. G. Kuivila, L. W. Menapace, C. R. Warner (J. Am. Chem. Soc. **84** [1962] 3584/6). — [4] C. Walling, A. Cioffari (J. Am. Chem. Soc. **94** [1972] 6059/64). — [5] R. J. Kiesel (Diss. St. John's Univ., Jamaica, N.Y., 1966, 158 S; Diss. Abstr. B **27** [1967] 4311).

[6] R. M. Fantazier, M. L. Poutsma (J. Am. Chem. Soc. **90** [1968] 5490/8). — [7] H. G. Kuivila, L. W. Menapace (J. Org. Chem. **28** [1963] 2165/7). — [8] L. W. Menapace, H. G. Kuivila (J. Am. Chem. Soc. **86** [1964] 3047/51). — [9] J. Altman, B. W. Nelson (J. Am. Chem. Soc. **91** [1969] 5164/5). — [10] W. E. Barnett, R. F. Koebel (Chem. Commun. **1969** 875).

[11] T. R. Erdman (Diss. Stanford Univ., Stanford, Calif., 1971, 129 S.; Diss. Abstr. Intern. B **32** [1971] 825). — [12] E. J. Kupchik, R. J. Kiesel (Chem. Ind. [London] **1962** 1654/5). — [13] E. J. Kupchik, R. J. Kiesel (J. Org. Chem. **29** [1964] 764/6). — [14] D. B. Denney, R. M. Hoyte, P. T. MacGregor (Chem. Commun. **1967** 1241/2). — [15] C. R. Warner, R. J. Strunk, H. G. Kuivila (J. Org. Chem. **31** [1966] 3381/4).

[16] S. J. Cristol, R. V. Barbour (J. Am. Chem. Soc. **90** [1968] 2832/8). — [17] K. U. Ingold (Am. Chem. Soc. Div. Petroleum Chem. Preprints **13** [1968] C16/C29). — [18] D. J. Carlson, K. U. Ingold (J. Am. Chem. Soc. **90** [1968] 7047/55). — [19] D. J. Carlson, K. U. Ingold (J. Am. Chem. Soc. **90** [1968] 1055/6). — [20] L. Kaplan (J. Am. Chem. Soc. **88** [1966] 4531).

[21] L. Poutsma, P. A. Ibarbia (Tetrahedron Letters **1972** 3309/12). — [22] L. Kaplan (Chem. Commun. **1969** 106/7). — [23] D. H. Lorenz, E. I. Becker (J. Org. Chem. **27** [1962] 3370/1). — [24] A. E. Borisov, A. N. Abramova (Izv. Akad. Nauk SSSR Ser. Khim. **1964** 844/8; Bull. Acad. Sci. USSR Div. Chem. Sci. **1964** 791/3). — [25] D. H. Lorenz (Diss. Polytech. Inst., Brooklyn, N.Y., 1964, 60 S.; Diss. Abstr. **24** [1964] 2693).

[26] D. Seyferth, J. M. Burlitch, H. Dertouzos, H. D. Simmons (J. Organometal. Chem. **7** [1967] 405/13). — [27] D. Seyferth, H. D. Simmons, L. J. Todd (J. Organometal. Chem. **2** [1964] 282/4). — [28] F. R. Jensen, D. B. Patterson (Tetrahedron Letters **1966** 3837/41). — [29] J. P. Oliver, U. V. Rao, M. T. Emerson (Tetrahedron Letters **1964** 3419/25). — [30] C. J. Altman, R. C. Baldwin (Tetrahedron Letters **1971** 2531/4).

[31] A. E. Borisov, A. N. Abramova, Z. N. Parnes (Izv. Akad. Nauk SSSR Ser. Khim. **1964** 941/3; Bull. Acad. Sci. USSR Div. Chem. Sci. **1964** 882/4). — [32] K. Kühlein, W. P. Neumann, H. Mohring (Angew. Chem. **80** [1968] 438/9). — [33] M. Wahren, P. Hädge, H. Hübner, M. Mühlstädt (Isotopenpraxis **1** [1965] 65/8). — [34] L. A. Rothman, E. I. Becker (J. Org. Chem. **24** [1959] 294/6). — [35] L. A. Rothman, E. J. Becker (J. Org. Chem. **25** [1960] 2203/6).

[36] L. A. Rothman (Diss. Polytech. Inst., Brooklyn, N.Y., 1960, 63 S.; Diss. Abstr. **21** [1960] 1382). — [37] D. H. Lorenz, P. Shapiro, A. Stern, E. I. Becker (J. Org. Chem. **28** [1963] 2332/5). — [38] E. J. Kupchik, R. E. Connolly (J. Org. Chem. **26** [1961] 4747/8). — [39] F. D. Greene, H. N. Lowry (J. Org. Chem. **32** [1967] 882/5). — [40] A. J. Bloodworth, A. G. Davies, I. M. Griffin, B. Muggleton, B. P. Roberts (J. Am. Chem. Soc. **96** [1974] 7599/601).

[41] E. C. Friedrich, R. L. Holmstaed (J. Org. Chem. **36** [1971] 971/5). — [42] V. M. A. Chambers, W. R. Jackson, G. W. Young (Chem. Commun. **1970** 1275/6). — [43] F. A. Carey, H. S. Tremper (Tetrahedron Letters **1969** 1645/8). — [44] S. J. Cristol, R. M. Sequeira, C. H. de Puy (J. Am. Chem. Soc. **87** [1965] 4007/8). — [45] H. Patin, R. Dabard (Bull. Soc. Chim. France **1973** 2756/9).

Reduction of Carbonyl Compounds

1.2.1.1.7.4.4 Reduktion von Carbonylverbindungen

$(C_6H_5)_3SnH$ reagiert mit Säurechloriden RCOCl bei unterschiedlichsten Bedingungen, d. h. von Zimmertemperatur ohne Lösungsmittel bis Rückflußkochen in Benzol unter Bildung von $(C_6H_5)_3SnCl$, Aldehyden RCHO und Estern $RCOOCH_2R$. Untersucht wurden hierbei Carbonsäurechloride von Acetylchlorid mit $R = CH_3$ bis zu ausgefalleneren Derivaten wie Ferrocenylchlorid mit $R = C_5H_5FeC_5H_4COCl$ [1 bis 5]. Bei allen Reaktionen wurde ein radikalischer Mechanismus festgestellt. Zum Einfluß von verschiedenen Radikalfängern und Radikalbildnern s. Originale [2, 6]. Bei Verwendung von $(C_6H_5)_3SnD$ entstehen unter entsprechenden Bedingungen Verbindungen des Typs

RCDO und $RCOOCD_2R$ neben $(C_6H_5)_3SnCl$ [7]. Bei der Umsetzung von $(C_6H_5)_3SnH$ mit Säurechloriden RCOCl und Ketonen R'COR'' nebeneinander werden neben $(C_6H_5)_3SnCl$ Verbindungen vom Typ RCOOCHR'R'' erhalten. Diese Reaktionen verlaufen im ersten Schritt über die Addition des $(C_6H_5)_3SnH$ an das Keton unter Bildung vom $(C_6H_5)_3SnOCHR'R''$, das dann seinerseits mit dem Säurechlorid unter Abspaltung von $(C_6H_5)_3SnCl$ das Endprodukt bildet [8, 9].

Bei der Umsetzung von $(C_6H_5)_3SnH$ mit Aldehyden oder Ketonen wird in der Regel $[(C_6H_5)_3Sn]_2$ gebildet [10]. Mit Mesityloxid, Phoron, Dihydrophoron, Methylpropenylketon, Methylvinylketon erfolgt daneben Hydrierung der Doppelbindung [11]. In den meisten Fällen werden jedoch Aldehyde bei 100°C zu primären Alkoholen reduziert [12], Ketone zu sekundären Alkoholen, wobei bei Temperaturen zwischen 100 und 200°C auch noch $Sn(C_6H_5)_4$ und Benzol gefunden wird [13]. So entsteht beispielsweise bei der Reduktion von $CH_2{=}CHCOR$ neben $[(C_6H_5)_3Sn]_2$ als sekundärer Alkohol die Verbindung $CH_2{=}CHCH(OH)R$ [14], von $CH_3CH{=}CHCH_2CH_2COCH_3$ der Alkohol $CH_3CH{=}CHCH_2CH_2CH(OH)CH_3$ [15], von $CH_2{=}CHCH_2CH_2COCH_3$ neben dem Hydrostannierungsprodukt auch $CH_2{=}CHCH_2CH_2CH(OH)CH_3$ [15] und von $(CH_3)_2C{=}CHCH_2CH_2COCH_3$ entsprechend $(CH_3)_2C{=}CHCH_2CH_2CH(OH)CH_3$ [15]. α-Thienylketone $RCOC_4H_3S$ werden nach 2 h bei 146°C zu den entsprechenden Alkoholen $RCH(OH)C_4H_3S$ mit R = CH_3 und C_6H_5 reduziert [16]. Umfangreiche Untersuchungen wurden an verschiedenen Ferrocenylketonen durchgeführt. Hier konnte gezeigt werden, daß die in erster Stufe aus dem Keton $C_5H_5FeC_5H_4COR$ gebildeten Alkohole $C_5H_5FeC_5H_4CH(OH)R$ noch weiter zu Verbindungen des Typs $C_5H_5FeC_5H_4CH_2R$ reduziert werden. Auch Spuren von zweikernigen Komplexen $C_5H_5FeC_5H_4CHROCHRC_5H_4FeC_5H_5$ und vom Hydrostannierungsprodukt $C_5H_5FeC_5H_4CH_2CH_2Sn(C_6H_5)_3$ treten auf [17, 18, 19]. Weitere Reduktionsreaktionen an Ferrocenylketonen s. bei [18, 20 bis 23]. Thermodynamische Daten dieser Prozesse s. bei [24].

Carbonsäuren reagieren mit $(C_6H_5)_3SnH$ unter Bildung von Triphenylzinnestern und H_2. So wird aus CH_3COOH bei 70°C nach 0.5 h $(C_6H_5)_3SnOOCCH_3$ in 17%iger Ausbeute gebildet. Nach 3stündigem Rückflußkochen in Heptan dagegen 85%, wenn $(C_6H_5)_3SnH$ im Überschuß zur Anwendung kommt. Mit C_2H_5COOH entsteht entsprechend $(C_6H_5)_3SnOOCC_2H_5$, während mit C_6H_5COOH noch zusätzlich Komproportionierung des Esters unter Bildung von einem Distannan-Derivat $C_6H_5COOSn(C_6H_5)_2Sn(C_6H_5)_2OOCC_6H_5$ eintritt. Der Ester und ein derartiges Distannan-Derivat treten nebeneinander auf bei der Umsetzung von $(C_6H_5)_3SnH$ mit α-Furancarbonsäure und α-Thienylcarbonsäure [16] sowie mit α-Pyrrolcarbonsäure, α-Pyridincarbonsäure und Ferrocencarbonsäure [1, 2]. Triphenylzinnester werden dagegen in Ausbeuten um 80% bei der Reaktion mit Norbornyl- und Adamantylcarbonsäuren gebildet [1, 25]. Trifluoressigsäure bildet mit $(C_6H_5)_3SnH$ innerhalb von einer Minute H_2 und $(C_6H_5)_3SnOOCCF_3$, wie NMR-spektroskopisch nachgewiesen werden kann [26].

Mit Benzoylperoxid reagiert $(C_6H_5)_3SnH$ in Hexan nach längerem Rückflußkochen unter Bildung von $(C_6H_5)_3SnOOCC_6H_5$ neben $C_6H_5COOSn(C_6H_5)_2Sn(C_6H_5)_2OOCC_6H_5$ [27, 28].

Literatur:

[1] E. J. Kupchik, R. J. Kiesel (J. Org. Chem. **31** [1966] 456/61). — [2] R. J. Kiesel (Diss. St. John's Univ., Jamaica, N.Y., 1966, 158 S.; Diss. Abstr. B **27** [1967] 4311). — [3] A. E. Borisov, A. N. Abramova (Izv. Akad. Nauk SSSR Ser. Khim. **1964** 844/8; Bull. Acad. Sci. USSR Div. Chem. Sci. **1964** 791/3). — [4] E. J. Walsh, R. L. Stoneberg, M. Yorke, H. G. Kuivila (J. Org. Chem. **34** [1969] 1156/7). — [5] L. Kaplan (J. Am. Chem. Soc. **88** [1966] 1833/4).

[6] J. Kupchik, R. J. Kiesel (J. Org. Chem. **29** [1964] 3690/1). — [7] K. Kühlein, W. P. Neumann, H. Mohring (Angew. Chem. **80** [1968] 438/9). — [8] L. Kaplan (J. Am. Chem. Soc. **88** [1966] 4970/1). — [9] H. Patin, L. Roullier, R. Dabard (Compt. Rend. C **272** [1971] 675/8). — [10] W. P. Neumann, E. Heymann (Liebigs Ann. Chem. **683** [1965] 11/23).

[11] M. Pereyre, J. Valade (Bull. Soc. Chim. France **1967** 1928/36). — [12] H. G. Kuivila, O. F. Beumel (J. Am. Chem. Soc. **83** [1961] 1246/50). — [13] J. Valade, M. Pereyre, R. Calas (Compt. Rend. **253** [1961] 1216/8). — [14] J. G. Noltes, G. J. M. van der Kerk (Chem. Ind. [London] **1959** 294/5). — [15] M. Pereyre, J. Valade (Compt. Rend. **258** [1964] 4785/8).

[16] S. Weber, E. I. Becker (J. Org. Chem. **27** [1961] 1258/60). — [17] H. Patin, L. Roullier, R. Dabard (Compt. Rend. C **271** [1970] 1103/6). — [18] H. Patin, R. Dabard (Bull. Soc. Chim.

France **1973** 2764/8). — [19] H. Patin, R. Dabard (Bull. Soc. Chim. France **1973** 2756/9). — [20] H. Patin, J. Y. Le Bihan (Compt. Rend C **274** [1972] 1861/4).

[21] H. Patin, R. Dabard (Bull. Soc. Chim. France **1973** 2760/4). — [22] H. Patin, R. Dabard (Tetrahedron Letters **1969** 4971/4). — [23] D. Touchard, R. Dabard (Compt. Rend. C **275** [1972] 841/4). — [24] J. D. Coyle, G. Marr (J. Organometal. Chem. **60** [1973] 153/6). — [25] R. H. Fish, C. W. Le Fevre, United States Borax and Chemical Corp. (F.P. 1499737 [1966/67]; C.A. **70** [1969] Nr. 37917).

[26] F. A. Carey, H. S. Tremper (Tetrahedron Letters **1969** 1645/8). — [27] H. Gilman, J. Eisch (J. Org. Chem. **20** [1955] 763/9). — [28] G. J. del Franco, P. Resenick, C. R. Dillard (J. Organometal. Chem. **4** [1965] 57/66).

Reduction of Other Organic Compounds

1.2.1.1.7.4.5 Reduktion von sonstigen organischen Verbindungen

$(C_6H_5)_3SnH$ reduziert oberhalb 150°C Olefine zu Alkanen [1]. So erhält man, jeweils neben $[(C_6H_5)_3Sn]_2$, aus $CH_3CH{=}CHCN$ in guten Ausbeuten C_3H_7CN [2], aus $(CH_3)_2C{=}CHCN$ dagegen nur H_2 neben dem Ausgangsmaterial [2]. In gleicher Weise reagiert der Ester $CH_3CH{=}CHCOOC_2H_5$ nach 5 h bei 150°C unter Bildung von $C_3H_7COOC_2H_5$ [2], während mit $(CH_3)_2C{=}CHCOOC_2H_5$ wiederum keine Hydrierung der Doppelbindung beobachtet werden kann [2]. $(CH_3)_2C{=}CHCOCH_3$ wird dagegen zu $(CH_3)_2CHCH_2COCH_3$ reduziert [3], ebenso wie die beiden α,β-ungesättigten Ketone $C_6H_5CH{=}COC_6H_5$ und $CH_2{=}CHCOC_6H_5$, aus denen neben den 1,4-Additionsverbindungen die gesättigten Ketone $C_6H_5CH_2CH_2COC_6H_5$ bzw. $C_2H_5COC_6H_5$ in von den Reaktionsbedingungen abhängigen Ausbeuteverhältnissen entstehen [4]. $(C_6H_5)_3SnH$ reduziert β-Jonon zu Dihydro-β-jonon [5], *cis*- und *trans*-2-Chlor-2,3-dimethyloxirane [6], Tetraphenylcyclopentadienon in Gegenwart von Brombenzol zu 2,3,4,5-Tetraphenyl-cyclopent-2-enon [7, 8], $3\beta,12\alpha$-Diacetoxy-$\Delta^{14,16}$-5α-pregnadien-20-on zu zwei isomeren Pregnen-Derivaten [9] — ganz allgemein kann mit $(C_6H_5)_3SnH$ die Δ^{16}-Doppelbindung von 20-Keto-$\Delta^{14,16}$-pregnadien-Derivaten selektiv zu 20-Keto-Δ^{14}-17β-pregnen-Derivaten reduziert werden [10, 11] — und Acetylen-Derivate $R_3SiC{\equiv}CX$ bei 100 bis 125°C zu Olefinen vom Typ $R_3SiCH{=}CHX$, wobei X=H, $Si(CH_3)_3$ oder $Sn(C_6H_5)_3$ [12]

$(C_6H_5)_3SnH$ reagiert mit 1-Deuterio-1-hexen bei 70°C unter Isomerisierung des Olefins [13]. Bei der Reaktion mit 1-Octen wird nach 13 h bei 75°C in Gegenwart von Luftsauerstoff $[(C_6H_5)_3Sn]_2$ gefunden [14], während in Gegenwart von Benzoylperoxid in Petroläther nach 24 h bei 75°C oder nach 4 Tagen bei Zimmertemperatur unter UV-Bestrahlung oder bei Zimmertemperatur im Dunkeln in Gegenwart von $(C_6H_5)_3CN_2C_6H_5$ nur $Sn(C_6H_5)_4$ gefunden werden kann [15]. Bei der Reaktion von $(C_6H_5)_3SnH$ mit $(C_6H_5)_3PbCH{=}CH_2$ bei 70°C unter N_2 erfolgt keine Addition an die Vinylgruppe, sondern Bildung von $[(C_6H_5)_3Sn]_2$ und Pb [16].

$(C_6H_5)_3SnH$ bildet mit CH_3OH in Gegenwart von CH_3ONa nur H_2 neben $[(C_6H_5)_3Sn]_2$ [17]. Cyclohexylalkohole werden jedoch in CH_2Cl_2 in Gegenwart von wenig CF_3COOH bei Zimmertemperatur zu den entsprechenden Cyclohexan-Derivaten reduziert, mit *cyclo*-$C_3H_5CRR'OH$ wird unter gleichen Bedingungen neben *cyclo*-C_3H_5CHRR' auch $RR'C{=}CHCH_2CH_2OOCCF_3$ gefunden [18]. Bei der Reaktion zwischen $(C_6H_5)_3SnH$ und $CH_2{=}CHCH_2SH$ entsteht H_2S neben $CH_3CH{=}CH_2$ und $[(C_6H_5)_3Sn]_2S$ [19].

Bei der Reduktion von Aminen wie $C_4H_9NH_2$ [19], $C_6H_{13}NH_2$ [19] und $CH_2{=}CHCH_2NH_2$ [20] wird neben $[(C_6H_5)_3Sn]_2$ und dem entsprechenden Kohlenwasserstoff NH_3 gefunden. Diese Angaben wurden später korrigiert. So wurde festgestellt, daß Amine wie $C_6H_{13}NH_2$, $(C_3H_7)_3Sn(CH_2)_3NH_2$ oder $C_6H_5CH_2NH_2$ bei 100°C lediglich die Zersetzung von $(C_6H_5)_3SnH$ in $[(C_6H_5)_3Sn]_2$ und H_2 katalysieren. NH_3 und die zugrundeliegenden Kohlenwasserstoffe, wie beispielsweise C_6H_{14}, $Sn(C_3H_7)_4$ oder $C_6H_5CH_3$ konnten nicht gefunden werden [21, 22]. An anderer Stelle wurde festgestellt, daß $(C_6H_5)_3SnH$ mit $C_6H_5CH_2NH_2$ unter Bildung von $[(C_6H_5)_3Sn]_2$ und Benzol reagiert. Auch hier wurde keine Spur an Toluol gefunden [23].

$(C_6H_5)_3SnH$ reduziert $C_6H_5CH{=}NC_6H_5$ unter Bildung von $C_6H_5CH_2NHC_6H_5$ [24, 25]. Mit $C_6H_5N{=}NC_6H_5$ im Molverhältnis 2:1 entsteht bei 90°C nach 1.5 h $[(C_6H_5)_3Sn]_2$ neben $C_6H_5NHNHC_6H_5$ [26], mit $C_6H_5NO_2$ wird $C_6H_5NH_2$ gebildet [19], mit Isocyanaten RNCO entstehen

Formamide $RCONH_2$. — Bei der Reaktion von $(C_6H_5)_3SnH$ mit C_6H_5SCN werden unter anderem $[(C_6H_5)_3Sn]_2S$, $[(C_6H_5)_3Sn]_2$, $C_6H_5NH_2$, $C_6H_5NHCH_3$, C_6H_5NC als Reaktionsprodukte gefunden [24, 25].

Literatur:

[1] M. Pereyre, G. Colin, J. Valade (Tetrahedron Letters **1967** 4805/8). — [2] M. Pereyre, G. Colin, J. Valade (Bull. Soc. Chim. France **1968** 3358/9). — [3] M. Pereyre, J. Valade (Compt. Rend. **260** [1965] 581/4). — [4] A. J. Leusink, J. G. Noltes (Tetrahedron Letters **1966** 2221/5). — [5] H. R. Wolf, M. P. Zink (Helv. Chim. Acta **56** [1973] 1062/6).

[6] L. J. Altman, R. C. Baldwin (Tetrahedron Letters **1972** 981/4). — [7] L. A. Rothman (Diss. Polytech. Inst., Brooklyn, 1960, 63 S.; Diss. Abstr. **21** [1960] 1382). — [8] L. A. Rothman, E. J. Becker (J. Org. Chem. **25** [1960] 2203/6). — [9] U. Pommerenk, H. Sengewein, P. Welzel (Tetrahedron Letters **1972** 3415/8). — [10] E. Yoshii, M. Yamasaki (Chem. Pharm. Bull. [Tokyo] **16** [1968] 1158/9).

[11] T. Nambara, K. Shimada, S. Goya (Chem. Pharm. Bull. [Tokyo] **18** [1970] 453/7). — [12] C. S. Kraihanzel, M. L. Losee (J. Organometal. Chem. **10** [1967] 427/37). — [13] H. G. Kuivila, R. Sommer (J. Am. Chem. Soc. **89** [1967] 5616/9). — [14] G. J. del Franco, P. Resnick, C. R. Dillard (J. Organometal. Chem. **4** [1965] 57/66). — [15] R. Fuchs, H. Gilman (J. Org. Chem. **22** [1957] 1009/11).

[16] M. C. Henry, J. G. Noltes (J. Am. Chem. Soc. **82** [1960] 558/61). — [17] H. G. Kuivila, P. L. Levins (J. Am. Chem. Soc. **86** [1964] 23/7). — [18] F. A. Carey, H. S. Tremper (Tetrahedron Letters **1969** 1645/8). — [19] J. G. Noltes, G. J. M. van der Kerk (Chem. Ind. [London] **1959** 294/5). — [20] G. J. M. van der Kerk, J. G. Noltes, J. G. A. Luijten (J. Appl. Chem. **7** [1957] 356/65).

[21] A. Stern, E. J. Becker (J. Org. Chem. **27** [1962] 4052/3). — [22] G. J. M. van der Kerk, J. G. Noltes, J. G. A. Luijten (Rec. Trav. Chim. **81** [1962] 853/4). — [23] R. J. Kiesel (Diss. St. John's Univ., Jamaica, N.Y., 1966, 158 S.; Diss. Abstr. B **27** [1967] 4311). — [24] D. H. Lorenz (Diss. Polytech. Inst. of Brooklyn, Brooklyn, N.Y., 1964, 60 S.; Diss. Abstr. **24** [1964] 2693). — [25] D. H. Lorenz, E. I. Becker (J. Org. Chem. **28** [1963] 1707/8).

[26] J. G. Noltes (Rec. Trav. Chim. **83** [1964] 515/21).

1.2.1.1.7.4.6 Reaktionen mit Verbindungen mit Zinn-Element-Bindungen

Reactions with Compounds with Tin-Element Bonds

$(C_6H_5)_3SnH$ reagiert mit Verbindungen, die Organozinngruppen enthalten, in der Regel unter Bildung von Distannanen, Tri-, Oligo- oder Polystannanen. So entsteht mit $(C_4H_9)_3SnCH(CN)CH(CH_3)_2$ bei 150°C $(C_4H_9)_3SnSn(C_6H_5)_3$ neben $[(C_4H_9)_3Sn]_2$, $Sn(C_6H_5)_4$, aber auch $(C_4H_9)_3SnH$ und $(CH_3)_2CHCH_2CN$. Mit $(C_4H_9)_3SnCH(COOC_2H_5)CH(CH_3)_2$ entstehen entsprechend $(C_4H_9)_3SnSn(C_6H_5)_3$, $[(C_6H_5)_3Sn]_2$, $Sn(C_6H_5)_4$, $(C_4H_9)_3SnH$ und $(CH_3)_2CHCH_2COOC_2H_5$. Mit $(C_4H_9)_3SnCH_2COCH_3$ und $(C_4H_9)_3SnCH_2COOC_2H_5$ wird dagegen nur $(C_4H_9)_3SnH$ neben CH_3COCH_3 bzw. $CH_3COOC_2H_5$ erhalten [1]. Mit $(C_2H_5)_3SnCN$ reagiert die Verbindung in Gegenwart von $N(C_2H_5)_3$ unter Bildung von H_2, $(C_2H_5)_3SnSn(C_6H_5)_3$ und $(C_6H_5)_3SnCN$ [2].

$(C_6H_5)_3SnH$ reagiert mit $(C_6H_5)_3SnOH$ in Benzol bei 80°C unter Bildung von $[(C_6H_5)_3Sn]_2$ [2]. Das gleiche Reaktionsprodukt wird auch bei der Umsetzung von Triphenylzinnhydrid mit $(C_6H_5)_3SnOCH_3$ in Benzol bei 20°C erhalten [2]. Entsprechend entsteht $(C_2H_5)_3SnSn(C_6H_5)_3$ neben dem Alkohol ROH aus $(C_2H_5)_3SnOR$ [3] und aus $(C_2H_5)_3SnOC_6H_5$ in Cyclohexan. Im letzteren Fall kann durch NMR-Messungen auch ein Gleichgewicht der eingesetzten Verbindungen mit $(C_6H_5)_3SnOC_6H_5$ und $(C_2H_5)_3SnH$ nachgewiesen werden [4]. Bei der Umsetzung von $(C_6H_5)_3SnH$ mit $(C_4H_9)_3SnOCH_3$ wird in exothermer Reaktion $(C_4H_9)_3SnSn(C_6H_5)_3$ gebildet [2]. Mit $(C_4H_9)_3SnOOCH_3$ entsteht in Gegenwart von $N(C_2H_5)_3$ auch $(C_4H_9)_3SnSn(C_6H_5)_3$ neben $[(C_6H_5)_3Sn]_2$ [2]. Mit $(C_4H_9)_3SnOC(C_6H_5){=}CHCH_3$ oder $(C_4H_9)_3SnOC(C_6H_5){=}CHCH_2C_6H_5$ wird $(C_4H_9)_3SnSn(C_6H_5)_3$ neben $C_2H_5COC_6H_5$ bzw. $C_6H_5CH_2CH_2COC_6H_5$ gebildet [5]. Mit $(C_6H_5)_3SnOC(C_6H_5){=}CHCH_3$ bzw. mit $(C_6H_5)_3SnOC(C_6H_5){=}CHCH_2C_6H_5$ entsteht $[(C_6H_5)_3Sn]_2$ neben den gleichen Ketonen [5]. $(C_6H_5)_3SnH$ reagiert mit $[(C_6H_5)_3Sn]_2O$ bei Zimmertemperatur exotherm unter Wasserabspaltung und Bildung von $[(C_6H_5)_3Sn]_2$ [6]. Mit $[(C_2H_5)_3Sn]_2O$ entsteht entsprechend $(C_2H_5)_3SnSn(C_6H_5)_3$ [2, 6], mit $[(C_6H_5)_2SnO]_n$ entstehen bei 100°C neben $[(C_6H_5)_3Sn]_2$ oligomere und polymere Phenylstannane $(C_6H_5)_3Sn[Sn(C_6H_5)_2]_nSn(C_6H_5)_3$ [7].

Bei der Reaktion zwischen $(C_6H_5)_3SnH$ und $[(C_4H_9)_3Sn]_2S$ in Gegenwart von $N(C_2H_5)_3$ entsteht $[(C_6H_5)_3Sn]_2$ neben $(C_4H_9)_3SnSn(C_6H_5)_3$, SnS und $(C_4H_9)_3SnH$ [2].

Organozinnamide reagieren mit $(C_6H_5)_3SnH$ bei milden Bedingungen unter Bildung von Distannanen neben Aminen. Die Kinetik dieser Hydrostannolyse wurde an vielen Beispielen eingehend untersucht [4, 8]. So entsteht $[(C_6H_5)_3Sn]_2$ aus $(C_6H_5)_2Sn[N(C_2H_5)_2]_2$ neben $(C_6H_5)_8Sn_3$ und höheren Stannanen [7], $(CH_3)_3SnSn(C_6H_5)_3$ aus $(CH_3)_3SnN(C_2H_5)_2$ [2] und aus $(CH_3)_3SnN(C_6H_5)CHO$ [9, 10], $(C_2H_5)_3SnSn(C_6H_5)_3$ aus $(C_2H_5)_3SnNRR'$ (mit NRR' = $N(C_2H_5)_2$ [4, 8], $N(C_6H_5)CHO$ [4, 8, 10, 11], $N(p\text{-}C_6H_4Cl)CHO$ [4, 8], $N(C_6H_5)NHC_6H_5$ [4, 8], $N(C_6H_{13})CHO$ [4, 8]) und aus $[(C_2H_5)_3SnNCOOC_2H_5]_2$ [11], $(C_4H_9)_3SnSn(C_6H_5)_3$ aus $(C_4H_9)_3SnN(C_6H_5)CHO$ [10], $(iso\text{-}C_4H_9)_3SnSn(C_6H_5)_3$ aus $(iso\text{-}C_4H_9)_3SnN(C_2H_5)_2$ [2, 12], $(cyclo\text{-}C_6H_{11})_3SnSn(C_6H_5)_3$ aus $(cyclo\text{-}C_6H_{11})_3SnN(C_2H_5)_2$ [2] und $(C_8H_{17})_3SnSn(C_6H_5)_3$ aus $(C_8H_{17})_3SnN(C_6H_5)CHO$ [10]. Analog wird aus $(C_6H_5)_3SnH$ und $(C_4H_9)_3SnSn(C_4H_9)_2N(C_6H_5)CHO$ das Tristannan $(C_4H_9)_3SnSn(C_4H_9)_2Sn(C_6H_5)_3$ gebildet [13]. Bei der Umsetzung von $R_2Sn[N(C_6H_5)CHO]_2$ mit $(C_6H_5)_3SnH$ entstehen die Verbindungen $[(C_6H_5)_3Sn]_2SnR_2$ mit R = C_2H_5, C_4H_9 und C_6H_5 [10].

$(C_6H_5)_3SnH$ reagiert mit $(C_2H_5)_3SnP(C_6H_5)_2$ unter Bildung von $(C_6H_5)_3SnSn(C_2H_5)_3$ neben $(C_6H_5)_2PH$. In Cyclohexan wird NMR-spektroskopisch aber auch ein Gleichgewicht der beiden Ausgangskomponenten mit $(C_6H_5)_3SnP(C_6H_5)_2$ und $(C_2H_5)_3SnH$ festgestellt [4]. Bei der Reaktion von $(C_6H_5)_3SnH$ mit $(C_4H_9)_3SnP(C_4H_9)_2$ entsteht $[(C_6H_5)_3Sn]_2$ neben $(C_6H_5)_3SnSn(C_4H_9)_3$ und $(C_4H_9)_2PH$ [2]. Analog wird mit $(C_2H_5)_3SnAs(C_6H_5)_2$ auch $(C_2H_5)_3SnSn(C_6H_5)_3$ und $(C_6H_5)_2AsH$ erhalten [4].

$(C_6H_5)_3SnH$ reagiert mit $(CH_3)_3SnCl$ in Diäthyläther in Gegenwart von Triäthylamin unter Bildung von $(CH_3)_3SnSn(C_6H_5)_3$ [2], mit $(C_2H_5)_3SnCl$ entsprechend zu $(C_2H_5)_3SnSn(C_6H_5)_3$ [6] und mit $(iso\text{-}C_4H_9)_3SnJ$ zu $(iso\text{-}C_4H_9)_3SnSn(C_6H_5)_3$ [2]. Aus $(C_6H_5)_3SnH$, $(C_4H_9)_2SnBr_2$ und $N(C_2H_5)_3$ im Molverhältnis 2:1:2 in Diäthyläther entsteht nach 12 h bei 20°C in exothermer Reaktion eine Mischung aus $[(C_6H_5)_3Sn]_2$ und $[(C_6H_5)_3Sn]_2Sn(C_4H_9)_2$ [7]. $(C_6H_5)_3SnH$ reagiert mit $(C_2H_5)_2SnBr(CH_2CH_2CN)$ unter Bildung von $(C_2H_5)_2SnH(CH_2CH_2CN)$ [14].

Literatur:

[1] M. Pereyre, G. Colin, J. Valade (Bull. Soc. Chim. France **1968** 3358/9). — [2] W. P. Neumann, B. Schneider, R. Sommer (Liebigs Ann. Chem. **692** [1966] 1/11). — [3] H. M. J. C. Creemers, J. G. Noltes (Rec. Trav. Chim. **84** [1965] 1589/93). — [4] H. M. J. C. Creemers, F. Verbeek, J. G. Noltes (J. Organometal. Chem. **8** [1967] 469/77). — [5] A. J. Leusink, J. G. Noltes (Tetrahedron Letters **1966** 2221/5).

[6] W. P. Neumann, B. Schneider (Angew. Chem. **76** [1964] 891). — [7] R. Sommer, B. Schneider, W. P. Neumann (Liebigs Ann. Chem. **692** [1966] 12/21). — [8] H. M. J. C. Creemers, J. G. Noltes (Rec. Trav. Chim. **84** [1965] 590/3). — [9] M. Gielen, J. Nasielski, G. Vandendunghen (Bull. Soc. Chim. Belges **80** [1971] 165/73). — [10] H. M. J. C. Creemers, J. G. Noltes, G. J. M. van der Kerk (Rec. Trav. Chim. **83** [1964] 1284/6).

[11] J. G. Noltes (Rec. Trav. Chim. **83** [1964] 515/21). — [12] R. Sommer, W. P. Neumann, B. Schneider (Tetrahedron Letters **1964** 3875/8). — [13] H. M. J. C. Creemers, J. G. Noltes (Rec. Trav. Chim. **84** [1965] 382/4). — [14] W. P. Neumann, J. Pedain (Tetrahedron Letters **1964** 2461/5).

Other Reactions

1.2.1.1.7.4.7 Weitere Reaktionen

$(C_6H_5)_3SnH$ reagiert mit O_2 in Äthanol, Octan, unter UV-Bestrahlung sowie mit oder ohne Katalysatoren unter Bildung von $[(C_6H_5)_3Sn]_2$, H_2O und etwas $Sn(C_6H_5)_4$ [1, 2, 3]. Mit HCl in Diäthyläther [4] und in Wasser [5] reagiert $(C_6H_5)_3SnH$ unter Bildung von $(C_6H_5)_3SnCl$ neben H_2. Mit HBr entsteht dagegen bei −78°C je nach der Stöchiometrie der Reaktionspartner Benzol neben $(C_6H_5)_2SnHBr$ und $C_6H_5SnHBr_2$. Auch bei einem großen Überschuß an HBr werden nur zwei Sn-C-Bindungen gespalten [6, 7]. 50%ige H_2SO_4 reagiert mit $(C_6H_5)_3SnH$ in Aceton unter CO_2 unter Bildung von H_2 neben $[(C_6H_5)_3Sn]_2SO_4$ [8]. Mit konzentrierter HNO_3 entstehen braune Gase und $C_6H_5NO_2$ [9], mit $HClO_4$ wird unter Abspaltung von H_2 die Bildung von $(C_6H_5)_3SnClO_4$ beobachtet [10]. $(C_6H_5)_2PCl$ reagiert mit $(C_6H_5)_3SnH$ in Hexan bei Zimmertemperatur unter Bildung von $(C_6H_5)_3SnCl$ neben $(C_6H_5)_2PH$ [11]. Mit PCl_3 und $SbCl_3$ in Diäthyläther entsteht $(C_6H_5)_3SnCl$

in über 90%iger Ausbeute [1]. $(CH_3)_3SiCl$ reagiert in Xylol bei 50 bis 75°C mit $(\textit{iso}\text{-}C_4H_9)_2AlH$ und $(C_6H_5)_3SnH$ unter Bildung von $(CH_3)_3SiH$ [12]. Bei der Reaktion zwischen $(C_6H_5)_3SnH$ und $HgCl_2$ in Diäthyläther wird $(C_6H_5)_3SnCl$ gebildet [1].

$(C_6H_5)_3SnH$ reagiert mit Mercaptanen, organischen Sulfiden, Disulfiden, Sulfinsäuren, Sulfonsäuren und Sulfenylchloriden unter Bildung von Organozinn-Schwefel-Verbindungen. Die Reaktionen, die teilweise exotherm, teilweise erst bei höheren Temperaturen ablaufen, werden von Azoisobuttersäuredinitril oder $B(C_6H_5)_3$ katalysiert. In der folgenden Tabelle sind die Reaktionen mit den Bedingungen und den Produkten zusammengestellt [13]:

Ausgangsverbindung	Reaktionsbedingungen	Reaktionsprodukte
CH_3SH	3 h, 160°C, AIBN	$(C_6H_5)_3SnSCH_3$, H_2
$C_6H_5CH_2SH$	5 h, 85°C, $B(C_6H_5)_3$	$[(C_6H_5)_3Sn]_2S$, H_2S, $C_6H_5CH_3$
C_6H_5SH	2 h, 85°C, $B(C_6H_5)_3$	$(C_6H_5)_3SnSC_6H_5$, H_2
$2\text{-}C_{10}H_7SH$	3 h, 120°C, $B(C_6H_5)_3$	$(C_6H_5)_3SnSC_{10}H_7$, H_2
$(C_6H_5CH_2)_2S$	2 h, 130°C, $B(C_6H_5)_3$	$[(C_6H_5)_3Sn]_2S$, H_2S, $C_6H_5CH_3$
$C_6H_5SSC_6H_5$	1 h, 90°C, $B(C_6H_5)_3$	$(C_6H_5)_3SnSC_6H_5$, H_2
$C_6H_5CSC_6H_5$	4 h, 145°C	$[(C_6H_5)_3Sn]_2S$, $C_6H_5CH_2C_6H_5$
$C_6H_5SO_3H$	exotherm	$C_6H_5SO_3Sn(C_6H_5)_3$, H_2
$C_6H_5SO_2H$	exotherm	$C_6H_5SO_2Sn(C_6H_5)_3$, H_2
$C_6H_5SO_2Cl$	exotherm	$(C_6H_5)_3SnCl$, H_2
C_6H_5SCl	exotherm	$(C_6H_5)_3SnCl$, $(C_6H_5)SnSC_6H_5$, H_2
CS_2	6 h, 155°C, $B(C_6H_5)_3$	$(C_6H_5)_3SnSSn(C_6H_5)_3$

$(C_6H_5)_3SnH$ reagiert mit $C_6H_5N_3$ in Pentan beim Rückflußkochen unter Bildung von $(C_6H_5)_3SnNHC_6H_5$ [14]. Mit $(C_6H_5)_3SiN_3$, $(C_6H_5)_3GeN_3$ und $(C_6H_5)_3SnN_3$ entstehen entsprechend bei 100°C neben N_2 und $[(C_6H_5)_3Sn]_2$ die Verbindungen $(C_6H_5)_3SiNH_2$, $[(C_6H_5)_3Ge]_2NH$ bzw. NH_3 [15]. Bei der Umsetzung von $(C_6H_5)_3SnH$ mit Organogermanium-Stickstoff-Verbindungen entstehen triphenylzinnsubstituierte Organogermaniumverbindungen, was zur Synthese einer großen Anzahl derartiger Derivate angewandt wird [16]. Die bei der Umsetzung von $(C_6H_5)_3SnH$ mit Triäthylblei- und Tributylblei-pyrrrol sowie -acetat neben Triphenylzinnpyrrol und $(C_6H_5)_3SnOOCCH_3$ gebildeten, in Substanz nicht isolierten Verbindungen $(C_2H_5)_3PbH$ und $(C_4H_9)_3PbH$ wurden über ihre Additionsverbindungen an Acetylene nachgewiesen [17]. $(C_6H_5)_3SnH$ reagiert mit Titan- und Zirkonamiden unter Bildung empfindlicher Triphenylzinn-Titan- und Triphenylzinn-Zirkon-Verbindungen [18].

N-Bromsuccinimid reagiert mit $(C_6H_5)_3SnH$ in Benzol unter Rückflußbedingungen und in N_2-Atmosphäre unter Bildung von $(C_6H_5)_3SnBr$ neben Succinimid [19, 20]. Bei der Reaktion von $(C_6H_5)_3SnH$ mit Succinimid in Benzol-CCl_4 unter Rückflußbedingungen entsteht $(C_6H_5)_3SnCl$ [19].

$(C_6H_5)_3SnH$ reagiert mit Na in flüssigem NH_3 unter Bildung von $(C_6H_5)_3SnNa$ [3]. Während bei der Umsetzung mit CH_3Li in Diäthyläther einmal die Bildung von $(C_6H_5)_3SnLi$ beschrieben wurde [4], werden andererseits unter den gleichen Reaktionsbedingungen $Sn(C_6H_5)_4$ neben $(C_6H_5)_3SnCH_3$ gefunden [21]. $(C_6H_5)_3SnH$ reagiert mit LiC_6H_5 in Äther und anschließend mit $C_6H_5CH_2Cl$ unter Bildung von $Sn(C_6H_5)_4$ in 90%iger Ausbeute [22], während mit $Be(C_6H_5)_2$ in Diäthyläther-Benzol nach jeweils 1stündigem Rückflußkochen Phenyl-Wasserstoff-Austausch unter Bildung von $Sn(C_6H_5)_4$ und aus der Lösung nicht isoliertem C_6H_5BeH stattfindet [23].

$(C_6H_5)_3SnH$ reagiert mit Alkylzink- und Alkylcadmiumverbindungen unter Abspaltung von Alkanen und Bildung von Triphenylzinn-Derivaten von Zink und Cadmium, die ebenso wie reine Zink- und Cadmiumorganyle durch den als Lösungsmittel verwendeten basischen Äther Dimethoxyäthan oder durch Amine komplexiert und damit stabilisiert werden. Bei −20°C wurden hierbei durch Umsetzung von $Zn(CH_3)_2$, $Cd(CH_3)_2$, $Zn(C_2H_5)_2$, $Cd(C_2H_5)_2$, C_2H_5ZnCl, CH_3CdCl und C_2H_5CdCl die jeweils durch Donatoren stabilisierten Verbindungen $Zn[Sn(C_6H_5)_3]_2$, $Cd[Sn(C_6H_5)_3]_2$, $(C_6H_5)_3SnZnCl$ und $(C_6H_5)_3SnCdCl$ gewonnen [24, 25, 26]. Bei der Umsetzung von $(C_6H_5)_3SnH$ mit C_2H_5ZnCl in Diäthyläther bei Zimmertemperatur und anschließendem Abziehen des Äthers bei 70°C im Vakuum kann $(C_6H_5)_3SnZnCl$ als dimere Verbindung rein und ohne Lösungsmittel gewonnen werden [26]. $(C_6H_5)_3SnH$ reduziert Organoquecksilberverbindungen [27]. Aus $(C_6H_5)_3SnH$ und

$Hg[C(CH_3)_3]_2$ wird bei −70°C in Hexan $Hg[Sn(C_6H_5)_3]_2$ in Ausbeuten zwischen 50 und 80% gebildet [28]. Die gleiche Verbindung entsteht auch bei der Reaktion zwischen $(C_6H_5)_3SnH$ und $Hg\{N[Si(CH_3)_3]_2\}_2$ bei Zimmertemperatur in quantitativer Ausbeute unter Abspaltung von $[(CH_3)_3Si]_2NH$ [29].

$(C_6H_5)_3SnH$ reagiert in Benzol bei 80°C mit dimerem $C_5H_5Cr(CO)_3$ unter Bildung von $(C_6H_5)_3SnCr(CO)_3C_5H_5$ neben $C_5H_5(CO)_3CrH$ [30], mit $(CO)_5CrC(C_6H_5)OCH_3$ und Pyridin in Hexan-Benzol bei Zimmertemperatur in Ar-Atmosphäre unter Bildung von $(C_6H_5)_3SnCH(C_6H_5)OCH_3$. Zur Kinetik der Reaktion s. Original [31, 32]. Mit $Co_2(CO)_8$ bildet $(C_6H_5)_3SnH$ in Petroläther zwischen 60 und 90°C $(C_6H_5)_3SnCo(CO)_4$ [33] und mit $Ru_3(CO)_{12}$ entsteht im Bombenrohr in Hexan nach 24 h bei 80°C $[(C_6H_5)_3Sn]_2Ru(CO)_4$ [34]. $(C_6H_5)_3SnH$ addiert sich beim 48stündigen Rühren in Benzol unter N_2 an planar quadratische Iridiumkomplexe unter Erhöhung der Koordinationszahl auf 6. So entsteht aus *trans*-$IrX(CO)[P(C_6H_5)_3]_2$ (X = Cl, Br, J) das entsprechende $(C_6H_5)_3SnIrH(X)(CO)[P(C_6H_5)_3]_2$ und aus *trans*-$IrCl(CO)[PRR'_2]_2$ ($RR'_2 = C_6H_5(C_2H_5)_2$, $CH_3(C_6H_5)_2$) das entsprechende $(C_6H_5)_3SnIrH(Cl)(CO)[PRR'_2]_2$ [35, 36].

Literatur:

[1] A. E. Borisov, A. N. Abramova (Izv. Akad. Nauk SSSR Ser. Khim. **1964** 844/8; Bull. Acad. Sci. USSR Div. Chem. Sci. **1964** 791/3). — [2] G. J. del Franco, P. Resnick, C. R. Dillard (J. Organometal. Chem. **4** [1965] 57/66). — [3] R. F. Chambers, P. C. Scherer (J. Am. Chem. Soc. **48** [1926] 1054/62). — [4] G. Wittig, F. J. Meyer, G. Lange (Liebigs Ann. Chem. **571** [1951] 167/201). — [5] A. E. Borisov, A. N. Nesmeyanov, Z. N. Parnes (Izv. Akad. Nauk SSSR Ser. Khim. **1964** 941/3; Bull. Acad. Sci. USSR Div. Chem. Sci. **1964** 882/4).

[6] G. Fritz, H. Scheer (Z. Naturforsch. **19b** [1964] 537). — [7] G. Fritz, H. Scheer (Z. Anorg. Allgem. Chem. **338** [1965] 1/8). — [8] A. E. Borisov, A. N. Abramova, Z. N. Parnes (Izv. Akad. Nauk SSSR Ser. Khim. **1964** 941/3; Bull. Acad. Sci. USSR Div. Chem. Sci. **1964** 882/4). — [9] P. J. Shapiro, E. J. Becker (J. Org. Chem. **27** [1962] 4668/9). — [10] H. G. Kuivila, P. L. Levins (J. Am. Chem. Soc. **86** [1964] 23/7).

[11] D. Seyferth, Y. Sato, M. Takamizawa (J. Organometal. Chem. **2** [1964] 367/8). — [12] A. Berger, General Electric Co. (U.S.P. 3439008 [1966/69]; C.A. **71** [1969] Nr. 39153). — [13] M. Pang, E. J. Becker (J. Org. Chem. **29** [1964] 1948/52). — [14] H. Schumann, S. Ronecker (J. Organometal. Chem. **23** [1970] 451/8). — [15] T. T. Tsai, W. L. Lehn, C. J. Marshall (J. Organometal. Chem. **22** [1970] 387/93).

[16] H. M. J. C. Creemers, J. G. Noltes (J. Organometal. Chem. **7** [1967] 237/47). — [17] H. M. J. C. Creemers, A. J. Leusink, J. G. Noltes, G. J. M. van der Kerk (Tetrahedron Letters **1966** 3167/71). — [18] H. M. J. C. Creemers, F. Verbeek, J. G. Noltes (J. Organometal. Chem. **15** [1968] 125/30). — [19] E. J. Kupchik, T. Lanigan (J. Org. Chem. **27** [1962] 3661/5). — [20] R. J. Kiesel (Diss. St. John's Univ., Jamaica, N. Y., 1966, 158 S.; Diss. Abstr. B **27** [1967] 4311).

[21] H. Gilman, S. D. Rosenberg (J. Am. Chem. Soc. **75** [1953] 3592/3). — [22] H. Gilman, H. W. Melvin (J. Am. Chem. Soc. **71** [1949] 4050/1). — [23] G. E. Coates, M. Tranah (J. Chem. Soc. A **1967** 615/7). — [24] F. J. A. des Tombe, G. J. M. van der Kerk, H. J. M. C. Creemers, J. G. Noltes (Chem. Commun. **1966** 914/5). — [25] F. J. A. des Tombe, G. J. M. van der Kerk, H. J. M. C. Creemers, N. A. D. Carey, J. G. Noltes (J. Organometal. Chem. **44** [1972] 247/52).

[26] F. J. A. des Tombe, G. J. M. van der Kerk, J. G. Noltes (J. Organometal. Chem. **43** [1972] 323/31). — [27] V. M. A. Chambers, W. R. Jackson, G. W. Young (J. Chem. Soc. C **1971** 2075/9). — [28] U. Blaukat, W. P. Neumann (J. Organometal. Chem. **63** [1973] 27/39). — [29] C. Eaborn, A. R. Thompson, D. R. M. Walton (Chem. Commun. **1968** 1051/2). — [30] A. Miyake, H. Kondo, M. Aoyama (Angew. Chem. **81** [1969] 498/9).

[31] J. A. Connor, J. P. Day, R. M. Turner (Chem. Commun. **1973** 578/9). — [32] J. A. Connor, P. D. Rose, R. M. Turner (J. Organometal. Chem. **55** [1973] 111/9). — [33] G. A. Rowe, Imperial Chemical Industries, Ltd. (B.P. 1185156 [1966/70]; C.A. **73** [1970] Nr. 34821). — [34] J. D. Cotton, S. A. R. Knox, F. G. A. Stone (J. Chem. Soc. A **1968** 2758/62). — [35] M. F. Lappert, N. F. Travers (J. Chem. Soc. A **1970** 3303/8).

[36] M. F. Lappert, N. F. Travers (Chem. Commun. **1968** 1569/70).

1.2.1.1.7.5 Verwendung

Uses

Zur Verwendung als Reduktionsmittel in der organischen Chemie s. S. 77/83.

$(C_6H_5)_3SnH$ dient als Zusatz bei der Darstellung von feuerresistenten Polyestern [1]. Die Verbindung katalysiert im Gemisch mit WCl_6 und 1,2-Dinitro-3,5-dichlorbenzol die Polymerisation von Cyclopenten [2]. Im Gemisch mit Estern von Phosphorsäuren wird $(C_6H_5)_3SnH$ als Katalysator zur Polymerisation von Alkylenoxiden eingesetzt [3]. Außerdem katalysiert es die Copolymerisation von Methacrylsäure mit Methylmethacrylat [4].

Literatur:

[1] K. Raichle, F. Alfes, H. Schnell, K. Prater, Farbenfabriken Bayer A.-G. (D.P. 1266497 [1965/68]; C.A. **69** [1968] Nr. 3448). — [2] K. Nützel, K. Dinges, F. Haas, Farbenfabriken Bayer A.-G. (Nd.P. 70-05354 [1969/70]). — [3] T. Nakata, K. Kawamata, Osaka Soda Co., Ltd. (Deut. Offenlegungsschrift 1941690 [1968/70]; C.A. **72** [1970] Nr. 133372). — [4] A. V. Ryabov, T. E. Sukhova, L. A. Smirnova, V. T. Bychkov (Tr. po Khim. i Khim. Tekhnol. **1974** 156/7 nach C.A. **83** [1975] Nr. 79740).

1.2.1.1.8 Weitere Triarylzinnhydride R_3SnH

Other Triaryltin Hydrides

$(p\text{-}FC_6H_4)_3SnH$

Die Verbindung wird durch Umsetzung von $(p\text{-}FC_6H_4)_3SnCl$ mit $LiAlH_4$ in Diäthyläther, zuerst bei Zimmertemperatur, anschließend nach halbstündigem Rückflußkochen in 33%iger Ausbeute gewonnen. Die farblosen Kristalle schmelzen unzersetzt bei 48.7 bis 50.4°C und können bei 40°C/1 Torr sublimiert werden [1, 2]. Im Mössbauer-Spektrum zeigt die Verbindung ein Signal mit einer Isomerieverschiebung $\delta = 1.370$ mm/s gegen SnO_2. Quadrupolaufspaltung wird nicht beobachtet [3, 4]. Die Verbindung reagiert mit parasubstituierten Brombenzolen $p\text{-}RC_6H_4Br$ (R = CH_3, OCH_3, H, F, C_6H_5, Cl, CF_3) unter Bildung von $(p\text{-}FC_6H_4)_3SnBr$ neben RC_6H_5 [1, 2].

$(o\text{-}CH_3C_6H_4)_3SnH$

Die Verbindung entsteht bei der Reduktion von $(o\text{-}CH_3C_6H_4)_3SnBr$ mit $LiAlH_4$ in Diäthyläther nach 3 h bei Zimmertemperatur in 77%iger Ausbeute. Die farblosen Kristalle schmelzen nach Umkristallisieren aus Methanol bei 98.6 bis 99.4°C [5, 6].

$(m\text{-}CH_3C_6H_4)_3SnH$

$(m\text{-}CH_3C_6H_4)_3SnH$ entsteht als farblose Flüssigkeit bei der Reaktion zwischen $(m\text{-}CH_3C_6H_4)_3SnCl$ und einer Aufschlämmung von $LiAlH_4$ in Diäthyläther nach 3.5 h bei Zimmertemperatur in 65%iger Ausbeute. Das Hydrid siedet bei 194 bis 195°C/1.3 Torr [5, 6].

$(p\text{-}CH_3C_6H_4)_3SnH$

Die Darstellung der Verbindung erfolgt durch Umsetzung von Triparatolylzinnhalogeniden mit $LiAlH_4$ in Diäthyläther [7]. Bei Verwendung des Triparatolylzinnchlorides und 2.5stündigem Rückflußkochen der Reaktionsmischung in Diäthyläther werden 88% Ausbeute erzielt [1, 2]. Als Schmelzpunkt der farblosen Kristalle werden angegeben: 78 bis 79°C [7] und 82.3 bis 84.9°C (nach Umkristallisieren aus Methanol-Wasser) [1, 2]. Im IR-Spektrum erscheint die νSnH bei 1835 cm^{-1}. Folgende NMR-Parameter werden angegeben: $\delta SnH = -425.0$ Hz gegen TMS, $J(^1H^{117}Sn) = 1825.9$ Hz, $J(^1H^{119}Sn) = 1911.2$ Hz [7]. Die Verbindung reagiert mit ortho-, meta- und parasubstituierten Brombenzolen RC_6H_4Br mit R = CH_3, OCH_3, F, Cl, C_6H_5, CF_3 unter Bildung von $(p\text{-}CH_3C_6H_4)_3SnBr$ neben den entsprechenden Benzol-Derivaten. Mit C_6H_5J werden $(p\text{-}CH_3C_6H_4)_3SnJ$ und Benzol erhalten [1, 2].

$[2,4,6\text{-}(CH_3)_3C_6H_2]_3SnH$

Die Verbindung wird durch Umsetzung von Trimesitylzinnhalogeniden mit $LiAlH_4$ dargestellt [5]. Beim Einsatz von Trimesitylzinnbromid und 3stündigem Rückflußkochen mit $LiAlH_4$ in Diäthyläther unter N_2 können 75% Ausbeute erzielt werden. Die aus Tetrahydrofuran-Methanol umkristallisierten farblosen Kristalle schmelzen zwischen 177.7 und 179.0°C. Bei der Reaktion mit C_6H_5J entsteht Benzol neben Trimesitylzinnjodid. Zum Einfluß verschiedener Lösungsmittel auf den Ablauf der Reaktion s. Original [2].

$(p\text{-}CH_3OC_6H_4)_3SnH$

Die Synthese der Verbindung erfolgt durch Umsetzung von $(p\text{-}CH_3OC_6H_4)_3SnBr$ mit einer Aufschlämmung von $LiAlH_4$ in Diäthyläther. Die farblosen Kristalle schmelzen zwischen 105 und 106.5°C [8]. Die Verbindung reagiert mit $(C_2H_5)_3SnOC_6H_5$ in Gegenwart von Azoisobuttersäuredinitril unter Bildung von Phenol neben $(C_2H_5)_3SnSn(C_6H_4\text{-}p\text{-}OCH_3)_3$ [8, 9], mit $(C_2H_5)_3SnN(C_6H_{13})CHO$ und $(C_2H_5)_3SnN(C_6H_5)CHO$ unter Bildung von $C_6H_{13}NHCHO$ bzw. C_6H_5NHCHO neben $(C_2H_5)_3SnSn(C_6H_4\text{-}p\text{-}OCH_3)_3$. Bei diesen Reaktionen liegt ein Austauschgleichgewicht vor [9].

$(o\text{-}C_6H_5C_6H_4)_3SnH$

Die Verbindung entsteht in Form farbloser Kristalle bei der Umsetzung von $(o\text{-}C_6H_5C_6H_4)_3SnBr$ mit $LiAlH_4$ in Diäthyläther nach 1.5stündigem Rückflußkochen, Lösungsmittelwechsel auf Benzol und erneutem 1.5stündigem Rückflußkochen in 54%iger Ausbeute. Nach Umkristallisieren aus Butanol schmelzen die Kristalle bei 171.5 bis 173.0°C. Die Verbindung reagiert mit CCl_4 unter Bildung von $(o\text{-}C_6H_5C_6H_4)_3SnCl$ in 56%iger Ausbeute [5, 6].

Literatur:

[1] D. H. Lorenz (Diss. Polytech. Inst. of Brooklyn, Brooklyn, N.Y., 1964, 60 S.; Diss. Abstr. **24** [1964] 2693). — [2] D. H. Lorenz, P. Shapiro, A. Stern, E. I. Becker (J. Org. Chem. **28** [1963] 2332/5). — [3] R. H. Herber, H. A. Stöckler, W. T. Reichle (J. Chem. Phys. **42** [1965] 2447/52). — [4] R. H. Herber, H. A. Stöckler (Trans. N.Y. Acad. Sci. [2] **26** [1964] 929/33). — [5] A. Stern (Diss. Polytech. Inst. of Brooklyn, Brooklyn, N.Y., 1964, 83 S.; Diss. Abstr. **25** [1964] 2768/9).

[6] A. Stern, E. I. Becker (J. Org. Chem. **29** [1964] 3221/5). — [7] M.-R. Kula, E. Amberger, H. Rupprecht (Chem. Ber. **98** [1965] 629/33). — [8] H. M. J. C. Creemers, J. G. Noltes (Rec. Trav. Chim. **84** [1965] 1589/93). — [9] H. M. J. C. Creemers, F. Verbeek, J. G. Noltes (J. Organometal. Chem. **8** [1967] 469/77).

Triorganotin Hydrides of the $R_2R'SnH$ Type

1.2.1.2 Triorganozinnhydride des Typs $R_2R'SnH$

$(CH_3)_2(CF_2{=}CF)SnH$

Die Verbindung entsteht durch Komproportionierung zwischen $(CH_3)_2SnH_2$ und $(CH_3)_2Sn(CF{=}CF_2)_2$ im Bombenrohr bei 60°C nach 2 h in 87%iger Ausbeute. Die Verbindung kondensiert im Hochvakuum nach $(CH_3)_2Sn(CF{=}CF_2)_2$ (−16°C) als zweite Fraktion bei −45°C. Im IR-Spektrum werden folgende Banden (in cm^{-1}) zugeordnet: $\nu CH = 3010$ m, 2920 m; $\nu SnH = 1872$ st; $\nu C{=}C = 1718$ st; $\nu CF = 1285$ st, 1120 st, 1010 st; $\rho SnCH_3 = 775$ m. Weitere Banden liegen bei 725 m, 576 m und 522 m. ^1H-NMR-Spektrum: $\delta CH_3Sn = -0.37$ und -0.41 ppm (Dublett) mit jeweils $J(^1HC^{117}Sn) = 61.3$ Hz und $J(^1HC^{119}Sn) = 64.4$ Hz, $J(^1HCSn^1H) = 2.2$ Hz, $\delta SnH = -5.46$ ppm (breites, nur teilweise aufgelöstes Multiplett). Aus dem NMR-Spektrum ist zu erkennen, daß die Substanz noch 7% *cis*-$(CH_3)_2Sn(CF{=}CHF)_2$ und 4% *trans*-$(CH_3)_2Sn(CF{=}CHF)_2$ enthält [1].

$(CH_3)_2(CHF_2CF_2)SnH$

In geringen Mengen (Ausbeuten zwischen 3 und 5.4%) wird die Verbindung neben dem Hauptprodukt $(CH_3)_2Sn(CF_2CHF_2)_2$ bei der Reaktion zwischen $(CH_3)_2SnH_2$ und $CF_2{=}CF_2$ bei Molverhältnissen von 1:4 bis 1:13 im Bombenrohr im Dunkeln bei 50°C nach 24 h erhalten [2]. Beim Einsatz äquimolarer Mengen der gleichen Ausgangsverbindungen und Reaktion bei 25°C im Bombenrohr im Dunkeln werden nach 160 h 52.3% Ausbeute erzielt. Unter UV-Bestrahlung werden nach 20 h bei 25°C 23.2% und nach 50 h 22.4% Ausbeute erhalten. Bei 20 h und 50°C steigt die Ausbeute dann aber auf 75%, während nur 2% an $(CH_3)_2Sn(CF_2CHF_2)_2$ entstehen. Wenn das Verhältnis Olefin : $(CH_3)_2SnH_2$ von 1:1 auf 2:1 geändert wird, werden nach 20 h bei 50°C unter UV-Bestrahlung

77% $(CH_3)_2Sn(CF_2CHF_2)_2$ neben nur 13% an $(CH_3)_2(CHF_2CF_2)SnH$ erhalten. Außerdem entsteht die Verbindung bei der Reaktion zwischen $(CH_3)_2SnH_2$ und $CHF{=}CF_2$ im Bombenrohr unter UV-Bestrahlung nach 20 h bei 25°C [3].

Als Siedepunkt der farblosen Flüssigkeit werden im Versuchsteil der Publikation 77.9°C und in der Diskussion der Ergebnisse 124°C angegeben. Die Verdampfungsenthalpie wird zu $\Delta H = 9.20$ kcal/mol bestimmt [3]. IR-Spektrum der dampfförmigen Verbindung (in cm^{-1}): νCH = 2980 m; νSnH = 1877 st; $\delta_{as}CH_3$ = 1418 s; δ_sCH_3 = 1368 m, 1343 s, 1210 s; νCF = 1182 m, 1102 st, 1046 st, 1028 Sch; 980 s; ρCH_3 = 775 st; 724 m; 640 m; 583 m; 551 m; 521 m [3]. Im ^{1}H-NMR-Spektrum (in Substanz) werden folgende Parameter festgestellt: $\delta CH_3 = -0.31$ ppm, $J(^1HCSn^1H) = 2.25 \pm 0.1$ Hz, $J(^1HC^{117}Sn) = 60.1 \pm 0.3$ Hz, $J(^1HC^{119}Sn) = 62.8 \pm 0.3$ Hz, $J(^1H^{13}C) = 132.1 \pm 0.4$ Hz; $\delta SnH = -5.53$ ppm, $J(^1H^{117}Sn) = 1889.4 \pm 1$ Hz, $J(^1H^{119}Sn) = 1976.6 \pm 1$ Hz, $J(^1HSnC^{19}F) = 8.4 \pm 0.5$ Hz, $J(^1HSnCC^{19}F) = 2.65 \pm 0.3$ Hz, $J(^1HSnCC^1H) = 0.45 \pm 0.1$ Hz; $\delta CF_2H = -5.39$ ppm, $J(^1HC^{19}F) = 56.9 \pm 0.2$ Hz, $J(^1HCC^{19}F) = 5.48 \pm 0.1$ Hz, $J(^1HCCSn) = 27 \pm 1$ Hz. ^{19}F-NMR-Spektrum (in Substanz): $\delta CF_2Sn = 38.2$ ppm gegen CF_3COOH, $J(^{19}FCSn^1H) = 8.3 \pm 0.3$ Hz, $J(^{19}FCC^1H) = 5.6 \pm 0.2$ Hz, $J(^{19}FC^{117}Sn) = 240 \pm 2$ Hz, $J(^{19}FC^{119}Sn) = 251 \pm 2$ Hz, $J(^{19}FCC^{19}F) = 0.5 \pm 0.1$ Hz; $\delta CF_3H = 51.2$ ppm gegen CF_3COOH, $J(^{19}FC^1H) = 57.0 \pm 0.5$ Hz, $J(^{19}FCCSn^1H) = 2.65 \pm 0.2$ Hz, $J(^{19}FCCSn) = 20 \pm 1$ Hz [4]. Außerdem werden angegeben: $\delta SnH = -331.8$ Hz gegen TMS, $J(^1H^{117}Sn) = 1889.4$ Hz, $J(^1H^{119}Sn) = 1976.6$ Hz [5], $\tau CH_3Sn = 9.96$, $J(^1HC^{119}Sn) = 62.8$ Hz. del Re-Berechnungen s. im Original [6].

Die Verbindung zerfällt im Bombenrohr oberhalb 140°C unter Bildung von H_2 und $(CH_3)_2Sn(CF_2CHF_2)_2$. Bei der Reaktion der Verbindung mit Cl_2 bei Zimmertemperatur entstehen HCl und $(CH_3)_2(CHF_2CF_2)SnCl$ [3].

$(CH_3)_2(CHF_2CHF)SnH$

Die Verbindung entsteht bei der Umsetzung von $(CH_3)_2SnH_2$ mit $CHF{=}CF_2$ im Bombenrohr unter UV-Bestrahlung nach 20 h bei 25°C als Nebenprodukt [3].

$(CH_3)_2(C_2H_5)SnH$

Die Verbindung wurde zuerst aus $(CH_3)_2(C_2H_5)SnBr$ durch Umsetzung mit Na in flüssigem NH_3 und anschließendem Versetzen mit NH_4Br gewonnen [7]. Sie entsteht neben $(CH_3)_2Sn(C_2H_5)_2$ bei der Umsetzung von $(CH_3)_2SnH_2$ mit $CH_2{=}CH_2$ nach 24stündiger UV-Bestrahlung im Bombenrohr bei 25°C in 37.1- bzw. bei einem Molverhältnis $(CH_3)_2SnH_2 : CH_2{=}CH_2 = 1:10$ in 39%iger Ausbeute [2].

Für den Siedepunkt werden 90°C bei Normaldruck angegeben [7]. In einer neueren Arbeit wird festgestellt, daß die Verbindung sich zwischen 25 und 30°C zersetzt. Für den Siedepunkt werden 95 ± 2°C extrapoliert [2]. Nach der Egloffschen Gleichung wird ein Siedepunkt von 363 K berechnet [8]. Die Verdampfungsenthalpie beträgt $\Delta H = 7.5$ kcal/mol [2]. Im IR-Spektrum werden folgende Banden gefunden (in cm^{-1}): 2960 st, 2910 Sch, 1837 st (νSnH), 1720 s, 1485 Sch, 1474 s, 1432 s, 1388 s, 1205 s, 1197 s, 1014 m, 947 s, 800 Sch, 763 st, 713 m, 675 Sch, 550 m, 517 st, 493 Sch [2]. ^{1}H-NMR-Spektrum: $\delta SnH = -4.73$ ppm, $J(^1H^{117}Sn) = 1630 \pm 2$ Hz, $J(^1H^{119}Sn) = 1706 \pm 2$ Hz, $J(^1HSnC^1H) = 2.6 \pm 0.2$ Hz, $\delta CH_3Sn = -0.08$ ppm, $J(^1H^{13}C) = 126.4 \pm 0.3$ Hz, $J(^1HC^{117}Sn) = 52.1 \pm 0.2$ Hz, $J(^1HC^{119}Sn) = 53.8 \pm 0.2$ Hz [2, 9]. Die Verbindung reagiert mit O_2 unter Bildung von $(CH_3)_2(C_2H_5)SnOH$ [7].

$(CH_3)_2$(*iso*-C_3H_7)SnH

Die Verbindung wurde bisher noch nicht hergestellt. Es wurden lediglich Kraftfeldberechnungen im Zusammenhang mit Konformationsgleichgewichten an metallorganischen Verbindungen der vierten Hauptgruppe durchgeführt [10].

$(CH_3)_2(CH_3CH{=}CHCH_2)SnH$

Als Nebenprodukt entsteht die Verbindung bei der Hydrostannierung von $CH_2{=}CHCH{=}CH_2$ mit $(CH_3)_2SnH_2$ neben dem Hauptprodukt $(CH_3)_2Sn(CH_2CH{=}CHCH_3)_2$. Bei dieser Umsetzung, die im Bombenrohr unter UV-Bestrahlung bei 50°C stattfindet, werden bei einem Molverhältnis derAusgangsmaterialien von 1:1 nach 20 h 5.7% Ausbeute an der Titelverbindung erzielt, nach 112 h 37%. Bei einem Molverhältnis Hydrid : Butadien = 1 : 2 werden nach 23 h nur 5.5% Ausbeute erhalten. Bei einem Molverhältnis 1 : 1 und 163stündiger Reaktion bei 50°C im Dunkeln entstehen aber 34.1% der Titelverbindung [2].

Das Hydrid zersetzt sich oberhalb 30°C. Der extrapolierte Siedepunkt liegt bei etwa 200°C. Im IR-Spektrum erscheinen folgende Banden (in cm^{-1}): 3020 Sch, 2960 Sch, 2910 m, 2860 Sch, 1823 st (νSnH), 1655 Sch und 1640 s (νC=C), 1455 s, 1444 s, 1417 s, 1398 s, 1379 s, 1363 s, 1302 s, 1254 s, 1192 s, 1159 s, 1095 s, 1068 s, 1037 s, 993 m, 961 m, 906 s, 762 st (ρCH_3Sn), 748 Sch, 727 m, 570 m, 513 st, 464 s. Im ^1H-NMR-Spektrum erscheinen 2 Dubletts bei −5.36, −5.28, −5.26 und −5.19 ppm für die CH=CH-Gruppe, ein unaufgelöstes Multiplett bei −4.80 ppm für das SnH-Wasserstoffatom, ein Signal bei −1.6 ppm für die CH_2- und die CCH_3-Gruppe sowie ein Signal bei −0.04 ppm für die $SnCH_3$-Protonen. Die Intensitätsverhältnisse dieser Signale im Verhältnis 1.8 : 1.2 : 5.0 : 6.0 beweisen die angegebene Struktur [2].

$(CH_3)_2(C_6H_5)SnH$

Darstellung der Verbindung erfolgt durch Umsetzung von $CH_3(C_6H_5)(1\text{-}C_{10}H_7)SiH$ mit $(CH_3)_2(C_6H_5)SnOCH_3$. Sie siedet bei 37 bis 39°C/0.3 Torr. Der Brechungsindex beträgt $n_D^{20} = 1.5462$. Im IR-Spektrum erscheint die νSnH bei 1830 cm^{-1}. Folgende NMR-Parameter werden angegeben: δSnH = −5.42 ppm, $J(^1H^{117}Sn) = 1705$ Hz, $\delta CH_3Sn = -0.27$ ppm, $J(^1HCSn^1H) = 2.5$ Hz [11]. Die Verbindung addiert sich an die Doppelbindung von $CH_2{=}CHCH_2OH$ in Gegenwart von Azoisobuttersäuredinitril bei 80°C unter Bildung von $(CH_3)_2(C_6H_5)SnCH_2CH_2CH_2OH$ [12]. Sie reagiert in Pyridin mit $(CO)_5CrC(C_6H_5)OCH_3$ unter Bildung von $(CH_3)_2(C_6H_5)SnCH(C_6H_5)OCH_3$ [13].

$(CH_3)_2(p\text{-}FC_6H_4)SnH$

Die Verbindung entsteht durch Reduktion von $(CH_3)_2(p\text{-}FC_6H_4)SnOCH_3$ mit $CH_3(C_6H_5)(1\text{-}C_{10}H_7)SiH$. Der Siedepunkt beträgt 86 bis 89°C/0.3 Torr, der Brechungsindex $n_D^{20} = 1.5260$. IR: νSnH = 1830 cm^{-1}. ^1H-NMR: δSnH = −5.41 ppm, $J(^1H^{117}Sn) = 1748$ Hz, $\delta CH_3Sn = -0.28$ ppm, $J(^1HCSn^1H) = 2.5$ Hz [11].

$(CH_3)_2(p\text{-}ClC_6H_4)SnH$

Die Verbindung wird bei der Reduktion von $(CH_3)_2(p\text{-}ClC_6H_4)SnOCH_3$ mit $CH_3(C_6H_5)(1\text{-}C_{10}H_7)SiH$ dargestellt. Siedepunkt 62 bis 65°C/0.3 Torr. Brechungsindex $n_D^{20} = 1.5432$. IR: νSnH = 1835 cm^{-1}. ^1H-NMR: δSnH = −5.37 ppm, $J(^1H^{117}Sn) = 1750$ Hz, $\delta CH_3Sn = -0.15$ ppm, $J(^1HCSn^1H) = 2.5$ Hz [11].

$(CH_3)_2(p\text{-}CH_3C_6H_4)SnH$

Die Darstellung der Verbindung erfolgt durch Umsetzung von $(CH_3)_2(p\text{-}CH_3C_6H_4)SnOCH_3$ mit $CH_3(C_6H_5)(1\text{-}C_{10}H_7)SiH$. Sie siedet bei 100 bis 103°C/20 Torr. Der Brechungsindex beträgt $n_D^{20} = 1.5440$. Im IR-Spektrum erscheint die νSnH bei 1830 cm^{-1}. Folgende NMR-Parameter werden angegeben: δSnH = −5.40 ppm, $J(^1H^{117}Sn) = 1705$ Hz, $\delta CH_3Sn = -0.28$ ppm, $J(^1HCSn^1H) = 2.3$ Hz [11].

$(CH_3)_2(p\text{-}CH_3OC_6H_4)SnH$

Die Verbindung wird durch Umsetzung von $(CH_3)_2(p\text{-}CH_3OC_6H_4)SnOCH_3$ mit $CH_3(C_6H_5)(1\text{-}C_{10}H_7)SiH$ synthetisiert. Der Siedepunkt liegt zwischen 110 und 115°C/20 Torr. Der Brechungsindex beträgt $n_D^{20} = 1.5427$. Die νSnH erscheint im IR-Spektrum bei 1825 cm^{-1}. Folgende NMR-Parameter werden angegeben: δSnH = −5.42 ppm, $J(^1H^{117}Sn) = 1690$ Hz, $\delta CH_3Sn = -0.24$ ppm, $J(^1HCSn^1H) = 2.4$ Hz [11].

$(C_2H_5)_2(CNCH_2CH_2)SnH$

Die Verbindung wird bei der Umsetzung von $(C_6H_5)_3SnH$ mit $(C_2H_5)_2(CNCH_2CH_2)SnBr$ gebildet. Der Siedepunkt liegt bei 101°C/12 Torr [14]. Der Brechungsindex wurde zu $n_D^{20} = 1.4994$ bestimmt [15].

$(C_2H_5)_2[CH_3OOCCH(CH_3)CH_2]SnH$

Die Verbindung entsteht bei der Hydrostannierung von $CH_2{=}C(CH_3)COOCH_3$ mit $(C_2H_5)_2SnH_2$ in Gegenwart von Azoisobuttersäuredinitril nach 4 h bei 40 bis 50°C in 33%iger Ausbeute. Der Siedepunkt liegt bei 63 bis 65°C/0.5 Torr [16]. Der Brechungsindex wurde zu $n_D^{20} = 1.4778$ gefunden [15, 16].

$(C_2H_5)_2(CH_2{=}CHCH_2CH_2CH_2CH_2)SnH$

Für die Verbindung wird in der Literatur kein Darstellungsverfahren beschrieben. Sie hat einen Siedepunkt von 101°C/13 Torr [17] und einen Brechungsindex $n_D^{20} = 1.4817$ [15]. In Gegenwart von $Al(CH_3)_3$ entsteht aus der Verbindung ein Polymeres [17].

$(C_3H_7)_2(C_6H_5CH{=}CH)SnH$

In quantitativer Ausbeute entsteht die Verbindung bei der Hydrostannierung von $C_6H_5C{\equiv}CH$ mit $(C_3H_7)_2SnH_2$ in N_2-Atmosphäre. Im IR-Spektrum werden folgende Banden zugeordnet: $\nu SnH = 1824\ cm^{-1}$, $\nu C{=}C = 1596\ cm^{-1}$, $\delta CH = 988\ cm^{-1}$. Die Verbindung oligomerisiert nach 24 h bei 130°C. Hierbei wird $[(C_3H_7)_2SnCH_2CHC_6H_5]_n$ mit $n \approx 11$ gefunden [18, 19].

$(C_4H_9)_2(CHF_2CF_2)SnH$

Die Verbindung entsteht bei der Reaktion zwischen $(C_4H_9)_2SnH_2$ und $CF_2{=}CF_2$ im Bombenrohr unter UV-Bestrahlung nach 21 h bei 25°C in 90%iger Ausbeute nach 43 h bei 50°C in nur 80%iger Ausbeute. Folgende IR-Banden wurden zugeordnet: $\nu SnH = 1845\ cm^{-1}$, $\nu CF = 1179$, 1090, 1029 cm^{-1}, $\nu SnC = 637\ cm^{-1}$. Die Verbindung reagiert mit Cl_2 und mit CCl_4 unter Bildung von $(C_4H_9)_2(CHF_2CF_2)SnCl$. Im letzten Fall wird daneben noch $CHCl_3$ gefunden [20].

$(C_4H_9)_2(HOCH_2CH{=}CH)SnH$

Die Verbindung entsteht als instabile Zwischenstufe bei der Hydrostannierung von $HC{\equiv}CCH_2OH$ mit $(C_4H_9)_2SnH_2$. Isoliert wird lediglich der nach der Kondensation bei 20°C anfallende Heterocyclus $(C_4H_9)_2SnCH{=}CH\text{-}CH_2$ [21].
└——O——┘

$(C_4H_9)_2(HOCH_2CH_2CH_2)SnH$

Die Darstellung des nicht in Substanz isolierbaren Organozinnhydrids erfolgt durch Umsetzung von $(C_4H_9)_2ClSn(CH_2)_3OOCCH_3$ mit $LiAlH_4$ in Diäthyläther. Die Verbindung zerfällt bereits bei 20°C unter Wasserabspaltung. Isoliert werden kann das Kondensationsprodukt $(C_4H_9)_2SnCH_2CH_2CH_2$ [21].
└——O——┘

$(C_4H_9)_2[(CH_3)_2C(OH)CH{=}CH]SnH$

Die Verbindung soll als Zwischenprodukt bei der Synthese von $(C_4H_9)_2SnCH{=}CHC(CH_3)_2$
└——O——┘
auftreten. Das bei der Umsetzung von $(C_4H_9)_2SnH_2$ mit $HC{\equiv}CC(CH_3)_2OH$ gebildete instabile Hydrid spaltet bei 20°C bereits Wasser ab unter Bildung des fünfgliedrigen Heterocyclus [21].

$(C_4H_9)_2(CH_2{=}CHCH_2CH_2CH_2CH_2)SnH$

Darstellung der Verbindung erfolgt durch Umsetzung von $(C_4H_9)_2SnH_2$ mit $CH_2{=}CHCH_2CH_2CH{=}CH_2$ in Gegenwart von Azoisobuttersäuredinitril. Die Ausbeute beträgt 18%. Die Verbindung siedet bei 80°C/0.001 Torr [22].

$(\textit{iso}\text{-}C_4H_9)_2(NH_2CH_2CH_2CH_2)SnH$

Die Verbindung wird durch Umsetzung von $LiAlH_4$ mit $(\textit{iso}\text{-}C_4H_9)_2ClSnCH_2CH_2CN$ in Diäthyläther dargestellt. Sie siedet bei 91°C/0.7 Torr und zerfällt unter Abspaltung von H_2 und Bildung von $[(\textit{iso}\text{-}C_4H_9)_2(NH_2CH_2CH_2CH_2)Sn]_2$ [14, 22].

$(C_6H_5)_2(CH_3)SnH$

Die Verbindung wird durch Umsetzung von $(C_6H_5)_2(CH_3)SnCl$ mit $LiAlH_4$ in Diäthyläther synthetisiert. Die Ausbeute beträgt 73%. Bei der Reaktion mit $Zn(C_2H_5)_2$ in Gegenwart von $(CH_3)_2NCH_2CH_2N(CH_3)_2$ während 2.5 h bei −5°C und anschließend 5 h bei Zimmertemperatur erfolgt Abspaltung von Äthan und Bildung von $[(C_6H_5)_2(CH_3)Sn]_2Zn \cdot (CH_3)_2NCH_2CH_2N(CH_3)_2$. Entsprechend reagiert die Verbindung mit C_2H_5ZnCl in Tetrahydrofuran unter Bildung von Äthan neben $(C_6H_5)_2(CH_3)SnZnCl$ [23].

Literatur:

[1] A. D. Beveridge, H. C. Clark, J. T. Kwon (Can. J. Chem. **44** [1966] 179/89). — [2] H. C. Clark, J. T. Kwon (Can. J. Chem. **42** [1964] 1288/92). — [3] H. C. Clark, S. G. Furnival, J. T. Kwon (Can. J. Chem. **41** [1963] 2889/97). — [4] H. C. Clark, J. T. Kwon, L. W. Reeves, E. J. Wells (Can. J. Chem. **41** [1963] 3005/12). — [5] M.-R. Kula, E. Amberger, H. Rupprecht (Chem. Ber. **98** [1965] 629/33).

[6] R. Gupta, B. Majee (J. Organometal. Chem. **40** [1972] 97/105). — [7] R. H. Bullard, R. A. Vingee (J. Am. Chem. Soc. **51** [1929] 892/4). — [8] W. D. English (J. Am. Chem. Soc. **74** [1952] 2927/9). — [9] H. C. Clark, J. T. Kwon, L. W. Reeves, E. J. Wells (Inorg. Chem. **3** [1964] 907/8). — [10] R. J. Ouellette (J. Am. Chem. Soc. **94** [1972] 7674/9).

[11] J. Pijselman, M. Pereyre (J. Organometal. Chem. **63** [1973] 139/57). — [12] C. Couret, J. Escudie, J. Satge, G. Redoules, C. R. Guy (Compt. Rend. C **279** [1974] 225/8). — [13] M. Gielen, V. Close, B. de Poorter (Bull. Soc. Chim. Belges **83** [1974] 339/41). — [14] W. P. Neumann, J. Pedain (Tetrahedron Letters **1964** 2461/5). — [15] J. J. Pohl (Allgem. Prakt. Chem. **19** [1968] 84).

[16] W. P. Neumann, H. Niermann, R. Sommer (Liebigs Ann. Chem. **659** [1962] 27/39). — [17] W. P. Neumann, B. Schneider (Liebigs Ann. Chem. **707** [1967] 20/5). — [18] G. J. M. van der Kerk, J. G. A. Luijten, J. G. Noltes (Angew. Chem. **70** [1958] 298/306). — [19] J. G. Noltes, G. J. M. van der Kerk (Rec. Trav. Chim. **81** [1962] 41/8). — [20] C. Barnetson, H. C. Clark, J. T. Kwon (Chem. Ind. [London] **1964** 458/9).

[21] M. Massol, J. Barrau, J. Satge, B. Bouyssieres (J. Organometal. Chem. **80** [1974] 47/69). — [22] W. P. Neumann (Angew. Chem. **76** [1964] 849/59). — [23] F. J. A. des Tombe, G. J. M. van der Kerk, J. G. Noltes (J. Organometal. Chem. **43** [1972] 323/31).

Triorganotin Hydrides of the RR'R''SnH Type

1.2.1.3 Triorganozinnhydride des Typs RR'R''SnH

$CH_3[(CH_3)_3CCH_2](p\text{-}CH_3OC_6H_4)SnH$

Die optisch aktive Verbindung entsteht aus $CH_3[(CH_3)_3CCH_2](p\text{-}CH_3OC_6H_4)SnCl$ durch Umsetzung mit $LiAlH_4$ in Diäthyläther. Die Struktur wird durch das ^1H-NMR-Spektrum bewiesen. Folgende NMR-Parameter werden angegeben: $\delta CH_3Sn = -0.63$ ppm, $J(^1HC^{117}Sn) = 55.2$ Hz, $J(^1HC^{119}Sn) = 57.8$ Hz, $J(^1HCSn^1H) = 2.3$ Hz, $\delta CH_3O = -3.64$ ppm. Die Verbindung reagiert mit (−)-Menthylacrylat unter Bildung von zwei Diastereoisomeren [1].

$CH_3[C_6H_5(CH_3)_2CCH_2](C_6H_5)SnH$

Für die Verbindung wird kein Darstellungsverfahren beschrieben. Sie wird in bezug auf ihre Konfigurationsstabilität mittels Kernsesonanz bei 100 [2] und 270 MHz [1] untersucht. In C_6D_6-Lösung kann bei 270 MHz eine Aufspaltung der Methylgruppen der Neophylgruppe um 0.016 ppm festgestellt werden. Außerdem erscheint ein AB-System für die diastereotopen CH_2-Protonen, wenn der an Sn gebundene Wasserstoff entkoppelt wird ($\Delta\delta = 0.059$ ppm und $|J_{AB}| = 12$ Hz). Die Situation bleibt unverändert, wenn nucleophile Verbindungen wie $(C_6H_5)_2PH$, Bipyridyl oder Hexamethylphosphorsäuretriamid zugegeben werden oder wenn die Verbindung in CH_3CN oder $(CD_3)_2SO$ bei 20°C in Gegenwart von LiBr gelöst wird. Die Verbindung ist deshalb innerhalb der NMR-Zeitskala stabil bezüglich ihrer Konfiguration [1].

Literatur:

[1] M. Gielen, S. Simon, Y. Tondeur, M. van de Steen, C. Hoogzand (Bull. Soc. Chim. Belges **83** [1974] 337/8). — [2] G. J. D. Peddle, G. Redl (J. Am. Chem. Soc. **92** [1970] 365/9).

1.2.2 Diorganozinndihydride

Diorganotin Dihydrides

Diorganozinndihydride sind weit weniger bekannt und untersucht als Triorganozinnhydride. Diese Verbindungen sind ganz allgemein unbeständiger und schwerer handzuhaben als die Derivate mit nur einer Sn-H-Bindung. Ihr reaktives Verhalten ist jedoch, generell gesehen, analog. Besondere Beachtung verdient die Möglichkeit zur Synthese von Heterocyclen mit Zinn als Ringatom durch Hydrostannierung von Diolefinen oder Diacetylenen mit Diorganozinndihydriden sowie die Anwendung dieser Verbindungen, speziell von Dibutylzinndihydrid, als selektives Reduktionsmittel für Ketone.

Allgemeine Literatur

General Literature

M. Lesbre, Sur les composés organiques de l'étain, Bull. Soc. Chim. France [5] **2** [1935] 1189/200.

G. Wittig, Über metallorganische Komplexverbindungen, Angew. Chem. **62** [1950] 231/6.

R. G. Jones, H. Gilman, Methods of Preparation of Organometallic Compounds, Chem. Rev. **54** [1954] 835/90.

E. Imoto, Reduction with Complex Metal Hydrides, Kagaku [Kyoto] **14** [1959] 860/3.

R. A. Cummins, P. Dunn, The Infrared Spectra of Organotin Compounds, Australia Commonwealth Dept. Supply Defense Std. Lab. Rept. Nr. 266 [1963].

L. W. Reeves, Absolute Correlation of Nuclear Spin-Spin Coupling Constants with Atomic Number. Couplings $J_{X\text{-}C\text{-}H}$ and $J_{X\text{-}H}$, J. Chem. Phys. **40** [1964] 2128/31.

W. P. Neumann, Die Hydrostannierung ungesättigter Verbindungen, Angew. Chem. **76** [1964] 849/59.

H. G. Kuivila, Reactions of Organotin Hydrides with Organic Compounds, Advan. Organometal. Chem. **1** [1964] 47/87.

M. L. Maddox, S. L. Stafford, H. D. Kaesz, Applications of NMR to the Study of Organometallic Compounds, Advan. Organometal. Chem. **3** [1965] 1/179.

A. J. Leusink, J. G. Noltes, H. A. Budding, G. J. M. van der Kerk, Synthesis of Group IV Organometallic Polymers and Related Compounds, U.S. Clearinghouse Fed. Sci. Tech. Inform. AD 629554 [1965] 98 S.

D. Sheehan, Dihydrostannepin and Dihydroborepin, Diss. Yale Univ. 1965, 182 S.; Diss. Abstr. **25** [1965] 4417.

A. J. Leusink, Hydrostannation. A Mechanistic Study, Diss. Utrecht 1966.

M. Frankel, D. Wagner, D. Gertner, A. Zhilka, Colorimetric Determination of Organotin Hydrides with Isatin or Ninhydrin, Israel J. Chem. **4** [1966] 183/7.

J. J. Zuckerman, Chemical Significance of Mössbauer Spectral Parameters. Sn^{119m} Isomer Shift and Percentage Ionic Character of Tin Bonds, J. Inorg. Nucl. Chem. **29** [1967] 2191/202.

D. M. Adams, Metal-Ligand and Related Vibrations, London 1967.

R. H. Herber, Chemical Aspects of Mössbauer Spectroscopy, Progr. Inorg. Chem. **8** [1967] 1/41.

L. May, J. J. Spijkerman, On the Relationship between Mössbauer Spectroscopy and the Nuclear Magnetic Resonance of Organotin Compounds, J. Chem. Phys. **46** [1967] 3272/3.

J. J. Spijkerman, The Mössbauer Chemical Shift in Tin Chemistry, Advan. Chem. Ser. **68** [1967] 105/12.

V. I. Goldanskii, V. V. Khrapov, O. Yu. Okhlobystin, V. Ya. Rochev, ^{119}Sn. Metal Organic Compounds, in: V. I. Goldanskii, R. H. Herber, Chemical Application of Mössbauer-Spectroscopy, New York 1968, S. 336/76.

R. A. Jackson, Group IVb Radical Reactions, Advan. Free-Radical. Chem. **3** [1969] 231/88.

H. G. Kuivila, Reduction of Organic Compounds by Organotin Hydrides, Synthesis **1970** 499/509.

D. Seyferth, Divalent Carbon Insertions into Group IV Hydrides and Halides, Pure Appl. Chem. **23** [1970] 391/412.

K. U. Ingold, B. P. Roberts, Free-Radical Substitution Reactions, New York 1971.

V. O. Reikhsfeld, V. A. Ivanov, I. E. Saratov, Properties of Organohydrides of the Group IVb Elements, Kremniiorg. Mater. **1971** 97/101; C.A. **78** [1973] Nr. 15158.

Diorganotin Dihydrides of the R_2SnH_2 Type

1.2.2.1 Diorganozinndihydride des Typs R_2SnH_2

Dimethyltin Dihydride

1.2.2.1.1 Dimethylzinndihydrid $(CH_3)_2SnH_2$

Formation. Preparation

1.2.2.1.1.1 Bildung und Darstellung

$(CH_3)_2SnH_2$ wurde zuerst durch Reduktion von $(CH_3)_2SnCl_2$ mit $LiAlH_4$ in Dioxan bei einständigem Rückflußkochen in 72%iger Ausbeute [1] oder aus $(CH_3)_2SnCl_2$ mit $LiAlH_4$ in Diäthyläther gewonnen [2]. Bei der Reaktion zwischen $(CH_3)_2SnCl_2$ und $LiAlH_4$ in Dibutyläther unter Verwendung eines auf −78°C gekühlten Rückflußkühlers wurden so 81% Ausbeute erzielt [3]. Bei Verwendung von Dioxan ist es möglich, das Hydrid ohne vorherige Zersetzung des überschüssigen $LiAlH_4$ aus der Reaktionslösung herauszudestillieren [4, 5], doch soll die maximale Ausbeute hierbei nur 55% betragen und es soll nicht möglich sein, $(CH_3)_2SnH_2$ vollständig vom Lösungsmittel Dioxan durch Destillation zu trennen [3]. Bei der Umsetzung von $(CH_3)_2SnCl_2$ mit $NaBH_4$ in Diglyme werden dann sogar 96% Ausbeute erzielt, beim Einsatz von $(CH_3)_2SnBr_2$ und $NaBH_4$ in Diglyme 93% [6, 7]. $(CH_3)_2SnCl_2$ kann auch durch Organozinnhydride reduziert werden. So bildet sich bei der Umsetzung zwischen $(CH_3)_2SnCl_2$ und $(C_4H_9)_3SnH$ im Molverhältnis 1:2, erst bei −70°C, dann noch 15 min bei 60°C, $(CH_3)_2SnH_2$ in 88%iger Ausbeute [8, 9]. $(CH_3)_2Sn[N(C_2H_5)_2]_2$ reagiert mit $(C_4H_9)_2AlH$ im Molverhältnis 6.8:2.9 bei −30°C unter Bildung von $(CH_3)_2SnH_2$ in über 42.6%iger Ausbeute, mit B_2H_6 im Molverhältnis 1:1 in Dimethoxyäthan nach 4 h bei −78°C unter Bildung des Hydrides in 98.4%iger Ausbeute [10]. Auch aus $(CH_3)_2SnNa_2$ oder $[(CH_3)_2SnNa]_2$ kann in flüssigem NH_3 bei der Reaktion mit NH_4Br das Hydrid neben NH_3 und NaBr bzw. $[(CH_3)_2Sn]_n$ gewonnen werden [11].

Thermodynamic Data of Formation

Thermodynamische Daten der Bildung. Bildungsenthalpie $\Delta H°$ in kcal/mol bei der Bildung der gasförmigen Verbindung aus den Elementen unter Standardbedingungen: $\Delta H^\circ_{298} = 21$ [12], 21.1 [13]. — Für die Bildung der flüssigen Verbindung aus den Elementen werden folgende Werte angegeben: $\Delta H^\circ_{298} = 14.4$ [13] und 14.5 [12].

Literatur:

[1] A. E. Finholt, A. C. Bonds, K. E. Wilzbach, H. I. Schlesinger (J. Am. Chem. Soc. **69** [1947] 2692/6). — [2] A. E. Finholt, A. C. Bond, H. Schlesinger (J. Am. Chem. Soc. **69** [1947] 1199/203). — [3] H. C. Clark, S. G. Furnival, J. T. Kwon (Can. J. Chem. **41** [1963] 2889/97). — [4] A. J. Leusink, H. A. Budding, J. G. Noltes (J. Organometal. Chem. **24** [1970] 375/86). — [5] A. J. Leusink, J. G. Noltes, H. A. Budding, G. J. M. van der Kerk (Rec. Trav. Chim. **83** [1964] 1036/8).

[6] E. R. Birnbaum, P. H. Javora (Inorg. Syn. **12** [1970] 45/57). — [7] E. R. Birnbaum, P. H. Javora (J. Organometal. Chem. **9** [1967] 379/82). — [8] H. G. Kuivila, J. D. Kennedy, R. Y. Tien, I. J. Tyminski, F. L. Pelczar, O. R. Kahn (J. Org. Chem. **36** [1971] 2083/8). — [9] A. K. Sawyer, J. E. Brown, G. S. May (J. Organometal. Chem. **11** [1968] 192/4). — [10] M.-R. Kula, J. Lorberth, E. Amberger (Chem. Ber. **97** [1964] 2087/9).

[11] S. F. A. Kettle (J. Chem. Soc. **1959** 2936/41). — [12] D. D. Wagman, W. H. Evans, I. Halow, V. B. Parker, S. M. Bailey, R. H. Schumm (Natl. Bur. Std. [U.S.] Tech. Note 270-2 [1965] 62 S.). — [13] W. F. Lautsch, A. Tröber, W. Zimmer, L. Mehner, W. Linck, H.-M. Lehmann, H. Brandenburger, H. Körner, H.-J. Metzschker, K. Wagner, R. Kaden (Z. Chem. [Leipzig] **3** [1963] 415/21).

The Molecule. Spectra

1.2.2.1.1.2 Molekül. Spektren

Structure

Struktur. Durch Elektronenbeugung an gasförmigem $(CH_3)_2SnH_2$ werden folgende Abstände und Winkel ermittelt: Sn-C = 2.150 Å, Sn-H = 1.680 Å, C-H = 1.080 Å, CSnC = 104.8°, CSnH = 108.0°, SnCH = 111.7° [1]. Aus Kraftfeldberechnungen, die auf Mikrowellendaten zurückgehen, werden folgende theoretische Werte erhalten: Sn-H = 1.698 Å, Sn-C = 2.140 Å, HSnH = 110.2°, CSnC = 109.0°, HSnC = 109.4° [2].

Dissociation

Dissoziation. Die Bindungsdissoziationsenthalpie, die aus der Verbrennungswärme ermittelt wurde, beträgt D(Sn-H) = 55.5 kcal/mol [3].

Nuclear Magnetic Resonance Spectra

Kernmagnetische Resonanzspektren. Im ^1H-NMR-Spektrum erscheint für die beiden an Sn gebundenen Wasserstoffatome ein Septett-Signal. Folgende chemische Verschiebungen und Kopplungskonstanten werden angegeben: $\tau SnH_2 = 5.24$ (9% in Neopentan + 9% Toluol) [4], 5.55 (in Neopentan) [5 bis 8], 5.68 [9], 5.77 (bei −20°C in Cyclohexan) [10]; $\delta SnH_2 = -285.6$ Hz [11], −4.39 ppm (in Substanz) [12]; $J(^1HSn^1H) = +20.3 \pm 0.3$ Hz [10]; $J(^1H^{117}Sn) = 1682$ Hz [4, 11], 1694 Hz (berechnet) [13], 1696 Hz [9], 1717 Hz [8], 1717.4 ± 0.8 Hz [6, 7, 12]; $J(^1H^{119}Sn)$ = 1758 Hz [4, 11], 1772 Hz [13], 1773 Hz [9], 1797 Hz [8, 14], −1797.0 ± 1.0 Hz [10], 1797.1 ± 0.6 Hz [6, 7, 12]; $J(^1HSnC^1H) = 2.55$ Hz [4, 6, 11], 2.65 ± 0.1 Hz [12], +2.67 ± 0.2 Hz [9, 10]; $J(^1HSn^{13}C) = +9.2 \pm 0.1$ Hz [10]. Gibt man zu $(CH_3)_2SnH_2$ etwas $(CH_3)_2PH$ oder 2,2'-Bipyridyl, so ändern sich die Kopplungskonstanten $J(^1H^{117}Sn)$ von 1717.4 Hz zu 1714 bzw. 1718 Hz und $J(^1H^{119}Sn)$ von 1797.1 zu 1794 bzw. 1798 Hz [7]. Für die Protonen der zwei Methylgruppen wird ein Triplett-Signal gefunden. Folgende Parameter werden angegeben: $\tau CH_3Sn = 9.80$ [10, 15], 9.82 [9], 9.83 [4]; $\delta CH_3Sn = -0.20$ ppm [12], −10.2 Hz [11]; $J(^1H^{13}C) = 126.5$ Hz [4, 11], 127 Hz [9], 129.9 ± 0.2 Hz [12]; $J(^1HC^{117}Sn) = 55.5$ Hz [4, 11], 56 Hz [9], 56.2 Hz (berechnet) [13], 57.6 ± 0.3 Hz [12]; $J(^1HC^{119}Sn) = 58.0$ Hz [4, 11, 14, 15], 58.6 Hz [10], 58.8 Hz (berechnet) [13], 59 Hz [9], 60.2 ± 0.2 Hz [12, 16]. Mit Hilfe von Doppelresonanzuntersuchungen an $(CH_3)_2SnH_2$ und $(CH_3)_2SnHD$ werden die geminalen Kopplungskonstanten $J(^1HSn^1H)$ zu 20.2 ± 0.3 Hz, $J(^1HSnC^1H)$ zu 2.67 ± 0.02 Hz und $J(^1HSnC)$ zu 9.2 ± 0.1 Hz bestimmt [10, 17].

Vergleiche der ^1H-NMR-Spektren mit denen von $(CH_3)_nMH_{4-n}$ mit M = Si, Ge, Sn, Pb und n = 0, 1, 2, 3, 4 s. bei [11], mit denen weiterer Organozinnhydride unter Korrelation der Kopplungskonstanten $J(^1H^{117/119}Sn)$ und der chemischen Verschiebung δSnH mit der Taftschen σ-Konstanten s. bei [6, 8]. Korrelationen der Kopplungskonstanten $J(^1HM)$ und $J(^1HCM)$ für Methylsilyl-, Methylgermyl-, Methylstannyl- und Methylplumbylhydride mit der Ordnungszahl der Elemente s. bei [16, 18, 19]. Zwischen der Kopplungskonstanten $J(^1H^{119}Sn)$ und der νSnH besteht auch bei Organozinnhydriden eine lineare Beziehung [4]. Sowohl die IR-Spektren als auch die ^1H-NMR-Daten von Hydriden von C, Si, Ge und Sn zeigen, daß die Elektronenakzeptoreigenschaften der IVb-Elemente mit steigendem Atomgewicht ansteigen. Als Grund wird der steigende s-Anteil in den Hybridorbitalen von C, Si, Ge und Sn in der gleichen Reihenfolge angesehen [20]. del Re-Berechnungen s. bei [15], CNDO-Berechnungen s. bei [21].

Mössbauer Spectrum

Mössbauer-Spektrum. Im Mössbauer-Spektrum werden für die Isomerieverschiebung δ gefunden: −1.47 mm/s gegen β-Sn [14], 1.22 ± 0.06 mm/s gegen Mg_2Sn [22] und 1.23 ± 0.02 mm/s gegen SnO_2 [22, 23]. Quadrupolaufspaltung wird in keinem Fall festgestellt. Zur Berechnung der Elektronendichte am Sn-Kern und der Beteiligung der einzelnen Orbitale s. [24], modifizierte CNDO-Berechnungen s. bei [21].

Vibrational Spectra

Schwingungsspektren. Die IR- und Raman-Spektren sind sowohl von $(CH_3)_2SnH_2$ [25, 26, 27] als auch von $(CH_3)_2SnD_2$ [27] aufgenommen und zugeordnet worden. Tabelle 5 gibt eine Zusammenstellung der zugeordneten Schwingungen. Ferner wurde die νSnH bei 1845 cm^{-1} in Cyclohexan [5], bei 1850 cm^{-1} in Cyclohexan [7] und Neopentan [8], bei 1856 cm^{-1} [28] und bei 1858 cm^{-1} [5] gefunden. Korrelationen der νSnH in $(CH_3)_2SnH_2$ und anderen Organometallhydriden mit NMR-spektroskopischen Daten s. bei [20].

Tabelle 5

IR- und Raman-Spektrum von $(CH_3)_2SnH_2$

Zuordnung	ν in cm^{-1}				
	IR, gasf. [27]	Raman, fl. [27]	$(CH_3)_2SnD_2$ [27]	IR [26]	IR [25]
$\nu_{as}CH_3$	3003 st	2996 s	2995 m	3014 st	—
ν_sCH_3	2926 st	2940 s	2920 m	2938 st	—
νSnH (νSnD)	1869 st	1847 st	1338 st	1856 st	1871
$\delta_{as}CH_3$	1418 s	1401 m	1410 s	1430 st	—
δ_sCH_3	1205 s	1194 st	1201 s	1204 s	—
ρCH_3	776 st	—	765 st	773 st	776

Tabelle 5 (Fortsetzung)

Zuordnung	IR gasf. [27]	Raman, fl. [27]	ν in cm^{-1} $(CH_3)_2SnD_2$ [27]	IR [26]	IR [25]
ρCH_3	760 st	766 s	—	755 st	759
ρCH_3	749 st	—	717 st	744 st	748
δSnH_2 (δSnD_2)	726 st	—	543 st	721 st	727
wag SnH_2 (wag SnD_2)	712 st	712 st	501 st	708 st	711
ρSnH_2 (ρSnD_2)	574 st	571 st	421 st	—	—
$\nu_{as}SnC$	536 st	525 st	531 st	—	536
ν_sSnC	514 st	514 st	515 st	—	517 st
twist SnH_2	—	492 st	—	—	—
δSnC_2	—	140 st	—	—	—
CH_3-Torsion	—	104 st	—	—	—

Oberschwingungen s. in den Originalen.

Literatur:

[1] B. Beagley, K. McAloon, J. M. Freeman (Acta Cryst. B **30** [1974] 444/9). — [2] R. J. Ouelette (J. Am. Chem. Soc. **94** [1972] 7674/9). — [3] W. F. Lautsch, A. Tröber, H. Körner, K. Wagner, R. Kaden, S. Blase (Z. Chem. [Leipzig] **4** [1964] 441/54). — [4] N. Flitcroft, H. D. Kaesz (J. Am. Chem. Soc. **85** [1963] 1377/80). — [5] Y. Kawasaki, K. Kawakami, T. Tanaka (Bull. Chem. Soc. Japan **38** [1965] 1102/5).

[6] J. Dufermont, J. C. Maire (J. Organometal. Chem. **7** [1967] 415/25). — [7] M. L. Maddox, N. Flitcroft, H. D. Kaesz (J. Organometal. Chem. **4** [1965] 50/6). — [8] K. Kawakami, T. Saito, R. Okawara (J. Organometal. Chem. **8** [1967] 377/81). — [9] G. P. van der Kelen, L. Verdonck, D. van de Vondel (Bull. Soc. Chim. Belges **73** [1964] 733/40). — [10] C. Schumann, H. Dreeskamp (J. Magn. Resonance **3** [1970] 204/17).

[11] H. Schmidbaur (Chem. Ber. **97** [1964] 1639/48). — [12] H. C. Clark, J. T. Kwon, L. W. Reeves, E. J. Wells (Can. J. Chem. **41** [1963] 3005/12). — [13] T. Vladimirov, E. R. Malinovski (J. Chem. Phys. **42** [1965] 440/2). — [14] L. May, J. J. Spijkerman (J. Chem. Phys. **46** [1967] 3272/3). — [15] R. Gupta, B. Majee (J. Organometal. Chem. **40** [1972] 97/105).

[16] L. W. Reeves (J. Chem. Phys. **40** [1964] 2128/31). — [17] H. Dreeskamp, C. Schumann (Chem. Phys. Letters **1** [1968] 555/6). — [18] L. W. Reeves, E. J. Wells (Can. J. Chem. **41** [1963] 2698/702). — [19] E. J. Wells, L. W. Reeves (J. Chem. Phys. **40** [1964] 2036/7). — [20] Yu. P. Egorov, V. A. Khranovskii (Teor. i Eksperim. Khim. Akad. Nauk Ukr.SSR **2** [1966] 175/83; Theor. Exptl. Chem. [USSR] **2** [1966] 134/40).

[21] P. G. Perkins, D. H. Wall (J. Chem. Soc. A **1971** 3620/3). — [22] R. H. Herber, G. I. Parisi (Inorg. Chem. **5** [1966] 769/74). — [23] B. Gassenheimer, R. H. Herber (Inorg. Chem. **8** [1969] 1120/5). — [24] N. N. Greenwood, P. G. Perkins, D. H. Wall (Symp. Faraday Soc. Nr. 1 [1967/68] 51/9). — [25] H. C. Clark, S. G. Furnival, J. T. Kwon (Can. J. Chem. **41** [1963] 2889/97).

[26] S. F. A. Kettle (J. Chem. Soc. **1959** 2936/41). — [27] C. R. Dillard, L. May (J. Mol. Spectry. **14** [1964] 250/67). — [28] P. E. Potter, L. Pratt, G. Wilkinson (J. Chem. Soc. **1964** 524/7).

Physical Properties

1.2.2.1.1.3 Physikalische Eigenschaften

$(CH_3)_2SnH_2$ ist eine farblose, bei Zimmertemperatur flüssige Verbindung, die bei 35°C/760 Torr [1, 2] siedet. Außerdem wird ein Siedepunkt von 36 bis 37°C bei Normaldruck angegeben [3]. Nach der Egloffschen Gleichung berechnet sich ein Siedepunkt von 308 K [4]. Für den Brechungsindex wird angegeben: $n_D^{20} = 1.4475$ [5] und 1.4480 [1, 6], für die Dichte $D_4^{20} = 1.4766$ g/cm³ [1, 6] und für die Molrefraktion $R_{mol} = 36.17$ [1]. Das Dipolmoment wurde mit Hilfe der del Re-Methode zu 0.78 D berechnet [7]. Die Temperaturabhängigkeit des Dampfdrucks folgt der Gleichung $\lg p = B - A/T$ mit $A = 1482$ und $B = 7.697$. Die Verdampfungswärme ΔH wird aus dem Siedepunkt zu 6.790 kcal/mol berechnet. Die Trouton-Konstante beträgt 22.1 cal · mol^{-1} · K^{-1} [1, 8].

Literatur:

[1] A. E. Finholt, A. C. Bonds, H. I. Schlesinger (J. Am. Chem. Soc. **69** [1947] 2692/6). — [2] H. C. Clark, S. G. Furnival, J. T. Kwon (Can. J. Chem. **41** [1963] 2889/97). — [3] H. G. Kuivila, J. D. Kennedy, R. Y. Tien, I. J. Tyminski, F. L. Pelczar, O. R. Kahn (J. Org. Chem. **36** [1971] 2083/8). — [4] W. D. English (J. Am. Chem. Soc. **74** [1952] 2927/9). — [5] E. R. Birnbaum, P. H. Javora (Inorg. Syn. **12** [1970] 45/57).

[6] J. J. Pohl (Allgem. Prakt. Chem. **19** [1968] 84). — [7] R. Gupta, B. Majee (J. Organometal. Chem. **33** [1971] 169/73). — [8] W. F. Lautsch, A. Tröber, H. Körner, K. Wagner, R. Kaden, S. Blase (Z. Chem. [Leipzig] **4** [1964] 441/54).

1.2.2.1.1.4 Chemisches Verhalten

Chemical Reactions

$(CH_3)_2SnH_2$ zerfällt im Bombenrohr bei 120°C nach 45 h unter Bildung von Sn, H_2, $(CH_3)_3SnH$ und $[(CH_3)_3Sn]_2$ [1]. Diese Zersetzung wird zur Herstellung von Zinnüberzügen auf Metallen herangezogen [2]. Die gleichen Zersetzungsprodukte und auch noch $Sn(CH_3)_4$ werden nach 6stündiger UV-Bestrahlung von $(CH_3)_2SnH_2$ bei 130°C beobachtet [3].

$(CH_3)_2SnH_2$ verbrennt unter Bildung von SnO_2. Die Verbrennungswärme der flüssigen Verbindung bei 25°C wird zu $\Delta H = 614.6 \pm 0.5$ kcal/mol bzw. $\Delta u = 4065 \pm 3$ cal/g angegeben [4].

$(CH_3)_2SnH_2$ reagiert mit Äthylen unter Hydrostannierung. Während bei einem Molverhältnis von 1:1 nach 180 h bei 50°C im Dunkeln noch keine Umsetzung zu beobachten ist, entstehen bei Lichtzutritt nach 24 h bei 25°C 37.1% der Theorie an $(CH_3)_2(C_2H_5)SnH$ neben 30.8% $(CH_3)_2Sn(C_2H_5)_2$. Bei der Reaktion mit Butadien entstehen dagegen sowohl unter UV-Bestrahlung als auch im Dunkeln bei 50°C nach Reaktionszeiten zwischen 20 und 163 h $(CH_3)_2(CH_3CH{=}CHCH_2)SnH$ und $(CH_3)_2Sn(CH_2CH{=}CHCH_3)_2$ nebeneinander [5]. $(CH_3)_2SnH_2$ reagiert im Gemisch mit $(CH_3)_2SnCl_2$ bei 20°C mit $HC{\equiv}CCN$ unter Bildung von $(CH_3)_2(CNCH{=}CH)SnCl$ [6]. Nach 2- bis 4stündigem Rückflußkochen in Hexan und anschließendem 5stündigem Erhitzen mit $HC{\equiv}CCH_2CH_2C{\equiv}CH$ auf 100°C kann ein benzollösliches Polymeres mit der Struktur $[\text{-}Sn(CH_3)_2CH{=}CHCH_2CH_2CH{=}CH\text{-}]_n$ gewonnen werden, das bei 150 bis 250°C/10^{-2} bis 10^{-3} Torr ein benzolunlösliches Polymeres neben 16% des siebengliedrigen Heterocyclus 1,1-Dimethyl-4,5-dihydro-1H-stannepin (XII) liefert [7]. Ebenfalls unter Bildung eines Polymeren und der niedermolekularen heterocyclischen Verbindung 3,3-Dimethyl-3H-3-benzostannepin (XIII) verläuft die Hydrostannierung von $o\text{-}HC{\equiv}CC_6H_4C{\equiv}CH$ in Benzol unter Rückfluß [8, 9]. Bei der Umsetzung von $(CH_3)_2SnH_2$ mit $(C_2H_5)_2NB(C{\equiv}CCH_3)_2$ wird der B- und Sn-haltige Sechsring 4-Diäthylamino-1,1-dimethyl-1,4-dihydro-1,4-stannaborin (XIV) erhalten [10].

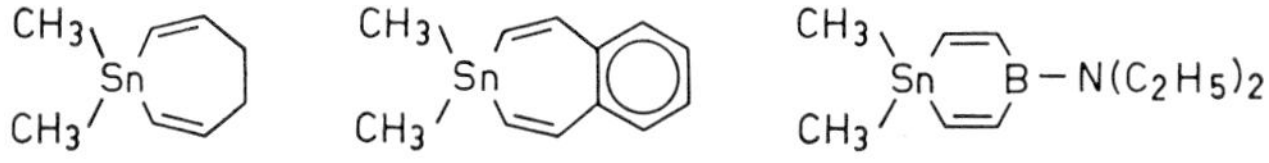

CH_3, CH_3, Sn — XII; CH_3, CH_3, Sn — XIII; CH_3, CH_3, Sn, $B-N(C_2H_5)_2$ — XIV

Etwas komplizierter verlaufen die Hydrostannierungsreaktionen mit fluorhaltigen Olefinen. So wird $CF_2{=}CF_2$ von $(CH_3)_2SnH_2$ im Einschlußrohr im Dunkeln bei 25°C und auch bei 50°C unter Bildung von $(CH_3)_2(CHF_2CF_2)SnH$ neben $(CH_3)_2Sn(CF_2CHF_2)_2$ und etwas H_2 hydrostanniert [1, 5]. Unter UV-Bestrahlung kann jedoch nur mehr die Bildung von $(CH_3)_2Sn(CF_2CHF_2)_2$ beobachtet werden [5]. Bei der Umsetzung von $(CH_3)_2SnH_2$ mit $CHF{=}CF_2$ unter UV-Bestrahlung im Bombenrohr tritt bei 25°C bereits die Bildung von H_2, $Sn(CH_3)_4$, $CHF{=}CHF$, $(CH_3)_2(CHF_2CF_2)SnH$ und $(CH_3)_2(CH_2FCF_2)SnH$ ein. Mit $CH_2{=}CF_2$ entstehen unter gleichen Bedingungen H_2, $(CH_3)_2SnF_2$ und $CH_2{=}CHF$, mit $CF_2{=}CFBr$ wird H_2, $CHF{=}CF_2$, $(CH_3)_2SnBr_2$, $(CH_3)_3SnBr$ und $(CH_3)_2Sn(CF_2CHFBr)_2$ erhalten [1].

Keine Hydrostannierungsprodukte entstehen bei der Umsetzung von $(CH_3)_2SnH_2$ mit metallorganisch substituierten fluorierten Äthylenen. So reagieren $(CH_3)_3SiCF{=}CF_2$ [11], $(CH_3)_3GeCF{=}CF_2$ und $(CH_3)_2Ge(CF{=}CF_2)_2$ [12] mit $(CH_3)_2SnH_2$ mit oder ohne Bestrahlung bei Temperaturen zwischen 25 und 55°C unter Bildung von $(CH_3)_2SnF_2$ neben Silicium- bzw. Germanium-organischen Verbindungen. Mit $(CH_3)_2Sn(CF{=}CF_2)_2$ wird bei 60°C im Bombenrohr im Dunkeln eine Mischung aus $(CH_3)_2(CF_2{=}CF)SnH$, $(CH_3)_2Sn(CF{=}CHF)_2$ und $(CH_3)_2(CF_2{=}CF)SnCF_2CHF_2$, bei UV-

Bestrahlung außerdem aber auch noch $(CH_3)_2Sn(CH{=}CHF)_2$ gebildet [13]. Bei der Umsetzung von $(CH_3)_2SnH_2$ mit $(CO)_5ReCF{=}CF_2$ entstehen in Benzol nach 48 h bei 25°C unter UV-Bestrahlung $(CH_3)_2SnF_2$, $(CO)_5ReCH{=}CF_2$ und *cis*- und *trans*-$(CO)_5ReCF{=}CHF$ [14].

$(CF_3)_2CO$ wird von $(CH_3)_2SnH_2$ hydrostanniert unter Bildung von $(CH_3)_2Sn[OCH(CF_3)_2]_2$ [15].

$(CH_3)_2SnH_2$ reagiert mit $(CH_3)_2SnCl_2$ in Pyridin bei 30 bis 40°C unter Bildung von $[(CH_3)_2Sn]_n$ [16]. Bei der Reaktion mit $(CH_3)_2SnCl_2$, $(CH_3)_2SnBr_2$ und $(CH_3)_2SnJ_2$ bei −70°C können die Verbindungen $(CH_3)_2SnHX$ (mit X = Cl, Br, J) isoliert [17] oder NMR-spektroskopisch nachgewiesen werden [18]. $(CH_3)_2SnH_2$ reagiert mit der doppelten molaren Menge an $(CH_3)_3SnN(C_2H_5)_2$ unter Bildung von $[(CH_3)_3Sn]_2Sn(CH_3)_2$ [19].

$(CH_3)_2SnH_2$ reagiert mit Na in flüssigem NH_3 unter Bildung von $(CH_3)_2SnNa_2$ [20]. Bei der Umsetzung mit $Fe(CO)_5$ bei 70°C entsteht $[(CH_3)_2SnFe(CO)_4]_2$ [21], mit $Ru_3(CO)_{12}$ wird bei 80°C im Bombenrohr $[(CH_3)_3Sn]_2Ru(CO)_4$ neben $(CH_3)_{10}Sn_4Ru_2(CO)_6$ erhalten [22]. Nach der Umsetzung von $(CH_3)_2SnH_2$ mit 2,3-$C_2B_4H_8$ im Bombenrohr bei 175°C kann nur Zersetzung des Hydrids unter Bildung von $(CH_3)_3SnH$ und CH_3SnH_3 festgestellt werden [23].

Literatur:

[1] H. C. Clark, S. G. Furnival, J. T. Kwon (Can. J. Chem. **41** [1963] 2889/97). — [2] J. Homer, O. Cummins, Union Carbide Co. (U.S.P. 2916400 [1959]; C.A. **1960** 5420). — [3] C. Barnetson, H. C. Clark, J. T. Kwon (Chem. Ind. [London] **1964** 458/9). — [4] W. F. Lautsch, A. Tröber, W. Zimmer, L. Mehner, W. Linck, H.-M. Lehmann, H. Brandenburger, H. Körner, H.-J. Metzschker, K. Wagner, R. Kaden (Z. Chem. [Leipzig] **3** [1963] 415/21). — [5] H. C. Clark, J. T. Kwon (Can. J. Chem. **42** [1964] 1288/92).

[6] W. P. Neumann, J. A. Pedain, Studiengesellschaft Kohle m.b.H. (D.P. 1214237 [1964/66]; C.A. **65** [1966] 5490). — [7] J. G. Noltes, G. J. M. van der Kerk (Rec. Trav. Chim. **81** [1962] 41/8). — [8] A. J. Leusink, H. A. Budding, J. G. Noltes (J. Organometal. Chem. **24** [1970] 375/86). — [9] A. J. Leusink, J. G. Noltes, H. A. Budding, G. J. M. van der Kerk (Rec. Trav. Chim. **83** [1964] 1036/8). — [10] B. Wrackmeyer, H. Nöth (Z. Naturforsch. **29b** [1974] 564/5).

[11] M. Akhtar, H. C. Clark (Can. J. Chem. **46** [1968] 633/42). — [12] M. Akhtar, H. C. Clark (Can. J. Chem. **46** [1968] 2165/73). — [13] A. D. Beveridge, H. C. Clark, J. T. Kwon (Can. J. Chem. **44** [1966] 179/89). — [14] M. Akhtar, H. C. Clark (Can. J. Chem. **47** [1969] 3853/8). — [15] W. R. Cullen, G. E. Styan (Inorg. Chem. **4** [1965] 1437/40).

[16] H. C. Clark, J. D. Cotton, J. H. Tsai (Can. J. Chem. **44** [1966] 903/17). — [17] H. G. Kuivila, J. D. Kennedy, R. Y. Tien, I. J. Tyminski, F. L. Pelczar, O. R. Kahn (J. Org. Chem. **36** [1971] 2083/8). — [18] A. K. Sawyer, J. E. Brown, G. S. May (J. Organometal. Chem. **11** [1968] 192/4). — [19] R. Sommer, B. Schneider, W. P. Neumann (Liebigs Ann. Chem. **692** [1966] 12/21). — [20] S. F. A. Kettle (J. Chem. Soc. **1959** 2936/41).

[21] J. D. Cotton, S. A. R. Knox, I. Paul, F. G. A. Stone (J. Chem. Soc. A **1967** 264/9). — [22] J. D. Cotton, S. A. R. Knox, F. G. A. Stone (J. Chem. Soc. A **1968** 2758/62). — [23] W. A. Ledoux, R. N. Grimes (J. Organometal. Chem. **27** [1971] 37/48).

Diethyltin Dihydride

1.2.2.1.2 Diäthylzinndihydrid $(C_2H_5)_2SnH_2$

Formation. Preparation

1.2.2.1.2.1 Bildung und Darstellung

$(C_2H_5)_2SnH_2$ wird durch Reduktion von $(C_2H_5)_2SnCl_2$ mit $LiAlH_4$ in Diäthyläther und anschließendes Rückflußkochen in 90%iger Ausbeute synthetisiert [1, 2]. Bei Verwendung von $(C_2H_5)_2SnBr_2$ und 2stündigem Rückflußkochen in Diäthyläther können nur 55% Ausbeute [3], bei der Reduktion von $(C_2H_5)_2Sn(OCH_3)_2$ mit B_2H_6 in Pentan bei −78°C nach 3 h jedoch 90.8% Ausbeute erzielt werden [4]. $(C_2H_5)_2SnH_2$ entsteht auch durch Ligandenaustausch zwischen $(C_2H_5)_2SnCl_2$ und $(C_4H_9)_3SnH$ im Molverhältnis 1:2 [5]. Es wird erhalten aus $(C_2H_5)_2SnCl_2$ und $(C_2H_5)_2AlH$ in 89%iger [6] bzw. 84%iger Ausbeute sowie aus $(C_2H_5)_2SnCl_2$ und (*iso*-$C_4H_9)_2AlH$ in Dibutyläther bei −20°C in 97%iger Ausbeute [1]. Zur technischen Darstellung eignet sich außerdem noch die Reaktion zwischen $[(C_2H_5)_2SnO]_n$ oder $(C_2H_5)_2Sn(OR)_2$ mit Methylhydrogensilikonen $[(CH_3)SiHO]_n$. Hierbei werden Ausbeuten bis zu 61% erzielt [7, 8].

Thermodynamische Daten der Bildung. Bildungsenthalpie ΔH° in kcal/mol bei der Bildung der gasförmigen Verbindung aus den Elementen unter Standardbedingungen: ΔH°_{298} = 10.2 [9], 11.0 [10]. Für die Bildung der flüssigen Verbindung aus den Elementen werden folgende Werte angegeben: ΔH°_{298} = 2.1 [10], 2.7 [9].

Thermodynamic Data of Formation

Literatur:

[1] W. P. Neumann, H. Niermann (Liebigs Ann. Chem. **653** [1962] 164/72). — [2] C. R. Dillard, E. H. McNeill, D. E. Simmons, J. B. Yeldell (J. Am. Chem. Soc. **80** [1958] 3607/9). — [3] J. G. Noltes, G. J. M. van der Kerk (Functionally Substituted Organotin Compounds, Tin Research Institute, Greenford 1958, S. 1/128). — [4] E. Amberger, M.-R. Kula (Chem. Ber. **96** [1963] 2560/1). — [5] A. K. Sawyer, J. E. Brown, G. S. May (J. Organometal. Chem. **11** [1968] 192/4).

[6] Studiengesellschaft Kohle m.b.H. (B.P. 951150 [1960/64]; C.A. **60** [1964] 13271). — [7] K. Itoi, S. Kumano (Kogyo Kagaku Zasshi **70** [1967] 82/6). — [8] K. Itoi, Kurashiki Rayon Co., Ltd. (F.P. 1368522 [1962/64]; C.A. **62** [1965] 2794). — [9] W. F. Lautsch, A. Tröber, W. Zimmer, L. Mehner, W. Linck, H.-M. Lehmann, H. Brandenburger, H. Körner, H.-J. Metzschker, K. Wagner, R. Kaden (Z. Chem. [Leipzig] **3** [1963] 415/21). — [10] D. D. Wagman, W. H. Evans, I. Halow, V. B. Parker, S. M. Bailey, R. H. Schumm (Natl. Bur. Std. [U.S.] Tech. Note 270-2 [1965] 62 S.; C.A. **65** [1966] 4731).

1.2.2.1.2.2 Molekül. Spektren

The Molecule. Spectra

Dissoziation. Für die Bindungsdissoziationsenthalpie, die aus der Verbrennungswärme ermittelt wurde, wird D(Sn-H) = 60.4 kcal/mol angegeben [1].

Dissociation

Kernmagnetische Resonanzspektren. Im ^{1}H-NMR-Spektrum erscheint für die beiden am Sn gebundenen Wasserstoffatome ein Quintett-Signal, für das folgende chemische Verschiebungen und Kopplungskonstanten angegeben werden: $\tau SnH_2 = 5.25$ (in Cyclopentan) [2], 5.38 (10% in TMS) [3], 5.52 (in Cyclopentan) [4, 5, 6]; $\delta SnH_2 = -4.59$ ppm [7]; $J(^1H^{117}Sn) = 1616.2$ Hz [4, 5, 6]; $J(^1H^{119}Sn) = -1688.4 \pm 1.0$ Hz [3], 1691.1 Hz [4, 5, 6]; $J(^1HSn^1H) = +18.2 \pm 0.3$ Hz [3]; $J(^1HSnC^1H) = 1.6$ Hz [4], $+1.9 \pm 0.2$ Hz [3]; $J(^1HSnCC^1H) = +0.5 \pm 0.1$ Hz [3]. Die Signale für die Protonen der Äthylgruppen erscheinen bei $\tau CH_3 = 8.80$ mit $J(^1HCC^{119}Sn) = -83.7 \pm 0.5$ Hz und $\tau CH_2 = 9.17$ [3]. Vergleiche der ^{1}H-NMR-Spektren mit denen weiterer Organozinnhydride unter Korrelation der Kopplungskonstanten $J(^1H^{117/119}Sn)$ und der chemischen Verschiebung δSnH mit der Taftschen σ-Konstanten s. bei [4, 5, 6], Kraftfeldberechnungen im Zusammenhang mit Konformationsgleichgewichten s. bei [8].

Nuclear Magnetic Resonance Spectra

Die chemische Verschiebung im ^{119}Sn-NMR-Spektrum beträgt $\delta = -231$ ppm gegen $Sn(CH_3)_4$ (80% in Benzol) [9].

Schwingungsspektren. Aus den IR-Spektren werden für die νSnH Werte von 1820 cm^{-1} [10], 1822 cm^{-1} [2, 5, 6, 11] und 1835 cm^{-1} [12] angegeben.

Vibrational Spectra

Literatur:

[1] W. F. Lautsch, A. Tröber, H. Körner, K. Wagner, R. Kaden, S. Blase (Z. Chem. [Leipzig] **4** [1964] 441/54). — [2] Y. Kawasaki, K. Kawakami, T. Tanaka (Bull. Chem. Soc. Japan **38** [1965] 1102/5). — [3] C. Schumann, H. Dreeskamp (J. Magn. Resonance **3** [1970] 204/17). — [4] J. Dufermont, J. C. Maire (J. Organometal. Chem. **7** [1967] 415/25). — [5] M. L. Maddox, N. Flitcroft, H. D. Kaesz (J. Organometal. Chem. **4** [1965] 50/6).

[6] K. Kawasaki, T. Saito, R. Okawara (J. Organometal. Chem. **8** [1967] 377/81). — [7] A. K. Sawyer, J. E. Brown, G. S. May (J. Organometal. Chem. **11** [1968] 192/4). — [8] R. J. Ouellette (J. Am. Chem. Soc. **94** [1972] 7674/9). — [9] P. G. Harrison, S. E. Ulrich, J. J. Zuckerman (J. Am. Chem. Soc. **93** [1971] 5398/402). — [10] H. M. J. C. Creemers, J. G. Noltes (Rec. Trav. Chim. **84** [1965] 382/4).

[11] W. P. Neumann, H. Niermann (Liebigs Ann. Chem. **653** [1962] 164/72). — [12] W. P. Neumann (Angew. Chem. **75** [1963] 225/35).

Physical Properties

1.2.2.1.2.3 Physikalische Eigenschaften

$(C_2H_5)_2SnH_2$ ist eine farblose, bei Zimmertemperatur flüssige Verbindung, für die folgende Siedepunkte angegeben werden: −20°C/0.2 bis 0.5 Torr [1], 80.5°C/Normaldruck [2], 92 bis 94°C/760 Torr [3], 95 bis 97°C/Normaldruck [4], 96 bis 97°C/Normaldruck [5], 96 bis 98°C/760 Torr [1, 6], 99°C/760 Torr [7]. Für den Brechungsindex wird angegeben: $n_D^{20} = 1.4679$ [1, 6] und 1.4700 [8], für die Dichte $D_4^{20} = 1.258$ g/cm³ [8] und 1.27 g/cm³ [1, 6]. Der Dampfdruck beträgt bei 0°C 19.5 Torr [9]. Die Temperaturabhängigkeit des Dampfdruckes folgt der Gleichung $\lg p = B - A/T$ mit $A = 1576$ und $B = 7.09$ [7]. Daraus errechnet sich eine Verdampfungsenthalpie ΔH_s von 10.4 kcal/mol, während die Verdampfungsenthalpie aus dem Siedepunkt zu $\Delta H_s = 7.6$ kcal/mol errechnet wurde [10].

Literatur:

[1] W. P. Neumann, H. Niermann (Liebigs Ann. Chem. **653** [1962] 164/72). — [2] S. I. Sadykh-Zade, Z. M. Rzaev, Sh. K. Kyazimov, S. M. Mamedov (Vysokomol. Soedin. B **15** [1973] 853/6; C.A. **80** [1974] Nr. 60275). — [3] K. Itoi, S. Kumano (Kogyo Kagaku Zasshi **70** [1967] 82/6). — [4] K. Itoi, Kurashiki Rayon Co., Ltd. (F.P. 1368522 [1962/64]; C.A. **62** [1965] 2794). — [5] J. G. Noltes, G. J. M. van der Kerk (Functionally Substituted Organotin Compounds, Tin Research Institute, Greenford 1958, S. 1/128).

[6] W. P. Neumann (Angew. Chem. **75** [1963] 225/35). — [7] C. R. Dillard, E. H. McNeill, D. E. Simmons, J. B. Yeldell (J. Am. Chem. Soc. **80** [1958] 3607/9). — [8] J. J. Pohl (Allgem. Prakt. Chem. **19** [1968] 84). — [9] E. Amberger, M.-R. Kula (Chem. Ber. **96** [1963] 2560/1). — [10] W. F. Lautsch, A. Tröber, H. Körner, K. Wagner, R. Kaden, S. Blase (Z. Chem. [Leipzig] **4** [1964] 441/54).

Chemical Reactions

1.2.2.1.2.4 Chemisches Verhalten

$(C_2H_5)_2SnH_2$ zerfällt bei Zimmertemperatur in Gegenwart von Aminen, besonders in Pyridin [1] oder auch in Gegenwart von $ZnCl_2$ [2] unter Bildung von $[(C_2H_5)_2Sn]_n$ neben H_2. Hieraus kann $[(C_2H_5)_2Sn]_6$ isoliert werden [2].

$(C_2H_5)_2SnH_2$ verbrennt unter Bildung von SnO_2. Die Verbrennungswärme der flüssigen Verbindung wird bei 25°C zu $\Delta H = 927.5 \pm 1.1$ kcal/mol bzw. $\Delta u = 5173 \pm 6$ cal/g angegeben [3].

$(C_2H_5)_2SnH_2$ reagiert mit $CH_2{=}CHC_6H_{13}$ unter Hydrostannierung und Bildung von $(C_2H_5)_2Sn(C_8H_{17})_2$ [4], mit $CH_2{=}CRCOOCH_2CH{=}CH_2$ im Bombenrohr zwischen 90 und 100°C nach 1 h unter Bildung von $(C_2H_5)_2Sn(CH_2CHRCOOCH_2CH{=}CH_2)_2$ mit R = H oder CH_3 [5], mit $CH_2{=}CHC_6H_9$ (C_6H_9 = Cyclohex-3-en-1-yl) in Gegenwart von $Al(\textit{iso}\text{-}C_4H_9)_3$ zwischen 65 und 70°C unter Bildung von $(C_2H_5)_2Sn(CH_2CH_2C_6H_9)_2$ [6], mit $CH_2{=}CHC_6H_5$ unter entsprechenden Bedingungen, allerdings zwischen 70 und 125°C [6] oder in Gegenwart von AIBN bei 50°C [7] unter Bildung von $(C_2H_5)_2Sn(CH_2CH_2C_6H_5)_2$ und mit $CH_2{=}CHCH_2OCH_2\underbrace{CH\text{-}CH_2}_{O}$ unter Bildung von $(C_2H_5)_2Sn(CH_2CH_2CH_2OCH_2\underbrace{CH\text{-}CH_2}_{O})_2$ [8]. $(C_2H_5)_2SnH_2$ reagiert mit $CH_2{=}CHCN$ im Molverhältnis 1:3 in Gegenwart von AIBN bei 50°C zu dem Hydrostannierungsprodukt $(C_2H_5)_2Sn(CH_2CH_2CN)_2$ [7]. Beim gleichen Molverhältnis wird unter den gleichen Bedingungen mit $CH_2{=}CHCOOCH_3$ die Verbindung $(C_2H_5)_2Sn(CH_2CH_2COOCH_3)_2$ gebildet, mit $CH_2{=}C(CH_3)COOCH_3$ entsteht auf analoge Weise $(C_2H_5)_2Sn[CH_2CH(CH_3)COOCH_3]_2$ [7], mit $CH_2{=}CHCH_2OCH_2CH_2OH$ entsprechend das Produkt $(C_2H_5)_2Sn[(CH_2)_3OCH_2CH_2OH]_2$ [7, 9] und mit $CH_2{=}C(CH_3)COOCH_3$ im Molverhältnis 1:1 nur $(C_2H_5)_2[CH_3OOCCH(CH_3)CH_2]SnH$ [7].

Hydrostannierung und Wasserstoff-Halogen-Austausch finden gleichzeitig statt, wenn man $(C_2H_5)_2SnH_2$ zusammen mit $(C_2H_5)_2SnCl_2$, $(C_2H_5)_2SnBr_2$ oder $(C_2H_5)_2SnJ_2$ bei Zimmertemperatur oder wenig darüber, teilweise in Gegenwart von AIBN, mit ungesättigten Verbindungen umsetzt. So entsteht aus $CH_2{=}CHCN$ mit $(C_2H_5)_2SnBr_2$ in exothermer Reaktion $(C_2H_5)_2(CNCH_2CH_2)SnBr$, mit $(C_2H_5)_2SnJ_2$ in Gegenwart von AIBN bei 20°C nach 30 min $(C_2H_5)_2(CNCH_2CH_2)SnJ$. Aus $CH_2{=}CHCH_2CH_2CH{=}CH_2$ entsteht mit $(C_2H_5)_2SnCl_2$ bei 40°C $(C_2H_5)_2(CH_2{=}CHCH_2CH_2CH_2CH_2)SnCl$ neben der Verbindung $(C_2H_5)_2ClSn(CH_2)_6SnCl(C_2H_5)_2$, aus Cyclohexanon bei 0°C $(C_2H_5)_2ClSnO$-*cyclo*-C_6H_{11}, aus $CH_3COC_2H_5$ entsprechend $(C_2H_5)_2ClSnOCH(CH_3)C_2H_5$ und aus $CH_3COC_6H_4$-*p*-CN schließlich die Verbindung $(C_2H_5)_2ClSnOCH(CH_3)C_6H_4$-*p*-CN [10].

Nach 2- bis 4stündigem Rückflußkochen von $(C_2H_5)_2SnH_2$ mit $HC{\equiv}CCH_2CH_2C{\equiv}CH$ in Hexan und anschließendem 5stündigem Erhitzen auf 100°C kann ein benzollösliches Polymeres mit der Struktur $[-Sn(C_2H_5)_2CH{=}CHCH_2CH_2CH{=}CH-]_n$ gewonnen werden, das bei 150 bis 250°C und einem Druck von 10^{-3} bis 10^{-2} Torr ein benzolunlösliches Polymeres neben etwa 20% des siebengliedrigen Heterocyclus 1,1-Diäthyl-4,5-dihydro-1H-stannepin (XV) liefert [11]. Ebenfalls unter Bildung eines Polymeren und der niedermolekularen Verbindungen 3,3-Diäthyl-3H-3-benzostannepin (XVI) und 3,3-Diäthyl-1,2,4,5-tetrahydro-3H-3-benzostannepin (XVII) verlaufen die

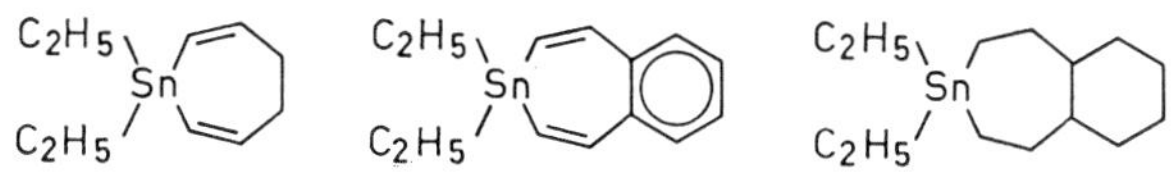

XV XVI XVII

Hydrostannierungen von *o*-$HC{\equiv}CHC_6H_4C{\equiv}CH$ und *o*-$CH_2{=}CHC_6H_4CH{=}CH_2$ in Benzol unter Rückfluß [12, 13]. Bei der Umsetzung von $(C_2H_5)_2SnH_2$ mit *p*-$CH_2{=}CHCH_2OOCC_6H_4COOCH_2CH{=}CH_2$ in Dioxan unter Rückflußkochen, 5 h bei 60°C und 11 h bei 100°C [14] und mit $CH_2{=}CHCH_2OC_3N_3(CH_3)OCH_2CH{=}CH_2$ unter UV-Bestrahlung in Gegenwart von Benzoylperoxid nach 4 h bei 60°C, 2 h bei 80°C, 1.5 h bei 100°C und 7 h bei 120°C [15] entstehen Polymere mit den Struktureinheiten XVIII bzw. XIX.

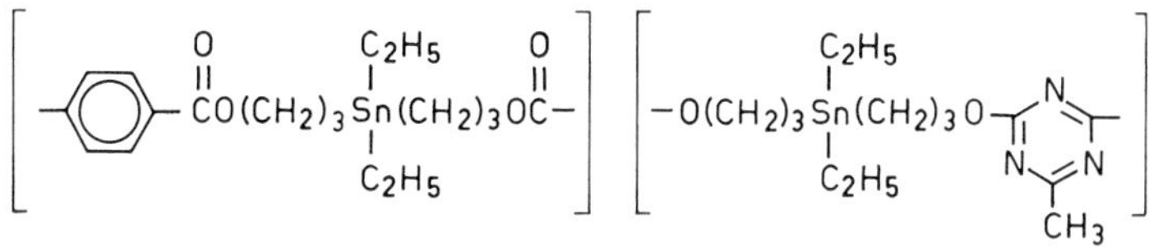

XVIII XIX

$(C_2H_5)_2SnH_2$ hydrostanniert die C-N-Doppelbindung in C_6H_5NCO unter Bildung von $(C_2H_5)_2Sn(NC_6H_5CHO)_2$ [16].

$(C_2H_5)_2SnCl_2$ reagiert mit $(C_2H_5)_2SnH_2$ unter Bildung von $(C_2H_5)_2SnHCl$ [17, 18], in Gegenwart von Pyridin entsteht dagegen $[(C_2H_5)_2Sn]_9$ in 94%iger Ausbeute [2]. Bei der Reaktion zwischen $(C_2H_5)_2SnH_2$ und $Pb(OOCCH_3)_4$ in Benzol bei 25°C wird $(C_2H_5)_2Sn(OOCCH_3)_2$ neben $Pb(OOCCH_3)_2$ und H_2 gebildet [19].

$(C_2H_5)_2SnH_2$ bildet mit $[(C_2H_5)_3Sn]_2O$ nach 1 h bei 20°C $[(C_2H_5)_2SnO]_n$ neben $(C_2H_5)_3SnH$ [20]. Bei der Umsetzung mit $(C_2H_5)_3SnN(C_2H_5)_2$ wird in exothermer Reaktion $[(C_2H_5)_3Sn]_2Sn(C_2H_5)_2$ in über 90%iger Ausbeute gebildet [20, 21]. Bei der Umsetzung mit $(C_2H_5)_2Sn[N(C_2H_5)_2]_2$ entsteht unter Abspaltung von $(C_2H_5)_2NH$ in 63%iger [2] bzw. 100%iger Rohausbeute [21] die Verbindung $[(C_2H_5)_2Sn]_6$. Analog dazu erhält man bei der Umsetzung des Hydrids mit $(C_6H_5)_3GeSn(C_2H_5)_2N(C_2H_5)_2$ die Verbindung $[(C_6H_5)_3GeSn(C_2H_5)_2]_2Sn(C_2H_5)_2$ [22]. $(C_2H_5)_2SnH_2$ reagiert mit $(C_2H_5)_3SnN(C_6H_5)CHO$ unter Abspaltung von C_6H_5NHCHO und Bildung von $(C_2H_5)_3SnSnH(C_2H_5)_2$, mit $(C_2H_5)_3SnSn(C_2H_5)_2N(C_6H_5)CHO$ entsteht dagegen $(C_2H_5)_3Sn[Sn(C_2H_5)_2]_3Sn(C_2H_5)_3$ sowie $(C_2H_5)_3Sn[Sn(C_2H_5)_2]_4Sn(C_2H_5)_3$ [23].

Diazomethan schiebt sich in die Sn-H-Bindungen von $(C_2H_5)_2SnH_2$ ein; man erhält bei der Reaktion in Diäthyläther $(CH_3)_2Sn(C_2H_5)_2$ [24]. Bei der Reaktion zwischen $(C_2H_5)_2SnH_2$ und $Hg(\textit{tert}\text{-}C_4H_9)_2$ in Hexan bei −30°C wird Hg und $[(C_2H_5)_2Sn]_n$ gebildet [25].

Literatur:

[1] W. P. Neumann (Angew. Chem. **74** [1962] 122). — [2] W. P. Neumann, J. Pedain, R. Sommer (Liebigs Ann. Chem. **694** [1966] 9/18). — [3] W. F. Lautsch, A. Tröber, W. Zimmer, L. Mehner, W. Linck, H.-M. Lehmann, H. Brandenburger, H. Körner, H.-J. Metzschker, K. Wagner, R. Kaden (Z. Chem. [Leipzig] **3** [1963] 415/21). — [4] J. Yamazaki, S. Kidooka, M. Iida, Sankyo Chemical

Industries Co., Ltd. (Japan.P. 4650 (67) [1964/67]; C.A. **67** [1967] Nr. 32779). — [5] G. M. Vinokurova, S. G. Fattakhov (Izv. Akad. Nauk SSSR Ser. Khim. **1969** 148/9; Bull. Acad. Sci. USSR Div. Chem. Sci. **1969** 136/7).

[6] Studiengesellschaft Kohle m.b.H. (Belg.P. 629783 [1962/63]; C.A. **60** [1964] 14538). — [7] W. P. Neumann, H. Niermann, R. Sommer (Liebigs Ann. Chem. **659** [1962] 27/39). — [8] S. I. Sadykh-Zade, Z. M. Rzaev, Sh. K. Kyazimov, S. M. Mamedov (Vysokomol. Soedin. B **15** [1973] 853/6; C.A. **80** [1974] Nr. 60275). — [9] K. Ziegler (B.P. 966813 [1961/64]; C.A. **61** [1964] 14711). — [10] W. P. Neumann, J. A. Pedain, Studiengesellschaft Kohle m.b.H. (D.P. 1214237 [1964/66]; C.A. **65** [1966] 5490).

[11] J. G. Noltes, G. J. M. van der Kerk (Rec. Trav. Chim. **81** [1962] 41/8). — [12] A. J. Leusink, H. A. Budding, J. G. Noltes (J. Organometal. Chem. **24** [1970] 375/86). — [13] A. J. Leusink, J. G. Noltes, H. A. Budding, G. J. M. van der Kerk (Rec. Trav. Chim. **83** [1964] 1036/8). — [14] H. R. Niebergall, Courtaulds Ltd. (B.P. 916260 [1958/63]; C.A. **58** [1963] 11492). — [15] H. Niebergall, Courtaulds Ltd. (B.P. 923584 [1958/63]; C.A. **59** [1963] 779).

[16] J. G. Noltes, M. J. Janssen (J. Organometal. Chem. **1** [1964] 346/55). — [17] A. K. Sawyer, J. E. Brown, G. S. May (J. Organometal. Chem. **11** [1968] 192/4). — [18] Yu. I. Baukov, I. Yu. Belavin, I. F. Lutsenko (Zh. Obshch. Khim. **35** [1965] 1092/4; J. Gen. Chem. USSR **35** [1965] 1096/8). — [19] U. Christen, W. P. Neumann (J. Organometal. Chem. **39** [1972] C58/C60). — [20] R. Sommer, B. Schneider, W. P. Neumann (Liebigs Ann. Chem. **692** [1966] 12/21).

[21] R. Sommer, W. P. Neumann, B. Schneider (Tetrahedron Letters **1964** 3875/8). — [22] H. M. J. C. Creemers, J. G. Noltes (J. Organometal. Chem. **7** [1967] 237/47). — [23] H. M. J. C. Creemers, J. G. Noltes (Rec. Trav. Chim. **84** [1965] 382/4). — [24] M. Lesbre, R. Buisson (Bull. Soc. Chim. France **1957** 1204/6). — [25] U. Blaukat, W. P. Neumann (J. Organometal. Chem. **63** [1973] 27/39).

Uses

1.2.2.1.2.5 Verwendung

Ein technisches Verfahren beschreibt die Umsetzung von $(C_2H_5)_2SnH_2$ mit $(iso\text{-}C_4H_9)_2AlH$ und $p\text{-}CH_2{=}CH\text{-}C_6H_4\text{-}CH{=}CH_2$ bei 60 bis 75°C unter Bildung elastischer Polymerer [1]. Bei der Umsetzung von $(C_2H_5)_2SnH_2$ mit $[(CH_3)_2(CH_2{=}CH)Si]_2O$ bei 0°C unter UV-Bestrahlung entsteht ein Polymeres in Form eines klaren viskosen Öls [2]. Analog wird ein farbloses klares Öl aus $(C_2H_5)_2SnH_2$ und $C_6H_5P(CH{=}CH_2)_2$ im Bombenrohr unter UV-Bestrahlung bei 0°C erhalten [3]. Beide Polymere werden bei der Herstellung von Fasern, Gummi, Schmiermitteln, Stabilisatoren, Polymerisationsbeschleunigern oder im Flammschutz verwendet.

Literatur:

[1] W. P. Neumann, H. Niermann, Studiengesellschaft Kohle m.b.H. (D.P. 1520967 [1962/73]; C.A. **79** [1973] Nr. 5902). — [2] H. Niebergall (D.P. 1087810 [1960]; C.A. **1961** 15998). — [3] H. Niebergall (D.P. 1086896 [1960]; C.A. **1961** 16016).

Dipropyltin Dihydride

1.2.2.1.3 Dipropylzinndihydrid $(C_3H_7)_2SnH_2$

$(C_3H_7)_2SnH_2$ wird durch Umsetzung von $(C_3H_7)_2SnCl_2$ mit $LiAlH_4$ in Diäthyläther in N_2-Atmosphäre nach 2.5stündigem Rückflußkochen in 72%iger Ausbeute gewonnen [1, 2]. Wie NMR-spektroskopisch festgestellt wird, entsteht die Verbindung auch bei der Austauschreaktion zwischen $(C_3H_7)_2SnCl_2$ und der doppelten Menge an $(C_4H_9)_3SnH$ [3]. $(C_3H_7)_2SnH_2$ kann gaschromatographisch von $Sn(CH_3)_4$ und $(CH_3)_3SnH$ getrennt werden [4].

$(C_3H_7)_2SnH_2$ ist eine farblose, bei Zimmertemperatur flüssige Verbindung, für die folgende Siedepunkte angegeben werden: 39 bis 40.5°C/12 Torr [1, 2], 40°C/10 Torr [11], 46.5 bis 47.5°C/35 Torr [6] und 54.5°C/20 Torr [12].

Für die beiden an Sn gebundenen Wasserstoffatome erscheint im ^1H-NMR-Spektrum ein Signal bei $\tau = 5.42$ in Substanz [5] und in CS_2 [6], bei 5.48 in Substanz [7, 8] und bei $\delta = -4.54$ ppm [3]. Kopplungskonstante $J(^1H^{117}Sn) = 1614.7$ Hz [7, 8], 1615 Hz [5] und $J(^1H^{119}Sn) = 1689$ Hz

[5], 1689.4 Hz [7, 8]. Vergleiche der ^{1}H-NMR-Spektren mit denen weiterer Organozinnhydride und Organozinnhalogenide unter Korrelation der chemischen Verschiebung und der Kopplungskonstanten mit den IR-Frequenzen νSnH unter Einbeziehung der Taftschen σ-Konstanten s. bei [5, 8].

Die Isomerieverschiebung im Mössbauer-Spektrum beträgt $\delta = -0.80$ mm/s gegen α-Sn [9], 1.30 mm/s gegen SnO_2 [10]. Quadrupolaufspaltung wird nicht gefunden.

Im IR-Spektrum von $(C_3H_7)_2SnH_2$ (Abbildung im Bereich zwischen 4000 und 650 cm^{-1} s. bei [11]) werden für die νSnH folgende Frequenzen bestimmt: 1830 cm^{-1} [3], 1833 cm^{-1} in Cyclohexan [5, 7], 1835 cm^{-1} [6] und 1842 cm^{-1} in Dibutyläther [6].

$(C_3H_7)_2SnH_2$ wird in Diäthyläther von HCl an der Sn-H-Bindung gespalten unter Bildung von $(C_3H_7)_2SnCl_2$ [1]. Bei der Reaktion mit $(C_3H_7)_2SnCl_2$ bei Zimmertemperatur erfolgt Komproportionierung unter Bildung von $(C_3H_7)_2SnHCl$ [3, 13]. $(C_3H_7)_2SnH_2$ reagiert mit Olefinen unter Hydrostannierung der Doppelbindung [1, 14]. Dabei entsteht beispielsweise mit $CH_2{=}CHR$, wobei $R = CH_2OCH_2CH\text{-}CH_2$ (└O┘) oder $CH_2C(CH_3)\text{-}CH_2$ (└O┘), ein Produkt vom Typ $(C_3H_7)_2Sn(CH_2CH_2R)_2$ [12], mit $CH_2{=}C(CH_3)COOCH_2CH{=}CH_2$ im Bombenrohr bei 90 bis 100°C unter N_2 die Verbindung $(C_3H_7)_2Sn[CH_2CH(CH_3)COOCH_2CH{=}CH_2]_2$ [15]. Mit $HC{\equiv}CC_6H_5$ reagiert die Verbindung exotherm unter Bildung von $(C_3H_7)_2(C_6H_5CH{=}CH)SnH$, das oberhalb 130°C über seine Doppelbindung sich selbst hydrostanniert unter Bildung von polymerem $[Sn(C_3H_7)_2CH_2CHC_6H_5]_n$ [16, 17]. Bei der Reaktion mit $p\text{-}CH_2{=}CHC_6H_4CH{=}CH_2$ entsteht polymeres $[Sn(C_3H_7)_2CH_2CH_2C_6H_4\text{-}p\text{-}CH_2CH_2]_n$ [17]. Bei der Umsetzung mit $HC{\equiv}CCH_2CH_2C{\equiv}CH$ in Hexan kann nach 2- bis 4stündigem Rückfluß und anschließendem 5stündigem Erhitzen auf 100°C ein benzollösliches Polymeres $[Sn(C_3H_7)_2CH{=}CHCH_2CH_2CH{=}CH]_n$ isoliert werden, das bei 150 bis 250°C bei 10^{-3} bis 10^{-2} Torr entsprechend dem Additionsprodukt von $(C_2H_5)_2SnH_2$ (s. S. 101) in ein benzolunlösliches Polymeres und einen siebengliedrigen zinnhaltigen Heterocyclus zerfällt [16].

Literatur:

[1] J. G. Noltes, G. J. M. van der Kerk (Functionally Substituted Organotin Compounds, Tin Research Institute, Greenford 1958, S. 1/128). — [2] G. J. M. van der Kerk, J. G. Noltes, J. G. A. Luijten (J. Appl. Chem. **7** [1957] 366/9). — [3] A. K. Sawyer, J. E. Brown, G. S. May (J. Organometal. Chem. **11** [1968] 192/4). — [4] F. H. Pollard, G. Nickless, D. J. Cooke (J. Chromatog. **13** [1964] 48/55). — [5] K. Kawakami, T. Saito, R. Okawara (J. Organometal. Chem. **8** [1967] 377/81).

[6] Y. Kawasaki, K. Kawakami, T. Tanaka (Bull. Chem. Soc. Japan **38** [1965] 1102/5). — [7] M. L. Maddox, N. Flitcroft, H. D. Kaesz (J. Organometal. Chem. **4** [1965] 50/6). — [8] J. Dufermont, J. C. Maire (J. Organometal. Chem. **7** [1967] 415/25). — [9] V. I. Goldanskii, V. V. Khrapov, O. Yu. Okhlobystin, V. Ya. Rochev (in: V. I. Goldanskii, R. H. Herber, Chemical Applications of Mössbauer Spectroscopy, New York 1968, S. 336/76). — [10] P. J. Smith (Organometal. Chem. Rev. A **5** [1970] 373/402).

[11] R. Mathis-Noel, M. Lesbre, I. S. de Roche (Compt. Rend. **243** [1956] 257/9). — [12] S. I. Sadykh-Zade, Z. M. Rzaev, Sh. K. Kyazimov, S. M. Mamadov (Vysokomol. Soedin. B **15** [1973] 853/6 nach C.A. **80** [1974] Nr. 60275). — [13] Yu. I. Baukov, I. Yu. Belavin, I. F. Lutsenko (Zh. Obshch. Khim. **35** [1965] 1092/4; J. Gen. Chem. USSR **35** [1965] 1096/8). — [14] G. J. M. van der Kerk, J. G. Noltes (J. Appl. Chem. **9** [1959] 106/13). — [15] G. M. Vinokurova, S. G. Fattakov (Izv. Akad. Nauk SSSR Ser. Khim. **1969** 148/9; Bull. Acad. Sci. USSR Div. Chem. Sci. **1969** 136/7).

[16] J. G. Noltes, G. J. M. van der Kerk (Rec. Trav. Chim. **81** [1962] 41/8). — [17] G. J. M. van der Kerk, J. G. A. Luijten, J. G. Noltes (Angew. Chem. **70** [1958] 298/306).

1.2.2.1.4 Diisopropylzinndihydrid $(iso\text{-}C_3H_7)_2SnH_2$

Diisopropyltin Dihydride

$(iso\text{-}C_3H_7)_2SnH_2$ wird durch Umsetzung von $(iso\text{-}C_3H_7)_2SnCl_2$ mit $LiAlH_4$ in Diäthyläther synthetisiert [1]. Ein genaues Darstellungsverfahren sowie physikalische Eigenschaften und Reaktionen sind in der Literatur bisher nicht angegeben. Lediglich ^{1}H-NMR-Daten und IR-Frequenzen werden erwähnt. So wird für die νSnH im IR-Spektrum 1820 cm^{-1} angegeben [1, 2, 3]. Die chemische Verschiebung für die an Sn gebundenen Wasserstoffatome beträgt $\tau = 5.07$, die Kopplungskonstanten $J(^1H^{117}Sn) = 1540.3$ Hz bzw. $J(^1H^{119}Sn) = 1612.1$ Hz. Diese IR-Daten und die chemischen Verschiebungen und Kopplungskonstanten werden mit denen anderer Organozinnhydride verglichen und diskutiert [1 bis 4]. Bei einer ausführlicheren Untersuchung des ^{1}H-NMR-Spektrums werden folgende Parameter gefunden: $\tau SnH_2 = 5.08$, $J(^1H^{119}Sn) = -1608.0 \pm 1.0$ Hz, $J(^1HSn^1H) = +16.6 \pm 0.3$ Hz, $J(^1HSnC^1H) = +1.6 \pm 0.5$ Hz, $J(^1HSnCC^1H) = +0.65 \pm 0.1$ Hz, $\tau CH = 8.50$, $\tau CH_3 = 8.70$, $J(^1HCC^{119}Sn) = -77.3 \pm 0.5$ Hz [5].

Literatur:

[1] M. L. Maddox, N. Flitcroft, H. D. Kaesz (J. Organometal. Chem. **4** [1965] 50/6). — [2] Y. Kawasaki, K. Kawakami, T. Tanaka (Bull. Chem. Soc. Japan **38** [1965] 1102/5). — [3] K. Kawakami, T. Saito, R. Okawara (J. Organometal. Chem. **8** [1967] 377/81). — [4] J. Dufermont, J. C. Maire (J. Organometal. Chem. **7** [1967] 415/25). — [5] C. Schumann, H. Dreeskamp (J. Magn. Resonance **3** [1970] 204/17).

Dibutyltin Dihydride

1.2.2.1.5 Dibutylzinndihydrid $(C_4H_9)_2SnH_2$

Formation. Preparation

1.2.2.1.5.1 Bildung und Darstellung

Die gängigste Synthesemethode für $(C_4H_9)_2SnH_2$ ist die Umsetzung von $(C_4H_9)_2SnCl_2$ mit $LiAlH_4$ in Diäthyläther [1]. Als Ausbeute werden angegeben: 60% [2], 65% [3], 66% [4], 67% [5], 83 bis 86% [6] und 86% [7]. Bei der Reaktion von $(C_4H_9)_2SnCl_2$ mit $NaBH_4$ in Diglyme werden 56% Ausbeute erzielt [8]. Auch Alkylaluminiumhydride eignen sich zur Reduktion von $(C_4H_9)_2SnCl_2$. So führt die Reaktion mit $(C_2H_5)_2AlH$ in Diäthyläther, erst bei 0°C und anschließend nach 2stündigem Rückflußkochen, zu einer Ausbeute an $(C_4H_9)_2SnH_2$ von 85% [7, 9]. Die Verwendung von Organosiliciumhydriden als Wasserstoffspender führte zur Entwicklung von technischen Verfahren zur Synthese von $(C_4H_9)_2SnH_2$. Beispielsweise entsteht das Hydrid aus $(C_4H_9)_2Sn(OCH_3)_2$ und $CH_3(C_6H_5)SiHCl$ [10]. Ganz allgemein entsteht $(C_4H_9)_2SnH_2$ durch Umsetzung von Dibutylzinn-Sauerstoff-Verbindungen mit polymeren, Si-H-Gruppen enthaltenden Siloxanen und Silikonen, wobei der Hauptvorteil darin besteht, daß das gebildete $(C_4H_9)_2SnH_2$ von dem Silikonöl oder -harz leicht durch Destillation getrennt werden kann. So erhält man bei der Umsetzung von $[(C_4H_9)_2SnO]_n$ mit $[CH_3SiHO]_n$ bei 100°C nach der Destillation eine Ausbeute an $(C_4H_9)_2SnH_2$ von 24% [11], 51% [12] oder bei Zusatz von Butanol, wobei intermediär die Verbindung $(C_4H_9)_2Sn(OC_4H_9)_2$ gebildet wird, von 97% [13]. Für eine anschließende Umsetzung mit Ketonen eignet sich ein derartiges Reaktionsgemisch in Toluol [14]. Entsprechende „in situ"-Synthesen bedienen sich der Reaktionen zwischen $(C_4H_9)_2Sn(OC_2H_5)_2$ und $[CH_3SiHO]_n$ bei Zimmertemperatur (66% Ausbeute) [12], zwischen $[(C_4H_9)_2SnOC_6H_5]_2$ und $[CH_3SiHO]_n$ unter N_2 [15], zwischen $[(C_4H_9)_2SnO]_n$ und $[(C_6H_5)_2SiH]_2O$ bei 100°C (78% Ausbeute) [12] und zwischen $[(C_4H_9)_2SnO]_n$ und Butanol in Benzol unter 16- bis 20stündigem Rückflußkochen sowie anschließende Reaktion des Zwischenproduktes $[(C_4H_9)_2SnOC_4H_9]_2O$ mit H-Siloxan MH 15-Bayer bei 50°C, wobei 75 bis 80% Ausbeute erreicht werden [16].

$(C_4H_9)_2SnH_2$ wird gebildet bei der Destillation von $[(C_4H_9)_2SnH]_2$ bei 122 bis 124°C/10^{-3} Torr unter teilweiser Disproportionierung des Ausgangsmaterials und gleichzeitiger Bildung von $H[Sn(C_4H_9)_2]_nH$ [17] sowie bei der Umsetzung von $(C_4H_9)_3SnH$ mit Verbindungen des Typs $(C_4H_9)_2SnHX$ mit X = F, Cl, Br, J bei Zimmertemperatur [18].

$(C_4H_9)_2SnD_2$ entsteht bei der Umsetzung von $(C_4H_9)_2SnNa_2$ mit D_2O [19].

Literatur:

[1] J. P. Oliver, U. V. Rao, M. T. Emerson (Tetrahedron Letters **1964** 3419/25). — [2] J. G. Noltes, G. J. M. van der Kerk (Functionally Substituted Organotin Compounds, Tin Research Institute, Greenford 1958, S. 1/128). — [3] N. A. Adrova, M. M. Koton, V. A. Klages (Vysokomol. Soedin. **3** [1961] 1041/3 nach C.A. **56** [1962] 4940). — [4] G. J. M. van der Kerk, J. G. Noltes, J. G. A. Luijten (J. Appl. Chem. **7** [1957] 366/9). — [5] F. D. Greene, H. N. Lowry (J. Org. Chem. **32** [1967] 882/5).

[6] A. K. Sawyer, H. G. Kuivila (J. Org. Chem. **27** [1962] 610/4). — [7] W. P. Neumann, H. Niermann (Liebigs Ann. Chem. **653** [1962] 164/72). — [8] E. R. Birnbaum, P. H. Javora (J. Organometal. Chem. **9** [1967] 379/82). — [9] Studiengesellschaft Kohle m.b.H. (B.P. 951150 [1960/64]; C.A. **60** [1964] 13271). — [10] B. Bellegarde, M. Pereyre, J. Valade (Bull. Soc. Chim. France **1967** 3082/3).

[11] K. Itoi, S. Kumano (Kogyo Kagaku Zasshi **70** [1967] 82/6). — [12] K. Hayashi, J. Iyoda, I. Shiihara (J. Organometal. Chem. **10** [1967] 81/94). — [13] K. Itoi, Kurashiki Rayon Co., Ltd. (Japan.P. 68-12336 [1965/68]; C.A. **70** [1969] Nr. 37923). — [14] G. L. Grady, H. G. Kuivila (J. Org. Chem. **34** [1969] 2014/6). — [15] K. Itoi, Kurashiki Rayon Co., Ltd. (Japan.P. 68-12335 [1965/68]; C.A. **70** [1969] Nr. 37921).

[16] R. Knocke, W. P. Neumann (Liebigs Ann. Chem. **1974** 1486/95). — [17] R. Sommer, B. Schneider, W. P. Neumann (Liebigs Ann. Chem. **692** [1966] 12/21). — [18] A. K. Sawyer, J. E. Brown (J. Organometal. Chem. **5** [1966] 438/45). — [19] K. Kühlein, W. P. Neumann, H. Mohring (Angew. Chem. **80** [1968] 438/9).

1.2.2.1.5.2 Spektren

Spectra

Nuclear Magnetic Resonance Spectra

Kernmagnetische Resonanzspektren. Im ^1H-NMR-Spektrum von $(C_4H_9)_2SnH_2$ wird für die beiden an Sn gebundenen Wasserstoffatome ein Quintett-Signal gefunden bei $\tau = 5.23$ (in CS_2) [1, 2], 5.43 (in CS_2) [3, 4], 5.47 (in Substanz) [5] und 6.46 (in Substanz) [6]. Die Kopplungskonstanten betragen $J(^1H^{117}Sn) = 1602$ Hz [6], 1612 Hz [5], 1618.6 Hz [2], 1619 Hz [3], 2119 Hz [1]; $J(^1H^{119}Sn) = 1680$ Hz [6], 1682 Hz [5], 1689.9 Hz [2], 1690 Hz [3], 2219 Hz [1]; $J(^1HSnC^1H) = 2.00$ Hz [6], 2.75 Hz [5]. Für die Butylgruppen wird ein unauflösbares Multiplett bei $\tau = 9.17$ gefunden [6]. Vergleiche der ^1H-NMR-spektroskopischen Daten mit denen weiterer Organozinnverbindungen s. bei [2 bis 5].

Aus dem ^{13}C-NMR-Spektrum werden folgende Parameter angegeben: $\delta C_\alpha = -6.9$ ppm, $J(^{13}CSn) = 375$ Hz, $\delta C_\beta = -30.6$ ppm, $J(^{13}CCSn) = 24$ Hz, $\delta C_\gamma = -26.9$ ppm, $J(^{13}CCCSn) = 57$ Hz, $\delta C_\delta = -13.6$ ppm gegen TMS [7].

Mössbauer Spectrum

Mössbauer-Spektrum. Die Isomerieverschiebung beträgt $\delta = 1.42 \pm 0.06$ mm/s [8], 1.45 ± 0.07 mm/s [9], jeweils gegen SnO_2. Quadrupolaufspaltung wird nicht beobachtet.

Vibrational Spectra

Schwingungsspektren. Im IR-Spektrum (Abbildung im Bereich zwischen 4000 und 650 cm^{-1} s. bei [10, 11]) wird die νSnH bei folgenden Wellenzahlen (in cm^{-1}) gefunden: 1832 (in Substanz) [4], 1835 (in Cyclohexan) [2, 3, 12, 13], 1842 (in Dibutyläther) [1, 14], 1845 [15]. Diskussion der IR-spektroskopischen Daten im Vergleich mit anderen Organozinnverbindungen unter Einbeziehung von Taftschen σ-Konstanten sowie del Re-Berechnungen s. bei [2, 3, 4, 14, 16].

Literatur:

[1] P. E. Potter, L. Pratt, G. Wilkinson (J. Chem. Soc. **1964** 524/7). — [2] M. L. Maddox, N. Flitcroft, H. D. Kaesz (J. Organometal. Chem. **4** [1965] 50/6). — [3] K. Kawakami, T. Saito, R. Okawara (J. Organometal. Chem. **8** [1967] 377/81). — [4] Y. Kawasaki, K. Kawakami, T. Tanaka (Bull. Chem. Soc. Japan **38** [1965] 1102/5). — [5] J. Dufermont, J. C. Maire (J. Organometal. Chem. **7** [1967] 415/25).

[6] G. P. van der Kelen, L. Verdonck, D. van de Vondel (Bull. Soc. Chim. Belges **73** [1964] 733/40). — [7] T. N. Mitchell (J. Organometal. Chem. **59** [1973] 189/97). — [8] R. H. Herber, G. I. Parisi (Inorg. Chem. **5** [1966] 769/74). — [9] A. Yu. Aleksandrov, O. Yu. Okhlobystin, L. S. Polak, V. S. Shpinel (Dokl. Akad. Nauk SSSR **157** [1964] 934/7; Dokl. Phys. Chem. Proc. Acad. Sci. USSR **154/159** 768/71). — [10] R. Mathis-Noel, M. Lesbre, I. S. de Roche (Compt. Rend. **243** [1956] 257/9).

[11] R. A. Cummins, P. Dunn (Australia Commonwealth Dept. Supply Defense Std. Lab. Rept. Nr. 266 [1963] 106 S.). — [12] W. P. Neumann, H. Niermann (Liebigs Ann. Chem. **653** [1962]

164/72). — [13] W. P. Neumann (Angew. Chem. **75** [1963] 225/35). — [14] R. Gupta, B. Majee (J. Organometal. Chem. **36** [1972] 71/6). — [15] K. Hayashi, J. Iyoda, I. Shiihara (J. Organometal. Chem. **10** [1967] 81/94).

[16] Yu. P. Egorov, V. P. Morozov, N. F. Kovalenko (Ukr. Khim. Zh. **31** [1965] 123/32 nach C.A. **63** [1965] 3771).

Physical Properties

1.2.2.1.5.3 Physikalische Eigenschaften

$(C_4H_9)_2SnH_2$ ist eine farblose, bei Zimmertemperatur flüssige Verbindung, für die folgende Siedepunkte angegeben werden: 34 bis 37°C/10^{-3} Torr [1], 50 bis 52°C/0.5 Torr [2], 60 bis 65°C/8 Torr [3], 61 bis 62°C/7 Torr [4], 61 bis 69°C/5 Torr [5], 70°C/12 Torr [6], 74°C/14 Torr [7], 75 bis 76°C/12 Torr [8, 9], 75.2°C/12 Torr [10], 76 bis 77°C/13 Torr [11], 85°C/19 Torr [12, 13]. Für die Dichte werden gefunden $D_4^{20} = 1.19$ g/cm³ [6, 12, 14] und $D_4^{25} = 1.179$ g/cm³ [5], für den Brechungsindex $n_D^{20} = 1.4703$ [6, 12, 14] und $n_D^{25} = 1.4702$ [5].

Literatur:

[1] R. Knocke, W. P. Neumann (Liebigs Ann. Chem. **1974** 1486/95). — [2] A. K. Sawyer, H. G. Kuivila (J. Org. Chem. **27** [1962] 610/4). — [3] K. Itoi, S. Kumano (Kogyo Kagaku Zasshi **70** [1967] 82/6). — [4] Y. Kawasaki, K. Kawakami, T. Tanaka (Bull. Chem. Soc. Japan **38** [1965] 1102/5). — [5] K. Hayashi, J. Iyoda, I. Shiihara (J. Organometal. Chem. **10** [1967] 81/94).

[6] W. P. Neumann (Angew. Chem. **75** [1963] 225/35). — [7] R. Mathis-Noel, M. Lesbre, I. S. de Roche (Compt. Rend. **243** [1956] 257/9). — [8] J. G. Noltes, G. J. M. van der Kerk (Functionally Substituted Organotin Compounds, Tin Research Institute, Greenford 1958, S. 1/128). — [9] G. J. M. van der Kerk, J. G. Noltes, J. G. A. Luijten (J. Appl. Chem. **7** [1957] 366/9). — [10] S. I. Sadykh-Zade, Z. M. Rzaev, Sh. K. Kyazimov, S. M. Mamedov (Vysokomol. Soedin. B **15** [1973] 853/6 nach C.A. **80** [1964] Nr. 60275).

[11] F. D. Greene, H. N. Lowry (J. Org. Chem. **32** [1967] 882/5). — [12] W. P. Neumann, H. Niermann (Liebigs Ann. Chem. **653** [1962] 164/72). — [13] Studiengesellschaft Kohle m.b.H. (B.P. 951150 [1960/64]; C.A. **60** [1964] 13271). — [14] J. J. Pohl (Allgem. Prakt. Chem. **19** [1968] 84).

Chemical Reactions

1.2.2.1.5.4 Chemisches Verhalten

$(C_4H_9)_2SnH_2$ zerfällt oberhalb 100°C unter Abspaltung von H_2 und Bildung von $[(C_4H_9)_2Sn]_n$ [1]. In Gegenwart von Pyridin und etwas $(C_4H_9)_2SnCl_2$ wird beim Rückflußkochen in Toluol, ebenfalls unter Abspaltung von H_2, in 88%iger Ausbeute $[(C_4H_9)_2Sn]_6$ erhalten. Dieser aus sechs Sn-Atomen gebildete Sechsring entsteht in 94%iger Ausbeute beim Rühren von $(C_4H_9)_2SnH_2$ in Tetrahydrofuran bei 20°C in Gegenwart von CH_3ONa nach 14 h [2]. Bei UV-Bestrahlung im Bombenrohr zerfällt $(C_4H_9)_2SnH_2$ in Gegenwart von $AlBr_3$ nach 2h bei 120°C unter Bildung von H_2, C_2H_6, C_4H_8 und $Sn(C_4H_9)_4$ [3].

Während $(C_4H_9)_2SnH_2$ mit β-Deuteriostyrol bei UV-Bestrahlung nur unter Isomerisierung des Olefins reagiert [4], sind mit vielen anderen Olefinen, Acetylenen und sonstigen ungesättigten Systemen Hydrostannierungsreaktionen möglich. So bildet sich bei der Umsetzung von $(C_4H_9)_2SnH_2$ mit $CH_2{=}CHCH_2OH$ unter der Einwirkung von γ-Strahlen $(C_4H_9)_2Sn(CH_2CH_2CH_2OH)_2$ [5]. Mit Verbindungen vom Typ $RCH{=}CHCH_2OH$ entsteht $(C_4H_9)_2Sn(CHRCH_2CH_2OH)_2$ neben $(C_4H_9)_2Sn(OCH_2CH{=}CHR)_2$ und der cyclischen Verbindung $(C_4H_9)_2\underline{SnOCH_2CH_2CHR}$ [6]. Mit $CH_2{=}CHCOOCH_3$ wird das Hydrostannierungsprodukt $(C_4H_9)_2Sn(CH_2CH_2COOCH_3)_2$ gebildet [6]. Mit dem cyclischen Äther $CH_2{=}CHCH_2OCH_2\underbrace{CH{-}CH_2}_{O}$ entsteht entsprechend das Additionsprodukt $(C_4H_9)_2Sn(CH_2CH_2CH_2OCH_2\underbrace{CH{-}CH_2}_{O})_2$ [7]. Auf analoge Weise wird mit $CH_2{=}CHCH_2OOCCH_3$ $(C_4H_9)_2Sn(CH_2CH_2CH_2OOCCH_3)_2$ gebildet [8]. Bei der Umsetzung mit $CH_2{=}CHCONH_2$ in Benzol in Gegenwart von Azoisobuttersäuredinitril entsteht nach 20 h bei 50°C $(C_4H_9)_2Sn(CH_2CH_2CONH_2)_2$ [9]. Mit $CF_2{=}CF_2$ bildet sich im Bombenrohr oder im Autoklaven bei UV-Bestrahlung oder im Dunkeln bei 20°C oder auch bei 90°C, je nach dem Mengenverhältnis der eingesetzten Ausgangsverbindungen, $(C_4H_9)_2(CHF_2CF_2)SnH$ und $(C_4H_9)_2Sn(CF_2CHF_2)_2$

[10, 11]. $(C_4H_9)_2SnH_2$ reagiert mit $CH_2{=}C(CH_3)C(CH_3){=}CH_2$ bei 60 bis 70°C in Gegenwart von AIBN unter Bildung von 29 bis 31% 1,2-Addukt $(C_4H_9)_2Sn[CH_2CH(CH_3)C(CH_3){=}CH_2]_2$ neben 69 bis 71% 1,4-Addukt $(C_4H_9)_2Sn[CH_2C(CH_3){=}C(CH_3)_2]_2$ [12] und mit $(CH_2{=}CH)_2SO_2$ bei 80°C unter Bildung von benzollöslichem $[Sn(C_4H_9)_2CH_2CH_2SO_2CH_2CH_2]_n$ neben einem unlöslichen Polymeren [13]. $(C_4H_9)_2SnH_2$ reagiert mit $CH_2{=}CH(CH_2)_4CH{=}CH_2$ beim Rückflußkochen in Gegenwart von Aluminiumorganylen unter Bildung des niedermolekularen Additionsproduktes $(C_4H_9)_2Sn[(CH_2)_6CH{=}CH_2]_2$ in 73%iger Ausbeute nach 15stündiger Reaktionszeit bei einem Molverhältnis von 1:8.2 neben polymerem $[Sn(C_4H_9)_2(CH_2)_8]_n$ [14, 15]. Bei der durch $Al(CH_3)_3$ katalysierten Reaktion entsteht nur ein Polymeres, ebenso wie bei der Reaktion zwischen $(C_4H_9)_2SnH_2$ und Oktadien(1,7) in Gegenwart von *iso*-$C_4H_9SnH_3$ und bei der Reaktion zwischen $(C_4H_9)_2SnH_2$ und (*iso*-$C_4H_9)_2Sn[(CH_2)_6CH{=}CH_2]_2$ [16]. Nur Polymere werden gebildet bei der Umsetzung von $(C_4H_9)_2SnH_2$ mit *p*-$CH_2{=}C(CH_3)C_6H_4C(CH_3){=}CH_2$ im Bombenrohr bei 80 bis 120°C [17], mit $CH_2{=}C(CH_3)COOCH_2CH_2OOCC(CH_3){=}CH_2$ und mit *p*-$CH_2{=}C(CH_3)COOC_6H_4OOCC(CH_3){=}CH_2$ [18]. Bei der Reaktion von $(C_4H_9)_2SnH_2$ mit $CH_2{=}CHCH_2OCH_2CH_2OH$ im Gemisch mit $(C_4H_9)_2SnCl_2$ wird in exothermer Reaktion in Gegenwart von AIBN $(C_4H_9)_2ClSn(CH_2)_3OCH_2CH_2OH$ gebildet. Ebenso entstehen aus $(C_4H_9)_2SnH_2$ mit $(C_4H_9)_2SnCl_2$ und $C_6H_5CH{=}NCH_3$, $C_6H_5CH{=}NC_4H_9$ oder $C_6H_5CH{=}NC_6H_5$ bei Eiskühlung die Verbindungen $(C_4H_9)_2ClSnN(CH_3)CH_2C_6H_5$, $(C_4H_9)_2ClSnN(C_4H_9)CH_2C_6H_5$ oder $(C_4H_9)_2ClSnN(C_6H_5)CH_2C_6H_5$ [19].

Die Hydrostannierung von Alkinen mit $(C_4H_9)_2SnH_2$ verläuft analog. So entsteht mit $CH{\equiv}CCH_2OCH_2\underbrace{CH{-}CH_2}_{O}$ die Verbindung $(C_4H_9)_2Sn(CH{=}CHCH_2OCH_2\underbrace{CH{-}CH_2}_{O})_2$ [7], mit $CF_3C{\equiv}CCF_3$ entsprechend $(C_4H_9)_2Sn[C(CF_3){=}CHCF_3]_2$ [20] und mit $(C_4H_9)_3SnC{\equiv}CH$ entsprechend $(C_4H_9)_2Sn[CH{=}CHSn(C_4H_9)_3]_2$ neben $(C_4H_9)_3SnCH{=}CHSn(C_4H_9)_3$ [21]. Mit Diacetylenen werden beim Rückflußkochen in Hexan Polymere erhalten. Beispielsweise reagiert $(C_4H_9)_2SnH_2$ mit $HC{\equiv}C(CH_2)_5C{\equiv}CH$ unter Bildung eines viskosen Öls der Zusammensetzung $[Sn(C_4H_9)_2CH{=}CH(CH_2)_5CH{=}CH]_n$ [22], mit *p*-$CH{\equiv}CC_6H_4C{\equiv}CH$ unter Bildung von $[Sn(C_4H_9)_2CH{=}CHC_6H_4$-*p*-$CH{=}CH]_n$ [23]. Bei der Reaktion mit $HC{\equiv}CCH_2CH_2C{\equiv}CH$ werden unter entsprechenden Bedingungen neben dem benzollöslichen analogen Polymeren nach dem Erhitzen auf 150 bis 250°C bei 10^{-3} bis 10^{-2} Torr ein benzolunlösliches Polymeres und der niedermolekulare Heterocyclus 1,1-Dibutyl-4,5-dihydro-1H-stannepin (XX) erhalten [22]. Solche zinnhaltigen Heterocyclen sind wertvolle Ausgangsmaterialien zur Synthese von Heteroaromaten. Auch die Synthesen der Ringsysteme XXI, XXII und XXIII verlaufen im wesentlichen nach diesen Verfahren. Dabei entsteht 1,1-Dibutyl-1,4-dihydro-stannin (XXI) aus $(C_4H_9)_2SnH_2$ und $CH{\equiv}CCH_2C{\equiv}CH$ in Heptan unter Rückfluß [24], 4-Alkyl-1,1-dibutyl-4-methoxy-1,4-dihydrostannin (XXII) mit $R = C_6H_5$, *tert*-C_4H_9 und *cyclo*-C_6H_{11} aus $(C_4H_9)_2SnH_2$ und $HC{\equiv}CCR(OCH_3)C{\equiv}CH$ [25] sowie 4-Alkoxy-1,1-dibutyl-4-diäthoxy-methyl-1,4-dihydro-stannin (XXIII) aus $(C_4H_9)_2SnH_2$ und $HC{\equiv}C[CH(OC_2H_5)_2](OR)C{\equiv}CH$ [26].

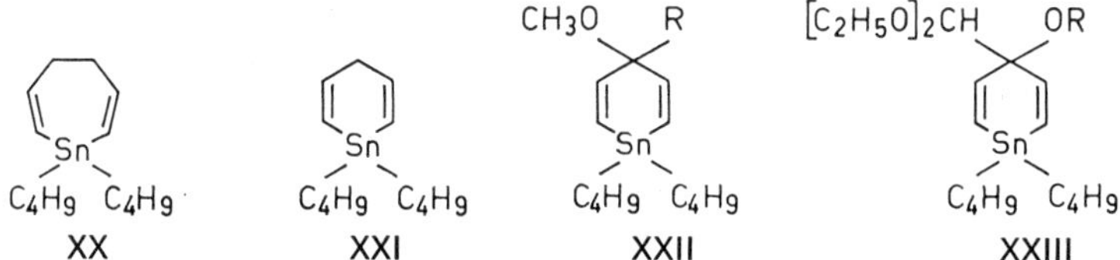

Bei der Umsetzung von $(C_4H_9)_2SnH_2$ mit Verbindungen vom Typ $HC{\equiv}CCRR'OH$ ($R = R' = H$; $R = H$, $R' = CH_3$; $R = H$, $R' = C_3H_7$; $R = R' = CH_3$; $R = CH_3$, $R' = C_2H_5$) werden in Gegenwart von AIBN Heterocyclen vom Typ XXIV erhalten [27, 28]. Mit $(C_4H_9)_2Sn(OCH_2CR{=}CH_2)_2$ ($R = H$, CH_3) wird bei Zimmertemperatur das System XXV gebildet [28].

R R' O Sn C4H9 C4H9 — XXIV

R O Sn C4H9 C4H9 — XXV

$(C_4H_9)_2SnH_2$ reagiert mit Alkylhalogeniden unter Bildung von Dibutylzinndihalogeniden neben den entsprechenden Alkanen. Diese Reaktion verläuft ebenso wie die analoge Reaktion mit $(C_4H_9)_3SnH$ nach einem radikalischen Mechanismus. Die Reduktion folgender Halogenide wird beschrieben: $C_6H_5CH_2Cl$ (exotherm, 83% Ausbeute) [29, 30], $C_8H_{17}Br$ (exotherm, 84%) [29], $C_6H_{13}CHBrCH_3$ (exotherm, 99%) [29], *tert*-C_4H_9Cl (in Cyclohexan bei 25°C) [31], *cyclo*-$C_6H_{11}Br$ (exotherm, 82%) [29], $C_6H_5CH_2Br$ (exotherm, 60%) [29], $C_6H_5CCl_3$ (88%) [29], 10-Chlor-dekalin (0°C, AIBN, Licht) [32], 3-Brom-campher (60 h, 25°C, 78%) [29]. Zur Reduktion und Dehalogenierung von vicinalen Dihalogeniden mit $(C_4H_9)_2SnH_2$ und anderen Organozinnhydriden s. [33]. Bei der Reaktion mit 1-Fluor-1-chlor-2,2-dimethylcyclopropan in Dibutyläther bei 140°C wird 1-Fluor-2,2-dimethylcyclopropan gebildet [34]. Die Reaktion mit 1-Brom-1-methyl-2,2-diphenylcyclopropan folgt einem Radikalmechanismus mit Retention der Konfiguration [35, 36]. Bei der Dehalogenierung von 2,3-Dihalogenbutanen mit $(C_4H_9)_2SnH_2$ werden im wesentlichen *cis*- und *trans*-2-Buten gebildet neben Spuren an Butan [33].

Ketone werden von $(C_4H_9)_2SnH_2$ in ätherischer Lösung bei milden Bedingungen unter leichter Erwärmung zu sekundären Alkoholen reduziert. Als zinnhaltige Produkte entstehen $[(C_4H_9)_2Sn]_n$ und $[(C_4H_9)_2SnO]_n$. Folgende Ketone werden reduziert: Benzophenon (85% Ausbeute an Alkohol), 2-Methylcyclohexanon (94%), 4-Methylcyclohexanon (76.5%), 4-*tert*-Butylcyclohexanon (93.5%), 1-Menthon (81.5%), d-Carvon (70.5%), d-l-Campher (50% nach 15stündigem Rückflußkochen in Diisopropyläther), Methylvinylketon (31%), Crotonaldehyd (43.5%), Benzochinon (66%), Benzil (93%) [37], Cyclohexanon (75%) [38]. Die Reduktion von $(CF_3)_2CO$ führt zu $(C_4H_9)_2Sn[OCH(CF_3)_2]_2$ [39]. $(C_4H_9)_2SnD_2$ reduziert $C_6H_5COCOC_6H_5$ unter Bildung von $C_6H_5CD(OD)CD(OD)C_6H_5$ [40]. Carbonylsubstituierte Pyridin-Derivate wie beispielsweise 2-Pyridinaldehyd oder 4-Acetylpyridin werden zu den entsprechenden Alkoholen reduziert, enolisierbare β-Dicarbonylverbindungen sogar stufenweise [41]. Die Doppelbindung in α-β-ungesättigten Ketonen oder Aldehyden wird nicht hydrostanniert, was diese Reduktion präparativ sehr interessant macht [37]. Gemische von Dibutylzinndiacetylacetonat, Dibutylzinndiacetat, Dibutylzinndicyclohexanolat und Dibutylzinndichlorid beschleunigen in Spuren die Addition von $(C_4H_9)_2SnH_2$ an Aldehyde und Ketone, wobei Zwischenprodukte vom Typ $(C_4H_9)_2SnH(OR)$ und $(C_4H_9)_2Sn(OR)OOCCH_3$ oder $(C_4H_9)_2SnCl(OR)$ nachgewiesen werden. Als Mechanismus für diese Katalyse wird eine Erhöhung der Koordinationszahl am Sn-Atom des Zwischenprodukts von 4 auf 5 oder 6 vorgeschlagen [41].

$(C_4H_9)_2SnH_2$ reagiert bei Zimmertemperatur mit CH_3COOH je nach dem Mengenverhältnis der eingesetzten Reagenzien unter Bildung von $(C_4H_9)_2Sn(OOCCH_3)_2$ [42, 43, 44] neben $[(C_4H_9)_2SnOOCCH_3]_2$ [42 bis 45]. Entsprechend entstehen aus $CH_2ClCOOH$ in 80%iger Ausbeute $(C_4H_9)_2Sn(OOCCH_2Cl]_2$ neben Spuren des Distannans [42], aus $CHCl_2COOH$ 16% $(C_4H_9)_2Sn(OOCCHCl_2)_2$ [42], aus CF_3COOH überwiegend $(C_4H_9)_2Sn(OOCCF_3)_2$ [42], aus $C_{11}H_{23}COOH$ nur $[(C_4H_9)_2SnOOCC_{11}H_{23}]_2$ [42], aus C_6H_5COOH sowohl $(C_4H_9)_2Sn(OOCC_6H_5)_2$ als auch $[(C_4H_9)_2SnOOCC_6H_5]_2$ [42 bis 45], aus *o*- und *p*-ClC_6H_4COOH wiederum nur das Distannan [42, 44, 45] und aus $HOOCCH_2CH_2COOH$ das Tetramere $[(C_4H_9)_2SnOOCCH_2CH_2COO]_4$ [42]. $(C_4H_9)_2SnH_2$ reagiert mit $(C_4H_9)_2Sn(OOCCH_3)_2$ unter Bildung von $[(C_4H_9)_2SnOOCCH_3]_2$ und mit $(C_4H_9)_2Sn(OOCC_6H_5)_2$ entsprechend zu $[(C_4H_9)_2SnOOCC_6H_5]_2$ [43, 44]. Läßt man Benzoylperoxid in Benzol bei 60°C auf $(C_4H_9)_2SnH_2$ einwirken, so entsteht H_2 neben $(C_4H_9)_2Sn(OOCC_6H_5)_2$ und $[(C_4H_9)_2SnOOCC_6H_5]_2$ [3], während $(C_4H_9)_2SnH_2$ mit $C_6H_5CH{=}C(CN)_2$ bei 40°C in Gegenwart von AIBN unter Bildung eines Ketimins reagiert, aus dem beim Absaugen des Lösungsmittels Benzylmalodinitril entsteht [46].

$(C_4H_9)_2SnH_2$ reagiert in Dioxan mit HCl unter Bildung von $(C_4H_9)_2SnHCl$ [47]. Mit Organozinnhalogeniden treten Komproportionierungsreaktionen auf. So wird bei der Reaktion mit R_2SnCl_2 ein Gleichgewicht beobachtet [48]. Mit $(C_4H_9)_2SnF_2$ [47], $(C_4H_9)_2SnCl_2$ [47, 49], $(C_4H_9)_2SnBr_2$ [47] und $(C_4H_9)_2SnJ_2$ [47] entstehen die Verbindungen $(C_4H_9)_2SnHX$ (X = F, Cl, Br, J). Bei der Umsetzung von $(C_4H_9)_2SnH_2$ mit $C_4H_9SnCl_3$ im Unterschuß wird $C_4H_9SnH_3$ gebildet. Bei der Anwendung eines Überschusses an $C_4H_9SnCl_3$ entstehen nebeneinander $C_4H_9SnHCl_2$ und $C_4H_9SnH_2Cl$ [50].

Bei der Reaktion zwischen $(C_4H_9)_2SnH_2$ und $(C_4H_9)_2Sn(OCH_3)_2$ wird unter Abspaltung von Methanol in exothermer Reaktion $[(C_4H_9)_2Sn]_n$ gebildet [51, 52]. Als Zwischenstufe kann $(C_4H_9)_2SnH(OCH_3)$ nachgewiesen werden [49]. Bei einer 24stündigen Umsetzung der beiden Reaktionspartner bei 50°C können 72% an $[(C_4H_9)_2Sn]_6$ isoliert werden [2]. Mit

$(C_4H_9)_2Sn(OCH_2CH{=}CH_2)_2$ reagiert das Hydrid bei 20°C unter Bildung von $(C_4H_9)_2SnH(OCH_2CH{=}CH_2)$ [49], mit $[(C_4H_9)_3Sn]_2O$ bei Zimmertemperatur unter Bildung von $(C_4H_9)_3SnH$ neben $[(C_4H_9)_2SnO]_n$ [51] und bei 100°C unter Bildung von $[(C_4H_9)_3Sn]_2Sn(C_4H_9)_2$ [51, 53], während mit $[(C_4H_9)_2SnO]_n$ in Toluol oder in Substanz bei 100°C unter Abspaltung von Wasser $[(C_4H_9)_2Sn]_n$ entsteht [51].

Mit $(C_2H_5)_3SnN(C_2H_5)_2$ reagiert $(C_4H_9)_2SnH_2$ unter Abspaltung von Diäthylamin und Bildung von $[(C_2H_5)_3Sn]_2Sn(C_4H_9)_2$ [52, 54], während mit $(C_4H_9)_3SnN(C_2H_5)_2$ entsprechend $[(C_4H_9)_3Sn]_2Sn(C_4H_9)_2$ [54] und mit $(C_4H_9)_2Sn[N(C_2H_5)_2]_2$ dann $[(C_4H_9)_2Sn]_6$ entsteht [2, 55]. Völlig analog reagiert $(C_4H_9)_2SnH_2$ mit Organogermanium-Stickstoff-Verbindungen unter Bildung entsprechender Organogermanium-dibutylstannyl-Derivate [56]. Mit $(C_4H_9)_3SnN(C_6H_5)CHO$ entsteht $(C_4H_9)_3SnSnH(C_4H_9)_2$ [57] und mit *p*-$CH_3C_6H_4SO_2N_3$ wird in Benzol nach 7 h bei 27°C $(C_4H_9)_2Sn(NHSO_2C_6H_4$-*p*-$CH_3)_2$ gebildet, das zu *p*-$CH_3C_6H_4SO_2NH_2$ und $[(C_4H_9)_2SnO]_n$ hydrolysiert [58].

$(C_4H_9)_2SnH_2$ reagiert mit Phosphonsäuren RR'P(O)OH in Tetrahydrofuran beim Rückflußkochen unter Bildung von $(C_4H_9)_2Sn[OP(O)RR']_2$ ($R = R' = C_5H_{11}$; $R = R' = C_6H_{13}$; $R = C_6H_{13}$, $R' = CH_2C_6H_5$) und mit $RP(O)(OH)_2$ in Cyclohexan ebenfalls beim Rückflußkochen unter Bildung von $[(C_4H_9)_2SnOP(O)RO]_n$ ($R = C_6H_{13}$, C_8H_{17}, $CH_2C_6H_5$) [59, 60]. Zur Kinetik der Reaktion von $(C_4H_9)_2SnH_2$ mit $Al(C_4H_9)_3$ bei 70°C in Cyclohexan, bei der $Sn(C_4H_9)_4$ neben $(C_4H_9)_2AlH$ entsteht, s. [61]. Mit $(C_2H_5)_3Al_2Cl_3$ und $(CH_3)_3SiCl$ reagiert das Hydrid in N_2-Atmosphäre unter Bildung von $(CH_3)_3SiH$ [62], mit $Hg[C(CH_3)_3]_2$ in Hexan bei −30°C unter Bildung von $[(C_4H_9)_2Sn]_n$ mit n = 4 bis 7 [63]. Bei der Umsetzung von $(C_4H_9)_2SnH_2$ mit Polyvinylchlorid bei 140 bis 165°C in Tetrahydrofuran oder Triäthylamin wird ein zinnhaltiges Polyvinylchlorid gebildet [64].

Literatur:

[1] A. K. Sawyer, H. G. Kuivila (J. Am. Chem. Soc. **85** [1963] 1010). — [2] W. P. Neumann, J. Pedain, R. Sommer (Liebigs Ann. Chem. **694** [1966] 9/18). — [3] N. S. Vyazankin, V. T. Bychkov (Zh. Obshch. Khim. **35** [1965] 684/7; J. Gen. Chem. USSR **35** [1965] 685/7). — [4] H. G. Kuivila, R. Sommer (J. Am. Chem. Soc. **89** [1967] 5616/9). — [5] V. S. Lopatina, N. I. Sheverdina, V. A. Chernoplekova, K. A. Kocheshkov (Dokl. Akad. Nauk SSSR **213** [1973] 846/7; Dokl. Chem. Proc. Acad. Sci. USSR **208/213** [1973] 900/1).

[6] B. R. Laliberte, W. Davidsohn, M. C. Henry (J. Organometal. Chem. **5** [1966] 526/31). — [7] S. I. Sadykh-Zade, Z. M. Rzaev, Sh. K. Kyazimov, S. M. Mamedov (Vysokomol. Soedin. B **15** [1973] 853/6 nach C.A. **80** [1964] Nr. 60275). — [8] K. Ziegler (B.P. 966813 [1961/64]; C.A. **61** [1964] 14711). — [9] T. Hayashi, S. Kikkawa, S. Matsuda (Kogyo Kagaku Zasshi **70** [1967] 1389/93). — [10] C. G. Krespan, V. A. Engelhardt (J. Org. Chem. **23** [1958] 1565).

[11] C. Barnetson, H. C. Clark, J. T. Kwon (Chem. Ind. [London] **1964** 458/9). — [12] W. P. Neumann, R. Sommer (Liebigs Ann. Chem. **701** [1967] 28/39). — [13] E. M. Pearce (J. Polymer Sci. **40** [1959] 273/4). — [14] W. P. Neumann, H. Niermann, B. Schneider (Angew. Chem. **75** [1963] 790). — [15] W. P. Neumann, H. Niermann, B. Schneider (Liebigs Ann. Chem. **707** [1967] 15/9).

[16] W. P. Neumann, B. Schneider (Liebigs Ann. Chem. **707** [1967] 20/5). — [17] N. A. Adrova, M. M. Koton, V. A. Klages (Vysokomol. Soedin. **3** [1961] 1041/3 nach C.A. **56** [1962] 4940). — [18] N. A. Adrova, M. M. Koton, V. A. Klages (Vysokomol. Soedin. **5** [1963] 1817/8; Polymer Sci. [USSR] **5** [1963] 946/8). — [19] W. P. Neumann, J. A. Pedain, Studiengesellschaft Kohle m.b.H. (D.P. 1214237 [1964/66]; C.A. **65** [1966] 5490). — [20] W. R. Cullen, G. E. Styan (J. Organometal. Chem. **6** [1966] 117/25).

[21] A. N. Nesmeyanov, A. E. Borisov (Izv. Akad. Nauk SSSR Ser. Khim. **1967** 226; Bull. Acad. Sci. USSR Div. Chem. Sci. **1967** 227). — [22] J. G. Noltes, G. J. M. van der Kerk (Rec. Trav. Chim. **81** [1962] 41/8). — [23] L. K. Luneva, A. M. Sladkov, V. V. Korshak (Vysokomol. Soedin. **7** [1965] 427/31; Polymer Sci. [USSR] **7** [1965] 474/9). — [24] A. J. Ashe, P. Shu (J. Am. Chem. Soc. **93** [1971] 1804/5). — [25] G. Märkl, F. Kneidl (Angew. Chem. **85** [1973] 990/1).

[26] G. Märkl, F. Kneidl (Angew. Chem. **86** [1974] 745/6). — [27] M. Massol, J. Satge, B. Bouyssieres (Syn. Inorg. Metal-Org. Chem. **3** [1973] 1/9). — [28] A. Marchand, P. Gerval, M. H. Soulard (J. Organometal. Chem. **74** [1974] 209/25). — [29] H. G. Kuivila, L. W. Menapace

(J. Org. Chem. **28** [1963] 2165/7). — [30] H. G. Kuivila, L. W. Menapace, C. R. Warner (J. Am. Chem. Soc. **84** [1962] 3584/6).

[31] D. J. Carlsson, K. U. Ingold (J. Am. Chem. Soc. **90** [1968] 7047/55). — [32] F. D. Green, H. N. Lowry (J. Org. Chem. **32** [1967] 882/5). — [33] R. J. Strunk, P. M. Digiacomo, K. Aso, H. G. Kuivila (J. Am. Chem. Soc. **92** [1970] 2849/56). — [34] J. P. Oliver, U. V. Rao, M. T. Emerson (Tetrahedron Letters **1964** 3419/25). — [35] T. R. Erdman (Diss. Stanford Univ., Stanford, Calif., 1971, 129 S.; Diss. Abstr. Intern. B **32** [1971] 825).

[36] L. J. Altman, T. R. Erdman (Tetrahedron Letters **1970** 4891/4). — [37] H. G. Kuivila, O. F. Beumel (J. Am. Chem. Soc. **83** [1961] 1246/50). — [38] G. L. Grady, H. G. Kuivila (J. Org. Chem. **34** [1969] 2014/6). — [39] W. R. Cullen, G. E. Styan (Inorg. Chem. **4** [1965] 1437/40). — [40] K. Kühlein, W. P. Neumann, H. Mohring (Angew. Chem. **80** [1968] 438/9).

[41] R. Knocke, W. P. Neumann (Liebigs Ann. Chem. **1974** 1486/95). — [42] A. K. Sawyer, H. G. Kuivila (J. Org. Chem. **27** [1962] 610/4). — [43] A. K. Sawyer, H. G. Kuivila (J. Am. Chem. Soc. **82** [1960] 5958/9). — [44] A. K. Sawyer, H. G. Kuivila (J. Org. Chem. **27** [1962] 837/41). — [45] A. K. Sawyer, H. G. Kuivila, Metal & Thermit Corp. (U.S.P. 3083217 [1960/63]; C.A. **59** [1963] 7559).

[46] R. Sommer, E. Müller, W. P. Neumann (Liebigs Ann. Chem. **718** [1968] 11/23). — [47] A. K. Sawyer, J. E. Brown, E. L. Hanson (J. Organometal. Chem. **3** [1965] 464/71). — [48] A. K. Sawyer, G. S. May, R. E. Scofield (J. Organometal. Chem. **14** [1968] 213/6). — [49] M. Massol, J. Barrau, J. Satge, B. Bouyssieres (J. Organometal. Chem. **80** [1974] 47/69). — [50] A. K. Sawyer, J. E. Brown (J. Organometal. Chem. **5** [1966] 438/45).

[51] A. K. Sawyer (J. Am. Chem. Soc. **87** [1965] 537/9). — [52] W. P. Neumann, B. Schneider (Angew. Chem. **76** [1964] 891). — [53] A. K. Sawyer, M. & T. Chemicals, Inc. (U.S.P. 3347889 [1963/67]; C.A. **68** [1968] Nr. 49779). — [54] R. Sommer, B. Schneider, W. P. Neumann (Liebigs Ann. Chem. **692** [1966] 12/21). — [55] R. Sommer, W. P. Neumann, B. Schneider (Tetrahedron Letters **1964** 3875/8).

[56] H. M. J. C. Creemers, J. G. Noltes (J. Organometal. Chem. **7** [1967] 237/47). — [57] H. M. J. C. Creemers, J. G. Noltes (Rec. Trav. Chim. **84** [1965] 382/4). — [58] G. P. Balabanov, Yu. I. Dergunov, N. I. Mysin (Zh. Obshch. Khim. **42** [1972] 898/900; J. Gen. Chem. USSR **42** [1972] 887/9). — [59] R. E. Ridenour, E. E. Flagg (J. Organometal. Chem. **16** [1969] 393/404). — [60] R. E. Ridenour, E. E. Flagg, Dow Chemical Co. (U.S.P. 3634479 [1968/72]; C.A. **76** [1972] Nr. 127770).

[61] B. Schneider, W. P. Neumann (Liebigs Ann. Chem. **707** [1967] 7/14). — [62] A. Berger, General Electric Co. (U.S.P. 3439008 [1966/69]; C.A. **71** [1969] Nr. 39153). — [63] U. Blaukat, W. P. Neumann (J. Organometal. Chem. **63** [1973] 27/39). — [64] H. Shinkawa, T. Morikawa (Kobunshi Kagaku **25** [1968] 666/72 nach C.A. **70** [1969] Nr. 48077).

Uses

1.2.2.1.5.5 Verwendung

Neben der Verwendung von $(C_4H_9)_2SnH_2$ zur Reduktion von Aldehyden und Ketonen sowie zur spezifischen Enthalogenierung von Alkylhalogeniden — Methoden, die in der präparativen organischen Chemie weitgehend Einzug gefunden haben — wird die Verbindung als Katalysator zur Polymerisation von Cyclopenten (im Gemisch mit WCl_6 und Äthanol) [1] und von Äthylenoxid verwendet [2].

Literatur:

[1] K. Nützel, K. Dinges, F. Haas, Farbenfabriken Bayer A.-G. (Nd.P. 70-05354 [1969/70]). — [2] S. Matsuda, H. Matsuda, A. Ninagawa, N. Iwamoto (Kogyo Kagaku Zasshi **71** [1968] 2054/9; C.A. **70** [1969] Nr. 47920).

Other Dialkyltin Dihydrides

1.2.2.1.6 Weitere Dialkylzinndihydride R_2SnH_2

$(iso\text{-}C_4H_9)_2SnH_2$

$(iso\text{-}C_4H_9)_2SnH_2$ wird durch Umsetzung von $(iso\text{-}C_4H_9)_2SnCl_2$ mit $LiAlH_4$ in Diäthyläther dargestellt. Hierzu werden die Reaktanten erst bei −40 bis −30°C in Diäthyläther zusammengegeben und anschließend noch 2 h unter Rückfluß erhitzt. Die Ausbeute beträgt hierbei 83% [1]. Auch mit $(C_4H_9)_3SnH$ reagiert $(iso\text{-}C_4H_9)_2SnCl_2$ im Molverhältnis 2:1 unter Austausch der Liganden und Bildung von $(iso\text{-}C_4H_9)_2SnH_2$ neben $(C_4H_9)_3SnCl$ [2]. Ferner entsteht die Verbindung bei der Umsetzung von $(iso\text{-}C_4H_9)_2SnCl_2$ mit $(iso\text{-}C_4H_9)_2AlH$ bei −40°C und anschließend 30 min bei 0°C in einer Ausbeute von 72% [1] sowie aus $[(iso\text{-}C_4H_9)_2SnCl]_2$ und $LiAlH_4$ im Molverhältnis 1:2 als Nebenprodukt neben $[(iso\text{-}C_4H_9)_2SnH]_2$ und etwas $[(iso\text{-}C_4H_9)_2Sn]_n$ [3].

Zur colorimetrischen Bestimmung eignet sich die Reaktion mit Ninhydrin. Hierbei wird eine der OH-Gruppen des Ninhydrins reduziert und durch H ersetzt unter gleichzeitiger Bildung von $[(iso\text{-}C_4H_9)_2SnO]_n$ [4].

Siedepunkt 57 bis 59°C/12 Torr. Dichte $D_4^{20} = 1.17$ g/cm³. Brechungsindex $n_D^{20} = 1.4657$ [1, 6].

Im ^{1}H-NMR-Spektrum erscheint ein Quintett für die SnH-Protonen bei $\tau = 5.53$ mit $J(^1H^{117}Sn) = 1618$ Hz und $J(^1H^{119}Sn) = 1692$ Hz sowie $J(^1HSnC^1H) = 2.2$ Hz [5]. Außerdem wird eine chemische Verschiebung von $\delta = -4.5$ ppm gegen TMS angegeben [2]. Die νSnH im IR-Spektrum wird bei 1831 cm⁻¹ [2] und 1845 cm⁻¹ [1] gefunden.

$(iso\text{-}C_4H_9)_2SnH_2$ zerfällt bei 80°C in Toluol in Gegenwart von Pyridin und etwas R_2SnCl_2 unter Wasserstoffabspaltung und Bildung von $[(iso\text{-}C_4H_9)_2Sn]_9$ [7]. Die Verbindung reagiert unter Hydrostannierung mit Oktadien(1,7). Bei 90°C erfolgt in Gegenwart von $(iso\text{-}C_4H_9)_2AlH$ nach 32 h Bildung von $(iso\text{-}C_4H_9)_2Sn[(CH_2)_6CH{=}CH_2]_2$ in 62%iger Ausbeute [8]. Mit $CH_2{=}CHCN$ entsteht bei 110°C in Gegenwart von Azoisobuttersäuredinitril $(iso\text{-}C_4H_9)_2Sn(CH_2CH_2CN)_2$, mit $CH_2{=}CHC_6H_5$ unter gleichen Bedingungen $(iso\text{-}C_4H_9)_2Sn(CH_2CH_2C_6H_5)_2$ und mit $CH_2{=}CHCOOCH_3$ oder $CH_2{=}C(CH_3)COOCH_3$ entsprechend $(iso\text{-}C_4H_9)_2Sn(CH_2CH_2COOCH_3)_2$ bzw. $(iso\text{-}C_4H_9)_2Sn[CH_2CH(CH_3)COOCH_3]_2$ [1]. Bei der Umsetzung mit $(C_4H_9)_2Sn(CH_2CH{=}CH_2)_2$ in Gegenwart von Aluminiumorganylen [9] oder mit Polybutadien in Gegenwart von Lauroylperoxid [10] werden Polymere erhalten. $(iso\text{-}C_4H_9)_2SnH_2$ reagiert in Gegenwart äquivalenter Mengen von $(iso\text{-}C_4H_9)_2SnCl_2$ mit verschiedenen substituierten Olefinen und Acetylenen unter Hydrostannierung und Bildung von Verbindungen des Typs $(iso\text{-}C_4H_9)_2ClSnR$. Dargestellt wurden im einzelnen in Gegenwart von Azoisobuttersäuredinitril $(iso\text{-}C_4H_9)_2ClSnCH_2CH_2CN$ in 89%iger Ausbeute, $(iso\text{-}C_4H_9)_2ClSn(CH_2)_3OH$ in 95%iger Ausbeute, $(iso\text{-}C_4H_9)_2ClSnCH_2CH_2COOCH_3$ in 89%iger Ausbeute (auch das entsprechende Bromid wurde erhalten), $(iso\text{-}C_4H_9)_2ClSnCHCH_3CH_2COOC_2H_5$ in 90%iger Ausbeute, $(iso\text{-}C_4H_9)_2ClSnCH{=}CHC_6H_5$ in 92%iger Ausbeute, $(iso\text{-}C_4H_9)_2ClSnCH{=}CHCN$, $(iso\text{-}C_4H_9)_2ClSnCH{=}CHC_6H_4\text{-}p\text{-}OCH_3$ und $(iso\text{-}C_4H_9)_2ClSnCH{=}CHCH{=}CHOCH_3$. In Gegenwart von $(iso\text{-}C_4H_9)_2SnF_2$ und AIBN wird aus $(iso\text{-}C_4H_9)_2SnH_2$ und $CH_2{=}CHCH_2OH$ bei 50°C in 90%iger Ausbeute $(iso\text{-}C_4H_9)_2FSn(CH_2)_3OH$ erhalten [11].

$(iso\text{-}C_4H_9)_2SnH_2$ addiert sich an Aldehyde. So entsteht in Hexan bei Zimmertemperatur mit $(CH_3)_2CHCHO$ nach 2 h $(iso\text{-}C_4H_9)_2Sn(O\text{-}iso\text{-}C_4H_9)_2$, mit Salicylaldehyd $o\text{-}HOC_6H_4CHO$ entsteht nach 48 h $(iso\text{-}C_4H_9)_2Sn(OC_6H_4\text{-}o\text{-}CH_2OH)_2$ [12]. In Gegenwart von $(iso\text{-}C_4H_9)_2SnCl_2$ reagiert das Hydrid mit Aldehyden RCHO unter Bildung von $(iso\text{-}C_4H_9)_2ClSnOCH_2R$ ($R = C_2H_5$, C_3H_7, $iso\text{-}C_3H_7$, C_7H_{15}) und mit Cyclohexanon unter Bildung von $(iso\text{-}C_4H_9)_2ClSnO\text{-}cyclo\text{-}C_6H_{11}$ [11].

$(iso\text{-}C_4H_9)_2SnH_2$ reagiert mit Organozinnhalogeniden unter Komproportionierung [13]. Bei der Reaktion mit $(iso\text{-}C_4H_9)_2SnCl_2$ kann $(iso\text{-}C_4H_9)_2SnHCl$ spektroskopisch nachgewiesen [2] und $[(iso\text{-}C_4H_9)_2SnCl]_2$ nach Rückflußkochen der Reaktionsmischung in Benzol isoliert werden [3]. Bei der Umsetzung des Hydrids mit $[(C_6H_5)_3Sn]_2O$ in Benzol unter Rückfluß wird $[(C_6H_5)_3Sn]_2$ neben $H[Sn(iso\text{-}C_4H_9)_2]_nH$ gebildet, während mit $[(C_4H_9)_3Sn]_2S$ bei 110°C $(C_4H_9)_3SnH$ neben $[(iso\text{-}C_4H_9)_2SnS]_3$ und wenig $[(iso\text{-}C_4H_9)_3Sn]_2$ entsteht [3]. Auch bei der Umsetzung mit Organozinnaminen werden Sn-Sn-Bindungen geknüpft. So reagiert $(C_2H_5)_3SnN(C_2H_5)_2$ unter Bildung von $[(C_2H_5)_3Sn]_2Sn(iso\text{-}C_4H_9)_2$ [2, 14]. Mit $(cyclo\text{-}C_6H_{11})_3SnN(C_2H_5)_2$ entsteht in Diäthyläther bei 40°C $[(cyclo\text{-}C_6H_{11})_3Sn]_2Sn(iso\text{-}C_4H_9)_2$ [3], mit $(C_6H_5)_3SnN(C_2H_5)_2$ entsprechend $[(C_6H_5)_3Sn]_2Sn(iso\text{-}C_4H_9)_2$ [3], mit $(iso\text{-}C_4H_9)_3SnN(C_2H_5)_2$ in exothermer Reaktion $[(iso\text{-}C_4H_9)_3Sn]_2Sn(iso\text{-}C_4H_9)_2$ [3]. Mit $(iso\text{-}C_4H_9)_2Sn[N(C_2H_5)_2]_2$ wird unter Abspaltung von Diäthylamin $[(iso\text{-}C_4H_9)_2Sn]_6$ gebildet [7, 14].

$(iso\text{-}C_4H_9)_2SnH_2$ reagiert mit $Al(C_4H_9)_3$ in Cyclohexan bei 70°C im Molverhältnis 1:2 unter Bildung von $(iso\text{-}C_4H_9)_2Sn(C_4H_9)_2$ und $(C_4H_9)_2AlH$. Zur Kinetik der Reaktion s. Original [15]. Bei der Umsetzung von $(iso\text{-}C_4H_9)_2SnH_2$ mit $Hg[C(CH_3)_3]_2$ in Hexan bei −30°C wird unter Abspaltung von Quecksilber oligomeres $[(iso\text{-}C_4H_9)_2Sn]_n$ mit $n = 4$ bis 7 erhalten [16].

(*sec*-$C_4H_9)_2SnH_2$

Die Verbindung wird durch Umsetzung von (*sec*-$C_4H_9)_2SnCl_2$ mit $LiAlH_4$ oder (*sec*-$C_4H_9)_2AlH$ erhalten. Ein Darstellungsverfahren direkt wird in der Literatur nicht beschrieben. Die Verbindung siedet bei 60°C/12 Torr [15]. Brechungsindex $n_D^{20} = 1.4745$ [6, 15]. IR-Spektrum: νSnH = 1825 cm^{-1}. Die Verbindung reagiert in Cyclohexan bei 70°C mit $Al(C_4H_9)_3$ im Molverhältnis 1:2 unter Bildung von (*sec*-$C_4H_9)_2Sn(C_4H_9)_2$ neben $(C_4H_9)_2AlH$. Zur Kinetik s. Original [15].

(*tert*-$C_4H_9)_2SnH_2$

Die Synthese der Verbindung in 83%iger Ausbeute erfolgt durch Umsetzung von (*tert*-$C_4H_9)_2SnCl_2$ mit $LiAlH_4$ in Diäthyläther. Siedepunkt 38°C/11 Torr. Dichte $D_4^{20} = 1.17$ g/cm^3. Brechungsindex n_D^{20} = 1.4634. IR-Spektrum: νSnH = 1812 cm^{-1} in Cyclohexan [7]. Für das ^{1}H-NMR-Spektrum werden folgende Parameter angegeben: $\tau SnH_2 = 4.70$, $J(^1H^{117}Sn) = 1484$ Hz, $J(^1H^{119}Sn) = 1554$ Hz [5]; $\tau SnH_2 = 4.70$, $J(^1H^{117}Sn) = 1484$ Hz, $J(^1H^{119}Sn) = 1554$ Hz, $\tau CH_3 = 8.73$, $J(^1HCC^{117}Sn) = 68$ Hz, $J(^1HCC^{119}Sn) = 71$ Hz, $J(^1HCCSn^1H) = 0.7$ Hz [17]; $\tau SnH_2 = 4.84$ bei −40°C mit 10% TMS, $J(^1H^{119}Sn) = -1546.8 \pm 1.0$ Hz, $J(^1HSn^1H) = +16.1 \pm 0.3$ Hz, $\tau CH_3 = 8.75$, $J(^1HCC^{119}Sn) = -68.0 \pm 0.5$ Hz, $J(^1HCCSn^1H) = +0.68 \pm 0.05$ Hz [18].

Die Verbindung zerfällt beim Erhitzen unter Bildung von [(*tert*-$C_4H_9)_2SnH]_2$ [17]. Bei 50°C reagiert (*tert*-$C_4H_9)_2SnH_2$ im Verlauf von 50 h mit (*tert*-$C_4H_9)_2Sn[N(C_2H_5)_2]_2$ unter Bildung von nur 10% an [(*tert*-$C_4H_9)_2Sn]_4$ [7]. Mit Hg(*tert*-$C_4H_9)_2$ entsteht in Hexan bei −30°C und anschließend 2 h bei 20°C in quantitativer Ausbeute [(*tert*-$C_4H_9)_2SnHg]_n$ [16]. Kinetische Untersuchung der Reaktion mit $Al(C_4H_9)_3$ im Molverhältnis 1:2 bei 70°C in Cyclohexan, die zur Bildung von (*tert*-$C_4H_9)_2Sn(C_4H_9)_2$ und $(C_4H_9)_2AlH$ führt, s. bei [15].

$(C_5H_{11})_2SnH_2$

Die Verbindung wird durch Umsetzung von $(C_5H_{11})_2SnCl_2$ mit $LiAlH_4$ in Diäthyläther in 61%iger Ausbeute synthetisiert. Die farblose Flüssigkeit siedet bei 58 bis 59°C/0.45 Torr [19].

$(C_8H_{17})_2SnH_2$

Dioctylzinndihydrid wird durch Umsetzung von $(C_8H_{17})_2SnCl_2$ mit $LiAlH_4$ in Diäthyläther dargestellt. Nach 2.5stündigem Rückflußkochen werden 45% Ausbeute erzielt [20]. Außerdem kann die Verbindung aus $(C_8H_{17})_2SnCl_2$ und $(C_4H_9)_3SnH$ im Molverhältnis 1:2 gewonnen werden [2]. Die farblose Flüssigkeit siedet bei 110°C/10^{-3} Torr [21], 110 bis 112°C/0.2 Torr [20]. Der Schmelzpunkt liegt bei −15°C [21]. Brechungsindex $n_D^{20} = 1.4738$ [6, 21], 1.4774 [20]. Zum IR-Spektrum zwischen 4000 und 650 cm^{-1} s. [22]. Für die νSnH werden angegeben: 1830 cm^{-1} [2] und 1836 cm^{-1} [21]. Im ^{1}H-NMR-Spektrum erscheint ein Quintett für die an Sn gebundenen H-Atome bei $\delta = -4.54$ ppm [2] bzw. $\tau = 5.42$ mit $J(^1H^{117}Sn) = 1618$ Hz, $J(^1H^{119}Sn) = 1699$ Hz und $J(^1HSnC^1H) = 1.85$ Hz [5].

Die Verbindung reagiert mit $(C_8H_{17})_2SnCl_2$ unter Bildung von $(C_8H_{17})_2SnHCl$ [2, 13]. Mit $(C_8H_{17})_2SnCl_2$ und $CH_2{=}CHCH_2OCH_2CH_2OH$ gemeinsam in Gegenwart von Azoisobuttersäuredinitril erfolgt in exothermer Reaktion Bildung von $(C_8H_{17})_2ClSn(CH_2)_3OCH_2CH_2OH$ [11]. $(C_8H_{17})_2SnH_2$ reagiert in Cyclohexan bei 70°C im Molverhältnis 1:2 mit $Al(C_4H_9)_3$ unter Bildung von $(C_8H_{17})_2Sn(C_4H_9)_2$ und $(C_4H_9)_2AlH$. Zur Kinetik s. Original [15].

(*iso*-$C_8H_{17})_2SnH_2$

Für die Verbindung wird in der Literatur kein Darstellungsverfahren angegeben. Sie reagiert mit (*iso*-$C_8H_{17})_2SnCl_2$ und $CH_2{=}CHCH_2OCH_2CH_2OH$ gemeinsam in Gegenwart von Azoisobuttersäuredinitril unter Bildung von (*iso*-$C_8H_{17})_2ClSn(CH_2)_3OCH_2CH_2OH$ [11].

(*cyclo*-$C_6H_{11})_2SnH_2$

Die Synthese der Verbindung erfolgt durch Umsetzung von (*cyclo*-$C_6H_{11})_2SnBr_2$ mit $LiAlH_4$ in Diäthyläther. Dabei werden 86% Ausbeute erzielt [7]. Eine weitere Möglichkeit besteht in der Reaktion zwischen (*cyclo*-$C_6H_{11})_2SnCl_2$ und $(C_4H_9)_3SnH$ im Molverhältnis 1:2 [2]. Die farblose Flüssigkeit siedet bei 94 bis 96°C/0.001 Torr [7]. Brechungsindex $n_D^{20} = 1.5295$ [6, 7]. IR-Frequenz νSnH = 1816 cm^{-1} [2], 1820 cm^{-1} in Cyclohexan [7]. Chemische Verschiebung im ^{1}H-NMR-Spektrum: $\delta SnH_2 = -4.85$ ppm [2].

$(cyclo\text{-}C_6H_{11})_2SnH_2$ reagiert mit $(cyclo\text{-}C_6H_{11})_2SnCl_2$ unter Komproportionierung und Bildung von $(cyclo\text{-}C_6H_{11})_2SnHCl$ [2], mit $(cyclo\text{-}C_6H_{11})_2Sn[N(C_2H_5)_2]_2$ in Diäthyläther bei 60°C unter Bildung von $[(cyclo\text{-}C_6H_{11})_2Sn]_5$ [7] und mit $Hg(tert\text{-}C_4H_9)_2$ in Hexan bei −30°C unter Abspaltung von Hg und Bildung von oligomerem $[(cyclo\text{-}C_6H_{11})_2Sn]_n$ mit n = 4 bis 7 [16].

$(C_6H_5CH_2)_2SnH_2$

Die Verbindung entsteht bei der Umsetzung von $(C_6H_5CH_2)_2SnCl_2$ mit $LiAlH_4$ in Diäthyläther bei 0°C. Sie siedet bei 120°C/10^{-3} Torr unter Zersetzung [23]. Brechungsindex n_D^{20} = 1.6215 [6, 23]. Die Verbindung zeigt im IR-Spektrum eine breite Bande für die SnH-Valenzschwingung bei 1843 cm^{-1} [23]. Bei der Reaktion mit wenig $(C_6H_5CH_2)_2SnCl_2$ in Dimethylformamid bei 50°C erfolgt Abspaltung von Wasserstoff und Bildung von $[(C_6H_5CH_2)_2Sn]_4$ in fast 100%iger Ausbeute [23].

Literatur:

[1] W. P. Neumann, H. Niermann, R. Sommer (Liebigs Ann. Chem. **659** [1962] 27/39). — [2] A. K. Sawyer, J. E. Brown, G. S. May (J. Organometal. Chem. **11** [1968] 192/4). — [3] R. Sommer, B. Schneider, W. P. Neumann (Liebigs Ann. Chem. **692** [1966] 12/21). — [4] M. Frankel, D. Wagner, D. Gertner, A. Zilkha (Israel J. Chem. **4** [1966] 183/7). — [5] J. Dufermont, J. C. Maire (J. Organometal. Chem. **7** [1967] 415/25).

[6] J. J. Pohl (Allgem. Prakt. Chem. **19** [1968] 84). — [7] W. P. Neumann, J. Pedain, R. Sommer (Liebigs Ann. Chem. **694** [1966] 9/18). — [8] W. P. Neumann, H. Niermann, B. Schneider (Liebigs Ann. Chem. **707** [1967] 15/9). — [9] W. P. Neumann, B. Schneider (Liebigs Ann. Chem. **707** [1967] 20/5). — [10] Badische Anilin- und Soda-Fabrik (Nd.P. 65-14261 [1964/66]; C.A. **65** [1966] 15538).

[11] W. P. Neumann, J. A. Pedain, Studiengesellschaft Kohle m.b.H. (D.P. 1214237 [1964/66]; C.A. **65** [1966] 5490). — [12] W. P. Neumann, E. Heymann (Liebigs Ann. Chem. **683** [1965] 11/23). — [13] A. K. Sawyer, G. S. May, R. E. Scofield (J. Organometal. Chem. **14** [1968] 213/6). — [14] R. Sommer, W. P. Neumann, B. Schneider (Tetrahedron Letters **1964** 3875/8). — [15] B. Schneider, W. P. Neumann (Liebigs Ann. Chem. **707** [1967] 7/14).

[16] U. Blaukat, W. P. Neumann (J. Organometal. Chem. **63** [1973] 27/39). — [17] J. C. Maire, J. Dufermont (J. Organometal. Chem. **10** [1967] 369/72). — [18] C. Schumann, H. Dreeskamp (J. Magn. Resonance **3** [1970] 204/17). — [19] J. G. Noltes, G. J. M. van der Kerk (Functionally Substituted Organotin Compounds, Tin Research Institute, Greenford 1958, S. 1/128). — [20] P. Dunn, T. Norris (Australia Commonwealth Dept. Supply Defense Std. Lab. Rept. Nr. 269 [1964] 21 S.; C.A. **61** [1961] 3134).

[21] W. P. Neumann (Die Organische Chemie des Zinns, Stuttgart 1967). — [22] R. A. Cummins, P. Dunn (Australia Commonwealth Dept. Supply Defense Std. Lab. Rept. Nr. 266 [1963] 106 S.). — [23] W. P. Neumann, K. König (Angew. Chem. **76** [1964] 892).

1.2.2.1.7 Diphenylzinndihydrid $(C_6H_5)_2SnH_2$

Diphenyltin Dihydride

1.2.2.1.7.1 Bildung und Darstellung

Formation. Preparation

$(C_6H_5)_2SnH_2$ wird durch Umsetzung von $(C_6H_5)_2SnCl_2$ mit $LiAlH_4$ in Diäthyläther bei Zimmertemperatur gewonnen [1 bis 5]. Dabei werden Ausbeuten von 70% [6] und 72% [7] erzielt. Zur Reduktion von $(C_6H_5)_2SnCl_2$ eignet sich auch $(C_2H_5)_2AlH$. Bei der Reaktion in Diäthyläther werden nach 2 h zwischen −20 und −5°C Ausbeuten an $(C_6H_5)_2SnH_2$ von 81% erzielt [7, 8]. $(C_6H_5)_2SnCl_2$ und $(C_2H_5)_2AlH$ reagieren auch bei 100°C im Hochvakuum in Gegenwart von Katalysatoren wie Pyridin, Dimethylformamid oder ähnlichen Verbindungen unter Bildung von $(C_6H_5)_2SnH_2$ [9]. Auch bei der Reaktion zwischen $(C_6H_5)_2SnCl_2$ und $(C_4H_9)_3SnH$ im Molverhältnis 1:2 bildet sich $(C_6H_5)_2SnH_2$ neben $(C_4H_9)_3SnCl$, wie IR- und NMR-spektroskopisch nachgewiesen werden konnte [10]. Bei der Reaktion zwischen $(C_6H_5)_2Sn[N(C_2H_5)_2]_2$ und B_2H_6 im Molverhältnis 3:1 in Pentan bei −78°C bilden sich nach 15 h unter Abspaltung von $H_2BN(C_2H_5)_2$ 33.5% Ausbeute an $(C_6H_5)_2SnH_2$ [11]. Schließlich entsteht die Verbindung auch bei der Reaktion der aus $(C_6H_5)_2SnBr_2$ und Na in flüssigem NH_3 erhaltenen tiefroten Lösung mit NH_4Br [12].

Analysis

Analyse. Über die dünnschichtchromatographische Trennung von $(C_6H_5)_2SnH_2$ von $(C_6H_5)_3SnH$ und $Sn(C_6H_5)_4$ an Al_2O_3 oder Silicagel s. [13].

Literatur:

[1] J. G. Noltes, G. J. M. van der Kerk (Functionally Substituted Organotin Compounds, Tin Research Institute, Greenford 1958, S. 1/128). — [2] G. J. M. van der Kerk, J. G. Noltes, J. G. A. Luijten (J. Appl. Chem. **7** [1957] 366/9). — [3] G. H. Reifenberg, W. J. Considine (J. Organometal. Chem. **9** [1967] 505/9). — [4] J. P. Oliver, U. V. Rao, M. T. Emerson (Tetrahedron Letters **1964** 3419/25). — [5] H. G. Kuivila, A. K. Sawyer, A. G. Armour (J. Org. Chem. **26** [1961] 1426/9).

[6] N. A. Adrova, M. M. Koton, V. A. Klages (Vysokomol. Soedin. **3** [1961] 1041/3 nach C.A. **56** [1962] 4940). — [7] W. P. Neumann, H. Niermann (Liebigs Ann. Chem. **653** [1962] 164/72). — [8] Studiengesellschaft Kohle m.b.H. (B.P. 951150 [1960/64]; C.A. **60** [1964] 13271). — [9] W. P. Neumann, K. König (Liebigs Ann. Chem. **677** [1964] 1/11). — [10] A. K. Sawyer, J. E. Brown, G. S. May (J. Organometal. Chem. **11** [1968] 192/4).

[11] M.-R. Kula, J. Lorberth, E. Amberger (Chem. Ber. **97** [1964] 2087/9). — [12] R. F. Chambers, P. C. Scherer (J. Am. Chem. Soc. **48** [1926] 1054/62). — [13] V. E. Zhuravlev, N. G. Molchanova, V. I. Krauzova (Tr. Estestvennonauchn. Inst. Perm. Univ. **13** [1972] 153/7 nach C.A. **80** [1974] Nr. 33627).

Spectra

1.2.2.1.7.2 Spektren

Nuclear Magnetic Resonance Spectra

Kernresonanzspektren. Im ^1H-NMR-Spektrum erscheint für die Protonen der Phenylgruppen ein Multiplett-Signal bei $\tau = 3.69$ [1]. Für die beiden an Sn gebundenen Wasserstoffatome wird ein von zwei Satelittenpaaren flankiertes Singulett gefunden. Folgende chemische Verschiebungen und Kopplungskonstanten werden in der Literatur angegeben: $\tau SnH_2 = 3.78$ in Benzol [2, 3], 3.91 in Substanz [4], 3.95 mit 20% TMS [5], 3.98 in Diäthyläther [4, 6, 7], 4.31 [1], 5.42 [8]; $\delta SnH_2 = -5.73$ ppm [9]; $J(^1H^{117}Sn) = 1842.0$ Hz [4, 6, 8], 1844 Hz [1] und 1831.4 Hz in Diäthyläther [4]; $J(^1H^{119}Sn) = 1927.8$ Hz [4, 6, 8], 1928 Hz [1], 1916.7 Hz in Diäthyläther [4] und -1923.0 ± 1.0 Hz [5]. Durch Doppelresonanz wurden bestimmt: $J(^1HSn^1H) = +21.8 \pm 0.3$ Hz, $J(^1HSn^{13}C) = +10.4 \pm 0.2$ Hz [5, 10]. Korrelationen der NMR-spektroskopischen Daten mit denen anderer Organozinnhydride s. bei [6, 7, 8]. Die chemischen Verschiebungen für die an Sn gebundenen Wasserstoffatome wurden mit denen in anderen Phenylzinnhydriden, Phenylelementhydriden von vier- und fünfwertigen Elementen sowie in Phenylmethan-Derivaten verglichen und daraus abgeleitet, daß die effektive Abschirmung der Phenylgruppe in Silanen, Germanen und Stannanen geringer ist als in Methan-Derivaten [2, 3].

Mössbauer Spectrum

Mössbauer-Spektrum. Für die Isomerieverschiebung werden Werte von $\delta = 1.28$ mm/s [11] und 1.38 ± 0.06 mm/s gegen SnO_2 angegeben [12]. Eine Quadrupolaufspaltung wird nicht beobachtet.

Vibrational Spectrum

Schwingungsspektrum. Im IR-Spektrum von $(C_6H_5)_2SnH_2$ wird die νSnH bei 1849 cm^{-1} [9] und bei 1855 cm^{-1} in Cyclohexanlösung aufgefunden [6, 7, 13, 14].

Literatur:

[1] G. P. van der Kelen, L. Verdonck, D. van de Vondel (Bull. Soc. Chim. Belges **73** [1964] 733/40). — [2] M. T. Ryan, W. T. Lehn (AD 423846 **1963** 8 S.; C.A. **62** [1965] 7276). — [3] M. T. Ryan, W. L. Lehn (J. Organometal. Chem. **4** [1965] 455/60). — [4] E. Amberger, H. P. Fritz, C. G. Kreiter, M.-R. Kula (Chem. Ber. **96** [1963] 3270/4). — [5] C. Schumann, H. Dreeskamp (J. Magn. Resonance **3** [1970] 204/17).

[6] M. L. Maddox, N. Flitcroft, H. D. Kaesz (J. Organometal. Chem. **4** [1965] 50/6). — [7] Y. Kawasaki, K. Kawakami, T. Tanaka (Bull. Chem. Soc. Japan **38** [1965] 1102/5). — [8] J. Dufermont, J. C. Maire (J. Organometal. Chem. **7** [1967] 415/25). — [9] A. K. Sawyer, J. E. Brown, G. S. May (J. Organometal. Chem. **11** [1968] 192/4). — [10] H. Dreeskamp, C. Schumann (Chem. Phys. Letters **1** [1968] 555/6).

[11] H. A. Stöckler, H. Sano, R. H. Herber (J. Chem. Phys. **47** [1967] 1567/71). — [12] R. H. Herber, G. I. Parisi (Inorg. Chem. **5** [1966] 769/74). — [13] W. P. Neumann, H. Niermann (Liebigs Ann. Chem. **653** [1962] 164/72). — [14] W. P. Neumann (Angew. Chem. **75** [1963] 225/35).

1.2.2.1.7.3 Physikalische Eigenschaften

Physical Properties

$(C_6H_5)_2SnH_2$ fällt meist in Form eines gelben Öles an. Es stellt eine bei Normalbedingungen farblose Flüssigkeit dar. Unterhalb des Schmelzpunktes, der bei −21 bis −20°C [1], −17°C [2] und etwa 0°C [3] angegeben wird, liegt die Verbindung in Form farbloser Nadeln vor. Der Siedepunkt liegt bei 80 bis 90°C/Klebevakuum(!?) [2], 89 bis 93°C/0.3 Torr [3, 4, 5]. Die Dichte beträgt D_4^{20} = 1.39 g/cm³ [3, 5, 6], der Brechungsindex n_D^{20} = 1.5950 [3], 1.5951 [5, 6], n_D^{25} = 1.6128 [1].

Literatur:

[1] H. G. Kuivila, A. K. Sawyer, A. G. Armour (J. Org. Chem. **26** [1961] 1426/9). — [2] W. P. Neumann, K. König (Liebigs Ann. Chem. **677** [1964] 1/11). — [3] W. P. Neumann, H. Niermann (Liebigs Ann. Chem. **653** [1962] 164/72). — [4] Studiengesellschaft Kohle m.b.H. (B.P. 951150 [1960/64]; C.A. **60** [1964] 13271). — [5] W. P. Neumann (Angew. Chem. **75** [1963] 225/35).

[6] J. J. Pohl (Allgem. Prakt. Chem. **19** [1968] 84).

1.2.2.1.7.4 Chemisches Verhalten

Chemical Reactions

$(C_6H_5)_2SnH_2$ zerfällt leicht unter Bildung von „Diphenylzinn" $[(C_6H_5)_2Sn]_n$ in verschiedenen Polymerisationsgraden. Schon bei der Synthese der Verbindung aus $(C_6H_5)_2SnBr_2$ und Na in flüssigem NH_3 zerfällt ein Teil des Produktes unter Abspaltung von H_2 und Bildung von gelbem $[(C_6H_5)_2Sn]_n$ [1]. Dieser Zerfall wird durch zahlreiche Verbindungen katalysiert, wobei unterschiedliche Polymere von $[(C_6H_5)_2Sn]_n$ isoliert werden können. Das Hauptprodukt ist dabei stets $[(C_6H_5)_2Sn]_6$ [2]. Die Zersetzung wird beispielsweise katalysiert von CH_3OH [3, 4], $(C_2H_5)_2NH$ [3], Morpholin [3], Pyridin [4, 5], Dimethylformamid [3, 4, 5] oder $(CH_3)_2SO$ [3].

$(C_6H_5)_2SnH_2$ hydrostanniert Olefine und Acetylene. Dabei werden niedermolekulare und polymere Verbindungen erhalten. So reagiert die Verbindung mit $CH_2{=}CHCN$ bei 70°C in Gegenwart von Hydrochinon unter Bildung von $(C_6H_5)_2Sn(CH_2CH_2CN)_2$ [6], mit $CH_2{=}CHCOOCH_3$ unter Bildung von $(C_6H_5)_2Sn(CH_2CH_2COOCH_3)_2$ [7, 8], mit $CH_2{=}C(CH_3)COOCH_3$ im Molverhältnis 1:3 bei 50°C in Gegenwart von Azoisobuttersäuredinitril im Verlauf von 4 h unter Bildung von $(C_6H_5)_2Sn[CH_2CH(CH_3)COOCH_3]_2$ [9, 10], mit $CH_2{=}CHCH_2OCH_2CH\text{-}CH_2$ entsprechend unter
└O┘
Bildung von $(C_6H_5)_2Sn[(CH_2)_3OCH_2CH\text{-}CH_2]_2$ [11]. Mit $(C_6H_5)_3MCH{=}CH_2$ im Molverhältnis 2:1
└O┘
wird $(C_6H_5)_3SnCH_2CH_2M(C_6H_5)_3$ (M = Si, Ge, Sn) isoliert, das vermutlich durch Komproportionierung des erwarteten $(C_6H_5)_2Sn[CH_2CH_2M(C_6H_5)_3]_2$ entstanden ist [12]. Mit $(C_6H_5)_3MC_6H_4$-*p*-$CH{=}CH_2$ erhält man aber das erwartete $(C_6H_5)_2Sn[CH_2CH_2C_6H_4$-*p*-$M(C_6H_5)_3]_2$ (M = Ge, Sn, Pb) [13]. Bei der gleichzeitigen Reaktion von $(C_6H_5)_2SnH_2$ mit $CH_2{=}C(CH_3)C_6H_5$ und $(C_6H_5)_2SnCl_2$ erfolgt in Gegenwart von AIBN oder Benzoylhyponitrit exotherme Bildung von $(C_6H_5)_2ClSnCH_2CH(CH_3)C_6H_5$ [14].

Bei der Hydrostannierung von Diolefinen oder Diacetylenen erfolgt Bildung von Polymeren. In vereinzelten Fällen gelingt hierbei die Isolierung von niedermolekularen ringförmigen Verbindungen. So reagiert $(C_6H_5)_2SnH_2$ mit $SO_2(CH{=}CH_2)_2$ bei 60°C unter N_2 zu $[\{Sn(C_6H_5)_2\}_4CH_2CH_2SO_2CH_2CH_2]_n$ [15]. Mit 1,4-Divinylbenzol oder 3,9-Divinylspirobi(1,3-dioxan) entstehen die polymeren Verbindungen XXVI und XXVII [13]. Mit $CH_2{=}C(CH_3)C_6H_4$-*p*-$C(CH_3){=}CH_2$ entsteht im Bombenrohr

$[-Sn(C_6H_5)_2CH_2CH_2-C_6H_4-CH_2CH_2-]_n$

XXVI

$[-Sn(C_6H_5)_2CH_2CH_2-(\text{spirobi(1,3-dioxan)})-CH_2CH_2-]_n$

XXVII

bei 80 bis 120°C nach 5 Tagen $[Sn(C_6H_5)_2CH_2CH(CH_3)C_6H_4\text{-}p\text{-}CH(CH_3)CH_2]_n$ [16]. Mit $CH_2{=}C(CH_3)COOROOCCH(CH_3){=}CH_2$ ($R = CH_2CH_2$ und $p\text{-}C_6H_4$) [17], $CH_2{=}CRR''CR'{=}CH_2$ ($R = R' = CH_3$, $R'' = COOCH_2CH_2OOC$; $R = H$, $R' = CH_3$, $R'' = CH_2OOC$; $R = R' = H$, $R'' = CH_2OOCCH_2OCH_2COOCH_2$) und $CH_2{=}CHCONHRNHCOCH{=}CH_2$ ($R = (CH_2)_2$, $(CH_2)_6$, $(CH_2)_9$) [18] entstehen die entsprechenden linearen Polymeren. Bei der Umsetzung mit $(C_6H_5)_2M(C_6H_4\text{-}p\text{-}CH{=}CH_2)_2$ (M = Ge, Sn, Pb) werden dagegen sowohl analoge Polymere vom Typ $[Sn(C_6H_5)_2CH_2CH_2C_6H_4\text{-}p\text{-}M(C_6H_5)_2C_6H_4\text{-}p\text{-}CH_2CH_2]_n$ [13] als auch Heterocyclen vom Typ XXVIII isoliert [19]. Das gleiche gilt für die Umsetzung von $(C_6H_5)_2SnH_2$ mit $o\text{-}CH_2{=}CHC_6H_4CH{=}CH_2$ und $o\text{-}CH{\equiv}CC_6H_4C{\equiv}CH$ in Benzol unter Rückfluß, die neben Polymeren die Ringe XXIX und XXX bzw. XXXI liefern [20]. Während bei der Reaktion zwischen $(C_6H_5)_2SnH_2$

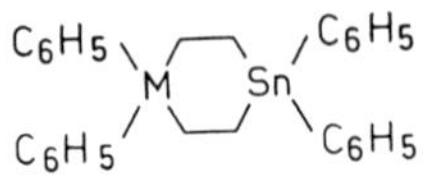

XXVIII 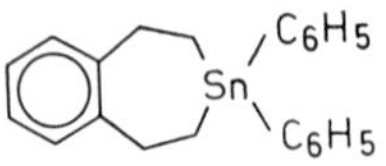 XXIX

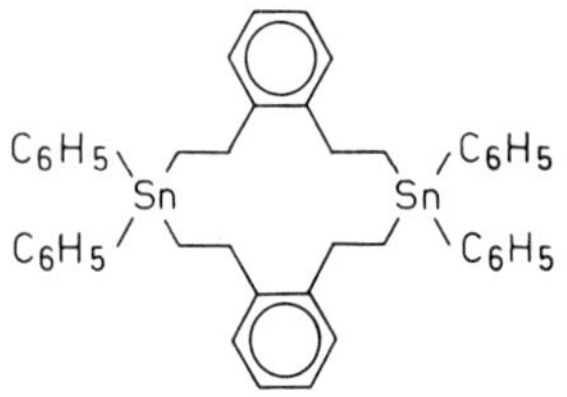

XXX 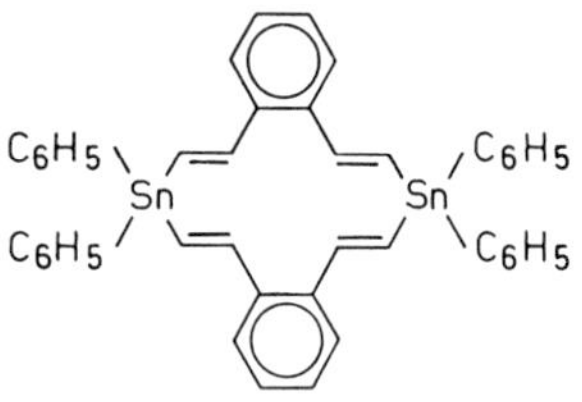 XXXI

und $CH{\equiv}CC_6H_4\text{-}p\text{-}C{\equiv}CH$ [21], $CH{\equiv}C(CH_2)_5C{\equiv}CH$ [21] oder $CH{\equiv}CC{\equiv}CH$ [22] nur Polymere gefunden werden können, reagiert $CH{\equiv}CCH_2CH_2C{\equiv}CH$ in Hexan nach 2 h Rückfluß und anschließenden 2 h bei 100°C mit $(C_6H_5)_2SnH_2$ unter Bildung des gummiartigen Polymeren $[Sn(C_6H_5)_2CH{=}CHCH_2CH_2CH{=}CH]_n$, das zwischen 200 und 300°C bei 10^{-3} bis 10^{-2} Torr in ein benzolunlösliches Polymeres neben 1,1-Diphenyl-4,5-dihydro-1H-stannepin (XXXII) zerfällt [21]. Bei der Reaktion zwischen $(C_6H_5)_2SnH_2$ und $C_6H_5C{\equiv}CH$ in Pentan wird nach 2stündigem Rückflußkochen und anschließend noch 6 h ohne Lösungsmittel bei 100°C 1,1,2,4,4,5-Hexaphenyl-1,4-distannacyclohexan (XXXIII) erhalten [19].

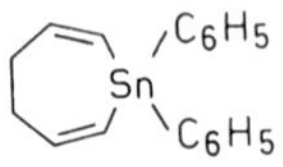

XXXII 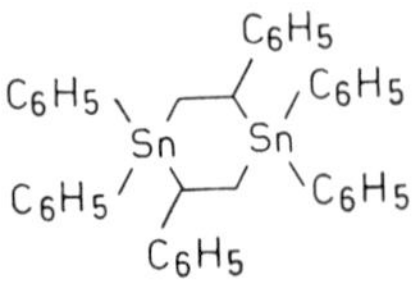 XXXIII

$(C_6H_5)_2SnH_2$ reagiert mit HCl in Diäthyläther unter Abspaltung von H_2 und Bildung von $(C_6H_5)_2SnCl_2$ in 85%iger Ausbeute [3]. Die Verbindung reagiert mit Cyclopropylhalogeniden unter Dehalogenierung. So entsteht aus 1-Chlor-1-fluor-2,2-dimethylcyclopropan in Dibutyläther bei 140°C 1-Fluor-2,2-dimethylcyclopropan [23]. Aus 1-Brom-1-methyl-2,2-diphenylcyclopropan wird 1-Methyl-2,2-diphenylcyclopropan gebildet [24].

$(C_6H_5)_2SnH_2$ reduziert Aldehyde und Ketone unter Bildung von primären bzw. sekundären Alkoholen. Diese Reaktion ist besonders wichtig im Falle von α,β-ungesättigten Ketonen, da hier spezifisch die Carbonylfunktion reduziert wird, ohne daß die Doppelbindung in der Regel angegriffen wird [25]. In einigen Fällen wurde allerdings das Gegenteil festgestellt. So reagiert $(C_6H_5)_2SnH_2$ ohne Lösungsmittel bei 55°C mit $C_6H_5CH{=}CHCOC_6H_5$, $CH_2{=}CHCOC_6H_5$ und mit $CH_2{=}CHCOCH_3$ unter Bildung von $C_6H_5CH_2CH_2COC_6H_5$, $CH_3CH_2COC_6H_5$ bzw. $CH_3CH_2COCH_3$ [26]. Andererseits reagieren aber folgende Carbonylverbindungen in Diäthyläther bei Zimmertemperatur mit $(C_6H_5)_2SnH_2$ unter Bildung der entsprechenden Alkohole in der angegebenen Ausbeute: $CH_2{=}CHCOCH_3$ (59%) [27, 28, 29], Zimtaldehyd (75%), Mesityloxid (60%), Chalkon (75%),

Crotonaldehyd (59%), Cyclohexanon (82%), Benzophenon (59%), Benzaldehyd (62%), Benzil (84%), d-Carvon (83%), 4-*tert*-Butylcyclohexanon (85%) und 2-Methylcyclohexanol (83%) [27, 28].

Carbonsäuren reagieren mit $(C_6H_5)_2SnH_2$ unter Abspaltung von Wasserstoff und Bildung von Distannan-Derivaten des Typs $[(C_6H_5)_2SnOOCR]_2$, wie am Beispiel von CH_3COOH [30, 31], $CH_2ClCOOH$ [30, 31], $CHCl_2COOH$ [30, 31, 32], CCl_3COOH [30, 31], $C_5H_{11}COOH$ [30, 31], $C_6H_{13}COOH$ [32], $C_7H_{15}COOH$ [30, 31], C_6H_5COOH [30, 31, 33], *o*-ClC_6H_4COOH [30, 31, 32] und *o*-HOC_6H_4COOH [30, 31] gezeigt werden konnte.

Bei der Reaktion mit Diorganozinndihalogeniden bildet sich ein Austauschgleichgewicht aus [34]. Bei der Reaktion mit $(C_6H_5)_2SnCl_2$ im Molverhältnis 1:1 kann so $(C_6H_5)_2SnHCl$ isoliert werden [35]. Mit $(C_6H_5)_2Si(OH)_2$ reagiert die Verbindung in Dioxan beim Rückflußkochen unter Bildung eines Polymeren [36]. Mit $Pb(OOCCH_3)_4$ entstehen in Benzol in exothermer Reaktion H_2, $Pb(OOCCH_3)_2$ und $[(C_6H_5)_2SnOOCCH_3]_2$ [37]. $(C_6H_5)_2SnH_2$ reagiert mit Organozinn-Sauerstoff- und -Stickstoff-Verbindungen unter Bildung von Catenastannanen. So entsteht mit $(C_6H_5)_3SnOCH_3$ bei 20°C $[(C_6H_5)_3Sn]_2$ neben $[(C_6H_5)_3Sn]_2[Sn(C_6H_5)_2]_n$ mit n = 1, 2, 3 [38], mit $[(C_4H_9)_3Sn]_2O$ beim Erhitzen $[(C_4H_9)_3Sn]_2Sn(C_6H_5)_2$ [39], mit $[($*iso*-$C_4H_9)_3Sn]_2O$ die analoge Isobutylverbindung [38], mit $[(C_6H_5)_3Sn]_2O$ in Benzol bei 20°C nach 4 h $[(C_6H_5)_2SnO]_n$ neben $(C_6H_5)_3SnH$ [38], mit $(C_6H_5)_3SnN(C_2H_5)_2$ ein Gemisch aus $[(C_6H_5)_3Sn]_2$, $[(C_6H_5)_3Sn]_2Sn(C_6H_5)_2$ und höheren Phenylcatenastannanen [38], mit Verbindungen $R_3SnN(C_6H_5)CHO$ (R = CH_3, C_2H_5, C_4H_9, C_8H_{17}) die entsprechenden Derivate $(R_3Sn)_2Sn(C_6H_5)_2$ [40, 41], mit $(C_2H_5)_2Sn[N(C_6H_5)CHO]_2$ entsprechend $[(C_6H_5)_2SnSn(C_2H_5)_2]_2$ [40], mit $(C_2H_5)_3SnN(C_6H_5)CHO$ auch $(C_2H_5)_3SnSnH(C_6H_5)_2$ [41], mit $(C_4H_9)_3SnSn(C_4H_9)_2N(C_6H_5)CHO$ bei anschließender Umsetzung mit C_6H_5NCO und $(C_4H_9)_3SnH$ die Verbindung mit 4 Sn-Atomen in der Kette $(C_4H_9)_3SnSn(C_4H_9)_2Sn(C_6H_5)_2Sn(C_4H_9)_3$ [41]. $(C_6H_5)_2SnH_2$ reagiert mit $(C_6H_5)_3GeSn(C_2H_5)_2N(C_2H_5)_2$ unter Bildung von $[(C_6H_5)_3GeSn(C_2H_5)_2]_2Sn(C_6H_5)_2$ [42]. Mit dem Organogermaniumstannan $[(C_6H_5)_3Ge]_2Sn(C_2H_5)N(C_6H_5)CHO$ erfolgt Spaltung der Sn-N-Bindung unter Bildung von $\{[(C_6H_5)_3Ge]_2Sn(C_2H_5)\}_2Sn(C_6H_5)_2$ [42]. Dimethylaminotitanverbindungen mit der Atomgruppe $TiN(CH_3)_2$ reagieren unter Abspaltung von Dimethylamin zu Diphenylzinn-substituierten Titanverbindungen [43]. $(C_6H_5)_2SnH_2$ reagiert mit $Hg[C(CH_3)_3]_2$ in Hexan bei −30°C unter Freisetzung von Quecksilber und Bildung von Phenylcatenastannanen vom Typ $[(C_6H_5)_2Sn]_n$, wobei 4-, 5-, 6- und 7gliedrige Ringe gefunden werden [44].

Literatur:

[1] R. F. Chambers, P. C. Scherer (J. Am. Chem. Soc. **48** [1926] 1054/62). — [2] W. P. Neumann, K. König (Liebigs Ann. Chem. **677** [1964] 1/11). — [3] H. G. Kuivila, A. K. Sawyer, A. G. Armour (J. Org. Chem. **26** [1961] 1426/9). — [4] W. P. Neumann, K. König (Angew. Chem. **74** [1962] 215). — [5] W. P. Neumann (Angew. Chem. **74** [1962] 122).

[6] G. H. Reifenberg, W. J. Considine (J. Organometal. Chem. **9** [1967] 505/9). — [7] J. G. Noltes, G. J. M. van der Kerk (Functionally Substituted Organotin Compounds, Tin Research Institute, Greenford 1958, S. 1/128). — [8] G. J. M. van der Kerk, J. G. Noltes (J. Appl. Chem. **9** [1959] 106/13). — [9] W. P. Neumann, H. Niermann, R. Sommer (Liebigs Ann. Chem. **659** [1962] 27/39). — [10] K. Ziegler (B.P. 966813 [1961/64]; C.A. **61** [1964] 14711).

[11] Deutsche Akademie der Wissenschaften zu Berlin, R. Becker, A. Wende (D.P. 1158974 [1960/63]; C.A. **60** [1964] 9311). — [12] M. C. Henry, J. G. Noltes (J. Am. Chem. Soc. **82** [1960] 558/61). — [13] J. G. Noltes, G. J. M. van der Kerk (Rec. Trav. Chim. **80** [1961] 623/31). — [14] W. P. Neumann, J. A. Pedain, Studiengesellschaft Kohle m.b.H. (D.P. 1214237 [1964/66]; C.A. **65** [1966] 5490). — [15] E. M. Pearce (J. Polymer Sci. **40** [1959] 273/4).

[16] N. A. Adrova, M. M. Koton, V. A. Klages (Vysokomol. Soedin. **3** [1961] 1041/3 nach C.A. **56** [1962] 4940). — [17] N. A. Adrova, M. M. Koton, V. A. Klages (Vysokomol. Soedin. **5** [1963] 1817/8; Polymer Sci. [USSR] **5** [1963] 946/8). — [18] A. J. Leusink, J. G. Noltes, H. A. Budding, G. J. M. van der Kerk (Rec. Trav. Chim. **83** [1964] 609/20). — [19] M. C. Henry, J. G. Noltes (J. Am. Chem. Soc. **82** [1960] 561/3). — [20] A. J. Leusink, H. A. Budding, J. G. Noltes (J. Organometal. Chem. **24** [1970] 375/86).

[21] J. G. Noltes, G. J. M. van der Kerk (Rec. Trav. Chim. **81** [1962] 41/8). — [22] F. C. Leavitt, L. U. Matternas (J. Polymer Sci. **62** [1962] S68/S70). — [23] J. P. Oliver, U. V. Rao, M. T. Emerson

(Tetrahedron Letters **1964** 3419/25). — [24] T. R. Erdman (Diss. Stanford Univ., Stanford, Calif., 1971, 129 S.; Diss. Abstr. Intern. B **32** [1971] 825). — [25] Anonyme Veröffentlichung (Chem. Eng. News **36** Nr. 34 [1958] 40).

[26] A. J. Leusink, J. G. Noltes (Tetrahedron Letters **1966** 2221/5). — [27] H. G. Kuivila, O. F. Beumel (J. Am. Chem. Soc. **80** [1958] 3798). — [28] H. G. Kuivila, O. F. Beumel (J. Am. Chem. Soc. **83** [1961] 1246/50). — [29] H. G. Kuivila, O. F. Beumel, Research Corp. (U.S.P. 2997485 [1958]; C.A. **57** [1962] 866). — [30] A. K. Sawyer, H. G. Kuivila (J. Org. Chem. **27** [1962] 610/4).

[31] A. K. Sawyer, H. G. Kuivila (J. Am. Chem. Soc. **82** [1960] 5958/9). — [32] A. K. Sawyer, H. G. Kuivila, Metal and Thermit Corp. (U.S.P. 3083217 [1960/63]; C.A. **59** [1963] 7559). — [33] H. G. Kuivila, E. R. Jakusik (J. Org. Chem. **26** [1961] 1430/3). — [34] A. K. Sawyer, G. S. May, R. E. Scofield (J. Organometal. Chem. **14** [1968] 213/6). — [35] A. K. Sawyer, J. E. Brown, G. S. May (J. Organometal. Chem. **11** [1968] 192/4).

[36] W. E. Forster, P. E. König, Ethyl Corp. (U.S.P. 2998407 [1956]; C.A. **56** [1962] 6170). — [37] U. Christen, W. P. Neumann (J. Organometal. Chem. **39** [1972] C58/C60). — [38] R. Sommer, B. Schneider, W. P. Neumann (Liebigs Ann. Chem. **692** [1966] 12/21). — [39] A. K. Sawyer, M. & T. Chemicals, Inc. (U.S.P. 3347889 [1963/67]; C.A. **68** [1968] Nr. 49779). — [40] H. M. J. C. Creemers, J. G. Noltes, G. J. M. van der Kerk (Rec. Trav. Chim. **83** [1964] 1284/6).

[41] H. M. J. C. Creemers, J. G. Noltes (Rec. Trav. Chim. **84** [1965] 382/4). — [42] H. M. J. C. Creemers, J. G. Noltes (J. Organometal. Chem. **7** [1967] 237/47). — [43] H. M. J. C. Creemers, F. Verbeek, J. G. Noltes (J. Organometal. Chem. **15** [1968] 125/30). — [44] U. Blaukat, W. P. Neumann (J. Organometal. Chem. **63** [1973] 27/39).

Other Diaryltin Dihydrides

1.2.2.1.8 Weitere Diarylzinndihydride R_2SnH_2

$(p\text{-}CH_3C_6H_4)_2SnH_2$

Die *p*-Tolylverbindung wird durch Umsetzung von Di-*p*-tolylzinndichlorid mit $(C_2H_5)_2AlH$ in Diäthyläther dargestellt. Nach 1 h bei −40°C werden 94% Ausbeute in Form farbloser Kristalle isoliert. Schmelzpunkt 24 bis 25°C. IR-Spektrum: νSnH = 1825 cm^{-1}. Die Verbindung zerfällt in Gegenwart von Dimethylformamid oberhalb von 70°C in $[(p\text{-}CH_3C_6H_4)_2Sn]_6$ und H_2 [1]. Bei der Reaktion mit $(p\text{-}CH_3C_6H_4)_2SnCl_2$ und $C_6H_5(CH_3)C{=}CH_2$ in Gegenwart von Azoisobuttersäuredinitril entsteht $(p\text{-}CH_3C_6H_4)_2ClSnCH_2CH(CH_3)C_6H_5$ [2].

$(p\text{-}C_2H_5OC_6H_4)_2SnH_2$

Die Synthese der Verbindung erfolgt durch Umsetzung von $(p\text{-}C_2H_5OC_6H_4)_2SnCl_2$ mit $(C_2H_5)_2AlH$ in Diäthyläther bei −40°C. Nach 1 h können 96% Ausbeute isoliert werden. Die farblosen Kristalle schmelzen unzersetzt bei 53 bis 54°C. Die νSnH erscheint im IR-Spektrum bei 1850 cm^{-1}. Die Verbindung zerfällt in Gegenwart von Dimethylformamid, Pyridin oder Diäthylamin nach 24 h zwischen 25 und 70°C unter Bildung von H_2 und $[(p\text{-}C_2H_5OC_6H_4)_2Sn]_6$ sowie von $[(p\text{-}C_2H_5OC_6H_4)_2Sn]_n$ mit einem Polymerisationsgrad >6 [1]

$(1\text{-}C_{10}H_7)_2SnH_2$

Die 1-Naphthylverbindung wird durch Umsetzung von Di-1-naphthylzinndichlorid mit $(C_2H_5)_2AlH$ in Diäthyläther bei −30°C in 84%iger Ausbeute gewonnen. Die aus Ligroin umkristallisierten farblosen Kristalle schmelzen bei 83°C. Für die νSnH erscheinen im IR-Spektrum Banden bei 1870 und 1888 cm^{-1}. Die Verbindung zerfällt in Gegenwart von Pyridin unter Abspaltung von H_2 und Bildung von polymerem $[(1\text{-}C_{10}H_7)_2Sn]_n$ [1].

$(2\text{-}C_{10}H_7)_2SnH_2$

Die Darstellung der 2-Naphthylverbindung erfolgt durch Umsetzung von Di-2-naphthylzinndichlorid mit $(C_2H_5)_2AlH$ in Toluol bei −50°C. Es werden 45% Ausbeute an farblosen Kristallen vom Schmelzpunkt 100 bis 102°C (nach Umkristallisieren aus Diäthyläther) erhalten. Im IR-Spektrum erscheinen bei 1828 (st), 1846 (st) und 1830 (Sch) cm^{-1} Banden für die Sn-H-Valenzschwingung. Die Verbindung zerfällt in Gegenwart von Dimethylformamid und wenig $(2\text{-}C_{10}H_7)_2SnCl_2$ nach 7 h bei 40 bis 50°C unter Bildung von H_2 und $[(2\text{-}C_{10}H_7)_2Sn]_n$ [1].

$(p\text{-}C_6H_5C_6H_4)_2SnH_2$

Die Verbindung entsteht bei der Umsetzung von $(p\text{-}C_6H_5C_6H_4)_2SnCl_2$ mit $(C_2H_5)_2AlH$ in Diäthyläther bei −50°C in 52%iger Ausbeute in Form farbloser Kristalle, die nach Umkristallisieren aus Petroläther bei 140 bis 141°C schmelzen. Im IR-Spektrum erscheinen zwei Banden bei 1848 (st) und 1862 (Sch) cm^{-1}, die der νSnH zugeordnet werden. Die Verbindung zersetzt sich in Gegenwart von Pyridin unter Abspaltung von H_2 und Bildung von $[(p\text{-}C_6H_5C_6H_4)_2Sn]_6$ [1].

Literatur:

[1] W. P. Neumann, K. König (Liebigs Ann. Chem. **677** [1964] 12/8). — [2] W. P. Neumann, J. A. Pedain, Studiengesellschaft Kohle m.b.H. (D.P. 1214237 [1964/66]; C.A. **65** [1966] 5490).

1.2.2.2 Diorganozinndihydride des Typs $RR'SnH_2$

Diorganotin Dihydrides of the $RR'SnH_2$ Type

$CH_3(C_2H_5)SnH_2$

Für die Verbindung wurden bisher keine Darstellungsmethoden und keine Eigenschaften in der Literatur beschrieben. Es wurden lediglich Kraftfeldberechnungen von Konformationsgleichgewichten durchgeführt [1].

$CH_3(iso\text{-}C_3H_7)SnH_2$

Für die Verbindung sind keine Darstellung und keine Eigenschaften beschrieben. Es wurden lediglich Kraftfeldberechnungen durchgeführt [1].

$C_2H_5(C_4H_9)SnH_2$

Zur Darstellung der Verbindung wird $C_2H_5(C_4H_9)SnCl_2$ zu $LiAlH_4$ bei 0°C in Diäthyläther gegeben, die Reaktionsmischung anschließend 2.5 h unter Rückfluß erhitzt und abschließend mit Hydrochinon und Wasser das überschüssige $LiAlH_4$ zersetzt. Die Ausbeute beträgt dann 64.1% [2]. Außerdem entsteht die Verbindung bei der Umsetzung von $C_2H_5(Br)SnH_2$ mit LiC_4H_9 in Hexan bei −78°C [3]. Das Hydrid siedet ohne Zersetzung bei 46 bis 47°C/15 Torr und zeigt im IR-Spektrum die νSnH bei 1827 cm^{-1}. Mit HCl reagiert die Verbindung in Äthanol bei 0°C unter Bildung von H_2 und $C_2H_5(C_4H_9)SnCl_2$ [2].

$C_2H_5(C_6H_5)SnH_2$

Für die Verbindung sind verschiedene Darstellungsmöglichkeiten bekannt. Das Hydrid entsteht bei der Reaktion zwischen $C_2H_5(C_6H_5)SnCl_2$ und $LiAlH_4$ in Diäthyläther, erst bei 0°C und anschließend nach 2.5stündigem Rückflußkochen und Waschen mit Wasser in 66.4%iger Ausbeute [2, 4]. Anstelle des Chlorids kann auch $C_2H_5(C_6H_5)SnJ_2$ mit $LiAlH_4$ im gleichen Lösungsmittel umgesetzt werden [5, 6]. Auch durch Reduktion von $C_2H_5(C_6H_5)SnCl_2$ mit $(C_4H_9)_3SnH$ ist die Verbindung, in diesem Fall in 76.5%iger Ausbeute, zugänglich [2, 4]. Die farblose Flüssigkeit siedet bei 45 bis 46°C/3 Torr [4], 47°C/3 Torr unter Zersetzung [2], 56 bis 58°C/12 Torr [5, 6]. Der Brechungsindex beträgt n_D^{20} = 1.5544 [5, 6]. Die νSnH wird im IR-Spektrum bei 1845 cm^{-1} gefunden [2].

$C_2H_5(C_6H_5)SnH_2$ reagiert mit HCl in Diäthyläther bei 0°C unter Bildung von $C_2H_5(C_6H_5)SnCl_2$ [2, 4]. Mit $C_6H_5CH{=}CH_2$ erfolgt bei 30 bis 70°C Bildung von $C_2H_5(C_6H_5)Sn(CH_2CH_2C_6H_5)_2$ [7]. Die Reaktion mit $o\text{-}HC{\equiv}CC_6H_4C{\equiv}CH$ in Benzol führt zur Bildung von 41% 7,16-Diäthyl-7,16-diphenyl-7,16-dihydrodibenzo[d,k][1,8]distannacyclotetradecin (XXXIV) neben 5.4% 3-Äthyl-3-phenyl-3H-3-benzostannepin (XXXV) [5, 6].

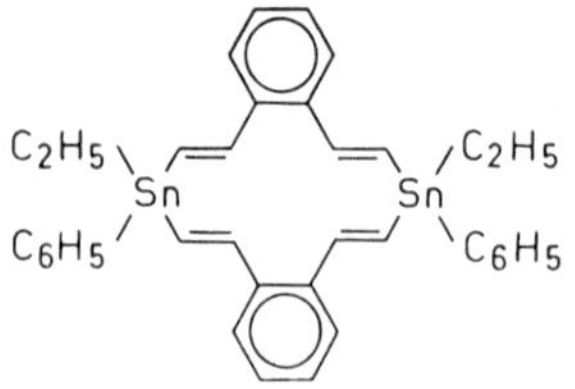

XXXIV 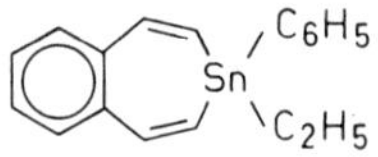 XXXV

$C_4H_9(C_6H_5)SnH_2$

Die Verbindung wird durch Umsetzung von $C_4H_9(C_6H_5)SnCl_2$ mit $LiAlH_4$ in Diäthyläther erst bei 0°C und anschließend nach 2.5stündigem Rückflußkochen in 70.4%iger Ausbeute gewonnen. Die farblose Flüssigkeit siedet unter leichter Zersetzung bei 75 bis 76°C/2 Torr. Bei der Reaktion mit HCl in Äthanol wird das Ausgangsmaterial der Darstellungsreaktion, $C_4H_9(C_6H_5)SnCl_2$, zurückgebildet [2, 4]. Die Verbindung reagiert mit $C_6H_5CH{=}CH_2$ bei 30 und 70°C unter Hydrostannierung der Doppelbindung und Bildung von $C_4H_9(C_6H_5)Sn(CH_2CH_2C_6H_5)_2$ [7].

Literatur:

[1] R. J. Ouelette (J. Am. Chem. Soc. **94** [1972] 7674/9). — [2] L. S. Melnichenko, N. N. Zemlyanskii, K. A. Kocheshkov (Dokl. Akad. Nauk SSSR **197** [1971] 1335/6; Dokl. Chem. Proc. Acad. Sci. USSR **196/201** [1971] 341/2). — [3] G. Fritz, H. Scheer (Z. Anorg. Allgem. Chem. **338** [1965] 1/8). — [4] K. A. Kocheshkov, N. N. Zemlyanskii, L. S. Melnichenko (Izv. Akad. Nauk SSSR Ser. Khim. **1970** 2160; Bull. Acad. Sci. USSR Div. Chem. Sci. **1970** 2045). — [5] A. J. Leusink, J. G. Noltes, H. A. Budding, G. J. M. van der Kerk (Rec. Trav. Chim. **83** [1964] 1036/8).

[6] A. J. Leusink, H. A. Budding, J. G. Noltes (J. Organometal. Chem. **24** [1970] 375/86). — [7] L. S. Melnichenko, A. N. Rodionov, N. N. Zemlyanskii, K. A. Kocheshkov (Dokl. Akad. Nauk SSSR **201** [1971] 866/7; Dokl. Chem. Proc. Acad. Sci. USSR **196/201** [1971] 996/7).

Diorganotin Dihydrides of the $R\frown SnH_2$ Type

1.2.2.3 Diorganozinndihydride des Typs $R\frown SnH_2$

$C_{14}H_{12}SnH_2$

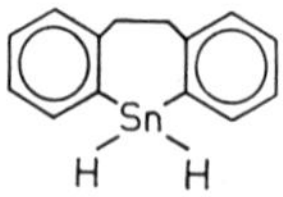

Die Verbindung entsteht bei der Umsetzung von 5,5-Dichlor-10,11-dihydro-5H-dibenzo[b,f]-stannepin $C_{14}H_{12}SnCl_2$ mit $LiAlH_4$ in Diäthyläther [1].

Literatur:

[1] O. F. Beumel (Diss. Univ. New Hampshire 1960, 120 S.; Diss. Abstr. **21** [1960] 1370).

1.2.3 Organozinntrihydride

Organotin Trihydrides

Organozinntrihydride entsprechen in ihren Eigenschaften und in ihrem Verhalten weitgehend den Triorganozinnhydriden und den Diorganozinndihydriden. Sehr große Unterschiede bestehen allerdings in der thermischen Stabilität. So besitzen, generell gesehen, Triorganozinnhydride bei 150°C noch die gleiche Stabilität wie die thermisch sehr labilen Organozinntrihydride bei 0°C.

Allgemeine Literatur

General Literature

M. Lesbre, Sur les composés organiques de l'étain, Bull. Soc. Chim. France **1935** 1189/200.

H. G. Kuivila, Reactions of Organotin Hydrides with Organic Compounds, Advan. Organometal. Chem. **1** [1964] 47/87.

W. P. Neumann, Die Hydrostannierung ungesättigter Verbindungen, Angew. Chem. **76** [1964] 849/59.

L. W. Reeves, Absolute Correlation of Nuclear Spin-Spin Coupling Constants with Atomic Number. Couplings $J_{X\text{-}C\text{-}H}$ and $J_{X\text{-}H}$, J. Chem. Phys. **40** [1964] 2128/31.

M. L. Maddox, S. L. Stafford, H. D. Kaesz, Applications of NMR to the Study of Organometallic Compounds, Advan. Organometal. Chem. **3** [1965] 1/179.

A. J. Leusink, Hydrostannation. A Mechanistic Study, Diss. Utrecht 1966.

D. M. Adams, Metal-Ligand and Related Vibrations, London 1967.

R. H. Herber, Chemical Aspects of Mössbauer Spectroscopy, Progr. Inorg. Chem. **8** [1967] 1/41.

L. May, J. J. Spijkerman, On the Relationship between Mössbauer Spectroscopy and the Nuclear Magnetic Resonance of Organotin Compounds, J. Chem. Phys. **46** [1967] 3272/3.

J. J. Spijkerman, The Mössbauer Chemical Shift in Tin Chemistry, Advan. Chem. Ser. **68** [1967] 105/12.

N. G. Bokii, Yu. T. Struchkov, Structural Chemistry of Organic Compounds of the Nontransition Elements of Group IV (Si, Ge, Sn, Pb), Zh. Strukt. Khim. **9** [1968] 722/65; J. Struct. Chem. USSR **9** [1968] 633/72.

V. I. Goldanskii, V. V. Khrapov, O. Yu. Okhlobystin, V. Ya. Rochev, ^{119}Sn. Metal Organic Compounds, in: V. I. Goldanskii, R. H. Herber, Chemical Application of Mössbauer Spectroscopy, London 1967, S. 336/76.

R. Varma, Characterization of Metalloid and Organometallic Compounds by Microwave Spectroscopy, in: M. Tsutsui, Characterization of Organometallic Compounds, Bd. 1, New York 1969, S. 277/314.

H. G. Kuivila, Reduction of Organic Compounds by Organotin Hydrides, Synthesis **1970** 499/509.

K. U. Ingold, B. P. Roberts, Free-Radical Substitution Reactions, New York 1971.

V. O. Reikhsfeld, V. A. Ivanov, I. E. Saratov, Properties of Organohydrides of the Group IVb Elements, Kremniiorg. Mater. **1971** 97/101; C.A. **78** [1973] Nr. 15158.

1.2.3.1 Methylzinntrihydrid CH_3SnH_3

Methyltin Trihydride

Preparation

Darstellung. CH_3SnH_3 wird durch Umsetzung von CH_3SnCl_3 mit $LiAlH_4$ in Diäthyläther [1, 2] oder Dioxan dargestellt [3]. Zur Laboratoriumsdarstellung besser geeignet ist die Synthese aus $SnCl_4$ und $LiAlH_4$ in Diglyme, wobei intermediär SnH_4 entsteht, das mit Na und CH_3J in flüssigem NH_3 sofort weiter zu CH_3SnH_3 umgesetzt wird [4]. Auf diese Weise werden aus $NaSnH_3$, das in NH_3 eingefroren wurde, nach dem Aufkondensieren von CH_3J, Auftauen auf −63.5°C und 5 min Rühren 94% Ausbeute erzielt [5]. Analog entsteht die Verbindung aus $KSnH_3$ und CH_3J [6], wobei in Monoglyme als Lösungsmittel bei −30°C 63% Ausbeute erhalten werden können [7]. Präparativ nutzbar sind noch die Reaktion zwischen $K(CH_3)SnO_2$, das aus $SnCl_2 \cdot 2H_2O$ durch Umsetzung mit KOH und CH_3J gewonnen wird, $NaBH_4$ und 6 M HCl-Lösung [8] sowie aus $CH_3Sn[N(C_2H_5)_2]_3$ und $(C_4H_9)_2AlH$ in Heptan, wobei nach 1 h bei −30°C 29.1% der nach der Theorie geforderten

Menge an CH_3SnH_3 gebildet werden [9]. Außerdem entsteht die Verbindung bei der Zersetzung von $(CH_3)_2SnH_2$ durch 2,3-$C_2B_4H_8$ im Bombenrohr bei 175°C nach 21 h neben $(CH_3)_3SnH$ [10]. CH_3SnD_3 wird durch Umsetzung von CH_3SnCl_3 mit $LiAlD_4$, CD_3SnH_3 durch Umsetzung von CD_3SnCl_3 mit $LiAlH_4$ dargestellt [1, 2].

Physical Properties

Physikalische Eigenschaften. Für das bei Normalbedingungen farblose Gas wird ein Siedepunkt von 0°C/760 Torr [3] und 1.4°C/Normaldruck [5] extrapoliert. Der Dampfdruck beträgt bei −23°C 268 Torr [8]. Die Temperaturabhängigkeit des Dampfdruckes folgt der Gleichung $\lg p = B - A/T$ mit A = 1255 und B = 7.475. Die Verdampfungswärme ΔH_s wurde aus dem Siedepunkt zu 5.750 kcal/mol berechnet. Die Trouton-Konstante beträgt 21.0 $cal \cdot mol^{-1} \cdot K^{-1}$ [3, 33].

The Molecule. Spectra

Molekül. Spektren. Aus Mikrowellendaten werden folgende Strukturparameter abgeleitet: d(C-H) = 1.083 ± 0.005 Å, d(Sn-C) = 2.143 ± 0.002 Å, d(Sn-H) = 1.700 ± 0.015 Å, Winkel H-C-H = 108°25′, Winkel H-Sn-H = 109°28′ [1, 2, 11]. Die Rotationskonstanten betragen im Grundzustand für CH_3SnH_3: A = 1.539 ± 0.027 und B = 0.2286 ± 0.0055, für CH_3SnD_3: A = 0.898 ± 0.016 und B = 0.2095 ± 0.0050 und für CD_3SnH_3: A = 1.197 ± 0.021 und B = 0.1849 ± 0.0044 [1, 2]. Das Dipolmoment beträgt 0.68 D [11]. Dieser Wert stimmt gut mit dem aus del Re-Berechnungen erhaltenen Wert von 0.65 D überein [15]. Berechnungen der molekularen Polarisierbarkeit s. bei [16].

Im Mikrowellenspektrum von CH_3SnH_3 werden folgende Banden gefunden und den angegebenen Isotopen zugeordnet (in MHz, Intensität in Klammern): ^{120}Sn: 27517.58 (2), ^{118}Sn: 27558.79 (1), ^{120}Sn: 27560.69 (4), ^{119}Sn: 27580.52 (1), ^{118}Sn: 27600.80 (3), ^{117}Sn: 27621.20 (1), ^{116}Sn: 27641.99 (2). Die Banden sind alle den Rotationsübergängen $J = 1 \rightarrow 2$ der einzelnen Isotope zuzuordnen [11]. In einer späteren Untersuchung des Mikrowellenspektrums werden bei größerem Auflösungsvermögen des Spektrographen im Bereich zwischen 13720 und 13820 MHz insgesamt 31 Linien für Torsionsniveaus des Überganges $J = 0 \rightarrow 1$ für die Isotope ^{116}Sn, ^{117}Sn, ^{118}Sn, ^{119}Sn, ^{120}Sn, ^{122}Sn und ^{124}Sn gefunden [4]. Vergleiche der aus diesen Mikrowellendaten gewonnenen Torsionsenergien mit denen aus Torsionspotential-Funktionen berechneten Energien bei Korrelation mit entsprechenden Daten anderer Moleküle mit dreizähliger Symmetrie s. bei [12]. Kraftfeldberechnungen von Konformationsgleichgewichten s. bei [13]. CNDO-Berechnungen s. bei [14].

Im ^1H-NMR-Spektrum erscheint sowohl für die drei an Sn gebundenen H-Atome als auch für die drei Protonen der CH_3-Gruppe jeweils ein Quartett-Signal. Folgende Werte werden für die chemische Verschiebung und die Kopplungskonstanten angegeben: $\tau SnH_3 = 5.86$ in Neopentan [8, 17, 18, 19]; $\delta SnH_3 = -248.4$ Hz [20]; $J(^1H^{117}Sn) = 1757$ Hz (berechnet) [21], 1770 Hz [8, 18, 19, 20]; $J(^1H^{119}Sn) = 1838$ Hz (berechnet) [21], 1852 Hz [8, 18, 19, 20, 22, 23]; $J(^1HSnC^1H) = 2.7$ Hz [8, 19, 20]; $\tau SnCH_3 = 9.73$ [8, 24]; $\delta SnCH_3 = -16.2$ Hz [20]; $J(^1H^{13}C) = 130$ Hz [8, 20]; $J(HC^{117}Sn) = 60.4$ Hz (berechnet) [21]; $J(^1HC^{119}Sn) = 63.2$ Hz (berechnet) [21], 63.4 Hz (berechnet) [24]; $J(^1HC^{117/119}Sn) = 62.0$ Hz [8, 20, 22, 23]. Korrelationen der NMR-Daten mit der νSnH unter Einbeziehung anderer Organozinnverbindungen s. bei [17 bis 20], Korrelationen der Kopplungskonstanten $J(^1H^{119}Sn)$ und $J(^1HC^{119}Sn)$ mit der Ordnungszahl und entsprechenden Kopplungskonstanten s. bei [22].

Das ^{119}Sn-NMR-Spektrum zeigt bei einer 60%igen Lösung in Toluol bei −35°C ein Signal bei +346 ± 2 ppm gegen $Sn(CH_3)_4$ und in 30%iger Lösung in Diäthyläther-Toluol bei −35°C bei +347 ± 2 ppm gegen $Sn(CH_3)_4$ [25].

Die Isomerieverschiebung im Mössbauer-Spektrum beträgt $\delta = -1.46$ mm/s gegen β-Sn [23] bzw. 1.24 ± 0.06 mm/s gegen SnO_2 [26]. Quadrupolaufspaltung wird nicht gefunden. Berechnungen der Orbitalbesetzung aus den Mössbauer-Daten s. bei [27].

Das IR-Spektrum von gasförmigem CH_3SnH_3 [1, 2, 28, 29], gasförmigem CH_3SnD_3 [1, 2] und gasförmigem CD_3SnH_3 [1, 2] ist in den Tabellen 6, 7 und 8 aufgeführt. Daneben wird die νSnH bei 1870 cm^{-1} in Cyclohexan [17, 18, 30], bei 1875 cm^{-1} im Gaszustand [5, 18] und bei 1876 cm^{-1} [17, 31] gefunden. Korrelationen der νSnH in CH_3SnH_3 und anderen Organometallhydriden mit NMR-spektroskopischen Daten s. bei [18, 30].

Mit Hilfe einer Normalkoordinatenanalyse werden Coriolis-Konstanten und die harmonischen Kraftkonstanten berechnet. Die berechneten harmonischen Frequenzen werden für CH_3SnH_3, CH_3SnD_3 und CD_3SnH_3 mit den gefundenen Bandenlagen verglichen. Folgende harmonische Kraftkonstanten in mdyn/Å werden ermittelt [2]:

ν_sCH:	$F_{11} = 5.391$	$\nu_{as}CH$:	$F_{77} = 5.366$
ν_sSnH:	$F_{22} = 2.241$	$\nu_{as}SnH$:	$F_{88} = 2.217$
δ_sCH_3:	$F_{33} = 0.386$	$\delta_{as}CH_3$:	$F_{99} = 0.470$
δ_sSnH_3:	$F_{44} = 0.149$	ρCH_3:	$F_{1010} = 0.352$
νCSn:	$F_{55} = 2.124$	$\delta_{as}SnH_3$:	$F_{1111} = 0.115$
		ρSnH_3:	$F_{1212} = 0.141$

Berechnung von Kraftkonstanten mit Hilfe eines Iterationsverfahrens sowie Berechnung der thermodynamischen Größen $(H_0 - E_0^\circ)/T$, $-(G_0 - E_0^\circ)/T$, S_0 und C_v° zwischen 100 und 1500 K s. bei [32]. Berechnung der quadratischen Kraftkonstanten, der Frequenzen der Normalschwingungen nach der FG-Matrizenmethode aus experimentell gefundenen Frequenzen und der Coriolis-Konstanten und Vergleich mit denen von CH_3SiH_3, CH_3SiD_3, CH_3GeH_3, CD_3GeH_3 und CH_3GeD_3 s. bei [29].

Tabelle 6

IR-Spektrum von CH_3SnH_3

Zuordnung	ν in cm⁻¹ [2]	[28]	(berechnet) [29]
ν_7, $\nu_{as}CH$	3005.4 s	2985 st	2985
ν_1, ν_sCH	2932.5 s	2924 s	2924
ν_2, ν_8, ν_sSnH, $\nu_{as}SnH$	1874.5 st	1876 st	1876
ν_9, $\delta_{as}CH_3$	1417.0 s	1429 s	1429
ν_3, δ_sCH_3	1209.3 s	1143 s	1143
ν_{10}, ρCH_3	774.1 m	775 Sch	775
ν_{11}, $\delta_{as}SnH_3$	741.3 m	731 Sch	731
		717 Sch	
ν_4, δ_sSnH_3	694.5 st	701 st	701
		686 st	
		539 Sch	
ν_5, νSnC	526.9 m	528 st	528
		517 Sch	
		424 m	
ν_{12}, ρSnH_3	416.3 m	415 m	411
		407 m	
ν_6, Torsion (berechnet)	109	—	—

Kombinations- und Oberschwingungen s. in den Originalen.

Tabelle 7

IR-Spektrum von CH_3SnD_3

Zuordnung	ν in cm⁻¹ [2]	Zuordnung	ν in cm⁻¹ [2]
ν_7, $\nu_{as}CH$	3000 s	ν_4, δSnD_3	509.1 m
ν_1, ν_sCH	2930 m	ν_{11}, $\delta_{as}SnD_3$	502.5 st
ν_8, $\nu_{as}SnD$	1400 s	ν_5, νSnC	493.0 st
ν_9, ν_2, $\delta_{as}CH_3$, ν_sSnD	1352.0 st	ν_{12}, ρSnD_3	316.6 m
ν_3, δ_sCH_3	1204.5 st	ν_6, Torsion (berechnet)	101
ν_{10}, ρCH_3	765 s		

Kombinations- und Oberschwingungen s. im Original.

Tabelle 8
IR-Spektrum von CD_3SnH_3

Zuordnung	ν in cm^{-1} [2]	Zuordnung	ν in cm^{-1} [2]
ν_7, $\nu_{as}CD$	2254.5 m	ν_4, δ_sSnH_3	703.5 st
ν_1, ν_sCD	2144.3 m	ν_{11}, $\delta_{as}SnH_3$	628.4 st
ν_8, ν_2, $\nu_{as}SnH$, ν_sSnH	1889.0 st	ν_5, νSnC	478.0 m
ν_9, $\delta_{as}CD_3$	1017.1 s	ν_{12}, ρSnH_3	392.4 s
ν_3, δ_sCD_3	920.2 m	ν_6, Torsion (berechnet)	88
ν_{10}, ρCD_3	738.1 m		

Kombinationsschwingungen s. im Original.

Literatur:

[1] H. S. Kimmel (Diss. City of New York Univ., New York, N.Y., 1967, 192 S.; Diss. Abstr. B **28** [1967] 1884). — [2] H. Kimmel, C. R. Dillard (Spectrochim. Acta A **24** [1968] 909/19). — [3] A. E. Finholt, A. C. Bond, K. E. Wilzbach, H. I. Schlesinger (J. Am. Chem. Soc. **69** [1947] 2692/6). — [4] P. Cahill, S. Butcher (J. Chem. Phys. **35** [1961] 2255/6). — [5] H. J. Emeléus, S. F. A. Kettle (J. Chem. Soc. **1958** 2444/8).

[6] J. R. Webster (Diss. Univ. of California, Berkeley, Calif., 1970, 73 S.; Diss. Abstr. Intern. B **32** [1971] 810). — [7] E. Amberger, R. Römer, A. Layer (J. Organometal. Chem. **12** [1968] 417/23). — [8] N. Flitcroft, H. D. Kaesz (J. Am. Chem. Soc. **85** [1963] 1377/80). — [9] M.-R. Kula, J. Lorberth, E. Amberger (Chem. Ber. **97** [1964] 2087/9). — [10] W. A. Ledoux, R. N. Grimes (J. Organometal. Chem. **27** [1971] 37/48).

[11] D. R. Lide (J. Chem. Phys. **19** [1951] 1605/6). — [12] G. Dellepiane, G. Zerbi (J. Mol. Spectry. **24** [1967] 62/86). — [13] R. J. Ouellette (J. Am. Chem. Soc. **94** [1972] 7674/9). — [14] P. G. Perkins, D. H. Wall (J. Chem. Soc. A **1971** 3620/3). — [15] R. Gupta, B. Majee (J. Organometal. Chem. **33** [1971] 169/73).

[16] G. Nagarajan (Z. Naturforsch. **21** [1966] 238/43). — [17] Y. Kawasaki, K. Kawakami, T. Tanaka (Bull. Chem. Soc. Japan **38** [1965] 1102/5). — [18] M. L. Maddox, N. Flitcroft, H. D. Kaesz (J. Organometal. Chem. **4** [1965] 50/6). — [19] J. Dufermont, J. C. Maire (J. Organometal. Chem. **7** [1967] 415/25). — [20] H. Schmidbaur (Chem. Ber. **97** [1964] 1639/48).

[21] T. Vladimirov, E. R. Malinovski (J. Chem. Phys. **2** [1965] 440/2). — [22] L. W. Reeves (J. Chem. Phys. **40** [1964] 2128/31). — [23] L. May, J. J. Spijkerman (J. Chem. Phys. **46** [1967] 3272/3). — [24] R. Gupta, B. Majee (J. Organometal. Chem. **40** [1972] 97/105). — [25] J. D. Kennedy, W. McFarlane (Rev. Silicon Germanium Tin Lead Compounds **1** [1974] 235/98).

[26] R. H. Herber, G. I. Parisi (Inorg. Chem. **5** [1966] 769/74). — [27] N. N. Greenwood, P. G. Perkins, D. H. Wall (Symp. Faraday Soc. Nr. 1 [1967/68] 51/9). — [28] C. R. Dillard, L. May (J. Mol. Spectry. **14** [1964] 250/67). — [29] Yu. I. Ponomarev, I. F. Kovalev, V. A. Orlov (Opt. i Spektroskopiya **23** [1967] 483/5; Opt. Spectry. [USSR] **23** [1967] 258/9). — [30] Yu. P. Egorov, V. P. Morozov, N. F. Kovalenko (Ukr. Khim. Zh. **31** [1965] 123/32 nach C.A. **63** [1965] 3771).

[31] P. E. Potter, L. Pratt, G. Wilkinson (J. Chem. Soc. **1964** 524/7). — [32] C. Galasso, G. de Alti, A. Bigotto (Z. Physik. Chem. [Frankfurt] **57** [1968] 132/7). — [33] W. F. Lautsch, A. Tröber, H. Körner, K. Wagner, R. Kaden, S. Blase (Z. Chem. [Leipzig] **4** [1964] 441/54).

Ethyltin Trihydride

1.2.3.2 Äthylzinntrihydrid $C_2H_5SnH_3$

$C_2H_5SnH_3$ wird durch Umsetzung von $C_2H_5SnCl_3$ mit $LiAlH_4$ in Diäthyläther unter N_2 dargestellt [1]. Bei der Reduktion von $C_2H_5SnCl_3$ mit $(iso\text{-}C_4H_9)_2AlH$ in Dibutyläther werden nach 2 h bei −10°C 97% Ausbeute an $C_2H_5SnH_3$ erzielt [2]. Ferner entsteht die Verbindung nach Aufkondensieren von C_2H_5J auf eine gefrorene Lösung von $NaSnH_3$ in NH_3 und Aufwärmen auf −65°C [3] sowie durch Umsetzung von $KSnH_3$ mit C_2H_5J in flüssigem NH_3 [4].

Für $C_2H_5SnH_3$, das bei Zimmertemperatur langsam zerfällt, wird ein Siedepunkt von 25°C extrapoliert [3]. Daneben werden folgende Siedepunkte angegeben: 22 bis 23°C/745 Torr [2, 5], 35°C/760 Torr [1]. Der Dampfdruck folgt der Gleichung lg p = B – A/T mit A = 1470 und B = 7.65 [1]. Für die Verdampfungswärme werden $\Delta H_s = 7.4$ kcal/mol aus dem Dampfdruck berechnet [6]. Brechungsindex $n_D^{20} = 1.4490$ [5] und 1.4491 [2, 7].

Im ^{1}H-NMR-Spektrum erscheint ein Signal für die drei an Sn gebundenen H-Atome bei $\tau = 5.66$ in Cyclopentan [8, 9, 10] mit folgenden Kopplungskonstanten: $J(^1H^{117}Sn) = 1710.8$ Hz und $J(^1H^{119}Sn) = 1790.1$ Hz [9, 10]. Bei Doppelresonanzuntersuchungen wird die chemische Verschiebung $\delta^{119}Sn$ zu –282 ppm gegen $Sn(CH_3)_4$ an einer 50%igen Lösung in Dibutyläther bestimmt [11]. Das IR-Spektrum der gasförmigen Verbindung zeigt folgende Banden (in cm^{-1}): 2940 m, 1869 st, 1470 s, 1382 s, 1208 s, 1195 s, 1020 s, 686 st, 674 st [3]. Für die νSnH werden angegeben: 1853 cm^{-1} in Cyclohexan [9] und 1869 cm^{-1} in Substanz [2, 3, 5, 8, 12]. Kraftfeldberechnungen von Konformationsgleichgewichten s. bei [13].

$C_2H_5SnH_3$ reagiert ohne Verwendung eines Lösungsmittels bei –78°C mit HBr im Molverhältnis 1:1 unter Bildung von H_2 und $C_2H_5SnH_2Br$ [14, 15]. Bei einem Molverhältnis von 1:2 wird nach dem Auftauen auf –66°C außerdem eine Festsubstanz gefunden, die im IR-Spektrum keine νSnH mehr zeigt und wahrscheinlich $[C_2H_5SnBr_2]_2$ sein dürfte, das aus intermediär gebildetem $C_2H_5SnHBr_2$ entstanden sein sollte. Bei einem Molverhältnis von 1:3 werden außer Sn und H_2 keine einheitlichen Produkte mehr gefunden [15].

Literatur:

[1] C. R. Dillard, E. H. McNeill, D. E. Simmons, J. B. Yeldell (J. Am. Chem. Soc. **80** [1958] 3607/9). — [2] W. P. Neumann, H. Niermann (Liebigs Ann. Chem. **653** [1962] 164/72). — [3] H. J. Emeléus, S. F. A. Kettle (J. Chem. Soc. **1958** 2444/8). — [4] J. R. Webster (Diss. Univ. of California, Berkeley, Calif., 1970, 73 S.; Diss. Abstr. Intern. B **32** [1971] 810). — [5] W. P. Neumann (Angew. Chem. **75** [1963] 225/35).

[6] W. F. Lautsch, A. Tröber, H. Körner, K. Wagner, R. Kaden, S. Blase (Z. Chem. [Leipzig] **4** [1964] 441/54). — [7] J. J. Pohl (Allgem. Prakt. Chem. **19** [1968] 84). — [8] Y. Kawasaki, K. Kawakami, T. Tanaka (Bull. Chem. Soc. Japan **38** [1965] 1102/5). — [9] M. L. Maddox, N. Flitcroft, H. D. Kaesz (J. Organometal. Chem. **4** [1965] 50/6). — [10] J. Dufermont, J. C. Maire (J. Organometal. Chem. **7** [1967] 415/25).

[11] P. G. Harrison, S. E. Ulrich, J. J. Zuckerman (J. Am. Chem. Soc. **93** [1971] 5398/402). — [12] P. E. Potter, L. Pratt, G. Wilkinson (J. Chem. Soc. **1964** 524/7). — [13] R. J. Ouellette (J. Am. Chem. Soc. **94** [1972] 7674/9). — [14] G. Fritz, H. Scheer (Z. Naturforsch. **19b** [1964] 537). — [15] G. Fritz, H. Scheer (Z. Anorg. Allgem. Chem. **338** [1965] 1/8).

1.2.3.3 Weitere Alkylzinntrihydride $RSnH_3$

Other Alkyltin Trihydrides

$C_3H_7SnH_3$

$C_3H_7SnH_3$ wird entweder durch Umsetzung von $C_3H_7SnCl_3$ mit $LiAlH_4$ in Diäthyläther bei 30°C [1] oder aus $NaSnH_3$ und C_3H_7J durch Aufkondensieren des Propyljodids auf eine gefrorene Lösung der Zinnverbindung in NH_3 und anschließendes Auftauen auf –63.5°C gewonnen [2]. Einerseits wird beschrieben, daß sich die Verbindung zersetzt, bevor IR-Spektrum oder Dampfdruckkurven aufgenommen werden konnten [2], andererseits werden aber folgende IR- und ^{1}H-NMR-Daten angegeben: νSnH = 1860 cm^{-1} in Cyclohexan [3], τSnH = 5.83 in Diäthyläther, $J(^1H^{117}Sn) = 1710.5$ Hz, $J(^1H^{119}Sn) = 1790.2$ Hz [3, 4]. Kraftfeldberechnungen von Konformationsgleichgewichten s. bei [5]. $C_3H_7SnH_3$ reagiert mit $CH_2{=}CHCOOCH_3$ unter Bildung von $C_3H_7Sn(CH_2CH_2COOCH_3)_3$ [1, 6].

iso-$C_3H_7SnH_3$

iso-$C_3H_7SnH_3$ wird durch Umsetzung von *iso*-$C_3H_7SnCl_3$ mit $LiAlH_4$ in wasserfreiem Diäthyläther bei –78°C dargestellt. Die Verbindung kann in einer geschlossenen Apparatur unter N_2 umkondensiert werden und ist im Vakuum bei –78°C mehrere Tage haltbar. Bei Zimmertemperatur zerfällt sie in kurzer Zeit [3]. Im IR-Spektrum wird die νSnH bei 1853 cm^{-1} (in Cyclohexan) gefunden

[3]. Folgende NMR-Parameter werden angegeben: $\tau SnH = 5.46$ in Diäthyläther, $J(^1H^{117}Sn) = 1672.5$ Hz, $J(^1H^{119}Sn) = 1750.0$ Hz [3, 4]. Die Isomerieverschiebung im Mössbauer-Spektrum beträgt $\delta = 1.4 \pm 0.06$ mm/s gegen SnO_2 bei Verwendung einer SnO_2-Quelle und 1.46 ± 0.06 mm/s bei einer Mg_2Sn-Quelle. Eine Quadrupolaufspaltung wird nicht gefunden [7].

$C_4H_9SnH_3$

$C_4H_9SnH_3$ wird durch Reduktion von $C_4H_9SnCl_3$ mit $LiAlH_4$ in Diäthyläther bei −78°C und anschließende Zersetzung des überschüssigen $LiAlH_4$ bei 0°C dargestellt [8]. Bei diesem Vorgehen werden 37% Ausbeute erzielt [1, 9]. Bei der analogen Reaktion zwischen $C_4H_9SnCl_3$ und $NaBH_4$ in Diglyme können nur 16% Ausbeute an $C_4H_9SnH_3$ gewonnen werden [10]. Weit bessere Ausbeuten, nämlich 62 bzw. sogar 90% werden erreicht, wenn man $C_4H_9SnCl_3$ bei 0°C mit $(C_2H_5)_2AlH$ in Diäthyläther oder mit (*iso*-$C_4H_9)_2AlH$ in Dibutyläther reduziert [11]. Ferner entsteht die Verbindung bei der Umsetzung von $C_4H_9SnCl_3$ mit jeweils einem Überschuß an $(C_4H_9)_3SnH$, $(C_4H_9)_2SnH_2$ oder $(C_4H_9)_2SnHCl$ bei Zimmertemperatur [12].

Die farblose Flüssigkeit siedet bei 98 bis 100°C/760 Torr [11, 13], 99 bis 101°C/760 Torr [1, 9]. Die Dichte beträgt $D_4^{20} = 1.14$ g/cm³ [13, 14], der Brechungsindex $n_D^{20} = 1.4609$ [11, 13, 14].

^1H-NMR-Parameter: $\tau SnH = 5.71$ in CS_2 [15], 5.70 [4] und 5.98 in CCl_4 bei −20°C [3, 16], $J(^1H^{117}Sn) = 1716.5$ Hz [3], 1720 Hz [4, 16], $J(^1H^{119}Sn) = 1796.1$ Hz [3], 1800 Hz [4, 16]. Die Isomerieverschiebung im Mössbauer-Spektrum beträgt $\delta = 1.44 \pm 0.06$ mm/s gegen SnO_2, die Quadrupolaufspaltung ist null [7]. Für die νSnH im IR-Spektrum werden angegeben: 1855 cm^{-1} [11, 13], 1862 cm^{-1} in Cyclohexan [3], 1865 cm^{-1} [16, 17] und 1870 cm^{-1} [15]. del Re-Berechnungen s. bei [17].

$C_4H_9SnH_3$ reagiert mit $CH_2{=}CHCOOCH_3$ unter Bildung von $C_4H_9Sn(CH_2CH_2COOCH_3)_3$ [1, 6]. Mit $CH_2{=}C(CH_3)COOCH_3$ entsteht in Gegenwart von Azoisobuttersäuredinitril bei 50 bis 60°C nach 5 h $C_4H_9Sn[CH_2CH(CH_3)COOCH_3]_3$ [18, 19]. Bei der Reaktion von $C_4H_9SnH_3$ mit 4-*tert*-Butylcyclohexanon wird nach einem Tag bei Zimmertemperatur und 4 h bei 40 bis 50°C 4-*tert*-Butylcyclohexanol neben polymerem $(C_4H_9Sn)_n$ erhalten [8]. $(CH_3)_3COOH$ wird bei Zimmertemperatur und auch in Dekalin bei −23°C unter Bildung einer weißen Festsubstanz reduziert, während mit $[(CH_3)_3CO]_2$ keine Reaktion eintritt [20].

iso-$C_4H_9SnH_3$

iso-$C_4H_9SnH_3$ wird dargestellt durch Umsetzung von *iso*-$C_4H_9SnCl_3$ mit $LiAlH_4$ in Diäthyläther, erst bei −40 bis −30°C und anschließend noch 1 h bei 30 bis 35°C in N_2-Atmosphäre. Dabei werden 70.5% Ausbeute erzielt. Die farblose Flüssigkeit siedet bei 87 bis 89°C/Normaldruck [18]. Ihre Dichte beträgt $D_4^{20} = 1.32$ g/cm³ [14, 18], der Brechungsindex $n_D^{20} = 1.4562$ [14, 18]. Die νSnH wird im IR-Spektrum als scharfe Bande bei 1855 cm^{-1} beobachtet [18].

iso-$C_4H_9SnH_3$ reagiert mit $CH_2{=}CHC_6H_{13}$ in Cyclohexan bei 100°C nach 36 h in Gegenwart von $Al(C_8H_{17})_3$ unter Bildung von *iso*-$C_4H_9Sn(C_8H_{17})_3$ in Ausbeuten von 59% [21, 22] oder gar 89% [23]. Mit $CH_2{=}CHCOOCH_3$ wird in exothermer Reaktion in Gegenwart von AIBN nach 1 h *iso*-$C_4H_9Sn(CH_2CH_2COOCH_3)_3$ gebildet, mit $CH_2{=}C(CH_3)COOCH_3$ entsteht bei gleichen Bedingungen nach 4 h bei 50°C *iso*-$C_4H_9Sn[CH_2CH(CH_3)COOCH_3]_3$ [18]. Bei der Umsetzung zwischen *iso*-$C_4H_9SnH_3$ einerseits und $(C_4H_9)_2SnH_2$ und Oktadien-1,7 sowie $(C_4H_9)_2Sn(CH_2CH{=}CH_2)_2$ andererseits werden in Gegenwart von $Al(CH_3)_3$ Polymere erhalten [24].

$C_8H_{17}SnH_3$

Für die Darstellung der Verbindung wird kein direktes Syntheseverfahren angegeben. Es wird nur erwähnt, daß $C_8H_{17}SnH_3$ durch Umsetzung von $C_8H_{17}SnCl_3$ mit $LiAlH_4$ oder Dialkylaluminiumhalogeniden dargestellt werden kann [25]. Als Siedepunkt werden 29°C/0.3 Torr angegeben, als Schmelzpunkt −52°C [26]. Der Brechungsindex beträgt $n_D^{20} = 1.4680$ [14, 26]. Die νSnH wird im IR-Spektrum bei 1863 cm^{-1} gefunden [26]. Im ^1H-NMR-Spektrum erscheint für die drei an Sn gebundenen H-Atome ein Triplett-Signal bei $\tau = 5.73$ mit $J(^1H^{117}Sn) = 1720$ Hz und $J(^1H^{119}Sn) = 1798$ Hz sowie $J(^1HSnC^1H) = 2.1$ Hz [4].

$C_8H_{17}SnH_3$ reagiert mit $Al(C_4H_9)_3$ in Cyclohexan bei 76°C unter Bildung von $C_8H_{17}Sn(C_4H_9)_3$ und $(C_4H_9)_2AlH$ [25] und mit $(C_4H_9)_2Sn(CH_2CH{=}CH_2)_2$ in Gegenwart von Aluminiumorganylen unter Bildung von Polymeren [24].

cyclo-$C_6H_{11}SnH_3$

Ein Darstellungsverfahren für *cyclo*-$C_6H_{11}SnH_3$ oder physikalische Eigenschaften dieser Verbindung wurden bis jetzt in der Literatur nicht beschrieben. Es wurden lediglich Kraftfeldberechnungen von Konformationsgleichgewichten von Hydriden und organischen Verbindungen der Elemente der 4. Hauptgruppe durchgeführt, worin auch *cyclo*-$C_6H_{11}SnH_3$ eingeschlossen ist [5].

$CH_2{=}CHSnH_3$

Zur Synthese von monomerem $CH_2{=}CHSnH_3$ ist es notwendig, $CH_2{=}CHSnCl_3$, gelöst in Diglyme, bei Temperaturen von etwa −10°C mit $LiAlH_4$, ebenfalls gelöst in Diglyme, umzusetzen und die entstehenden flüchtigen Produkte in einer Vakuumapparatur sofort abzuziehen und in einer Falle bei −196°C zu kondensieren. Neben H_2, $CH_2{=}CH_2$, SnH_4 und $C_2H_5OCH_3$ wird nach Fraktionierung des Falleninhaltes unter den weniger flüchtigen Anteilen eine Ausbeute von etwa 2% der Theorie an $CH_2{=}CHSnH_3$ erhalten, das durch eine Molekulargewichtsbestimmung identifiziert werden konnte. Die Verbindung ist äußerst instabil. Sie zerfällt unter Bildung eines orangeroten Niederschlages bei Zimmertemperatur und reagiert mit CF_3COOH in wäßriger Lösung unter Bildung von H_2 und Äthylen. Das IR-Spektrum der gasförmigen Verbindung ist in Tabelle 9 wiedergegeben [27].

Tabelle 9
IR-Spektrum von $CH_2{=}CHSnH_3$

Zuordnung	ν in cm^{-1}	Zuordnung	ν in cm^{-1}
νCH	3080 m	δCH_2	1008 m
νCH	3030 m		1002 m
νSnH	1910 st	δCH	953 m
	1892 st	δSnH (?)	728 m
νC=C	1600 s		717 st
δCH_2	1413 s	δSnH (?)	693 st
	1397 s		683 st
δCH	1270 s		
	1260 s		
	1255 s		

Literatur:

[1] J. G. Noltes, G. J. M. van der Kerk (Functionally Substituted Organotin Compounds, Tin Research Institute, Greenford 1958, S. 1/128). — [2] H. J. Emeléus, S. F. A. Kettle (J. Chem. Soc. **1958** 2444/8). — [3] M. L. Maddox, N. Flitcroft, H. D. Kaesz (J. Organometal. Chem. **4** [1965] 50/6). — [4] J. Dufermont, J. C. Maire (J. Organometal. Chem. **7** [1967] 415/25). — [5] R. J. Ouellette (J. Am. Chem. Soc. **94** [1972] 7674/9).

[6] G. J. M. van der Kerk, J. G. Noltes (J. Appl. Chem. **9** [1959] 106/13). — [7] R. H. Herber, G. I. Parisi (Inorg. Chem. **5** [1966] 769/74). — [8] H. G. Kuivila, O. F. Beumel (J. Am. Chem. Soc. **83** [1961] 1246/50). — [9] G. J. M. van der Kerk, J. G. Noltes, J. G. A. Luijten (J. Appl. Chem. **7** [1957] 366/9). — [10] E. R. Birnbaum, P. H. Javora (J. Organometal. Chem. **9** [1967] 379/82).

[11] W. P. Neumann, H. Niermann (Liebigs Ann. Chem. **653** [1962] 164/72). — [12] A. K. Sawyer, J. E. Brown (J. Organometal. Chem. **5** [1966] 438/45). — [13] W. P. Neumann (Angew. Chem. **75** [1963] 225/35). — [14] J. J. Pohl (Allgem. Prakt. Chem. **19** [1968] 84). — [15] Y. Kawasaki, K. Kawakami, T. Tanaka (Bull. Chem. Soc. Japan **38** [1965] 1102/5).

[16] P. E. Potter, L. Pratt, G. Wilkinson (J. Chem. Soc. **1964** 524/7). — [17] R. Gupta, B. Majee (J. Organometal. Chem. **36** [1972] 71/6). — [18] W. P. Neumann, H. Niermann, R. Sommer

(Liebigs Ann. Chem. **659** [1962] 27/39). — [19] K. Ziegler (B.P. 966813 [1961/64]; C.A. **61** [1964] 14711). — [20] D. L. Alleston, A. G. Davies (J. Chem. Soc. **1962** 2465/71).

[21] W. P. Neumann, H. Niermann, B. Schneider (Angew. Chem. **75** [1963] 790). — [22] W. P. Neumann, H. Niermann, B. Schneider (Liebigs Ann. Chem. **707** [1967] 15/9). — [23] Studiengesellschaft Kohle m.b.H. (Belg.P. 629783 [1962/63]; C.A. **60** [1964] 14538). — [24] W. P. Neumann, B. Schneider (Liebigs Ann. Chem. **707** [1967] 20/5). — [25] B. Schneider, W. P. Neumann (Liebigs Ann. Chem. **707** [1967] 7/14).

[26] W. P. Neumann (Die Organische Chemie des Zinns, Stuttgart 1967). — [27] F. E. Brinckman, F. G. A. Stone (J. Inorg. Nucl. Chem. **11** [1959] 24/32).

Phenyltin Trihydride

1.2.3.4 Phenylzinntrihydrid $C_6H_5SnH_3$

$C_6H_5SnH_3$ entsteht bei der Umsetzung von $C_6H_5SnCl_3$ mit $LiAlH_4$ in Diäthyläther zwischen −70 und −20°C und anschließendes Versetzen mit Eiswasser bei 0°C in 30%iger Ausbeute [1]. Bei der Reaktion zwischen $C_6H_5SnCl_3$ und $NaBH_4$ in Gegenwart von KOH und nachfolgendes Eingießen in 6 M HCl-Lösung werden 50% Ausbeute erzielt [2]. Bei der analogen Reduktion von $C_6H_5SnCl_3$ mit $(\textit{iso}\text{-}C_4H_9)_2AlH$ in Dibutyläther werden nach 2 h bei −30°C 72% Ausbeute erhalten [3].

Das farblose, schwere Öl siedet bei 35°C/2.5 Torr [1], 57 bis 64°C/106 Torr [4], 57 bis 64°C/105 bis 108 Torr [3], Brechungsindex $n_D^{20} = 1.4370$ [3, 4].

Im ^{1}H-NMR-Spektrum von $C_6H_5SnH_3$ erscheint für die Phenylprotonen ein typisches Phenylsignal bei etwa $\tau = 2.8$. Das Stannanprotonensignal läßt keine Feinstruktur durch Kopplung mit den orthoständigen Phenylprotonen erkennen. Es erscheint als scharfes Einzelsignal mit einer Halbwertsbreite von etwa 1.5 Hz bei $\delta = -295.8$ Hz in Substanz mit $J(^1H^{117}Sn) = 1836.7$ Hz und $J(^1H^{119}Sn) = 1921.5$ Hz sowie $\delta = -301.4$ Hz in Diäthyläther mit $J(^1H^{117}Sn) = 1833.1$ Hz und $J(^1H^{119}Sn) = 1916.5$ Hz [2]. Ferner werden folgende ^{1}H-NMR-Daten angegeben: $\tau SnH = 4.98$ [5]; $\tau = 4.98$ in Diäthyläther, $J(^1H^{117}Sn) = 1836.7$ Hz, $J(^1H^{119}Sn) = 1921.5$ Hz [6]; $\tau = 5.07$ in Substanz, $J(^1H^{117}Sn) = 1836.7$ Hz, $J(^1H^{119}Sn) = 1921.5$ Hz; $\tau = 4.98$ in Diäthyläther [7]; $\tau SnH = 4.97$ (mit 20% TMS) bei −30°C, $J(^1H^{119}Sn) = -1919.6 \pm 1.0$ Hz, $J(^1HSn^1H) = +18.6 \pm 0.3$ Hz [8].

Im IR-Spektrum wird die νSnH bei 1880 cm^{-1} gefunden [3 bis 6]. Korrelationen der IR- und ^{1}H-NMR-Daten im Zusammenhang mit denen anderer Organometallverbindungen s. bei [2, 5, 6, 7]. Als Isomerieverschiebung im Mössbauer-Spektrum wird $\delta = 1.40 \pm 0.06$ mm/s angegeben. Eine Quadrupolaufspaltung ist nicht feststellbar [9].

$C_6H_5SnH_3$ reagiert in Diäthyläther bei 0°C nicht mit Cyclohexanon [1]. Bei der Reaktion mit $(C_2H_5)_3SnN(C_6H_5)CHO$ bzw. $(C_8H_{17})_3SnN(C_6H_5)CHO$ im Molverhältnis 1:3 wird $[(C_2H_5)_3Sn]_3SnC_6H_5$ bzw. $[(C_8H_{17})_3Sn]_3SnC_6H_5$ erhalten [10].

Literatur:

[1] H. G. Kuivila, O. F. Beumel (J. Am. Chem. Soc. **83** [1961] 1246/50). — [2] E. Amberger, H. P. Fritz, C. G. Kreiter, M.-R. Kula (Chem. Ber. **96** [1963] 3270/4). — [3] W. P. Neumann, H. Niermann (Liebigs Ann. Chem. **653** [1962] 164/72). — [4] W. P. Neumann (Angew. Chem. **75** [1963] 225/35). — [5] Y. Kawasaki, K. Kawakami, T. Tanaka (Bull. Chem. Soc. Japan **38** [1965] 1102/5).

[6] M. L. Maddox, N. Flitcroft, H. D. Kaesz (J. Organometal. Chem. **4** [1965] 50/6). — [7] J. Dufermont, J. C. Maire (J. Organometal. Chem. **7** [1967] 415/25). — [8] C. Schumann, H. Dreeskamp (J. Magn. Resonance **3** [1970] 204/17). — [9] R. H. Herber, G. I. Parisi (Inorg. Chem. **5** [1966] 769/74). — [10] H. M. J. C. Creemers, J. G. Noltes, G. J. M. van der Kerk (Rec. Trav. Chim. **83** [1964] 1284/6).

Formelregister

Die in dieser Lieferung beschriebenen Zinn-Organischen Verbindungen, die Organozinnhydride vom Typ R_3SnH, $R_2R'SnH$, $RR'R''SnH$, R_2SnH_2, $RR'SnH_2$ und $RSnH_3$ sowie Heterocyclen vom Typ R⌒SnH_2 umfassen, sind in dem vorliegenden Register nach ihren Summenformeln unter Zugrundelegung des Systems von A. Hill (J. Am. Chem. Soc. **22** [1900] 478/94) geordnet. Nach diesem System werden als Ordnungskriterien zuerst die Zahl der C-Atome, danach die der H-Atome und schließlich die übrigen Elemente in alphabetischer Reihenfolge unter Berücksichtigung der jeweiligen Zahl der Atome verwendet.

Den Summenformeln der Verbindungen untergeordnet sind zusätzliche Angaben für die verschiedenen Verbindungstypen. Bei den Tri-, Di- und Monoorganozinnhydriden folgen in vier Spalten die Organyle und die Wasserstoffatome; bei den Heterocyclen wird das Ringsystem aufgeführt. Die letzte Spalte enthält den Seitenhinweis.

Formula Index

The organotin compounds described in this volume, i.e. organotinhydrides of the types R_3SnH, $R_2R'SnH$, $RR'R''SnH$, R_2SnH_2, $RR'SnH_2$, and $RSnH_3$ as well as heterocycles of the type R⌒SnH_2, are arranged in this index according to their molecular formulas using the system developed by A. Hill (J. Am. Chem. Soc. **22** [1900] 478/94). In this system, the number of C atoms is used as the first criterion for positioning the compound in the listing; this is followed by the number of H atoms, and then by the remaining elements in alphabetical order, considering the number of atoms present in each case.

The molecular formulas of the compounds are followed by additional characteristics of the individual types of compounds: for triorganotin, diorganotin and organotin hydrides four columns contain the organyles and hydrogen atoms; for the heterocycles the ring system is given. The last column contains the page reference.

SnC_8H_{12}				
CH_3	CH_3	C_6H_5	H	90
C_2H_5	C_6H_5	H	H	119
SnC_8H_{20}				
C_4H_9	C_4H_9	H	H	104
iso-C_4H_9	*iso*-C_4H_9	H	H	110
sec-C_4H_9	*sec*-C_4H_9	H	H	112
tert-C_4H_9	*tert*-C_4H_9	H	H	112
C_8H_{17}	H	H	H	126
SnC_9H_{14}				
CH_3	CH_3	*p*-$CH_3C_6H_4$	H	90
$SnC_9H_{14}O$				
CH_3	CH_3	*p*-$CH_3OC_6H_4$	H	90
$SnC_9H_{20}O_2$				
C_2H_5	C_2H_5	$CH_3OOCCH(CH_3)CH_2$	H	91
SnC_9H_{22}				
C_3H_7	C_3H_7	C_3H_7	H	37
iso-C_3H_7	*iso*-C_3H_7	*iso*-C_3H_7	H	40
$SnC_{10}H_{16}$				
C_4H_9	C_6H_5	H	H	120
$SnC_{10}H_{20}F_4$				
C_4H_9	C_4H_9	CHF_2CF_2	H	91
$SnC_{10}H_{22}$				
C_2H_5	C_2H_5	$CH_2=CH(CH_2)_4$	H	91
$SnC_{10}H_{24}$				
C_5H_{11}	C_5H_{11}	H	H	112
$SnC_{11}H_{24}O$				
C_4H_9	C_4H_9	$HOCH_2CH=CH$	H	91
$SnC_{11}H_{26}O$				
C_4H_9	C_4H_9	$HO(CH_2)_3$	H	91
$SnC_{11}H_{27}N$				
iso-C_4H_9	*iso*-C_4H_9	$NH_2(CH_2)_3$	H	91
$SnC_{12}H_{12}$				
C_6H_5	C_6H_5	H	H	113
$SnC_{12}H_{24}$				
C_6H_{11} (Cyclohexyl)	C_6H_{11} (Cyclohexyl)	H	H	112
$SnC_{12}H_{28}$				
C_4H_9	C_4H_9	C_4H_9	H	41
iso-C_4H_9	*iso*-C_4H_9	*iso*-C_4H_9	H	66
sec-C_4H_9	*sec*-C_4H_9	*sec*-C_4H_9	H	67
tert-C_4H_9	*tert*-C_4H_9	*tert*-C_4H_9	H	67

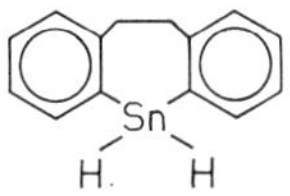